U0118784

·人工智能技术丛书·

人工智能
数据与模型安全

姜育刚 马兴军 吴祖煊◎著

ARTIFICIAL
INTELLIGENCE

Data and Model Security

机械工业出版社
CHINA MACHINE PRESS

图书在版编目（CIP）数据

人工智能：数据与模型安全/姜育刚，马兴军，吴祖煊著. —北京：机械工业出版社，2023.8

（人工智能技术丛书）

ISBN 978-7-111-73502-1

Ⅰ. ①人…　Ⅱ. ①姜…②马…③吴…　Ⅲ. ①人工智能–安全技术

Ⅳ. ①TP18

中国国家版本馆 CIP 数据核字（2023）第 128297 号

机械工业出版社（北京市百万庄大街 22 号　邮政编码　100037）

策划编辑：姚　蕾　　　　　责任编辑：姚　蕾

责任校对：薄萌钰　　张　薇　　责任印制：张　博

北京联兴盛业印刷股份有限公司印刷

2024 年 2 月第 1 版第 1 次印刷

186mm×240mm · 19 印张 · 434 千字

标准书号：ISBN 978-7-111-73502-1

定价：129.00 元

电话服务　　　　　　　　　　网络服务

客服电话：010-88361066　　机　工　官　网：www.cmpbook.com

　　　　　010-88379833　　机　工　官　博：weibo.com/cmp1952

　　　　　010-68326294　　金　书　网：www.golden-book.com

封底无防伪标均为盗版　　机工教育服务网：www.cmpedu.com

序

很高兴应复旦大学姜育刚教授邀请为《人工智能：数据与模型安全》一书作序。

近年来，人工智能领域的多元化和爆发式发展令人目不暇接，其影响深度和广度将使人类生活、生产及社会活动发生前所未有的变革。从智能安防到智能制造，再到智慧医疗及智慧教育，人工智能的"足迹"几乎遍布了社会的每一个角落，人类正满怀激情地拥抱正在来临的智能化发展新时代。然而，随着人工智能技术赋能千行百业，网络安全问题和隐私侵犯等事件也频频发生，尤其是人工智能算法和模型不仅存在不可解释性、不可判识性及不可推论性等内生安全个性问题，而且模型或算法的宿主执行环境还存在难以彻底避免的软硬件漏洞或后门等网络内生安全共性问题，以及与之密切相关的网络攻击和破坏造成的影响。人工智能应用系统个性化及共性化安全问题交织叠加造成诸多的新域新质安全威胁，给智能时代健康可持续发展带来极其严峻的挑战，已经引起科技界、产业界和国际社会的高度关注。近期，世界主要国家政府和国际组织纷纷制定法规、政策和标准，强调要保护人工智能数据与模型的安全，防范各种威胁和风险。与此同时，学术界和产业界也在积极探索理论与技术方面的网络弹性解决方案，以期使人工智能应用系统获得高可靠、高可信和高可用三位一体的稳定鲁棒性。

在这样的背景下，很多高校已经开设了人工智能安全相关课程，旨在帮助学生了解最前沿的研究与应用进展，加强人工智能安全意识。然而，当前尚无面向数据与模型安全的教材。因此，本教材的出版意义重大，在一定程度上可以填补此方面的空白。

本教材的作者是人工智能领域的优秀学者，在数据与模型安全方面做出了一系列国际前沿的研究成果，率先提出了诸如黑盒视频对抗样本生成方法、面向视频识别模型的数据投毒和后门攻击方法等。这些成果在人工智能安全领域已形成国际影响，引发同行大量跟踪研究。本教材是基于他们多年的一线研究与教学经验凝炼而成的，内容十分丰富。

本教材紧密围绕人工智能的两大核心要素——数据和模型，对人工智能安全问题和攻防算法进行了较为深刻的讨论，覆盖的理论方法和攻防策略对构建安全可靠人工智能系统具有重要意义。作者特别注重内容的体系化，系统梳理了近年来各方面的研究成果，提炼了人工智能攻防的核心思想，同时介绍了大量的技术细节，为人工智能领域的学生和研究人员提供了宝贵的参考资料。本教材可以帮助广大读者深入了解人工智能安全这一重要领域，在全社会大力发展人工智能技术的背景下，加强人工智能应用系统开发者与使用者的安全防范意识，平衡数字化、智能化时代网络安全风险与责任，促进人工智能产业的健康发展。

我相信，通过基于本教材的学习和实践，读者一定能够更好地应对人工智能时代的数据和模型安全挑战。最后，期待本教材的出版能够为人工智能领域的发展和进步做出应有的贡献！

邬江兴

2024 年 1 月 20 日于上海

前　言

　　人工智能是 21 世纪最重要的科学技术之一。从日常生活到工业制造再到科学研究，人工智能可以协助人类进行决策，代替耗时费力的重复性劳动，在大幅提升生产力的同时，加速推进产业结构升级变革。然而，人工智能的发展并不是一帆风顺的，从 1956 年达特茅斯会议提出"人工智能"概念至今，经历了起起伏伏，但人们追求"通用人工智能"的愿望从未停止。近年来，随着深度神经网络的提出、大规模数据集的构建和计算硬件的升级，数据、算法、算力三要素齐备，人工智能进入飞速发展阶段。我们现在可以训练包含十亿、百亿甚至千亿参数的人工智能大模型，这些大模型已经具备很强的能力，初见通用人工智能的端倪。如今，人工智能模型已经在交通、医疗、教育、金融、安防等领域广泛部署应用。

　　我们在拥抱人工智能的同时，需要充分重视其带来的安全问题。想要了解人工智能模型的安全问题，则须充分掌握其工作原理。自从深度神经网络被提出以来，科研人员就针对其工作原理和性质开展了大量的研究，几乎每发现一个特性就会引发一系列新的安全问题。例如，2013 年发现的"对抗脆弱性"引发了各种各样的针对深度神经网络模型的对抗攻击；2017 年发现的"后门脆弱性"引发了大量的数据投毒和后门攻击；深度神经网络的"记忆特性"引发了对其隐私的攻击，包括数据窃取攻击和成员推理攻击等；而其对个别样本的"敏感性"和功能"可萃取性"则让模型窃取攻击成为可能。研究攻击是为了更好地防御。我们可以借助不同的攻击算法来对模型进行系统全面的安全性评测，从不同维度揭示其脆弱性边界，了解其在实际应用中可能存在的安全问题。基于这些分析，我们可以设计更高效的防御方法，提升模型在实际应用过程中的鲁棒性和安全性。这对大模型来说尤其重要，因为大模型所服务的用户群体更广，其安全问题往往会引发大范围的负面影响。例如，一旦自动驾驶系统存在安全隐患，则可能会威胁驾驶员、乘客和行人的生命安全。

　　当前，人工智能发展迅猛，新技术层出不穷，算法与模型日新月异，其安全问题也是如此。正是在这样的背景下，我们将近年来在研究过程中所积累的人工智能安全方面的知识归纳整理成此书，系统地呈现给读者。希望此书能够在一定程度上弥补在此方向上国内外教材的空白，为通用人工智能的到来做好准备，以保障其健康发展。

　　数据和模型是人工智能的两大核心要素。其中，数据承载了知识的原始形式，大规模数据集的采集、清洗和标注过程极其烦琐，需要大量的人力物力；模型则承载了从数据中学习得到的知识，其训练过程往往耗资巨大。高昂的价值和其背后的经济利益使数据和模型成为攻击者最为关注的攻击目标。正因如此，领域内大量的研究工作都是围绕数据和模型展开的。因此，本书聚焦人工智能领域中的数据和模型安全。人工智能安全的概念是广泛的，包括内生安全、衍生安全和助力安全等，本书的大部分内容属于内生安全。

本书的章节组织如下。第 1 章简要回顾了人工智能的发展历程；第 2 章介绍了机器学习的基础知识；第 3 章介绍了人工智能安全相关的基本概念、威胁模型和攻击与防御类型；第 4 章聚焦数据安全方面的攻击；第 5 章聚焦数据安全方面的防御；第 6 ～ 10 章分别聚焦模型安全方面的对抗攻击、对抗防御、后门攻击、后门防御以及窃取攻防；第 11 章展望了未来攻击和防御的发展趋势并强调了构建系统性防御的紧迫性。

本书适合人工智能、智能科学与技术、计算机科学与技术、软件工程、信息安全等专业的高年级本科生、研究生以及人工智能从业者阅读。本书中的部分技术细节需要读者具备一定的机器学习基础。此外，本书大部分的方法介绍都围绕图像分类任务展开，需要读者具备一定的计算机视觉基础。本书使用的示例图和框架图在尽量尊重原论文的基础上进行了一定的优化，如有不当之处，请联系我们更正。

感谢复旦大学的同学在本书的编写和校稿过程中提供的帮助，他们包括陈绍祥、宋雪、王铮、傅宇倩、魏志鹏、陈凯、赵世豪、吕熠强、訾柏嘉、钱天文、张星、常明昊、翁泽佳、王君可、翟坤、王欣、阮子禅、张超、林朝坤等。此外，感谢黄瀚珣博士和李一戈博士在此书写作过程中参与了讨论。

由于作者水平有限，书中内容难免会存在不足，欢迎各位读者提出宝贵的意见和建议。

姜育刚

2024 年 1 月 1 日于复旦大学

常用符号表

$\mathcal{X}, \mathcal{Y}, \mathcal{F}$	空间，表示输入、输出和假设空间
X, Y, D	集合，表示样本、标签和数据集
$x, y, \alpha, \beta, \epsilon, \gamma, \lambda$	标量，表示样本、标签以及各种超参数变量
$\boldsymbol{x}, \boldsymbol{w}, \boldsymbol{\theta}, \boldsymbol{m}$	向量，表示高维输入、参数和掩码向量
$\boldsymbol{A}, \boldsymbol{W}$	矩阵，表示特征激活和模型参数矩阵
$\boldsymbol{x}^\top, \boldsymbol{w}^\top, \boldsymbol{m}^\top, \boldsymbol{A}^\top, \boldsymbol{W}^\top$	向量和矩阵的转置
$[C] = \{0, 1, \cdots, C-1\}$	集合，元素包含 0 到 $C-1$
$\boldsymbol{I}$	单位矩阵，维度根据具体上下文确定
$\mathbb{E}, R, \mathcal{L}$	期望，风险和损失函数
$\mathcal{A}, \mathcal{M}, \mathcal{O}$	算法，机制，输出
f, g, h	函数，通常表示模型所代表的函数
$P(a)$ 或 $p(a)$	离散或连续变量 a 的概率分布
$\mathcal{N}(\boldsymbol{x}; \boldsymbol{\mu}, \boldsymbol{\Sigma})$	均值为 $\boldsymbol{\mu}$，方差为 $\boldsymbol{\Sigma}$ 的高斯分布
$\mathcal{U}(-\epsilon, \epsilon)$	上下界分别为 ϵ 和 $-\epsilon$ 的均匀分布
$\dfrac{\partial f}{\partial \boldsymbol{x}}$	偏导数，f 相对 $\boldsymbol{x}$ 的偏导数
$\nabla_{\boldsymbol{x}} \mathcal{L}$	梯度，$\mathcal{L}$ 对 $\boldsymbol{x}$ 的梯度
$\nabla_{\boldsymbol{x}}^2 f(\boldsymbol{x})$ 或 $\boldsymbol{H}(f)(\boldsymbol{x})$	f 在点 $\boldsymbol{x}$ 处的黑塞矩阵
$\displaystyle\int_{\boldsymbol{x}} f(\boldsymbol{x})\mathrm{d}\boldsymbol{x}$	在整个定义域 $\boldsymbol{x}$ 上的积分
$\|\cdot\|_{p=0,1,2}$	L_p 范数
$\sigma(\boldsymbol{x})$	激活函数，通常指 sigmoid 函数
$\mathrm{ReLU}(\boldsymbol{x}) = \max(0, \boldsymbol{x})$	ReLU 激活函数
$\exp(\boldsymbol{x})$ 或 $\mathrm{e}^{\boldsymbol{x}}$	指数函数，以自然常数 e 为底
$\log(\boldsymbol{x})$	对数函数，以自然常数 e 为底
$\mathbb{1}[\cdot]$	指示函数，输入为真时输出 1，否则输出 0

CONTENTS

目　录

第 1 章

人工智能与安全概述

1.1 人工智能的定义

人工智能（artificial Intelligence，AI）这个词的出现最早可以追溯至 1956 年的达特茅斯会议。1956 年 8 月，在美国汉诺威小镇的达特茅斯学院，以约翰·麦卡锡（John McCarthy）、马文·明斯基（Marvin Minsky）、克劳德·香农（Claude Shannon）、艾伦·纽厄尔（Allen Newell）、赫伯特·西蒙（Herbert Simon）等为首的科学家们相聚在一起，讨论如何让机器模拟人类的学习能力，并在此次会议中正式提出了"人工智能"这个概念。图 1.1 为主要参会者会议合影图。此次达特茅斯会议在人工智能的发展史上称得上是开天辟地的大事件。此后不久，人工智能就作为独立的学科方向吸引了一大批研究学者。

图 1.1　从左往右：奥利弗·赛尔弗里纪（Oliver Selfridge）、纳撒尼尔·罗切斯特（Nathaniel Rochester）、雷·索洛莫洛夫（Ray Solomonoff）、马文·明斯基、特伦查德·摩尔（Trenchard More）、约翰·麦卡锡、克劳德·香农在参加 1956 年达特茅斯会议期间的合影 [照片来源：玛格丽特·明斯基（Margaret Minsky）]

事实上，直到现在人工智能都没有一个非常明确且统一的定义。维基百科中给出的定义是"人工智能就是机器展现出来的智能"；人工智能之父图灵给出的定义为"人工智能是制造智能机器，尤其是智能计算机程序的科学技术"；我国《人工智能标准化白皮书（2018 版）》中也给出了相应的定义：人工智能是利用数字计算机或者数字计算机控制的机器模拟、延伸和扩展人的智能，感知环境、获取知识并使用知识获得最佳结果的理论、方法、技术及应用系统。

尽管没有统一的定义，但我们仍然可以知道人工智能的本质是一项研究如何**让机器能够拥有人类智能**的科学技术。它致力于研究人类如何思考、学习、决策，并将研究结果用于构建具有能够模拟、延伸甚至扩展人类智慧的智能系统。

1.2 人工智能的发展

新冠疫情[⊖]出现，人类历史迈入了 21 世纪 20 年代。在疫情防控的很多方面，人工智能技术都发挥着不可忽视的作用，包括辅助诊疗、药物研发、物资调度、在线课程、远程辅导、全球疫情监控、舆情分析，等等。如今人工智能像水电一样深入每个人的日常生活之中，聊天机器人、语音助手、自动驾驶、智慧医疗、智慧城市、金融科技、文化与艺术创作等各式各样的应用正在逐步实现。人工智能的宏伟蓝图令人振奋，也正是在这样的背景下，我们更要去回顾人工智能发展的历史，以史为镜，可以知兴替。

人工智能从诞生至今大约 70 年，其间经历了多次起伏，很多资料称之为"三起两落"。图 1.2 简要展示了人工智能的发展历史，尽管不是一帆风顺的，但总体仍然呈现波浪式前进的趋势。本节我们将按照一起一落的发展周期对这段历史进行简要的回顾。

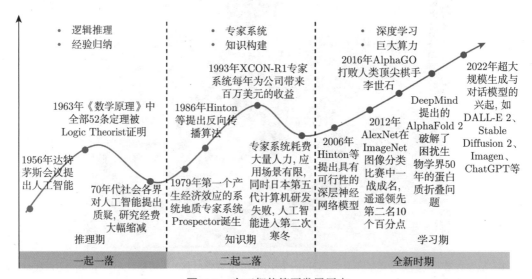

图 1.2 人工智能简要发展历史

⊖ 指新型冠状病毒感染。

1.2.1　三起两落

从热情高涨的开荒期到首次寒冬。 20 世纪 50 年代,在提出图灵测试和举办达特茅斯会议之后,人工智能这一全新的研究方向开始受到全世界研究者的关注。在其后大约二十多年的时间里,人们见证了各式各样的人工智能系统从无到有的开荒过程。在这一时期,大多数研究工作是根据人类自身的经验和事实基础,进行一定的归纳总结,再基于一系列简单的规则和逻辑,设计出针对**特定任务**的计算机程序。因此在后来很多书籍和论文中,这一时期也被称为 "**推理期**"。1956 年,艾伦·纽厄尔和赫伯特·西蒙编写了被称为 "史上首个人工智能程序" 的 Logic Theorist。在当年,Logic Theorist 证明了罗素的《数学原理》中的 38 条定理。1963 年,全部 52 条定理得到证明,其中有一些定理的证明过程甚至比罗素和怀特黑德的原版证明更加优雅。1966 年,世界上首款聊天机器人伊莉莎 (Eliza) 横空出世。她可以说是今天我们习以为常的语音助手(如微软的小冰、苹果的 Siri)的鼻祖。伊莉莎可以用英语和测试者进行交谈,甚至可以给人以夸赞和安慰。由于技术的局限性,她在与人类对话中的回应只不过是基于脚本库的关键词匹配结果,当人们与她进行长时间的对话后,很容易发现她的回应技巧。尽管在今天看来这些初步的智能系统不足为奇,但对于那个年代的人们来说,一个没有任何生命力的机器可以证明数学定理、翻译不同的语言,甚至用自然语言直接和人交流是令人难以置信的。

也正是这些惊人的应用让研究人员对人工智能的发展产生了过度乐观的预期,一些从业人员充满野心地预测 20 年内人类将实现完全的通用人工智能。但是随着研究的深入,越来越多的问题被暴露出来。一方面,基于简单规则的逻辑推理根本无法处理物理世界中纷繁复杂的现实情况;另一方面,尽管时下火热的人工神经网络的理论在当时就已被提出,但当时的计算机算力水平十分有限,远远无法支撑其庞大的训练开销。1973 年,英国数学家詹姆斯·赖特希尔(James Lighthill)向英国政府提交了一份关于人工智能发展近况的报告,指出当时的研究技术根本无法支撑起人工智能宏伟的目标,对该研究方向提出了严厉的批评。社会上开始有声音质疑人工智能的研究不过是一场骗局,随之而来的是各国政府经费的急剧缩减。因此在 70 年代,人工智能的发展迎来了第一个寒冬。尽管如此,仍然有科学家在这一时期坚守在探索人工智能的道路上,在寒夜里举着火把前进。1979 年,斯坦福大学发布了历史上第一款自动驾驶车 Stanford Cart⊖,它可以利用视觉传感器在杂乱的室内自主移动,尽管可能需要花费几个小时才能完成。

从重振旗鼓的发展期到二次寒冬。 在 20 世纪 70 年代末期,专家系统的出现打破了人工智能领域的第一次寒冬。专家系统通过领域专家给计算机输入一系列的知识以及逻辑推理的规则,从而使之在特定领域能够模拟人类专家进行推理与判断。世界第一个专家系统 DENDRAL⊖由爱德华·费根鲍姆(Edward Feigenbaum)、布鲁斯·布坎南(Bruce G. Buchanan)、乔舒亚·莱德伯格(Joshua Lederberg)等人在 1965 年完成。研究人员将化

⊖　https://web.stanford.edu/~learnest/sail/oldcart.html。
⊖　https://en.wikipedia.org/wiki/Dendral。

学和质谱仪相关的知识以及一系列的推理规则输入 DENDRAL 中，使其能够根据有机化合物的分子式，推断出正确的分子结构，并且其准确度能够媲美人类化学家。由于专家系统在特定领域内的出色表现，研究者开始将其应用在某些领域，如医疗、金融领域等中代替人类专家。1979 年，成功开发的地质专家系统 Prospector 是第一个产生经济效应的系统，并为公司节省了不菲的开销。1993 年，美国 DEC 公司与卡内基梅隆大学联合研发的 XCON-R1[⊖]专家系统更是每年为公司带来近百万美元的收益。这些专家系统的出现，使之前只在实验室 "烧钱" 的人工智能具有了产生部分实际经济效应的能力。

随着专家系统所展示的经济效应能力，资本重新流向人工智能领域，为人工智能研究注入了新鲜的活力，令其再次蓬勃发展了起来。在此时期，大量研究者专注于探索知识对于人工智能的影响，取得了许多重要成就，例如马文·明斯基提出的框架知识表示理论，以及兰德尔·戴维斯（Randall Davis）提出的大规模知识库构建与维护理论。这些成就为现代知识图谱理论与推荐搜索技术打下了坚实的基础。此外，其他人工智能分支领域也硕果颇丰，如 1976 年提出的启发式搜索算法与计算机视觉理论体系以及 1986 年提出的反向传播算法、分布式并行处理等。这些研究都对后续人工智能领域的发展产生了深远的影响。

遗憾的是此次的繁荣也并不持久，大量资本的涌入在为人工智能领域提供燃料的同时也产生了大量的泡沫，使得专家系统的缺点更快地被展现出来。这些专家系统的研发需要投入大量的人力，它们难以升级且只能在特定的场景使用。这些缺点使得专家系统的研发出现了瓶颈，也导致了人们对专家系统乃至人工智能的通用性产生了质疑。到了 80 年代末期，人工智能领域在美国战略计算促进大会的预算被大幅削减。无独有偶，日本耗资 4 亿多美元的第五代计算机研发计划也因达不到预期效果而宣告失败，该计划的目标是造出能够像人一样处理各种外界信息的通用人工智能机器。至此，人工智能再次进入寒冬，这场由专家系统带来的人工智能短暂春天落下帷幕，由于在该时期研究者们普遍崇尚知识在人工智能系统中的作用，因此后续研究者们常称该时期为 "**知识期**"。

集腋成裘进入百花齐放的新时代。 在人工智能第二次的没落之后，由于缺乏科研经费的支持，只有少数研究者还坚守在人工智能研究领域的前线。他们的努力最终为人工智能领域带来了第三次的飞跃。人工智能的第三次繁荣期被称为 "**学习期**"。通过对人工智能前两次发展的尝试，研究者发现在人类完成通用图像、文本任务，如图像识别、情感分析等方面，难以找到固定的模式，此时简单的知识与规则已无法满足需求，需要让机器从数据中**自主学习**。2006 年，杰弗里·辛顿（Geoffrey E. Hinton）在《科学》杂志上发表论文，提出了具有可行性的深层神经网络模型，该论文被认作第三次人工智能领域崛起的信号。随着互联网产业的崛起，大规模网络数据（如图像、文本、视频等）的获取成为可能，而计算机硬件的发展也为深度学习的繁荣奠定了基础。

2012 年，由亚历克斯·克里泽夫斯基（Alex Krizhevsky）和杰弗里·辛顿等人提出的深度神经网络 AlexNet 在斯坦福大学举办的百万级别 ImageNet 图像分类挑战赛中一战成

⊖　https://en.wikipedia.org/wiki/Xcon。

名，该网络利用图形处理器（graphics processing unit，GPU）进行快速学习，达到惊人的
Top-5 准确率 84.6%，大幅领先第二名 10 个百分点。2015 年，何凯明（Kaiming He）等人
提出残差神经网络（residual neural network，ResNet），首次在 ImageNet 图像分类任务
上展示了超过人类的表现（Top-5 识别错误率低于 5.1%）。人工智能尤其是深度学习再次
吸引了全世界的目光，各大公司、高校和科研院所纷纷成立人工智能实验室，投入大量经
费支持相关研究。这其中包括由戴密斯·哈撒比斯（Demis Hassabis）、谢恩·莱格（Shane
Legg）等人成立的人工智能公司 DeepMind，以及由萨姆·阿尔特曼（Sam Altman）、伊
隆·马斯克（Elon Musk）等人成立的 OpenAI。我国华为、腾讯、阿里等企业也相继成立了
人工智能实验室，力争在人工智能前沿抢占一定的领先优势。深度神经网络出色的（表征）
学习能力并不局限于图像识别任务，而是在各行各业多点开花。2016 年，由 DeepMind 公
司打造的人工智能系统 AlphaGo 在曾被断言"人工智能不可能战胜人类"的围棋比赛中以
4:1 的成绩打败了人类顶尖棋手李世石。同年，机器人设计师大卫·汉森（David Hanson）
成功研制了类人机器人 Sophia，其拥有硅胶制成的皮肤，能够在智能算法的控制与电机的
牵引下做出丰富且自然的面部表情，与人进行正常的语言对答和眼神交流。

　　自 2012 年以来的十余年时间里，研究者提出了大量新型的深度神经网络模型，这些模
型在诸多极具挑战性的学习任务上取得了巨大的成功。这包括具有强大数据生成能力的生
成对抗网络（generative adversarial network，GAN）、具有强大序列表征与关系学习能力的
Transformer 模型、具有序列–结构解析能力的 AlphaFold 2、具有文本到图像生成能力的
多模态模型 DALL-E 2[⊖]和 Stable Diffusion 2[⊖]，以及具有类人对话能力的 ChatGPT[⊖]模
型等。这些模型，如 AlphaFold 2，甚至在一些长期困扰人类科学家的基础科学研究领域都
取得了重大突破，正在催生大量新型交叉学科研究范式。如今，我们正处在人工智能的第
三次浪潮之中，在我们的日常生活中，处处都能发现人工智能的影子，例如大数据音乐、视
频推荐、机场/火车站安检口的人脸识别系统等。未来，人工智能技术更新会越来越快，应
用也会更加广泛，有望成为推动各领域产业变革和技术创新的主要原动力。

1.2.2　重大突破

　　深蓝击败国际象棋冠军。1997 年注定是一个将被记录在人工智能史册的年份，因为在
这一年，由 IBM 制造的超级计算机"深蓝"在标准的国际象棋比赛中击败了当时的国际象
棋世界冠军加里·卡斯帕罗夫（Carry Kasparov）。"深蓝"最初起源于一个叫许峰雄的中
国人在美国卡内基梅隆大学攻读博士学位的研究，许峰雄在美国卡内基梅隆大学求学期间
疯狂地迷恋上了计算机博弈这个领域，并在此之后几乎把所有的精力都投入到了对这个领
域的研究。1985 年，许峰雄研制出第一个计算出棋路数的"ChipTest"，这个成果让他们
在 1987 年的计算机博弈锦标赛中拔得头筹，也为他们积累了宝贵的经验以及日后持续投

⊖　https://openai.com/dall-e-2/。
⊖　https://stability.ai/blog/stable-diffusion-v2-release。
⊖　https://openai.com/blog/chatgpt/。

入研发的资金。皇天不负有心人，1988 年许峰雄和他的合作者成功研制出了"深思"（Deep Thought），这是一个配置有 2 个处理器、200 块芯片，每秒能够执行 70 万个棋位分析的计算机，在当时战斗力大抵相当于一个级别段位较低的国际象棋大师。也就是在同一年，美国 IBM 公司发现了许峰雄以及他研制的深思，1989 年，许峰雄携他的深思加入 IBM 研究部门，继续着超级电脑的研究工作。在 1992 年，IBM 委任谭崇仁为超级电脑研究计划主管，领导研究小组开发专门用以分析国际象棋的"深蓝"（Deep Blue）超级电脑，名字深蓝取自"深思"和 IBM"蓝色巨人"的结合。4 年后的 1996 年 2 月，深蓝第一次挑战俄罗斯国际象棋大师卡斯帕罗夫，这场比赛在费城举行，深蓝最终以 2∶4 落败，尽管卡斯帕罗夫在这场比赛中取得了胜利，但是赢得并不轻松，其中一些神来之笔的棋路更是令卡斯帕罗夫头疼。虽然战败，但是对战国际顶尖棋手的战绩仍然使 IBM 的研究人员兴奋不已，在接下来的一年时间里，研究人员对深蓝进行了升级改造，甚至邀请了四位国际象棋大师作为深蓝的陪练。经过长达一年的准备，1997 年 5 月 11 日，经过改良的深蓝再度挑战卡斯帕罗夫，并以 3.5∶2.5 战胜卡斯帕罗夫，成为第一个在标准比赛时间内击败国际象棋世界冠军的计算机系统。国际象棋曾经一度被认作人工智能永远无法攻克的智力游戏，而彼时人工智能已可以战胜世界冠军，这给人们带来对人工智能技术的无限期待，以及从事人工智能研究的兴趣与信心。

深度学习模型在图像识别任务上超越人类。2012 年，为了证明深度学习的潜力，杰弗里·辛顿带领研究团队参加了 ImageNet 大规模（百万级）图像识别挑战赛，并提出了对深度学习影响深远的 AlexNet 网络。AlexNet 网络以超过第二名 10% 以上的 Top-5 准确率夺得了比赛的冠军，自此深度学习重新进入人们的视野并一发不可收拾，进入深度学习快速发展的黄金十年。如前面所述，这十年来，涌现了许许多多的神经网络结构并不断地刷新着各类纪录。在计算机视觉领域，2014 年的 VGGNet、Inception-Net 以及 2015 年的 ResNet 网络（以及近期提出的 ViT 模型）最具代表性。而其中 ResNet 的影响最为深远，它在将神经网络的深度扩展至数百层的同时还能保持很好的收敛性，在 ImageNet 的 1000 类图像分类任务中达到 4.94% 的 Top-5 错误率，第一次超越了人类。相关研究估计，人类在 1000 类的 ImageNet 图像分类任务中的 Top-5 错误率为 5.1% 左右。虽然从 2018 年开始 ImageNet 比赛已不再举办，后续的研究工作已经将 ImageNet 图像分类任务的 Top-5 准确率逐步提高到了 99%（Top-1 准确率也达到了 91%），但在自然语言处理领域，深度学习仍以不可抗拒之势席卷各大顶级会议和期刊，从 2013 年的 word2vec 到后来的 LSTM、GRU 等经典模型，模型性能不断提升。2017 年，谷歌公司发表论文"Attention Is All You Need"，基于自注意力机制（self-attention）构建了 Transformer 模型，登上了各大自然语言处理任务的榜首。到 2022 年年底，基于 Transformer 架构的各类大规模预训练模型刷新了众多自然语言处理任务的最优性能，并开始广泛应用在计算机视觉领域，呈现出模型结构大一统的趋势，再加上多模态学习的飞速发展，相信实现通用人工智能并不遥远。

AlphaGo 战胜世界围棋冠军李世石。2016 年 1 月 27 日，DeepMind 公司开发的计算机围棋程序 AlphaGo 在一项赛事中以 5∶0 的成绩战胜了欧洲围棋冠军樊麾，这是计算机围棋程序首次在比赛中击败人类围棋专业高手，而这只是一个开始。2016 年 3 月，AlphaGo 以 4:1 的比分挑战了世界围棋冠军李世石。一时间引发了全社会的广泛关注，因为这代表着继深蓝拿下国际象棋 18 年之后，代表人类高智力水平的围棋游戏也被人工智能攻克。在 AlphaGo 之后，DeepMind 继续推出能力更加"变态"的 AlphaGo Zero，其在经过三天的自我对战之后便战胜了之前战胜李世石的 AlphaGo 版本，更是在 40 天之后超过此前所有的 AlphaGo 版本。

自动驾驶汽车上路行驶。 实现汽车的自动驾驶是人类由来已久的梦想。从最初 70 年代中期每移动 1 米都要花费 20 分钟的 Stanford Cart（被普遍当作第一辆自动驾驶汽车）到 1995 年卡内基梅隆大学穿越美国的庞蒂克（美国通用公司旗下品牌）Trans Sport——NavLab5，再到美国国防高级研究计划局（DARPA）在莫哈韦（Mojave）沙漠组织的第一场挑战赛，自动驾驶已经历经了几十年的发展。很多传统汽车企业（如福特）在几十年之前就已经开始研究自动驾驶，但是直到 2004 年的 DARPA 挑战赛（DARPA Grand Challenge），自动驾驶才真正进入人们的视野。在 2007 年的城市挑战赛中，卡内基梅隆大学与通用汽车合作制造的 "Boss" 使用了一种全新的激光雷达扫描系统，这也是当今自动驾驶的一种主流解决方案。正是这些挑战赛的出现极大地促进了自动驾驶这个领域的蓬勃发展，2009 年谷歌建立了　支由塞巴斯蒂安·特伦（Sebastian Thrun）领导的自动驾驶研发团队，二年后这支团队从谷歌分离出来成立了 Waymo 公司。2011 年 10 月，谷歌在内华达州对自动驾驶的汽车进行测试，成为全球第一个进行无人驾驶汽车公路测试的公司。2012 年 5 月，谷歌获得美国首个自动驾驶车辆许可证。不仅在美国，自动驾驶在大洋彼岸的中国也在如火如荼地进行中。2018 年 12 月，百度的 Apollo 自动驾驶全场景车队在长沙高速上行驶。2019 年 6 月，长沙人民政府颁发 49 张自动驾驶测试牌照，其中百度独得 45 张。2019 年 9 月，百度自动驾驶出租车队 Robotaxi 在长沙试运营正式开启，这也是自动驾驶在中国商业化应用的一个里程碑事件。相信自动驾驶会在未来十年得到迅速的发展，有望给人们的生活与出行带来全新的体验。

AlphaFold 2 解决了困扰科学家 50 年之久的蛋白质折叠问题。 如果说以上关于棋类比赛、图像识别以及自动驾驶的例子都是人工智能在实际应用层面的成功探索，那另外一个不得不提的例子就是 2020 年 11 月底 DeepMind 提出的 AlphaFold 算法，其破解了困扰科学家 50 年之久的蛋白质折叠问题。这个例子展现了人工智能技术在基础科学领域的巨大进步。蛋白质是组成人体细胞、组织的重要成分，几乎所有的人类生命活动，如光亮感知、肌肉伸缩等，都离不开蛋白质的参与。因此，研究蛋白质折叠问题，即如何根据蛋白质的氨基酸序列来确定它的空间结构，对于生物学具有极其重要的意义。然而，这一研究问题困扰了生物科学家长达 50 年之久。AlphaFold 在 2020 年的国际蛋白质结构预测（CASP）比赛中，击败了其他的参赛队伍，以明显的优势拿下了比赛冠军。此外，AlphaFold 在准确度方面也可比肩人类实验结果，基本可以认为它在很大程度上解决了蛋白质的折叠预测问题。DeepMind 的这一突破性成果受到了学术界前所未有的关注和赞誉，CASP 组织者、科学家安德烈·克里斯塔福维奇（Andriy Kryshtafovych）在大会上感叹：我从没想过有生之年能看到这项技术的诞生。生物学家安德烈·鲁帕斯（Andrei Lupas）评价该技术：将改变医学，改变研究，改变生物工程，甚至改变一切。这一重大突破证明了深度学习技术在解决基础科学问题方面的强大能力，展现了人工智能在基础科学领域的惊人发展潜力。

1.3　人工智能安全

1.3.1　数据与模型安全

在上一节中我们看到人工智能在不同领域的成功应用，未来可预见的是，人工智能技术将不断蓬勃发展，更加深入到我们生产生活的方方面面。然而，作为一项新技术，我们必须认识到人工智能技术是一把双刃剑。因此，我们在享受人工智能带来的诸多便利的同时，也不能忽视随之而来的安全问题。当技术被赋能，一个安全性不足的智能系统所能带来的伤害是不可估量的。此外，随着技术的发展，人工智能是否会真正超越人类智能，是否还完全可控，这是永远都不能忽视的重要问题。

对于一个系统来说，往往其结构决定功能，内生决定外在，原理驱动技术[1]。根据安全问题所涉及的作用对象以及作用效果的不同，人工智能安全大致可以分为以下三类[2]：人工智能内生安全、人工智能衍生安全以及人工智能助力安全。**人工智能内生安全**指的是由于技术本身的脆弱性所引发的智能系统本身出现的安全问题，其作用对象是系统本身。理论上，任何一个智能系统的组件，如训练所使用的人工智能框架、训练数据、模型结构等，都有可能出现安全问题。**人工智能衍生安全**指的是由于智能模型的不安全性而给其他领域带来的安全问题，其作用对象是智能系统以外的其他领域。自动驾驶事故、智能体脱离控制甚至攻击人类等就属于人工智能给交通和公共安全领域带来的衍生安全问题。从作用效果来看，不管是内生安全还是衍生安全，我们一般认为其引发的安全问题都是负面有害的。与之相反，**人工智能助力安全**指的是利用人工智能技术为其他领域提升安全性，其作用是正向有益的。典型的人工智能助力安全的例子包括利用人工智能技术进行计算机病毒检测、虚假视频检测、危险事故预判等。尽管每一类安全问题都不容小觑，但是一个完全安全可靠的人工智能系统除了技术之外，还需要依托国家政策、法律法规、行业规范等多方约束。本书重点关注人工智能内生安全方面的**数据安全**和**模型安全**。需要说明的是，人工智能内生安全不只包括数据和模型安全，还包括框架安全、依赖库安全、云服务安全等。此外，本书中数据安全和模型安全的叫法是从攻击目标来说的，有时二者也被称为算法安全。

数据安全。 人工智能的核心是机器学习。经过几十年的发展，机器学习衍生出有监督学习、无监督学习、强化学习、联邦学习、对比学习、特征学习等不同的学习范式，但不管是哪一种学习范式，要构建智能系统（模型）都离不开训练数据。可以说，训练数据的特性，如数据规模、数据均衡性、标注准确性等，在很大程度上直接决定了智能系统的最终表现。一般来说，数据规模越大，训练得到的模型的表征能力和泛化能力也就越强。数据均衡性则会直接影响模型所学习知识的均衡性，即训练数据分布越均衡、不同类别间的分布偏差越小，人工智能算法的泛化效果往往也就越好。标注准确性同样也是影响人工智能内生安全的一个重要因素。由于标注工作的繁重性及其对专业知识的要求，标注过程中难免会产生一些错误，这会对人工智能算法的执行效果产生不可估量的影响。训练数据对最终模型起着决定性作用，其也就成为攻击者的重点攻击目标，此外，数据中所包含的隐私和敏感信息也是攻击者的攻击目标。现有针对训练数据的攻击主要包括以下四种。

- **数据投毒**：通过操纵数据收集或标注过程来污染（毒化）部分训练样本，从而大幅降低最终模型的性能。
- **隐私攻击**：利用模型的记忆能力，挖掘模型对特定用户的预测偏好，从而推理出用户的隐私信息。
- **数据窃取**：从已训练好的模型中逆向工程出训练样本，从而达到窃取原始训练数据的目的。
- **数据篡改**：利用模型的特征学习和数据生成能力，对已有数据进行篡改或者合成全新的虚假数据。

模型安全。模型无疑是人工智能系统最核心的部分。高性能的模型是解决实际问题的关键，无论采用何种训练数据、训练方式、超参数选择，最终也往往都作用在模型上。因此，模型成为攻击者的首要攻击目标。现有针对人工智能模型的攻击大致可分为以下三种。

- **对抗攻击**：在测试阶段向测试样本中添加对抗噪声，让模型做出错误预测结果，从而破坏模型在实际应用中的性能。
- **后门攻击**：以数据投毒或者修改训练算法的方式，向模型中安插精心设计的后门触发器，从而在测试阶段操纵模型的预测结果。
- **模型窃取**：通过与目标模型交互的方式，训练一个窃取模型来模拟目标模型的结构、功能和性能。

1.3.2 现实安全问题

本节介绍几个与人工智能数据与模型安全相关的真实案例，以此来警示相关问题可能会给社会以及个人所带来的危害，说明人工智能安全研究的重要性。

- 微软机器人 Tay 遭投毒攻击导致其发表歧视性言论：2016 年 3 月 25 日，微软在其公司 Twitter 账户上推出了一款名为 Tay 的人工智能聊天机器人。Tay 最初被寄予的期望是能够积极正向地与 Twitter 上的年轻人进行交流。然而，在上线不到 24 小时，Tay 就由于受到网友的恶意投毒攻击，学会了发表恶意和歧视性言论，如支持纳粹主义、反对女性主义等言论，引起了大量 Twitter 用户的不适。这一结果直接导致微软在上线当天就关闭了 Tay。
- RealAI 基于对抗样本设计的眼镜成功解锁多款安卓手机：2021 年年初，一则关于基于对抗样本设计的手机解锁技术的消息引发了大众关注。据清华大学人工智能研究所成立的 RealAI 公司的研究显示，攻击者基于一张照片和对抗样本所设计的特殊眼镜可以在 15 分钟内解锁 19 款安卓手机以及金融领域的人脸识别系统。一旦人脸识别系统被攻破，将会给用户隐私、财产安全等带来巨大损失。

- 针对自动驾驶的对抗攻击案例：自动驾驶作为人工智能应用的典范，其安全性受到了研究者的广泛关注。Eykholt 等人在其发表在 CVPR 2018 上的论文中展示了一种针对道路标志的物理对抗攻击，该攻击对路牌等重要交通标志牌添加不起眼的对抗贴纸，即使在不同拍摄角度、距离、光照等情况下，也能成功误导深度学习模型对路牌做出错误的识别，例如将"停止"标识识别为"45 公里限速"。Eykholt 等人提出的对抗攻击方法只是针对摄像机的攻击，Cao 等人则是更进一步完成了对摄像机（形状改变）和雷达（点云改变）的同时攻击，可以让汽车"看不见"3D 打印的对抗物体。

- 数据篡改与生成技术伪造虚假视频内容：2017 年，一名外国网友将色情视频中的女主角篡改为某知名女明星，给女性文娱工作者带来巨大的困扰与担忧。国内也发生过类似事件，2019 年网上一段关于某女明星遭换脸为另外一位女明星的视频在各大社交媒体中广泛传播，引起了大众讨论。换脸技术甚至一度被应用到了政治领域，奥巴马、特朗普、普京等均有相关的虚假换脸视频被传出，其中美国前总统奥巴马的虚假视频在 Youtube 上的观看量高达 960 万次。在 2022 年俄乌冲突中也出现了一起伪造乌克兰总统呼吁全国人民放下武器的虚假讲话视频，给本就紧张的俄乌局势带来更多的不确定性。基于人工智能的数据篡改与伪造具有门槛低、成本低、效率高、传播性高等特点，一旦被恶意使用，将会引发严重的负面社会影响，严重时甚至会危害社会稳定。

在本书中，我们将部分隐私性问题（如隐私攻击、数据窃取和模型窃取）归纳为安全性问题，因为这些问题本身往往涉及多个方面（隐私和安全）。除了安全问题，数据和模型还可能会存在更广泛的可信性问题，如公平性问题、可解释性问题、隐私性问题等。例如，亚马逊人脸识别系统 Rekognition 将美国国会议员中的 28 人误判为罪犯，引发了公平性担忧；英国智能交通监控系统将行人衣服上的字母误识别为车牌号并开罚单；由于模型的不可解释性，《自然》子刊的一项研究发现新型冠状病毒感染诊断模型根据 X 光片上的医院编码预测新型冠状病毒感染而不是根据实际的病理特征。此外，在人工智能系统构建的任何一个环节，如数据采集、模型训练或模型部署等，均存在潜在的安全问题。随着各类攻击技术的发展，攻击所需要的成本也越来越低，其所带来的危害却越来越大，影响范围也越来越广。与此同时，相信随着防御技术的不断提高，很多现有安全问题也都会在不久的将来得到很好的解决。

1.4   本章小结

本章从人工智能的定义、人工智能的发展以及人工智能安全三个方面出发，简要概述人工智能发展背后的故事以及现有人工智能系统可能存在的数据与模型安全问题。其中 1.1 节回顾了标志着人工智能概念诞生的 1956 年的达特茅斯会议，并对人工智能进行了解释；

1.2 节重点介绍了人工智能的三起两落以及人工智能发展过程中的几个具有重大突破性的历史事件；1.3 节首先给出了三类人工智能安全问题的定义及其关系，包括人工智能内生安全、人工智能衍生安全以及人工智能助力安全，随后介绍了内生安全中的数据安全与模型安全问题，并在最后举例了几个现实发生的安全问题。希望这些介绍可以帮助读者更好地了解相关的背景。

1.5 习题

1. 列举三个影响人工智能发展的关键因素，并简要分析产生的具体影响。
2. 简要描述数据安全、模型安全与人工智能安全之间的关系。
3. 列举三种数据攻击和三种模型攻击，并简要说明它们的攻击目标。

第 2 章

机器学习基础

机器学习是人工智能的核心技术，经过多年的发展，已经成为一门多领域交叉的学科，涉及概率论、统计学、逼近论、凸分析、计算复杂性理论等，并广泛应用于计算机视觉、自然语言处理、语音识别、数据挖掘、生物特征识别、搜索引擎、医学诊断、基因序列测序和机器人控制等领域。本章将从基本概念、学习范式、损失与优化三个方面概念性地介绍机器学习的基础知识，以便读者更好地了解机器学习的核心要素和基本流程。只有充分了解机器学习才能更好地揭示其所存在的安全问题以及问题的根源，从而可以启发更高效的解决方案。

2.1 基本概念

机器学习通常是指模型从有限的训练样本中利用学习算法自动寻找规律和知识，进而在未知数据上进行决策的过程[3]。在机器学习过程中，我们需要根据特定的学习任务设计数学模型，确定从输入到输出的具体映射形式，再定义目标函数衡量拟合程度，设计优化策略在训练集上对模型进行迭代更新直到达到目标函数最优值[4]。我们在验证集上检验模型的泛化能力并挑选最优的模型参数，并最终在测试集上进行模型评估。为了更好地理解机器学习的概念，本节将从学习任务、学习对象、学习主体、学习过程以及学习目标等方面一一进行阐述。

机器学习的任务是指人为定义的一种方便机器完成的最简问题。一个具体的机器学习任务往往源自一个现实世界的问题，具有明确定义的"输入"和"输出"，并且可以通过一定的手段采集到样例"输入"和"输出"。机器学习任务形式多样，比如在棋类游戏中根据当前的棋盘局势落子、识别图片中物体的种类、将一段中文翻译成英文等。现实世界中的问题，或简单或复杂，都可以拆分成一个或者多个机器学习任务。是否可拆分的关键是中间步骤的产物是否可捕获或者可观测。机器学习概念始于 1959 年，经过多年的发展已经研究了大量的学习任务，其中主要的任务类型包括回归、分类、生成、降噪、异常检测、机器翻译等。

当学习任务得到明确定义以后，我们就可以在应用场景中收集输入输出样本，以构建训练样本集。在数据收集过程中最重要的一个假设是数据独立同分布（independent and identically distributed, IID）假设，即每一个样本（训练样本和测试样本）都是从同一个分布（形式未知）随机独立采样得到的。独立同分布假设保证了机器学习模型在训练样本上训练后可以在未知（测试）样本上进行泛化，是机器学习模型泛化的关键，而实际上，很多泛化问题的出现都跟打破独立同分布假设有关。因此在收集训练样本时，往往要求多次采样之间应尽可能地独立，且希望采样出来的数据点都服从同一分布。单一数据样本可由一个多维向量表示如下：

$$\boldsymbol{x}_i = (\boldsymbol{x}_i^{(1)}, \boldsymbol{x}_i^{(2)}, \cdots, \boldsymbol{x}_i^{(d)})^\top \tag{2.1}$$

多个训练样本组成一个**训练样本集**（不包含标签），我们用 X 表示训练样本集，定义如下：

$$X = \{\boldsymbol{x}_1, \boldsymbol{x}_2, \cdots, \boldsymbol{x}_n\} \tag{2.2}$$

机器学习的对象是数据中蕴含的知识。机器学习存在三种经典的学习范式，即有监督学习、无监督学习和强化学习。在**有监督学习**中，知识由样本中所包含的信息和标注信息共同定义，即**知识是标注出来的**。所以在得到训练样本集 X 后，我们需要对其中每个样本进行标注，使每一个 $\boldsymbol{x}$ 对应一个（或多个）标签 $y \in Y$（离散或者连续）。标注信息给出了从输入空间 $\mathcal{X}$ 到标签空间（即输出空间）$\mathcal{Y}$ 的映射，知识蕴含其中。我们一般将训练过程中完全可见的数据（包括样本和其标签）称为训练集，它给出了较为准确但数量有限的"输入–输出"映射关系，我们会通过让模型拟合这些映射关系来挖掘潜在的数据模式，以完成对知识的学习。一般来说，样本标注需要花费大量的人力物力，标注方式要求专业、严谨、合理，标注信息越准确对知识的定义就越准确，也就越有利于模型学习，因此数据标注是机器学习过程中非常重要的一个环节。当涉及专业性较强的学习任务时，如标记医疗影像中的病变位置，甚至还需要领域专家的参与和指导。在有监督学习范式下，训练数据集 D 由训练样本集 $X \subset \mathcal{X}$ 和其对应的标签集 $Y \subset \mathcal{Y}$ 共同构成：

$$D = \{(X, Y)\} = \{(\boldsymbol{x}_i, y_i)\}_{i=1}^n \tag{2.3}$$

除标注信息外，数据本身的分布规律也蕴含了丰富的知识。因此一些机器学习任务要求模型可以从数据中自主挖掘潜在模式，以完成对数据中所蕴含规律的学习，这种学习范式称为**无监督学习**。在这种情况下，标签集合为空集，即 $Y = \varnothing$。所以对无监督学习来说，**知识是挖掘出来的**。在有监督学习和无监督学习之间还存在半监督学习范式，在这种情况下数据部分有标注部分无标注。实际上，当无监督数据集被标注以后就可以转换为有监督学习任务，虽然这在当前机器学习中并不常见。而有监督学习往往也存在无监督的部分，比如图像分类任务中存在开集类别（open-set class），这在当前机器学习中也是被忽视的。从某种程度上来说，我们大部分的学习任务实际上是半监督的，因为我们总可以对一部分数据进行标注，也总要面对不断出现的未知样本。

在强化学习过程中，智能体在与环境交互的过程中根据奖惩反馈来调整探索策略以最大化奖励。所以对强化学习来说，**知识是探索出来的**。关于何种知识获取方式（有监督学习中的人工标注、无监督学习中的自主挖掘和强化学习中的探索发现）才是定义知识的最佳方式一直是机器学习领域一个争论不休的话题。有一部分研究者认为自主挖掘和探索发现才是获取知识的正确方式，也就是无监督和强化学习才是人工智能的未来。然而，很多现实世界中的问题又更适合以有监督学习的方式进行定义，而且有监督学习的学习效率和泛化性能往往要高于无监督学习。与此同时，一些学者尝试使用迁移学习等方式，逐步缩小不同学习范式之间的差异，进而证明同一个问题可以由不同的学习范式同等解决。2.2 节将具体介绍这几类经典的机器学习范式。

机器学习的主体往往是人工设计的数学模型。在获得训练数据之后，机器学习通常会对 "输入–输出" 映射进行数学建模，并对参数化的模型进行优化。数学模型规定了从输入到输出的具体映射形式，无论是简单的线性模型还是更为复杂的深度神经网络，它们都可以被看作从输入样本到输出目标的函数映射 f。图 2.1 展示了三种不同的学习任务，分别是语音识别、人脸识别和语义分割，主要区别是映射的具体形式。从输入空间 $\mathcal{X}$ 到输出空间 $\mathcal{Y}$ 的映射函数可抽象表示为：

$$\mathcal{Y} = f(\mathcal{X}) \tag{2.4}$$

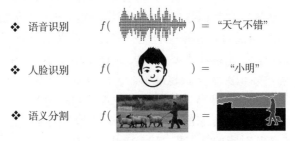

图 2.1　机器学习是一种映射学习

值得注意的是，由于不同模型架构具备不同的映射复杂度，在具体问题上存在优化难易的差别，因此需要根据实际问题的特点对数学模型进行合理设计。而模型架构一选定，其对应的映射函数族（function family）也就确定了。所有可能函数的具体形式将共同构成模型的假设空间 $\mathcal{F}$，即在模型架构确定的前提下，$\mathcal{F}$ 为包含了所有可能映射函数的集合：

$$\mathcal{F} = \{f | \mathcal{Y} = f_{\boldsymbol{\theta}}(\mathcal{X}), \boldsymbol{\theta} \in \mathbb{R}^m\} \tag{2.5}$$

其中，$\boldsymbol{\theta}$ 是参数空间，不同的 $\boldsymbol{\theta}$ 对应不同的函数 $f_{\boldsymbol{\theta}}$。例如，当模型被确定为关于输入变量的线性函数时，模型的假设空间即为所有线性函数构成的集合，线性函数的每一种组合系数 $\boldsymbol{\theta}$ 对应模型假设空间中的一个点。当选定模型架构后，我们需要考虑如何获得最优的模型参数，这就需要具体的学习算法来实现参数优化。

机器学习的过程是模型参数优化的过程。 未经学习的模型不包含任何任务相关的知识，更不具备解决实际问题的能力，这时候就需要学习算法的参与。学习算法包含两个核心要素，分别是**损失函数**和**优化策略**。对有监督学习任务来说，损失函数定义了模型的预测错误，即模型的输出 $f(\boldsymbol{x})$ 与真实标签 y 之间的不一致性。所以损失函数通常是一个非负实值函数，一般用 $\mathcal{L}(f(\boldsymbol{x}), y)$ 来表示。损失函数值越小，一致性越高，模型拟合越好。假设输入和输出是 (X, Y) 的随机变量，服从联合分布 $P(X, Y)$，在整个数据分布上的**期望损失**（expected loss）可定义为：

$$R_{\mathrm{exp}}(f) = \mathbb{E}_P[\mathcal{L}(f(\boldsymbol{x}), y)] = \int_{X \times Y} \mathcal{L}(f(\boldsymbol{x}), y)P(\boldsymbol{x}, y)\mathrm{d}\boldsymbol{x}\mathrm{d}y \tag{2.6}$$

学习的目标就是找到使期望损失最低的模型参数 $\boldsymbol{\theta}^*$，而在现实场景中 $P(X, Y)$ 是未知的，所以式（2.6）无法直接求解，需要模型通过在训练数据上"学习"来逐步逼近。

在实际机器学习求解过程中，人们通常使用**经验风险**（empirical risk）来近似期望损失。给定训练数据集 D [式（2.3）]，经验损失可定义如下：

$$R_{\mathrm{emp}}(f) = \mathbb{E}_{(\boldsymbol{x}, y) \in D}\mathcal{L}(f(\boldsymbol{x}), y) = \frac{1}{n}\sum_{i=1}^{n}\mathcal{L}(f(\boldsymbol{x}_i), y_i) \tag{2.7}$$

此处近似的合理性与前文提到的独立同分布采样假设紧密相关。实际优化通常遵循**经验风险最小化**（empirical risk minimization, ERM）策略，将求解最优模型参数转换为求解下式的最小值问题：

$$\boldsymbol{\theta}^* = \arg\min_{\boldsymbol{\theta}}\frac{1}{n}\sum_{i=1}^{n}\mathcal{L}(f_{\boldsymbol{\theta}}(\boldsymbol{x}_i), y_i) \tag{2.8}$$

在本书的后续章节中，我们在无歧义的情况下忽略 $f_{\boldsymbol{\theta}}$ 中的 $\boldsymbol{\theta}$ 符号，简单地用 f 来表示模型和模型所代表的函数。

当样本容量足够大时，最小化经验风险往往能够取得很好的学习效果。然而在大部分情况下，训练样本的数量是非常有限的，而且往往存在一些噪声数据，使得训练数据不能够完全反映真实的数据分布。在这种情况下，通过经验风险最小化得到的模型很容易出现**过拟合**（overfitting）的现象，即在训练数据集上性能很好，但在测试数据集上性能很差。为了防止模型过拟合，**结构风险最小化**（structural risk minimization, SRM）准则被提出。

我们可以认为过拟合是由模型过度复杂（拟合能力过强）、训练数据过少、训练数据噪声过多等造成的，因此可以通过**正则化**（regularization）的方式来对模型的参数进行约束，以解决模型过拟合的问题。常用的正则化方法有 L_1 范数正则化和 L_2 范数正则化，我们用 $\Omega(\boldsymbol{\theta})$ 来表示模型参数正则化，这两种正则化方法分别表示如下：

$$L_1: \Omega(\boldsymbol{\theta}) = \|\boldsymbol{\theta}\|_1 = \sum_i |\boldsymbol{\theta}_i| \tag{2.9}$$

$$L_2 : \Omega(\boldsymbol{\theta}) = \|\boldsymbol{\theta}\|_2 = \sum_i \boldsymbol{\theta}_i^2 \tag{2.10}$$

在经验风险最小化的基础上引入参数正则化来限制模型的复杂度可有效缓解过拟合现象，二者的结合则为结构风险，用 R_{srm} 来表示如下：

$$
\begin{aligned}
R_{\text{srm}}(f) &= R_{\text{emp}} + \lambda \cdot \Omega(\boldsymbol{\theta}) \\
&= \frac{1}{n} \sum_{i=1}^{n} \mathcal{L}(f_{\boldsymbol{\theta}}(\boldsymbol{x}_i), y_i) + \lambda \cdot \Omega(\boldsymbol{\theta})
\end{aligned} \tag{2.11}
$$

基于结构风险最小化的参数优化目标为：

$$\boldsymbol{\theta}^* = \arg\min_{\boldsymbol{\theta}} \left[\frac{1}{n} \sum_{i=1}^{n} \mathcal{L}(f_{\boldsymbol{\theta}}(\boldsymbol{x}_i), y_i) + \lambda \cdot \Omega(\boldsymbol{\theta}) \right] \tag{2.12}$$

其中，$\lambda > 0$ 是正则化系数，用于控制正则化的强度，以权衡经验风险和模型复杂度。

在确定好优化目标之后，对优化目标的求解涉及学习算法的第二个核心要素：**优化策略**。优化策略（也称优化方法、优化器）多种多样，光是基于梯度的**一阶优化方法**就有很多种，如 SGD、AdaGrad、AdaDelta、Adam、RMSProp、AdamW 等。此外还有**零阶（黑盒）优化方法**，如网格搜索、随机搜索、遗传算法、进化策略等，以及**二阶优化方法**，如牛顿法、拟牛顿法（如 BFGS、L-BFGS）等。模型参数的优化过程也就是**模型训练**的过程，模型在拟合训练数据的过程中不断更新参数直到达到最优目标。2.3 节和 2.4 节将分别介绍常用的损失函数和优化算法。

机器学习的目标是训练具有泛化能力的模型。机器学习过程一般会涉及三种类型的数据集合：训练集、验证集和测试集。这三种数据集模拟了真实环境下的机器学习过程：**训练集**是为了某个机器学习任务而收集的数据，代表过去的经验；**验证集**是我们在训练过程中选择最优模型的评判依据，代表我们认为的任务环境；**测试集**是模型在部署后接收到的"未知样本"，代表真实的任务环境。训练集用来训练模型；验证集不参与训练，只用于模型验证和超参选择；测试集在训练过程中严格不可见，用于评估模型的最终泛化性能。数据的独立同分布假设保障了在训练数据上训练得到的模型可以泛化到对测试集进行预测。值得一提的是，当前有研究者也在尝试探索模型在这种假设之外的**分布外**（out of distribution，OOD）泛化能力，即当训练数据和测试数据服从相似但不同的数据分布时如何提升模型的泛化能力。

当模型训练完成后，我们需要在测试集上来评估模型的泛化性能。根据模型在训练集和测试集上的不同表现，学习结果可大致分为：适拟合（proper fitting）、欠拟合（underfitting）和过拟合（overfitting）。适拟合是指模型在训练集和测试集上的性能差别不大，即模型具有良好的泛化性能；欠拟合是指模型没有充分学习到数据中包含的特征，模型在训练数据集上的性能就比较差；过拟合是指模型在训练集上表现很好，但在测试集上性能大幅下滑。

解决欠拟合问题需要适当增加模型复杂度或让训练更充分，如降低正则化惩罚强度、提高模型复杂度、增加模型参数、增加训练周期等。解决过拟合问题则需要调高正则化强度、降低模型复杂度、减少模型参数、使用数据增广、使用早停法（early stopping）等。值得思考的是，当前机器学习社区所讨论的适拟合、欠拟合和过拟合都是基于特定数据集来说的，而从知识的角度看，模型（比如深度神经网络）到底是欠拟合还是早已过拟合尚未可知。

以上从学习任务、学习对象、学习主体、学习过程以及学习目标五个方面介绍了机器学习的基本概念。下一节将对几种常见机器学习范式进行更详细的介绍。

2.2 学习范式

2.2.1 有监督学习

假设存在一个包含 n 个样本的数据集 $D = \{x_i, y_i\}_{i=1}^n$，其中 $x_i \sim X \subseteq \mathbb{R}^d$ 是一个从 d 维输入空间 $\mathcal{X}$ 中采样得到的样本，$y_i \in Y$ 是样本 x_i 的真实标签（输出空间 $\mathcal{Y}$ 可能是离散的也可能是连续的）。给定数据集 D，有监督学习的目标是学习一个从输入空间到输出空间的映射函数：$f : \mathcal{X} \to \mathcal{Y}$。在有监督学习过程中，我们在数据集 D 上训练模型 f，使其在每个样本 x 上的预测值 $f(x)$ 都尽可能地接近真实标签 y，而此训练过程就是最小化模型在数据集 D 上的经验风险的过程。有监督学习可定义如下：

$$\min_{\theta} \mathbb{E}_{(x,y) \in D} \mathcal{L}(f(x), y) \tag{2.13}$$

其中，θ 表示模型 f 的参数，$\mathcal{L}(f(x), y)$ 为损失函数，定义了模型输出与真实标签之间的差距。损失函数值越小，说明模型对数据集 D 的拟合越好（但可能会过拟合）。

根据输出变量 Y 的类型，有监督学习问题又分为**分类问题**和**回归问题**。在分类问题中，输出变量 Y 的取值范围为有限个离散值组成的集合，每个离散值是一个"类别"。解决分类问题的模型包括随机森林、支持向量机、深度神经网络等。在回归问题中，输出变量 Y 为连续型变量，学习一个回归模型等价于拟合一个从输入变量映射到输出变量的函数。解决回归问题的模型包括线性回归模型、逻辑回归模型、深度神经网络等。实际上，很多机器学习模型既可以用于分类问题也可以用于回归问题，并没有严格的界限，分类与回归问题也大多可以相互转换。

作为一种统计学习任务，有监督学习要求模型具有对未知数据的良好泛化性能，因此过拟合是有监督学习必须要面对的问题。前文提到过解决过拟合的一些方法，如使用基于 L_2 范数的**权重衰减**（weight decay）[见式（2.10）]、使用数据增广、使用早停法等。**正则化**是这些方法的核心，如数据增广、随机失活（dropout）等都可以被理解为一种正则化。实际上，提升模型泛化性的最好方法往往是简单粗暴地增加训练数据。此外，在训练数据已确定的情况下，我们还可以使用各种**数据增广**（data augmentation）方法来丰富训练数据。数据增广相当于对训练样本 x 进行某种变换 t 来产生新的样本 $t(x)$，一般不改变类别

y。对图像数据来说，常用的数据增广方法有翻转、旋转、裁剪、缩放、颜色变换、Cutout、Mixup、Cutmix、AutoAugment 等。此外，向输入中添加随机或者特定的噪声也是一种常见的数据增广方式。

在有监督学习中，数据的标签类型和标注准确率会对模型最后的性能产生很大的影响。对于分类任务来说，类别越多任务越难，类别越复杂任务也会越难，比如相较于单标签分类问题，多标签分类问题更难。此外，虽然我们使用的很多数据集是人工标注的，但是由于标注的困难（比如标记 1000 个类别），这些数据集难免会存在一些标注错误，给模型的训练带来一定挑战，这个也称为**噪声标签**（noisy label）问题。噪声标签问题在一些大规模数据集如 ImageNet 和 COCO 上普遍存在。同样地，测试集中也可能会存在噪声标签，会给模型的性能评估带来一定的不准确性。

2.2.2　无监督学习

无监督学习是机器学习的另一类重要学习范式。无监督学习要求算法能够在没有标注的数据上进行自主学习，充分发掘数据本身的性质和内在的关联关系。这一抽象过程可以描述为：设计算法 $\mathcal{A}$ 作用于样本集合 X 得到函数（模型）f，所得到的 f 将最终作用于数据本身 X^*（$X \subseteq X^*$）得到某种分析结果 $\mathcal{O}$。该过程可以抽象描述为：

$$\begin{aligned} &步骤 1 \quad \mathcal{A}(X) \to f \\ &步骤 2 \quad f(\boldsymbol{x} \in X^*) \to \mathcal{O} \end{aligned} \tag{2.14}$$

相比于有监督学习，无监督学习最大的不同在于步骤 1 只使用了数据集 D 中的样本 X 本身，没有标注信息 Y，算法仅通过分析数据自身特性就能学习得到分析函数 f，完成对数据集自身的分析（步骤 2）。所分析的数据 X^* 可能是已见过的学习样本，也可能是未见过的样本，而分析结果 r 由具体任务决定。常见的无监督学习任务有聚类分析、相关性分析、特征降维、异常检测、对比学习、数据重建等。针对不同的无监督学习任务，我们需要设计不同的算法 $\mathcal{A}$ 对数据进行分析，这些方法从不同的角度解决同一个核心问题，即如何在无显式标注的情况下实现"自我监督"。

聚类（clustering）是一类经典的无监督学习任务，目的是将空间中的数据点按照某种方式聚为对应不同概念的**簇**（cluster）。簇内距离和簇间距离是衡量聚类方法性能好坏的核心标准，这需要由一个距离度量（distance metric）来定义。实际上，将很多数据点聚成几簇很容易，但是要每一个簇都有不同的意义很难，更何况很多时候我们无法知道到底应该有几个簇。经典的聚类算法包括 k-means、DBSCAN 等。从某种程度上来说，分类问题是聚类问题的一个简单版本，类是已知的且预先标记好的簇。聚类分析与特征学习也有着密切的关联，研究表明深度神经网络强大的特征学习能力将有助于发现更准确的簇，可以**先学特征再聚类**或者**边学特征边聚类**。一般来说，聚类模型不易受少量异常数据点的干扰，安全性要高于分类模型。

特征降维（dimensionality reduction）是无监督学习中的另一类重要任务，其目的是将高维数据映射到低维空间，用更低维度的特征来替代原始高维度特征，同时最大限度地保留高维特征所包含的信息（即方差），从而达到降低时间复杂度、提高数据分析效率、防止模型过拟合的目的。经典的降维方法包括**主成分分析**（principal components analysis，PCA）、t-SNE（t-distributed stochastic neighbor embedding）等。其中，PCA 是一种最常用的方法，它通过最大化投影方差来生成一系列线性不相关变量（即主成分），将高维数据映射到低维空间。原先的 n 个特征被更少的 $m \ll n$ 个特征取代，新特征是旧特征的线性组合，PCA 算法尽量使新的 m 个特征互不相关以便存储更多的信息。此外，数据在降维的同时会去除一部分噪声，将有利于发现数据中的潜在模式。

自监督对比学习（self-supervised contrastive learning）是无监督学习的一种，通过对比的手段学习样本间的相同和不同特征，从而得到高效的特征抽取模型 f，能够对输入样本提取具有判别性的有用特征。**对比学习**的核心思想在于让"相似"的样本在特征空间中更近，让"不相似"的样本在特征空间中更远。例如，我们可以将相同实例的不同视角（如应用不同的数据增广）视为**相似样本**（也称正样本对），同时将不同的实例视为**不相似样本**（也称负样本对）。此外，还可以利用聚类方法，将同一个簇内的样本定义为相似样本，将来自不同簇的样本视为不相似样本。目前，如何设计合理的对照和相似性度量是自监督对比学习研究的重点。

数据重建（data reconstruction）通过重构原始样本来学习数据的有效表示或者学习生成特定分布的样本。基于自我重建的无监督学习包含了很多经典的算法，如自编码器（autoencoder）、变分自编码器（variational autoencoder，VAE）、生成对抗网络（GAN）等。**自编码器**的作用是学习数据的有效编码，它通过一个编码器（encoder）将样本压缩成一个潜在空间表示，然后通过一个解码器（decoder）将空间表示重构为输入样本。**变分自编码器**则是将输入编码为隐空间中的分布，并基于隐空间中采样得到的特征点重建输入，以此来学习一个能够建模真实数据分布的生成模型。**生成对抗网络**是一种非显式建模数据分布的生成模型，其特点是通过一个**判别器**（discriminator）和一个**生成器**（generator）之间的对抗学习来促使生成器生成符合真实数据分布的样本。在生成对抗网络中，两个模型（即判别器和生成器）的目标相反，其中判别器 D 的目标是判断一个样本是否为生成器生成，生成器 G 的目标则是尽可能生成判别器无法判断真假的样本。交替训练这两个相互对抗的模型可以使二者达到一个均衡状态（纳什均衡），在此状态下生成器将能够生成符合真实数据分布的样本。

如我们在 2.2.1 节提到的，现实世界的学习任务是复杂多样的，在有监督和无监督学习之间存在一些如**半监督学习**和**弱监督学习**等中间类型的学习范式。在半监督学习中，我们将面临输入数据部分被标记，部分未被标记的情况；而在弱监督学习中，我们将面临数据集的标签不可靠的情况，而这种不可靠性包括了噪声标记、不完整标记、局部缺失标记等。现实场景中，半监督和弱监督任务非常常见，学习算法也非常多样，经常会融合有监督和无监督学习各自的优势来解决半监督和弱监督学习问题。

2.2.3　强化学习

强化学习（reinforcement learning，RL）的目标是在不确定的复杂交互环境下训练智能体使之学会从环境中最大化累积奖励。与有监督和无监督学习不同，强化学习通过奖励信号来获取环境对智能体动作的反馈，得到的结果可能具有一定的延时性，即奖励信号的反馈可能会滞后于做决策。除此之外，在强化学习的决策过程中，每个样本并非一定是独立同分布的，而是具有时序性的序列。在强化学习中，通常会有两个对象进行交互：智能体和环境。强化学习中的一些基本概念如下。

- **智能体**（agent）可以感知外界环境的状态，得到环境反馈的奖励，并在此过程中进行决策和学习。具体来说，智能体根据外界环境的状态产生不同的决策，做出相应的动作，并根据外界环境反馈的奖励来学习、调整策略。
- **环境**（environment）是指智能体周围的所有外部事物，其状态受智能体动作的影响而改变，并能根据智能体的动作反馈相应的奖励。
- **状态**（state）是对当前环境信息的总结描述，智能体可感知它并产生相应动作。状态可以是离散的或连续的，所有状态 s 的集合称为**状态空间** S。在强化学习过程中，智能体往往无法直接获得环境的全部信息，只能通过感知环境的部分状态来进行决策和学习。
- **动作**（action）是对智能体行为的描述，智能体的动作可以影响下一时刻环境的状态。动作可以是离散的或连续的，所有动作 a 的集合称为**动作空间** A。
- **策略**（policy）是一个行为函数，表示在当前环境状态 s 下，智能体如何决定下一步的动作 a。策略可以分为**确定性策略**和**随机性策略**两种。其中确定性策略表示为状态空间到动作空间的映射函数 $\pi : S \to A$；随机性策略表示在某一状态 s 下，智能体以一定概率 $\pi(a \mid s)$ 选择动作 a，参数化后的策略表示为 π_θ。
- **状态转移概率**（state transition probability）是指在状态 s 下，智能体做出动作 a 之后，在下一时刻环境状态转变为状态 s' 的概率 $p(s' \mid s, a)$。
- **奖励**（reward）是指智能体在某个状态 s 下执行某个动作 a 之后从环境中获取的即时奖励。这个奖励也通常与环境下一时刻的状态有关，即 $R(s, a, s')$。
- **马尔可夫决策过程**（Markov decision process，MDP）可以用来表示智能体与环境交互的过程，在过程的每一步中，智能体基于环境当前状态 s 采取动作 a 与环境发生交互，使环境状态转移至下一时刻的状态 s'，再从环境中获取即时奖励 $R(s, a, s')$。在马尔可夫过程中，下一个时刻的状态 s_{t+1} 只取决于当前状态 s_t，即

$$p(s_{t+1} \mid s_t, \cdots, s_0) = p(s_{t+1} \mid s_t) \tag{2.15}$$

马尔可夫决策过程在此基础上又引入了动作这一变量，使得下一时刻的状态 s_{t+1} 和当前状态 s_t 以及动作 a_t 相关，即

$$p(s_{t+1} \mid s_t, a_t, \cdots, s_0, a_0) = p(s_{t+1} \mid s_t, a_t) \tag{2.16}$$

- 回报（return）和值函数（value function）对于强化学习任务有一个统一的作用：最大化从某一时刻 t 到未来的回报 G_t，又称累积折扣奖励（cumulative discounted reward）：

$$G_t = \sum_{t}^{\infty} \gamma^t R(a_t, s_t, s_{t+1}) \tag{2.17}$$

其中，$\gamma^t \in [0,1)$ 是一个折扣率（discount rate），可以逐渐降低未来事件的权重。因为策略和状态转移往往具有一定的随机性，每次试验得到的轨迹是一个随机序列，其收获的总回报也并非确定值。因此，强化学习的目标是学到一个策略 π_θ，根据当前的状态 s，最大化期望累积奖励（expected cumulative reward），即下面的值函数：

$$V_{\pi_\theta}(s) = \mathbb{E}_{\pi_\theta}(G_t | s_t = s) \tag{2.18}$$

这种状态对应的值函数也称为**状态值函数**（state-value function）。另一种常用的值函数为状态—动作值函数 $Q(s,a)$，即状态—动作对 (s,a) 对应的值函数，其定义为 $Q_{\pi_\theta} = R(s,a,s') + V_{\pi_\theta}(s')$。

- 根据是否依赖环境模型，强化学习方法可以分为有模型（model-based）和无模型（model-free）两类。二者最大的区别是智能体是否可以直接获得环境的状态转移概率。**有模型强化学习**具有对环境的直接建模（如状态转移概率和值函数），智能体在做出一个动作后可以使用环境模型预测下一个状态 s_{t+1}（及其对应的奖励）。智能体通过与环境交互来感知环境模型（或学习对环境建模）并探索最优策略。但是现实世界的问题往往存在很多未知和潜在的影响因子，无法对环境进行精确建模。**无模型强化学习**没有依赖于环境模型，主要是基于大量的试错进行学习，所以相比有模型强化学习来说，往往需要与环境进行更多的交互。

- 强化学习算法还可以根据采集样本的策略分为同策（on-policy）算法和异策（off-policy）算法两类。一般来说，强化学习算法利用**目标策略**（target policy）和**行为策略**（behavior policy）来分别完成利用（exploitation）和 探索（exploration）两个核心目标。行为策略用来与环境交互产生数据（样本），而目标策略在行为策略产生的数据中不断学习最优的决策策略（即最大化值函数）。在同策算法中，行为策略与目标策略相同，即算法只能使用当前正在优化的策略生成的数据来进行训练。而在异策算法中，用于生成样本的行为策略与目标策略是分开的，即二者可以是两个不同的策略，这样可以重复利用样本，减少智能体与环境的交互次数。异策算法的这种重复利用样本的机制也被称为**经验回放**（experience replay）。相较而言，异策算法的样本利用率更高，更加通用，能够用在一些样本采集非常昂贵的任务中。

2.2.4　其他范式

有监督学习、无监督学习和强化学习是机器学习的三种基本范式。除此之外，为了应对复杂多样的应用场景需求，也衍生出了很多其他的学习范式。这些范式在数据的获取方式、学习环境、资源分配、应用需求等方面各不相同，但大多是上述三种基本范式的变形、改进或组合。下面简单介绍几种比较常见的其他范式。

迁移学习（transfer learning）是一种在目标任务数据不足的情况下，充分利用其他学习任务的已有模型，将其强大的特征学习能力迁移到目标任务中的学习算法。迁移学习的本质是通过**源域**（source domain）知识来辅助学习**目标域**（target domain）知识。源域（或源任务）数据集被称为**源数据集** $D^s = \{\boldsymbol{x}_i^s, y_i^s\}_{i=1}^{n^s}$，目标域（或目标任务）数据集被称为**目标数据集** $D^t = \{\boldsymbol{x}_i^t, y_i^t\}_{i=1}^{n^t}$。在一个机器学习任务里，样本、特征和模型承载了主要的知识，都有可能成为迁移学习的对象。所以根据迁移对象的不同，迁移学习算法又分为样本迁移、特征迁移、模型迁移等不同类别。

- **样本迁移**适用于源域和目标域存在一定的类别重叠的情况，目标是通过重用源域样本来提升迁移性能。常用的方法是为源域样本赋予不同的权重，提升源域中有利于目标域任务的样本的权重，同时降低不利于目标域任务的样本的权重，以此来增强模型在目标域任务上的性能。但这类方法通常只在领域间分布差异不大时有效，对于计算机视觉、自然语言处理等任务效果并不理想。

- **特征迁移**的应用更为广泛，它适用于源域和目标域特征空间不一致的场景。常见的解决思路有如下两种：（1）从特征空间出发，利用分布距离指标或使用对抗学习，缩小模型提取的源域特征和目标域特征的分布差异；（2）从输入空间着手，将源域数据转换到目标域进行学习，以完成跨领域泛化。这两类解决思路可形式化定义如下：

$$\begin{cases} (1) \min_{\boldsymbol{\theta}} \left[\mathbb{E}_{(\boldsymbol{x},y) \in D^s} \mathcal{L}(f(\boldsymbol{x}), y) + \mathcal{L}_{\text{dis}}(g(D^s), g(D^t)) \right] \\ (2) \min_{\boldsymbol{\theta}} \mathbb{E}_{(\boldsymbol{x},y) \in D^s} \mathcal{L}(f \circ X_{s \to t}(\boldsymbol{x}), y) \end{cases} \tag{2.19}$$

其中，$f = h \circ g$ 为任务模型，h 为任务头，g 为特征编码器，$\boldsymbol{\theta}$ 为模型参数，$\mathcal{L}(f(\boldsymbol{x}), y)$ 对应任务损失函数，$g(D)$ 为数据集 D 的样本特征集合，$\mathcal{L}_{\text{dis}}(\cdot, \cdot)$ 为衡量特征集合分布差异的函数，指导两个域之间的特征对齐。可以看出，方法（1）会增加额外的损失项（$\mathcal{L}_{\text{dis}}$）来约束特征编码器，使其学习到不同领域之间的共同模式；而方法（2）需要首先学习将数据从源域转换到目标域的转换映射 $X_{s \to t}$，比如通过神经网络进行学习，以此来降低域间差异，提升模型泛化能力。

- 除了样本迁移和特征迁移，**模型迁移**是另一类被广泛研究的迁移方法，它通过找到源域和目标域之间可以共享的模型参数信息，以此最大化利用在源域数据上预训练的模型的知识。在深度学习中，一种常见的模型迁移方法是利用大规模预训练模型对下游任务模型进行初始化，然后以微调（或者添加特定任务模块后再微调）的方式完成预训练模型到下游任务的跨域迁移。模型迁移可形式化表示如下：

$$\min_{\boldsymbol{\theta} \subset \boldsymbol{\theta}_g \cup \boldsymbol{\theta}_{h^t}} \mathbb{E}_{(\boldsymbol{x},y) \in D^t} \mathcal{L}^t(h^t \circ g(\boldsymbol{x}), y)$$

$$\boldsymbol{\theta}_{\text{init}} = \arg\min_{\boldsymbol{\theta}} \mathbb{E}_{(\boldsymbol{x},y) \in D^s} \mathcal{L}^s(h^s \circ g(\boldsymbol{x}), y) \tag{2.20}$$

其中，g 表示预训练特征抽取器，h^s 和 h^t 分别表示源（预训练）任务和目标任务头，$\mathcal{L}^s$ 和 $\mathcal{L}^t$ 分别表示源任务和目标任务的损失函数，D^s 和 D^t 分别表示源数据集和目标数据集。实际上，模型迁移的实现方式有很多种，比如可以固定住网络深层结构来更新浅层结构，也可以借助后面要介绍的知识蒸馏技术，让下游任务模型能够学到源域模型中更多的知识。人工智能安全研究非常注重迁移性，例如攻击和防御方法能否迁移到不同的数据集、模型结构、训练方式等；抑或是利用特征迁移技术提升模型的通用防御能力。

在线学习（online learning）是与离线学习相对的概念，指训练数据或者学习任务是在模型的部署使用过程中不断更新或增加的，需要持续优化模型以满足动态增长的需求。前面介绍的很多学习方法都是**离线学习**方法，即训练数据是预先收集好的。而在线学习要求数据按顺序可用，利用新到来的数据实时地对模型参数进行更新和优化。其中**增量学习**是一种典型的在线学习范式，它要求模型能够不断地处理现实世界中新产生的数据流。新旧知识之间存在一定的权衡，所以增量学习的难点是如何让模型在吸收新知识的同时能够最大化地保留甚至整合、优化旧知识。

我们将增量发生之前的数据称为旧数据集，定义为 $D_{\text{old}} = \{\boldsymbol{x}_i^{\text{old}}, y_i^{\text{old}}\}_{i=1}^{n_{\text{old}}}$，新增加的数据集则定义为 $D_{\text{new}} = \{\boldsymbol{x}_i^{\text{new}}, y_i^{\text{new}}\}_{i=1}^{n_{\text{new}}}$。增量学习的优化目标可定义如下：

$$\min_{\boldsymbol{\theta}} \left[\mathbb{E}_{(\boldsymbol{x},y) \in D_{\text{old}}} \mathcal{L}(f(\boldsymbol{x}), y) + \mathbb{E}_{(\boldsymbol{x},y) \in D_{\text{new}}} \mathcal{L}(f(\boldsymbol{x}), y) \right] \tag{2.21}$$

其中，$\boldsymbol{\theta}$ 表示模型 f 的参数，$\mathcal{L}(f(\boldsymbol{x}), y)$ 为损失函数。可以看出，增量学习的优化目标是让模型能够在新旧两个数据集上的期望损失最小。然而，在增量学习过程中，新旧数据无法同时可见，模型先可见旧数据，后可见新数据，在新数据上进行学习的过程中旧数据又变为不可见或少部分可见，这会导致模型发生**灾难性遗忘**（catastrophic forgetting）。一般可以通过增加参数约束项、预保存旧数据的少量关键特征（并在增量过程中进行回放）、对模型重要参数进行冻结等方式来解决该问题。

联邦学习（federated learning，FL）是针对数据孤岛现象所提出的一种多方协同学习（collaborative learning）技术。在当今信息时代，数据是宝贵的资源，机器学习（尤其是深度学习）往往需要大量数据来训练高性能的模型。然而在实际场景中，不同的机构虽然都拥有一部分私有数据，但往往由于各种限制无法共享，这就导致个体机构能利用的数据量是非常有限的，难以整合产业优势。这种现象被形象地称为"数据孤岛"，指不同业务系统之间无法协同互通的状态。尽管随着 5G 通信和物联网技术的快速发展，大量的数据被不断地采集，但是数据孤岛现象日益严重，所带来的问题包括：如何安全共享信息、如何有效利用异构数据、如何快速传输交付、如何定价数据价值等。在数据孤岛问题之下，联邦学习应运而生，它允许各方在不共享数据的情况下可以联合训练一个强大的全局模型。

联邦学习存在多个参与方和一个中心参数服务器，每个参与方有自己的数据和模型，可以进行本地模型训练，各参与方在一定次数的本地训练后将本地模型参数上传至中心服务器，中心服务器在聚合本地参数后更新全局模型，各参与方下载全局模型并继续进行本地训练，以此往复直至全局模型收敛。由于只是共享模型参数（或梯度信息）而不需要共享数据，联邦学习也通常被认作一种"隐私保护"（privacy-preserving）的学习范式。根据各方私有数据的分布类型不同，联邦学习又可以分为**横向联邦学习**（horizontal federated learning，HFL）和**纵向联邦学习**（vertical federated learning，VFL）。以一个包含若干行和列的数据表为例，横向联邦中各参与方拥有不同的"数据行"，纵向联邦中各参与方拥有不同的"数据列"。它们共同需要面对的挑战包括：非独立同分布（non-IID）的数据、有限通信带宽、不可靠或有限的设备等。关于联邦学习及其安全问题将会在 5.3 节和 8.5 节分别进行详细的介绍。

知识蒸馏（knowledge distillation，KD）是将知识从一个大的教师模型中蒸馏到一个小的学生模型中的学习方法。知识蒸馏在资源受限的移动端部署中具有重要的应用价值，可用于训练服务于图像分类、目标检测、语义分割等任务的高效小模型，甚至在对抗防御中也有重要的应用。蒸馏的核心思想是**对齐**，通过让学生模型的逻辑或概率输出对齐教师模型以达到知识蒸馏的目的，对齐也可以理解为一种"模仿学习"，因此所有以"对齐"为主的训练方式都可以叫蒸馏。蒸馏得到的学生模型一般比从头训练（training from scratch）具有更好的性能。令学生模型为 S，教师模型为 T，$\mathcal{L}_{\text{sim}}$ 表示对两个模型输出的一致性约束，给定数据集 $D = \{\boldsymbol{x}_i, y_i\}_{i=1}^{n}$，知识蒸馏的优化目标可定义如下：

$$\min_{\boldsymbol{\theta}_s} \mathbb{E}_{(\boldsymbol{x},y) \in D} \mathcal{L}_{\text{sim}}(S_{\boldsymbol{\theta}_s}(\boldsymbol{x}), T_{\boldsymbol{\theta}_t}(\boldsymbol{x})) \tag{2.22}$$

知识蒸馏技术在数据与模型安全中的很多地方都有涉及。比如，蒸馏技术可以用来从一个已训练的模型中逆向工程原始训练数据，以达到数据窃取的目的。再比如，在模型防御方面，可以通过鲁棒性蒸馏技术将鲁棒性从教师模型迁移到结构更为简单的学生模型，以弥补小模型在鲁棒训练方面的不足。

多任务学习（multi-task learning，MTL）是指通过单个模型完成多个任务的学习范式。有别于单任务学习，多任务学习把多个紧密相关的任务放在一起进行学习，建立任务间的共享表征，从而提高模型在多个任务上的同时泛化能力。单任务学习必须为每个任务训练一个模型，在多任务推理时还需要进行二次组合或相互调用，而多任务学习得到的模型可以同时完成多个任务的推理，有效减少了训练和推理时间。2.2.1 节中所介绍的有监督学习就是一种单任务学习，我们在其基础上进行多任务的扩展。定义数据集 $D = \{\boldsymbol{x}_i, y\}_{i=1}^{n}$，它包含 m 个子任务 $\{T_i\}_{i=1}^{m}$，多任务学习的目标是在同一个输入上完成多个不同的子任务，如对一张图片同时进行目标检测和图像分割。一种常见的多任务建模方式是使用一个共享表征模型 g 对输入进行特征编码，进而针对 m 个不同的任务设计不同的任务头 $\{h_i\}_{i=1}^{m}$。

多任务有监督学习往往要求模型对多个子任务同时进行优化，每个任务对应一个损失函数 $\mathcal{L}_i$，可以根据学习的难易程度赋予不同的任务以不同的权重。多任务学习的目标可形式化表示如下：

$$\min_{\boldsymbol{\theta}} \mathbb{E}_{(\boldsymbol{x},y)\in D} \sum_{i=1}^{m} w_i \cdot \mathcal{L}_i(h_i \circ g(\boldsymbol{x}), y) \tag{2.23}$$

多任务学习的安全性问题是一个尚未充分探索的开放研究领域。在攻击方面，可以探索如何设计能够同时攻击多个任务的通用攻击方法、如何根据一个任务来破坏其他任务等；在防御方面，可以探索能防御多任务攻击的高效防御方法、如何高效利用多任务互补信息来建立更完备的防御框架等。

小样本学习（few-shot learning，FSL）是一种以有监督学习为主，仅依赖少量样本就可以高效学习和泛化的学习方法。人类可以根据已有经验，仅凭少量样本就辨识新的事物，而小样本学习的出现，就是为了让机器也可以拥有类似的能力。小样本学习一般定义为一个 C-way-K-shot 的任务，C-way 指 C 个类别，K-shot 指每个类别包含 K 个样本。小样本学习涉及三种数据集：**训练集**、**支撑集**（support set）和**查询集**（query set）。任务要求在训练集上训练的模型能够以带 $C \times K$ 个已知标签的样本作为支撑集，快速准确地学习新的类别概念，并在查询集（测试时由标签未知的数据构成的集合）上具有很好的表现。这种通过少量样本快速学习的能力往往需要模型从更多的数据中获取先验知识，因此，小样本任务往往会提供与测试语义相关但不相同的训练数据 $D = \{\boldsymbol{x}_i, y_i\}_{i=1}^{n}$，保证标签空间不相交。

解决小样本学习问题最简单的方法是让模型先在训练集上进行充分训练，然后在测试支撑集上进行二次训练，最后在测试查询集上进行性能评测。另一类常见的方法则是引入**元学习**（meta learning）的思想：让模型学会如何学习（learning to learn）。具体来说，这类方法视训练集上的每一次训练迭代为一次小样本学习过程，仿照测试阶段 C-way-K-shot 的方式将每个小批量训练数据划分为支撑集 $D_i^{\text{sup}} = \{(\boldsymbol{x}_i^{\text{sup}}, y_i^{\text{sup}})\}$ 和查询集 $D_i^{\text{query}} = \{(\boldsymbol{x}_i^{\text{query}}, y_i^{\text{query}})\}$，并确保支撑集 D_i^{sup} 包含 $C \times K$ 个样本。我们将每种划分定义为任务 T_i，其对应数据集 $D_i = D_i^{\text{sup}} \cup D_i^{\text{query}}$，于是总的训练任务为 $T_{\text{train}} = \{T_1, \cdots, T_n\}$，总的训练集为 $D_{\text{train}} = \{D_1, \cdots, D_n | D_i \subset D\}$，并通过如下公式训练模型：

$$\min_{\boldsymbol{\theta}} \mathbb{E}_{D_i \in D_{\text{train}}} \mathbb{E}_{(\boldsymbol{x},y)\in D_i^{\text{query}}} \mathcal{L}(f(D_i^{\text{sup}}, \boldsymbol{x}), y) \tag{2.24}$$

与普通有监督学习任务相比，小样本学习的挑战来源于模型需要在新任务上以很少的训练样本完成学习，并在大量样本上进行测试。因此小样本学习容易对已有数据产生过度依赖，容易受数据投毒、后门攻击等数据相关的攻击威胁。从防御安全的角度来说，目前最为有效的对抗防御手段需要在线构造大量对抗样本进行对抗训练，然而小样本学习在迁移到新任务的过程中每个类别仅有少量标注样本，难以进行大量对抗训练，因此在小样本任务下如何训练对抗鲁棒模型仍是一个充满挑战的问题。

通过前面的介绍可以看出，机器学习范式多种多样，不同学习范式下的数据采集与使用方式、模型训练流程、学习目标、优化算法以及最终模型的部署形式等不尽相同，所面临的安全问题和需要的防御方法也会有一定差异。这也是当前人工智能安全问题多样化的主要原因。虽然目前人工智能安全研究主要围绕有监督学习进行研究，但相信未来这些研究将会扩展到更多样化的学习范式和实际应用场景中。

2.3   损失函数

给定一个学习任务，损失函数定义了具体优化的目标。我们需要根据任务的具体形式和特点设计合理的损失函数 $\mathcal{L}(f(\boldsymbol{x}), y)$ 以评估模型预测值和真实值之间的不一致程度，优化的过程则以最小化损失函数定义的经验错误为目标，通过特定的优化策略对模型参数进行更新，不断减小模型输出与真实值之间的不一致性。对于不同的任务来说，优化的目标变量也各不相同，对于一般的模型训练来说，优化变量为模型参数，而对于很多攻击算法来说优化的变量是输入扰动（噪声），因为要修改输入以使模型犯错。下面将基于深度神经网络介绍几种经典学习任务中经常使用的损失函数，当然这些任务也跟数据和模型安全密切相关，很多攻击和防御方法需要基于这些任务进行研究。

2.3.1   分类损失

交叉熵（cross-entropy, CE）损失无疑是使用最广泛的分类损失函数。在信息论中，交叉熵用来衡量两个概率分布之间的差异性。给定两个概率分布 q 和 p，我们常用 $H(q, p)$ 表示分布 p 相对于分布 q 在给定集合上的交叉熵，具体定义为 $H(q, p) = -\sum_i q_i \log p_i = -\mathbb{E}_q[\log p]$。在机器学习领域，标签和模型输出往往是多维向量（如独热编码），所以我们用粗体 $\boldsymbol{q}$ 表示真实标签分布，粗体 $\boldsymbol{p}$ 表示模型预测分布，交叉熵则衡量了预测分布和真实分布之间的差异。

在单标签分类问题中，每个样本 $\boldsymbol{x}$ 只属于一个正确类别 y。假设类别总数为 C，对于输入样本 $\boldsymbol{x}$ 及其标签 y，模型 f 的预测概率输出为 $f(\boldsymbol{x}) = \boldsymbol{p} \in \mathbb{R}^C$（$C$ 维的概率向量，每个维度对应一个类别，$\sum_{k=1}^C \boldsymbol{p}_k = 1$），交叉熵损失定义如下：

$$\mathcal{L}_{\mathrm{CE}}(f(\boldsymbol{x}), y) = -\boldsymbol{y} \log \boldsymbol{p} = -\log \boldsymbol{p}_y \tag{2.25}$$

其中，$\boldsymbol{y}$ 为类别 y 的独热编码，$\boldsymbol{p}_y$ 为模型输出的概率向量中类别 y 所对应的概率。当类别数量为 2（即 $C = 2$）时，多分类任务退化为二分类问题。对于二分类问题，如果模型的输出维度为 2，则仍可以用式（2.25）来计算交叉熵损失。但很多时候人们会将模型的输出维度调整为 1，并选择 sigmoid 函数转换获得最终的概率，以保证 $f(\boldsymbol{x}) = p \in [0, 1]$。此时定义的交叉熵损失也被称为**二元交叉熵损失**（binary cross-entropy, BCE），定义如下：

$$\mathcal{L}_{\mathrm{BCE}}(f(\boldsymbol{x}), y) = y \cdot \log p + (1 - y) \cdot \log 1 - p \tag{2.26}$$

　　分类任务除单标签场景外还存在**多标签场景**，即每一个样本可能对应一个或多个标签。单标签可用独热编码 $\boldsymbol{y}$ 来表示类别标签 y，即 $\boldsymbol{y}_{k=y} = 1$ 且 $\boldsymbol{y}_{k \neq y} = 0$。而在多标签场景下，独特编码就变成了**多热编码**（multi-hot encoding），每个标签对应的位置都是 1。多标签分类问题可以被转换为多二分类问题，此时交叉熵损失可以定义如下：

$$\mathcal{L}_{\mathrm{CE}}(f(\boldsymbol{x}), \boldsymbol{y}) = \sum_{k=1}^{C} \mathcal{L}_{\mathrm{BCE}}(\boldsymbol{p}_k, \boldsymbol{y}_k) \tag{2.27}$$

　　在实际应用场景中，数据的标注质量往往无法保证，由于标注任务的复杂性，导致即便高质量的数据集（如 ImageNet）也难免会存在噪声（错误）标签。带错误标签的样本会误导模型往错误方向优化，降低模型的最终性能。近年来，研究者提出了一些鲁棒分类损失函数，可以在一定程度上提高训练过程对噪声标签的鲁棒性。下面将介绍几个此类的鲁棒损失函数。

　　广义交叉熵（generalized cross-entropy，GCE）损失是对**平均绝对误差**（mean absolute error，MAE）和**交叉熵损失**的泛化，综合了交叉熵的隐式加权特性和 MAE 对噪声标签的鲁棒性。考虑单标签分类场景，广义交叉熵损失定义如下：

$$\mathcal{L}_{\mathrm{GCE}}(f(\boldsymbol{x}), y) = \frac{(1 - \boldsymbol{p}_y^{\gamma})}{\gamma}, \quad \gamma \in (0, 1] \tag{2.28}$$

其中，γ 为超参数。当 γ 趋于 0 时，根据洛必达法则（L'Hôpital's rule），式 (2.28) 上下求导，GCE 将退化为 CE 损失函数；而当 $\gamma = 1$ 时，GCE 则退化为 MAE，因此可以认为 GCE 是交叉熵损失和 MAE 更广义的定义。

　　对称交叉熵（symmetric cross-entropy，SCE）是另一个常用的鲁棒损失函数，它在交叉熵损失的基础上增加了一个**逆交叉熵**（reverse cross entropy，RCE）损失，一起形成了一种对称结构（故称"对称交叉熵"）。设 $\boldsymbol{q}$ 为真实标签分布，$\boldsymbol{p}$ 为模型预测概率分布，交叉熵损失定义为 $H(\boldsymbol{q}, \boldsymbol{p}) = -\boldsymbol{q} \log \boldsymbol{p}$，逆交叉熵损失则定义为 $H(\boldsymbol{p}, \boldsymbol{q}) = -\boldsymbol{p} \log \boldsymbol{q}$（注意 $\boldsymbol{p}$ 和 $\boldsymbol{q}$ 的顺序相对交叉熵损失发生了调换）。SCE 损失是交叉熵和逆交叉熵的加权组合，定义如下：

$$\mathcal{L}_{\mathrm{SCE}}(f(\boldsymbol{x}), y) = -\alpha \cdot \boldsymbol{y} \log \boldsymbol{p} - \beta \cdot \boldsymbol{p} \log \boldsymbol{y} \tag{2.29}$$

其中，α 和 β 为两个超参数，以平衡两个损失项；$\boldsymbol{y}$ 为真实标签的独热编码，需要将其零值替换为一个很小的数值（如 1e−4），以避免无效对数运算。

　　除噪声标签问题外，**类别不均衡**（class imbalance）也是分类任务经常要面对的问题。例如，目标检测任务中可能存在大量"背景物体"，存在正样本标注框远少于负样本标注框的现象，同时不同类别样本之间的分类难度也存在一定差异，这些都会给模型训练带来一定困难。这就需要损失函数可以自动有差别地对待不同类别的预测结果，可以根据预测置信度（因为损失函数的输入只有这一种信息）自动调整高置信度或者低置信度类别样本的权重。

焦点损失（focal loss）就是一种可自动均衡不同类别权重的损失函数，其定义如下：

$$\mathcal{L}_{\text{focal}}(f(\boldsymbol{x}), y) = -(1 - \boldsymbol{p}_y)^{\gamma} \log \boldsymbol{p}_y, \quad \gamma \geqslant 0 \tag{2.30}$$

其中，γ 是调制因子。当 $\gamma = 0$ 时，焦点损失退化为交叉熵损失；当 $\gamma > 0$ 时，系数项 $(1 - \boldsymbol{p}_y)^{\gamma}$ 会对样本进行动态权重调整：$\boldsymbol{p}_y$ 越接近 1，此时模型预测越准确，认为样本是容易样本，权重系数变小；$\boldsymbol{p}_y$ 越接近 0，此时模型预测越不准确，认为样本是困难样本，权重系数变大。焦点损失最初在目标检测任务中提出，后被广泛应用于其他计算机视觉和自然语言处理任务中，并在解决长尾分布问题方面有显著的效果。

2.3.2　单点回归损失

这里我们先介绍一般的**单点回归损失**，然后在下一小节中介绍一类特定任务的回归损失，即目标检测中的**边框回归损失**。在回归问题中，假定标签集为 $Y = \{y_i | i = 1, \cdots, n; y_i \in \mathbb{R}\}$，样本集为 $X = \{\boldsymbol{x}_i | i = 1, \cdots, n\}$，假设模型为深度神经网络 f，问题类型为**单点回归问题**，即模型输出 $f(\boldsymbol{x})$ 为输出空间中的单个点（可以是一个标量或多维向量），而不是多个点组成的集合形状（如边框）。基于此设定，下面介绍几个通用的回归损失函数，包括均方误差、平均绝对误差和平滑平均绝对误差。

均方误差（mean squared error, MSE）是回归任务中最常用的损失函数之一，它计算了模型预测值和真实值之间的差值平方和。给定样本 $\boldsymbol{x}$、真实类别 y、模型 f，MSE 损失定义如下：

$$\mathcal{L}_{\text{MSE}}(f(\boldsymbol{x}), y) = (y - f(\boldsymbol{x}))^2 \tag{2.31}$$

平均绝对误差（mean absolute error，MAE）是另一种用于回归任务的损失函数，它计算了模型预测值和真实值之间的绝对差值之和。给定样本 $\boldsymbol{x}$、真实类别 y、模型 f，MAE 损失定义如下：

$$\mathcal{L}_{\text{MAE}}(f(\boldsymbol{x}), y) = |y - f(\boldsymbol{x})| \tag{2.32}$$

平滑平均绝对误差（Huber 损失）[5] 是在 MAE 基础上的一种平滑改进。一般认为，MSE 比 MAE 对异常值更加敏感，因为当出现异常值时，MSE 中的平方操作会将其误差加倍放大，会使模型朝异常值拟合的方向优化，影响模型的整体性能。而 MAE 的问题在于梯度始终一致，即使损失值很小，梯度也会比较大，因而往往需要使用动态学习率的方式帮助 MAE 更好地收敛。Huber 损失结合 MSE 和 MAE 的特点重新设计了损失函数，给定样本 $\boldsymbol{x}$、真实类别 y、模型 f，Huber 损失的定义如下：

$$\mathcal{L}_{\text{huber}}(f(\boldsymbol{x}), y) = \begin{cases} \dfrac{1}{2}(f(\boldsymbol{x}) - y)^2 & |f(\boldsymbol{x}) - y| < \delta \\ \delta|f(\boldsymbol{x}) - y| - \dfrac{1}{2}\delta^2 & \text{其他} \end{cases} \tag{2.33}$$

其中，δ 是超参数，用于调节 MAE 的平滑程度。可以发现在真实值的近端，Huber 损失使用 MSE 的形式使梯度随优化的进行逐步减小，利于模型最后阶段的参数收尾调优；而在优化目标的远端，Huber 损失使用 MAE 的形式，降低损失函数对于异常点的敏感程度。当 δ 趋于无穷时，该损失函数将退化为 MSE；当 δ 趋于 0 时，该损失函数将退化为 MAE。

2.3.3 边框回归损失

目标检测任务中要求预测物体边框（bounding box）的位置，并对边框中的物体做出分类。边框位置预测往往被建模成一个边框回归（bounding box regression，BBR）问题，即对边框四个顶点位置的坐标进行回归。既然是回归问题，那么边框位置预测就可以使用 2.3.2 节中介绍的回归损失函数如 MSE、MAE 等来解决。但是边框位置预测的质量是由预测边框和真实边框之间的**交并比**（intersection over union，IoU）来衡量的，所以使用基于 IoU 定义的损失函数一般会更加有效。

IoU 是一种经典的边框重合度量化方法，它使用预测边框 B 和真实框 A 之间的重叠面积与两框并集面积之间的比值 $\mathrm{IoU} = \dfrac{|A \cap B|}{|A \cup B|}$ 来反映边框位置预测的准确程度。IoU 损失定义如下：

$$\mathcal{L}_{\mathrm{IoU}} = 1 - \mathrm{IoU} \tag{2.34}$$

IoU 损失在两个边框完全不重叠时（训练初期或模型发生很大预测错误时）恒为 1，且梯度消失。**GIoU（generalized IoU）损失**[6] 通过引入最小包含面积 A_c 来解决此问题，最小包含面积是可以将预测框和真实框都包含在内的最小外接矩形。GIoU 损失的定义如下：

$$\mathcal{L}_{\mathrm{GIoU}} = 1 - \mathrm{IoU} + \frac{|A_c - U|}{|A_c|} \tag{2.35}$$

其中，$U = A \cup B$ 为两个边框的并集面积。

当预测框和真实框为包含关系时，GIoU 退化为 IoU，此时无论边框处于什么位置，GIoU 和 IoU 都无法反映预测框的好坏。**DIoU（distance IoU）**[7] 通过在 IoU 的基础上添加两个边框中心点间的距离解决了此问题。DIoU 损失的定义如下：

$$\mathcal{L}_{\mathrm{DIoU}} = 1 - \mathrm{IoU} + \frac{\rho^2(b, b^{\mathrm{gt}})}{c^2} \tag{2.36}$$

其中，b 和 b^{gt} 分别表示预测框和真实框的中心点位置，$\rho^2(b, b^{\mathrm{gt}})$ 表示两个中心点之间的欧氏距离，c 表示最小外接矩形的对角线距离。

CIoU（complete IoU）损失[7] 在 DIoU 损失的基础上，进一步考虑边框宽高比的尺度信息，设边框的高宽分别为 h 和 w，真实框的高宽分别为 h^{gt} 和 w^{gt}，CIoU 通过引入宽高的比例信息来精细化地反映预测框和真实框之间的形状差异。CIoU 损失定义如下：

$$\mathcal{L}_{\mathrm{CIoU}} = 1 - \mathrm{IoU} + \frac{\rho^2(b, b^{\mathrm{gt}})}{c^2} + \beta \cdot \frac{4}{\pi^2} \left(\arctan \frac{w^{\mathrm{gt}}}{h^{\mathrm{gt}}} - \arctan \frac{w}{h} \right)^2 \tag{2.37}$$

其中，$\rho^2(\cdot,\cdot)$ 和 c 与公式 (2.36) 中的定义相同，β 为权重系数。

图 2.2 综合展示了上述几种 IoU 变体的不同思想。在此基础上，可以通过向这些损失的 IoU 项和约束项添加幂变换（power transform）的形式来进一步提高这些损失函数的性能和对噪声边框的鲁棒性。幂变换得到的损失称为 α-IoU[8]，上述几种 IoU 损失的幂形式统一定义如下：

$$\begin{cases} \mathcal{L}_{\alpha-\mathrm{IoU}} = 1 - \mathrm{IoU}^\alpha \\ \mathcal{L}_{\alpha-\mathrm{GIoU}} = 1 - \mathrm{IoU}^\alpha + \left(\dfrac{|A_c - U|}{|A_c|}\right)^\alpha \\ \mathcal{L}_{\alpha-\mathrm{DIoU}} = 1 - \mathrm{IoU}^\alpha + \dfrac{\rho^{2\alpha}(b, b^{\mathrm{gt}})}{c^{2\alpha}} \\ \mathcal{L}_{\alpha-\mathrm{CIoU}} = 1 - \mathrm{IoU}^\alpha + \dfrac{\rho^{2\alpha}(b, b^{\mathrm{gt}})}{c^{2\alpha}} + (\beta v)^\alpha \end{cases} \tag{2.38}$$

其中，α 为幂变换系数，当 $\alpha = 1$ 时 α-IoU 系列损失退化为原损失。α-IoU 损失可以显著地超过原有损失，对小数据集和噪声的鲁棒性更强，即使在高质量的干净数据上，α-IoU 损失也能够带来一定的性能提升。

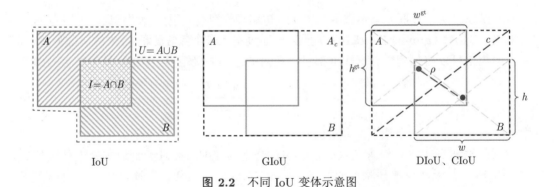

图 2.2　不同 IoU 变体示意图

2.3.4　人脸识别损失

人脸识别是多种任务的统称，一般包括两类常见任务：1）**人脸验证**（face verification），判断两张人脸图片是否属于同一个人；2）**人脸鉴别**（face identification），判断人脸照片属于哪一个人。人脸识别一般包括多个步骤：人脸检测（检测人脸在图像中的位置）、关键点定位（定位人脸的关键点）、特征提取（提取人脸特征）、匹配或检索（根据任务执行匹配或检索）。其中，关键点定位和特征提取可以由人脸识别模型的特征提取器部分一步完成，即给定检测出的人脸区域模型后直接输出一个人脸特征向量。人脸识别模型往往通过度量学习（或特征学习）的方式来获得强大的特征提取能力。下面将介绍训练人脸识别模型所使用的损失函数。

　　假设人脸图片为 $\boldsymbol{x}$，模型提取的人脸特征为 $\boldsymbol{z} = f(\boldsymbol{x}) \in \mathbb{R}^d$，该图片对应的（身份）类别为 y，该类别对应的分类器权重分向量为 $\boldsymbol{w}_y \in \mathbb{R}^d$，身份类别总数为 C，同时令符号 $d(\cdot, \cdot)$ 表示距离度量函数。下面介绍人脸识别任务的损失函数。

　　softmax 损失（也称归一化指数损失）是经典的人脸识别损失函数，它将任务建模为人脸分类问题，即同一个人的人脸图片被视为同一类，通过有监督学习使模型将不同类别的图片区分开来，从而让模型学到良好的人脸特征提取能力。softmax 损失定义如下：

$$\mathcal{L}_{\mathrm{softmax}}(f(\boldsymbol{x}), y) = -\log \frac{\mathrm{e}^{\boldsymbol{w}_y^\top \boldsymbol{z}}}{\sum_{k=1}^{C} \mathrm{e}^{\boldsymbol{w}_k^\top \boldsymbol{z}}} \tag{2.39}$$

其中，$\boldsymbol{w}_y$ 和 $\boldsymbol{w}_k$ 分别表示类别 y 和 k 所对应的权重分向量。最小化上述损失意味着使人脸特征 $\boldsymbol{z}$ 与其对应权重分向量 $\boldsymbol{w}_y$ 的内积尽可能小，同时拉大其他类别的权重分向量与 $\boldsymbol{z}$ 的内积，从而达到同一身份的人脸特征互相靠近、不同身份的人脸特征互相拉远的效果。softmax 损失实际上就是在模型 $f^\ominus$ 和分类头的基础上定义的交叉熵损失，只不过每个人对应一个类别。训练得到的模型 f 便可作为一个高性能特征提取器，在推理过程中提取人脸特征进行比对，完成相似关系验证和人脸识别。

　　triplet 损失（也称三元组损失）[9-10] 与 softmax 损失不同，它更关注特征模型输出的相对距离而非绝对距离，是一种经典的度量学习损失函数。在使用 triplet 损失时，首先需要构造三元组 (anchor, positive, negative)，由 anchor（锚）样本、positive（正）样本和 negative（负）样本组成。其中，以 anchor 样本为参照，positive 样本与 anchor 样本为属于同一身份的两张不同人脸图片，组成正样本对，对应的特征分别记作 $\boldsymbol{z}_P$ 和 $\boldsymbol{z}_A$；negative 样本与 anchor 样本是属于不同身份的两张人脸图片，组成负样本对，前者对应的特征记作 $\boldsymbol{z}_N$。triplet 损失定义如下：

$$\mathcal{L}_{\mathrm{triplet}}(\boldsymbol{z}_A, \boldsymbol{z}_P, \boldsymbol{z}_N) = \max(d(\boldsymbol{z}_A, \boldsymbol{z}_P) - d(\boldsymbol{z}_A, \boldsymbol{z}_N) + \gamma, 0) \tag{2.40}$$

其中，γ 是边界超参，定义了正样本距离和负样本距离之间的最小差距。值得注意的是，在应用 triplet 损失之前一般会将人脸特征归一化，因而优化距离等价于优化特征之间的角度。相比 softmax 损失，使用 triplet 损失不需要为每个身份分配一个分类器权重，资源占用较少，但是挑选 anchor、negative 和 positive 样本时的方式对其性能影响很大，训练过程容易不稳定，因此在某些场景中人们会将 triplet 损失作为一个辅助项。

　　中心损失（center loss）[11] 是对 softmax 损失的改进，通过创建类别特征中心并将同类特征往中心聚拢的方式来提升特征学习效果，从而可以使分类器权重更加接近实际的人脸特征中心向量。中心损失定义如下：

$$\mathcal{L}_{\mathrm{center}}(f(\boldsymbol{x}), y) = -\log \frac{\mathrm{e}^{\boldsymbol{w}_y^\top \boldsymbol{z} + b_y}}{\sum_{k=1}^{K} \mathrm{e}^{\boldsymbol{w}_k^\top \boldsymbol{z} + b_k}} + \frac{\lambda}{2} \|\boldsymbol{z} - \boldsymbol{c}_y\|_2^2 \tag{2.41}$$

　　$\ominus$　这里，模型 f 为特征提取器，输出为人脸特征向量。

其中，$\boldsymbol{w}_y$ 和 $\boldsymbol{w}_k$ 分别表示类别 y 和 k 所对应的权重分向量；b_y 和 b_k 分别表示类别 y 和 k 所对应的偏置；$\boldsymbol{c}_y$ 表示类别 y 的特征中心向量，可以计算为此类样本的特征均值。考虑到效率问题，人们通常会在每个批中统计并更新各个类别的特征中心 $\boldsymbol{c}_y$，特征中心随着模型训练的进行会越来越准确。

大边距 softmax 损失（large-margin softmax loss, l-softmax）[12] 将 softmax 损失中的内积运算拆解为两向量的长度与它们夹角余弦的积（$\boldsymbol{w}_y^\top \boldsymbol{z} = \|\boldsymbol{w}_y\| \|\boldsymbol{z}\| \cos(\theta)$），进而在训练过程中对正确配对的权重分向量和人脸特征向量间的夹角进行扩大（增加 m 倍）。假设人脸特征 $\boldsymbol{z}$ 属于第 i 类而不属于第 j 类，那么这样的方式能够更加严格地约束以下不等关系：

$$\|\boldsymbol{w}_i\| \|\boldsymbol{z}\| \cos(\theta_i) \leqslant \|\boldsymbol{w}_i\| \|\boldsymbol{z}\| \cos(m\theta_i) \leqslant \|\boldsymbol{w}_j\| \|\boldsymbol{z}\| \cos(\theta_j) \tag{2.42}$$

这种约束也使第 i 类和第 j 类之间产生更宽的分类决策边界。具体地，大边距 softmax 损失定义如下：

$$\mathcal{L}_{\text{l-softmax}}(f(\boldsymbol{x}), y) = -\log \frac{\mathrm{e}^{\|\boldsymbol{w}_y\| \|\boldsymbol{z}\| \phi(\theta_{y,i})}}{\mathrm{e}^{\|\boldsymbol{w}_y\| \|\boldsymbol{z}\| \phi(\theta_{y,i})} + \sum_{j \neq y} \mathrm{e}^{\|\boldsymbol{w}_j\| \|\boldsymbol{z}\| \cos(\theta_{j,i})}} \tag{2.43}$$

$$\phi(\theta) = \begin{cases} \cos(m\theta) & 0 \leqslant \theta \leqslant \pi/m \\ \mathcal{D}(\theta) & \pi/m < \theta \leqslant \pi \end{cases} \tag{2.44}$$

其中，$\mathcal{D}(\theta)$ 设计为单调递减函数，$\theta_{j,i}$ 表示权重分向量 $\boldsymbol{w}_j$ 和特征 $\boldsymbol{z}$ 之间的夹角，函数 ϕ 在 π/m 处应连续。显然，增大 m 值会增加训练难度，对特征的区分度提出更高要求，该超参的合理设置会使得类内更为紧凑以及类间更为可分。

角度 softmax 损失（angular softmax loss, a-softmax）[13] 是在大边距 softmax 损失基础上的一个巧妙转化，通过权重归一化使 $\|\boldsymbol{w}\| = 1$，从而将权值项从式（2.43）中移除，得到下列的角度 softmax 损失：

$$\mathcal{L}_{\text{a-softmax}}(f(\boldsymbol{x}), y) = -\log \frac{\mathrm{e}^{\|\boldsymbol{z}\| \phi(\theta_{y,i})}}{\mathrm{e}^{\|\boldsymbol{z}\| \phi(\theta_{y,i})} + \sum_{j \neq y} \mathrm{e}^{\|\boldsymbol{z}\| \cos(\theta_{j,i})}} \tag{2.45}$$

可以看出，角度 softmax 损失将特征点映射到单位超球面上，让不同类别的特征只在角度上分离开来，增加角度边界间隔。角度 softmax 损失也是 sphereface 算法所使用的损失，故也常被称为 sphereface 损失。

大边距余弦损失（large margin cosine loss, LMCL）[14] 在角度 softmax 损失的基础上更进一步提出归一化特征，并引入两个超参（角度间隔 γ 和规范化尺度 s）来调整整体的值域范围。LMCL 也是训练 cosface 算法所使用的损失，故也被称为 cosface 损失，具体定义如下：

$$\mathcal{L}_{\text{LMCL}}(f(\boldsymbol{x}), y) = -\log \frac{\mathrm{e}^{s \cdot (\cos(\theta_{y,i}) - \gamma)}}{\mathrm{e}^{s \cdot (\cos(\theta_{y,i}) - \gamma)} + \sum_{j \neq y} \mathrm{e}^{s \cdot \cos(\theta_{j,i})}} \tag{2.46}$$

通过权重归一化和特征归一化，大边距余弦损失彻底完成了从权重和特征空间到单纯余弦空间的转换，避免了不同类别之间由于特征不均衡导致的间隔差异。

加性角度间隔损失（arcface 损失）[15] 的思想和 LMCL 类似，区别是它将角度间隔超参 γ 直接加在了余弦函数内的角度上（LMCL 是加在了余弦函数值上）。一般来说，角度距离比余弦距离对角度的影响更加直接，所添加的角度等同于超球面的测地距离。arcface 损失的定义如下：

$$\mathcal{L}_{\text{arcface}}(f(\boldsymbol{x}), y) = -\log \frac{e^{s \cdot (\cos(\theta_{y,i} + \gamma))}}{e^{s \cdot (\cos(\theta_{y,i} + \gamma) - \gamma)} + \sum_{j \neq y} e^{s \cdot \cos(\theta_{j,i})}} \tag{2.47}$$

图 2.3 展示了前面介绍的几种边界损失的决策边界，从角度 softmax 损失的**乘法角度间隔** [式（2.45）和式（2.44）]，到 LMCL 的**加法余弦间隔** [式（2.46）]，再到 arcface 损失的**加性角度间隔** [式（2.47）]。这些损失通过变换边界间隔的形式不断提高对特征的约束，此外还可以与其他度量学习损失如 triplet 损失和中心损失等进行结合，进一步提升特征学习能力。

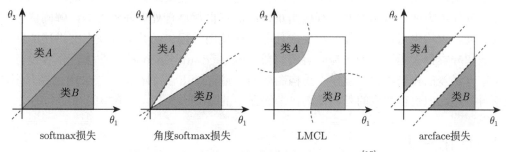

图 2.3 不同人脸识别损失的决策边界示意图[15]

2.3.5 自监督学习损失

自监督学习的核心是**表征学习**（representation learning）（也称特征学习），即从大规模无标注数据中学习数据本质的特征，从而获得一个强大的特征提取器。自监督表征学习在深度学习中有着重要的用途，即大规模预训练。**对比学习和重构学习**是两类重要的自监督学习手段。对比学习的主要思想是让**相似的样本离得更近，不相似的样本离得更远**。模型在对比学习过程中逐渐掌握数据内在的规律，将样本聚成几个特征的簇，进而通过增加簇内和簇间特征约束，即"簇内更汇聚、簇间更分散"，鼓励模型学习到样本更本质的特征。**重构学习**的主要思想是通过"破坏–恢复"的方式让模型学习数据深层的特征，"破坏"的方式包括数据增广、随机删除等。下面介绍这两类学习方法所使用的损失函数。

infoNCE 损失（info noise contrastive estimation loss）[16] 是自监督预训练中最常用的一种对比学习损失。对比学习的核心在于让模型学习到相同数据在不同视角下的**一致性表征**，让同一样本的不同数据增广版本组成**正样本对**、不同样本组成**负样本对**，再通过对

比学习拉近正样本间的距离、拉远负样本间的距离，让模型学习到数据的一致性。infoNCE
损失的定义如下：

$$\mathcal{L}_{\text{infoNCE}}(\boldsymbol{z}_A, \boldsymbol{z}_P, Z_N) = -\log \frac{\exp(\boldsymbol{z}_A \cdot \boldsymbol{z}_P / \tau)}{\sum_{\boldsymbol{z}_i \in Z_N} \exp(\boldsymbol{z}_A \cdot \boldsymbol{z}_i / \tau)} \tag{2.48}$$

其中，$\boldsymbol{z}_A$ 为 anchor 样本的逻辑值（logits），$\boldsymbol{z}_P$ 为 positive 样本的逻辑值（一个 anchor
样本对应一个 positive 样本），$Z_N = \{\boldsymbol{z}_i\}_{i=1}^{K}$ 为 K 个 negative 样本的逻辑值组成的集合
（一个 anchor 样本对应 K 个 negative 样本），τ 是超参温度系数。anchor 样本和 positive
样本可以是同一个样本的两个不同增广版本，即对同一个样本独立使用两次数据增广得到
的两个增广后的样本。值得一提的是，infoNCE 还有其他版本的定义，如自监督学习方法
MoCo（momentum contrast）里基于查询（query）和键（key）值的定义[17]。我们这里采
用的是 triplet 风格的定义。

均方误差（MSE）是基于重构的自监督学习最经常使用的损失函数。与对比学习不同，
基于重构的自监督学习利用掩码抹除输入数据的部分信息，通过让模型学习重构原始数据
的过程来实现模型的自我监督训练。不同的重建任务一般要求模型具有不同的解码器，例
如在视觉任务方面，解码器要进行像素重建；而在自然语言处理任务方面，解码器要预测
遗失的词。重构也可以被看作一种生成任务，所使用的损失函数会涉及上文讲述的回归损
失函数和分类损失函数，如在掩码自编码器（masked autoencoder）[18] 中，作者设计了用
基于均方误差的损失函数衡量模型重构图像的质量。MSE 我们在回归损失中已经介绍，这
里不再赘述，但值得注意的是，掩码自编码器中的 MSE 损失只在掩掉的补丁上定义。

2.4 优化方法

前一节介绍了几种常见任务所使用的损失函数，优化方法的目标就是通过最小化这些
损失函数定义的经验损失来更新模型的参数，从而找到具有最优泛化性能的模型参数。根
据优化方法在优化过程中所使用的梯度信息，现有优化方法可大体分为：**一阶优化方法、二
阶优化方法和零阶优化方法**（又称黑盒优化方法）。其中：一阶优化方法使用一阶梯度信息
制定更新策略对模型参数进行更新，需要模型是可导的；二阶优化方法需要二阶梯度信息
（精确的或估计的）来确定梯度下降最快的方向；而零阶优化方法无法计算梯度信息，只能
以探索、进化的方式来估计梯度信息。这三类优化方法不只用于正常训练一个机器学习模
型，还被攻击者和防御者用来设计新的攻击和防御方法，展开人工智能安全攻防。考虑到
计算效率和应用场景等问题，目前深度学习领域主要使用的是一阶优化方法，因此本节选
择介绍几个经典的一阶梯度优化方法。有些攻击研究（如黑盒对抗攻击）所使用的零阶优
化方法会在后续章节中结合具体的攻击方法单独进行介绍。

2.4.1 梯度下降

下面我们以有监督学习任务为例来介绍**梯度下降**（gradient descent）。给定一个有监督学习任务和训练数据集 $D = \{(x_i, y_i)\}_{i=1}^n$、模型 f_θ（θ 为模型参数）、损失函数 $\mathcal{L}$，优化的目标是寻找一组最优参数 θ^*，它可以最小化模型 f 在训练数据集 D 上的经验错误 $J(\theta)$。其中，经验错误是模型在所有训练样本上的平均损失，由损失函数 $\mathcal{L}$ 定义如下：

$$J(\theta) = \frac{1}{n} \sum_{i=1}^n \mathcal{L}(f(x_i), y_i) \tag{2.49}$$

$J(\theta)$ 是我们优化的**目标函数**，它是一个关于**优化变量** θ 的函数。如果 $J(\theta)$ 的形式非常简单，比如是显式定义的或者单调的，那么可以通过直接求解的方式寻找其极值点和对应的最优解 θ^*；如果 $J(\theta)$ 形式未知但是是一个**严格凸函数**（strictly convex function），则可以通过一阶或二阶导数信息找到最优解。然而，复杂的深度神经网络所表示的函数往往是高度非线性的，导数为零的解析式往往难以求解，而如果使用基于搜索的方式寻找最值，那么当优化对象 θ 维度增大时，在高维参数空间中进行搜索无论精度还是效率都变得难以接受。

梯度下降法以一组随机参数 θ^0 为出发点，沿着一阶导数 $\nabla_\theta J(\theta)$ 的反方向，逐步逼近目标函数 $J(\theta)$ 的最小值。梯度下降的过程可形式化表示如下：

$$\begin{aligned}
\theta^{t+1} &= \theta^t - \eta \nabla_\theta J(\theta^t) \\
&= \theta^t - \eta \frac{1}{n} \nabla_\theta \sum_{i=1}^n \mathcal{L}(f(x_i), y_i)
\end{aligned} \tag{2.50}$$

其中，η 为学习率（即梯度下降的步长），$t+1$ 为当前步数，也是模型参数更新的次数。可以看出，梯度下降是定义在所有 n 个训练样本上的，即需要在全部 n 个样本上计算一遍梯度后才能更新一次模型参数。此外，模型的参数 θ 是一个 m 维的高维向量，即 $\theta = [\theta_1, \theta_2, \cdots, \theta_m]^\top$，所以导数 $\nabla_\theta J(\theta)$ 对应下面的偏导数向量：

$$g = \left[\frac{\partial J(\theta)}{\partial \theta_1}, \frac{\partial J(\theta)}{\partial \theta_2}, \cdots, \frac{\partial J(\theta)}{\partial \theta_m} \right]^\top \tag{2.51}$$

学习率在梯度下降中起到至关重要的作用。一般地，只要 η 足够小且不陷入局部最优，那么梯度下降总能找到一组全局最优的参数 θ^* 使模型的经验错误 $J(\theta)$ 取得最小值。对深度神经网络来说，目标函数 $J(\theta)$ 是非凸的，往往存在很多局部最优解，这就需要调整学习率来避免陷入局部最优解。学习率的调整除了可以帮助跳出局部最优解以外，还会直接影响收敛速率：过小的学习率会导致参数更新过慢，大大增加训练时间；而过大的学习率会破坏梯度的局部代表性，导致训练不稳定，模型无法收敛到最优。

2.4.2　随机梯度下降

如式（2.50）所定义的，梯度下降法的每一次迭代更新的计算复杂度为 $O(n)$（即在所有 n 个样本上计算梯度），与训练数据的规模呈线性关系。这种线性关系使得当数据集的规模非常大时，每一步参数的迭代更新将消耗非常长的时间，这时候基于梯度下降的优化策略已经不适用。为了适应这一情况，**随机梯度下降**（stochastic gradient decent，SGD）法被提出。梯度 $\nabla_{\boldsymbol{\theta}} J(\boldsymbol{\theta}^t)$ 的计算是梯度下降法中最核心、最耗时的部分，可表示如下：

$$\nabla_{\boldsymbol{\theta}} J(\boldsymbol{\theta}^t) = \nabla_{\boldsymbol{\theta}} \mathbb{E}_{(\boldsymbol{x},y) \in D} \mathcal{L}(f(\boldsymbol{x}), y) = \mathbb{E}_{(\boldsymbol{x},y) \in D} \nabla_{\boldsymbol{\theta}} \mathcal{L}(f(\boldsymbol{x}), y) \tag{2.52}$$

通过上式可以看出，**期望损失的梯度可以等价于梯度的期望**，而期望的计算可以通过采样进行近似。随机梯度下降的主要思想就是用更小规模的样本来近似损失梯度的期望，从而降低梯度下降中每一次梯度计算的复杂度。具体来说，在每一次更新迭代的过程中，随机从 n 个样本中采样出小批量（minibatch）的样本，记为 X_B（$n_B = |X_B| \ll n$），并使用下面的公式迭代更新模型参数：

$$\boldsymbol{\theta}^{t+1} = \boldsymbol{\theta}^t - \eta \frac{1}{n_B} \sum_{i=1}^{n_B} \nabla_{\boldsymbol{\theta}} \mathcal{L}(f(\boldsymbol{x}_i), y_i) \tag{2.53}$$

上式便是随机梯度下降的参数更新策略。在实际任务中，我们往往采用基于小批量的随机梯度下降，也称小批量随机梯度下降，即 $n_B > 1$（n_B 根据训练需求一般设置为几百或几千）。

2.4.3　改进的随机梯度下降

尽管 SGD 方法提升了优化效率，但是它并不能保证优化方法一定具有很好的收敛性，其优化过程还存在一些挑战。首先，初始学习率对于优化结果非常重要，但是选择最优的初始学习率存在一定的挑战。其次，随着训练的进行和模型的收敛，对学习率往往需要做适当的调节，这给 SGD 的固定学习率策略带来挑战。虽然有一些学习率的调节器如线性调节器和余弦调节器可以使用，但是在一个周期内学习率也是固定的。固定学习率会给 SGD 带来学习过程有时候会很慢、每次更新可能会不按照正确的方向进行、参数更新往往存在高方差的现象、目标函数在优化过程中发生剧烈抖动等问题。此外，高度非凸优化的关键在于如何避免局部最优解和鞍点（saddle point）。鞍点通常位于一个平坦的区域，区域内所有的点都具有相似的误差且梯度为零，很容易困住小步长的随机梯度下降。为了解决上述问题，一系列基于 SGD 的改进优化算法被提出，以下将简单介绍几种常见的改进算法。

动量 SGD（SGD with momentum）[19] 将动量的概念引入 SGD 来帮助逃逸鞍点并加速 SGD 的收敛。动量法利用历史梯度信息完成对参数更新的动量累积，通过比较历史梯度与当前梯度，同向加速、反向减速。具体来说，动量 SGD 将历史梯度信息与当前梯度信息进行加权求和得到当前参数的更新大小，定义如下：

$$\boldsymbol{v}^t = \gamma \boldsymbol{v}^{t-1} + \eta \nabla_{\boldsymbol{\theta}} J(\boldsymbol{\theta}^t)$$
$$\boldsymbol{\theta}^{t+1} = \boldsymbol{\theta}^t - \boldsymbol{v}^t$$

(2.54)

其中，γ 为动量参数，η 为学习率，$\boldsymbol{\theta}^t$ 为第 t 步迭代对应的模型参数。可以看到，动量 SGD 计算了历史梯度的指数衰减移动平均值，使得实际更新梯度既包含历史梯度的信息又包含当前梯度的信息。在原始的 SGD 中，步长取决于某一时刻的梯度和学习率，而在动量 SGD 方法中，步长取决于梯度序列的大小和排列。在实际中，动量参数 γ 的取值一般为 0.5、0.9 或 0.99，有时也会让 γ 随时间不断调节，例如以较小初始值开始，随后逐渐增大，逐步提高历史梯度的重要性。动量法在处理带噪声的梯度情况中具有一定优势。

Nesterov 加速的 SGD（SGD with Nesterov acceleration）[20] 是动量 SGD 方法的另一变体。我们可以使用与动量 SGD 相同的符号来描述 Nesterov 加速的 SGD 的更新方式如下：

$$\boldsymbol{v}^t = \gamma \boldsymbol{v}^{t-1} + \eta \nabla_{\boldsymbol{\theta}} J(\boldsymbol{\theta}^t - \gamma \boldsymbol{v}^{t-1})$$
$$\boldsymbol{\theta}^{t+1} = \boldsymbol{\theta}^t - \boldsymbol{v}^t$$

(2.55)

可以看出该方法使用了与动量 SGD 非常类似的指数衰减移动平均策略累积梯度序列，最大的不同点在于该方法并不使用当前梯度，而是根据累积梯度对参数进行一次临时更新，即 $\boldsymbol{\theta}^t - \gamma \boldsymbol{v}^{t-1}$，在临时更新后再计算梯度并将其与历史梯度进行加权求和，并最终更新模型参数。

AdaGrad[21] 是经典的自适应学习率优化算法，能够自适应调节每个参数的学习率。在优化过程中，AdaGrad 需要累积所有历史梯度的平方总和，用于缩放每一个参数的更新步长。AdaGrad 的参数更新公式如下：

$$\boldsymbol{\theta}^{t+1} = \boldsymbol{\theta}^t - \frac{\eta}{\sqrt{G^t + \epsilon}} \cdot \boldsymbol{g}^t$$
$$G^t = G^{t-1} + (\boldsymbol{g}^t)^2 = \sum_t (\boldsymbol{g}^t)^2$$

(2.56)

其中，$\boldsymbol{\theta}^t$ 表示 t 时刻模型第 i 维的参数 $\boldsymbol{\theta}$，$\boldsymbol{g}^t$ 表示 t 时刻 $\boldsymbol{\theta}$ 的梯度（基于小批量计算得到的梯度），G^t 是过去 t 个时刻的累积梯度平方和，ϵ 是为了维持数值稳定性而添加的一个常数如 10^{-5}。AdaGrad 可以针对每个参数自适应调节其学习率，对于出现频率较低的特征对应的参数，将采用更大的更新步长，对于出现频率较高的特征对应的参数，将采用较小的更新步长。然而，对于训练深度神经网络模型而言，AdaGrad 方法从训练开始就累积梯度平方会导致学习率过早或过量地减少，即学习率容易很快降到接近零。

RMSProp优化法[22] 对 AdaGrad 中累积历史梯度平方的操作进行了改进，将累积方式更改为**指数加权移动平均**，通过指数衰减平均能够更好地降低"遥远"的历史梯度信息的影响，从而解决了 AdaGrad 学习率急速衰减问题。RMSProp 的参数更新公式如下：

$$\boldsymbol{\theta}^{t+1} = \boldsymbol{\theta}^t - \frac{\eta}{\sqrt{G^t + \epsilon}} \cdot \boldsymbol{g}^t$$
$$G^t = \gamma G^{t-1} + (1 - \gamma)(\boldsymbol{g}^t)^2 \tag{2.57}$$

其中，γ 是衰减系数。对比式（2.56）和式（2.57）可以看出，RMSProp 与 AdaGrad 的唯一不同是累积梯度的方式多了一个衰减系数 γ。

AdaDelta[23] 与 RMSProp 的思想非常类似，同样引入了历史梯度的指数加权平方和作为学习率的自适应缩放系数，二者的主要区别在于 AdaDelta 进一步将学习率 η 替换为自变量历史变化平方的指数移动平均，避免了手动设置学习率。AdaDelta 的参数更新公式如下：

$$\boldsymbol{\theta}^{t+1} = \boldsymbol{\theta}^t - \frac{\sqrt{\Delta\boldsymbol{\theta}^t + \epsilon}}{\sqrt{G^t + \epsilon}} \cdot \boldsymbol{g}^t$$
$$G^t = \gamma G^{t-1} + (1 - \gamma)(\boldsymbol{g}^t)^2 \tag{2.58}$$
$$\Delta\boldsymbol{\theta}^t = \gamma\Delta\boldsymbol{\theta}^{t-1} + (1 - \gamma)(\boldsymbol{\theta}^t - \boldsymbol{\theta}^{t-1})^2$$

其中，γ 是衰减系数，$\Delta\boldsymbol{\theta}^t$ 是参数 $\boldsymbol{\theta}$ 过去 t 个时刻自变量历史变化平方的指数移动平均。

Adam[24] 是另一种学习率自适应算法，是动量 SGD 和 RMSProp 的一种融合。在 Adam 中，动量并入了梯度一阶矩的估计，并且包括了偏置修正，修正从原点初始化的一阶矩和二阶矩的估计，估计和偏置修正分别对应式（2.60）和式（2.61）。Adam 的参数更新公式如下：

$$\boldsymbol{\theta}^{t+1} = \boldsymbol{\theta}^t - \frac{\eta}{\sqrt{\hat{v}^t} + \epsilon}\hat{\boldsymbol{m}}^t \tag{2.59}$$

$$\boldsymbol{m}^t = \gamma_1 \boldsymbol{m}^{t-1} + (1 - \gamma_1)\boldsymbol{g}^t$$
$$\boldsymbol{v}^t = \gamma_2 \boldsymbol{v}^{t-1} + (1 - \gamma_2)(\boldsymbol{g}^t)^2 \tag{2.60}$$

$$\hat{m}^t = \frac{\boldsymbol{m}^t}{1 - \gamma_1^t}, \quad \hat{v}^t = \frac{\boldsymbol{v}^t}{1 - \gamma_2^t} \tag{2.61}$$

通过上面的介绍可以看到，在 SGD 的基础上发展出了许多变体 SGD 优化算法。其中，很多变体如 AdaGrad、RMSProp、AdaDelta、Adam 等都使用了历史梯度信息，这些信息包含了梯度的变化趋势，实际上已经相当于使用了二阶梯度信息，所以算是介于一阶和二阶之间的优化算法。很多 SGD 的变体在一些问题上可以带来显著的收敛速率提升，但是最终得到的解很多时候并不比 SGD 得到的更优，所以在具体的实际应用中应该使用哪种优化算法，领域内没有达成共识。

2.5　本章小结

　　本章主要从机器学习的基本概念、学习范式、损失函数以及优化方法四个方面对机器学习基础知识进行了较为全面的介绍。机器学习的基本流程并不复杂，根据实际问题定义学习任务，收集训练数据，定义损失函数，选择合适的模型和优化器并进行训练，即可得到一个机器学习模型用于部署。复杂的是整个过程中所面临的一些现实挑战，比如无法收集到某一类型的样本、计算资源受限、模型泛化性能无法估计等。在这种背景下，我们在实践中的每一种妥协性假设、每一个替代性选择就会带来额外的安全风险，比如借助网上的开放数据或者第三方预训练模型难免会带来被后门攻击和投毒攻击的风险。本章介绍的机器学习基础知识将有助于对后续章节中人工智能安全问题与方法的理解。

2.6　习题

1. 简要描述有监督、无监督和强化学习范式的特点与异同。
2. 迁移学习的三种常见方式是什么，哪种方式更有效，为什么？
3. 如何将交叉熵损失函数定义为间隔损失（margin loss）形式？
4. 单点回归和边框回归损失的联系是什么，二者如何统一形式？
5. 列举三种随机梯度下降的改进方法，并分析它们的改进原理。

第 3 章

人工智能安全基础

本章主要介绍人工智能安全相关的概念，旨在帮助读者了解人工智能安全相关的背景知识，如安全问题所发生的环境、攻击者和防御者的目的、攻击和防御的常用手段等。在实际场景中，数据和模型是密不可分的，它们的安全问题也往往会牵连发生。攻击者为了达到攻击目的，既可以攻击数据也可以攻击模型，同时防御者既要保护数据又要保护模型。鉴于此，本章的介绍将从攻击和防御两个方面进行，同时兼顾数据和模型两个角度，主要内容包括：基本概念、威胁模型、攻击类型和防御类型。

3.1 基本概念

当一个安全问题发生时，我们首先要弄清楚 "是谁攻击了谁"。这就涉及人工智能安全问题中三类主要的利益相关者：攻击者、受害者和防御者。我们下面对这三类相关者进行一个直观的定义。

定义 3.1　攻击者。 攻击者是指对数据、模型及其相关过程，包括数据收集、模型训练和模型部署等，发起恶意监听、窃取、干扰甚至破坏行为的个人或组织。

攻击者（attacker）又称为 "对抗者"（adversary）。一方面，攻击者可以在不破坏现有数据和模型的情况下，通过监听和窃取获得关键信息，并从中获利。例如在联邦学习中，攻击者可以通过监听其他用户上传的模型（或梯度）信息而窃取对方的隐私数据。另一方面，攻击者也可以干扰和破坏模型的正常训练或部署使用，导致其发生性能下降和大规模决策错误。这些攻击严重时甚至可能会给大量用户带来生命和财产损失。值得注意的是，实际完成攻击的可能是一段程序（如一个攻击算法），但是真正的攻击者是程序背后的个人或组织，所以攻击者不等于攻击方法，二者是不同的概念。

定义 3.2　攻击方法。 攻击方法是指攻击者用来对数据、模型及其相关过程，包括数据收集、模型训练和模型部署等，发起攻击的具体手段。

从上面的定义可以看出，攻击方法（attack method）是攻击者所使用的具体攻击手段，可能是一个软件、一段程序、一个算法。攻击方法往往受到现实条件的约束，在实际场景中，攻击者所掌握的信息往往是有限的，所以攻击者需要设计 "精明" 的攻击方法，最大化利用已有条件来完成高效的攻击。高效攻击方法的设计毋庸置疑是攻击研究中最核心的部分，此外，还需要确保攻击的隐秘性，避免暴露给防御者。

定义 3.3　受害者。受害者是指由于受到数据或模型攻击而利益受到损害的数据或模型所有者、使用者或其他利益相关者。

受害者（victim）也往往是"被攻击者"。在实际场景中，受害者可能是数据或模型所有者，如个人、企业、政府机构等，也可能是数据或模型的实际使用者，如普通用户。在定义受害者的时候，有必要跳出数据或模型所有者的局限，充分考虑其他利益相关者。这是因为人工智能系统往往服务于大量的普通用户，当安全问题发生时，最先受到利益损害的往往是普通用户而非数据或模型所有者。比如当人脸识别模型发生数据泄露时，泄露的是百万用户的人脸数据和隐私。再比如，当自动驾驶系统受到攻击而发生交通事故时，首先受到威胁的是乘客以及行人的生命安全。在人工智能广泛使用的今天，其安全问题已不再是一个人或者一个公司的问题，其影响往往是极其广泛的、全社会性的，很多时候可能很难去认定谁才是真正的受害者，这也给人工智能相关法律法规的制定带来巨大挑战。

与受害者密切相关的两个概念是：**受害数据**（victim data）和**受害模型**（victim model）。受害数据和受害模型是具体受到攻击的对象，如人脸数据、医疗数据、自动驾驶系统等，可简单定义如下。

定义 3.4　受害数据。受害数据是指受到恶意攻击的训练或测试数据。

定义 3.5　受害模型。受害模型是指受到恶意攻击的人工智能模型。

介绍完攻击者和受害者，下面我们介绍防御者。防御者可以是受害者本身，也可以是独立于攻击者和受害者之外的第三方。一般来说，如果受害者主动采取了一定的防御措施，那么受害者也就变成了防御者，而如果受害者没有采取任何防御措施，那么受害者就不能算是防御者。

定义 3.6　防御者。防御者是指通过一定的防御措施保护数据或者模型免受潜在恶意攻击的个人或组织。

防御者（defender）和攻击者之间的关系是不对等的，因为攻击者只需要**单点攻破**一个系统，而防御者需要**全面防御**所有的潜在攻击。这也就是说相比攻击而言，防御任务更具有挑战性，防御者必须利用一切可以利用的资源构建防御策略。目前领域内大部分的研究工作正面临这种**单防御者困境**，即一个防御者需要防御所有的攻击方法，除了包括已有的甚至还包括未知的攻击方法。在未来的研究中，我们迫切地需要突破单防御者困境，解决攻防之间的不均衡性。类比攻击方法，我们可以定义防御方法如下。

定义 3.7　防御方法。防御方法是指防御者用来对数据、模型及其相关过程，包括数据收集、模型训练和模型部署等进行保护，使其免受潜在攻击的具体手段。

防御方法（defense method）可以是一个软件、一段程序、一个算法或某种特殊设置（如一种安全协作协议）。当前防御方法的研究普遍受攻击方法的约束，也就是会直接采用想要防御的攻击的设置。在防御和攻击极其不对等的情况下，防御需要突破这样的限制，需要充分挖掘利用攻击者无法获取的信息，占据一定的先验优势。

定义了攻击者和防御者，下面定义攻防发生的"战场"，即威胁模型。

定义 3.8　威胁模型。 威胁模型定义了系统的运行环境、安全需求、所面临的安全风险、潜在攻击者、攻击目标和攻击方法、可能的防御策略、防御者可利用的资源等攻防相关的关键设置信息。

简而言之，威胁模型 (threat model) 是对真实场景的一种模拟，旨在清晰准确地划定攻击者与防御者之间的边界，以便公平地开展攻防研究。数据与模型安全研究中常采用的威胁模型类型有：**白盒威胁模型、灰盒威胁模型和黑盒威胁模型**。这些威胁模型在 3.2 节中有详细的介绍。不同类型的威胁模型揭示的是人工智能系统不同层面的安全风险，具有不同的实际意义。然而，现实场景中的攻防往往是没有边界的，是一个"自由竞技场"，攻击者和防御者都最大化他们所掌握的信息和资源，并不会对他们所采取的方法设限。如何在这种开放式威胁模型下开展攻防研究仍然是一个巨大的挑战。

下面介绍与威胁模型相关的几个概念：目标数据、目标模型、替代数据和替代模型。

定义 3.9　目标数据。 目标数据是指攻击者在进行攻击时的数据对象。

目标数据（target data）一般是针对数据攻击来说的，比如投毒攻击、数据窃取攻击等，在此类攻击下，要投毒或者窃取的数据集就是目标数据。对于数据攻击来说，攻击者是无法接触整个目标数据集的，否则攻击就变得极其容易（比如"删库跑路"），攻击的性质也发生了变化，即从外部攻击变成了内部攻击。这类攻击可以通过严格控制数据访问权限来避免，通过多方数据备份来补救。在绝大多数情况下，攻击者最多也只能访问极小一部分目标数据，比如 1% 或 0.1% 的训练数据，甚至不能访问任何目标数据。

定义 3.10　目标模型。 目标模型是指攻击者在进行攻击时的模型对象。

目标模型 (target model) 一般是针对模型攻击来说的，是指实际遭受攻击的模型。实际上，判断攻击的目标是数据还是模型本身就是一件有难度的事情。有些模型攻击方法，比如后门攻击，可以通过数据投毒进行，但是它们攻击的终极目标是操纵模型的预测结果，所以最终的攻击目标应该是模型，而攻击数据只是一种手段。再比如，对抗攻击通过扰动测试数据来让模型犯错，也是对数据进行了攻击，但最终的目标还是模型。相反，数据窃取攻击通过跟模型交互来达到数据窃取的目的，所以攻击目标是数据而不是模型。在实际的研究过程中，我们先要弄清楚攻击的真正目标是什么，才能制定对应的防御策略。

定义 3.11　替代数据。 替代数据是指攻击者自己收集的、可以用来替代目标数据的傀儡数据。

替代数据（surrogate data）或傀儡数据（puppet data）是在某些威胁模型（如黑盒威胁模型）下，即攻击者无法访问目标数据的情况下，攻击者收集的用来替代目标数据、近似目标数据分布的辅助攻击数据。攻击者可以在替代数据上训练一个替代模型来设计和改良攻击方法，提高攻击效果。除了自我收集，替代数据也可以用大量存在的公开数据集，或者生成数据。比如，数据窃取攻击可以利用随机生成的替代数据来对目标模型发起查询，并根据模型的返回结果不断更新替代数据，并最终复原目标模型的原始训练数据。替代数据的规模可以很小，但是往往能够大幅提升攻击效果。替代数据的收集需要对要攻击的目标领域有一定的先验知识，比如是哪一类的任务，而这样的先验知识是很容易获得的。

定义 3.12　替代模型。 替代模型是指攻击者自己拥有的、可以用来替代目标模型的傀儡模型。

跟替代数据类似，替代模型（surrogate model）是攻击者在无法获得目标模型时的一种替代，用来辅助设计和改进攻击算法。替代模型可以在替代数据上训练得到，也可以直接下载开源模型，还可以借助一定先验知识，在少量专有数据上做进一步微调，使其尽可能地接近目标模型。替代模型与目标模型越接近，所设计出来的攻击算法迁移性就越好。

一般来说，替代数据或替代模型的概念都是对攻击来说的，对防御则没有这些概念。这主要是因为一般假设防御者对要保护的数据和模型具有完全访问权限。未来，防御者可能是第三方机构，并不具备完全访问数据和模型的权限，也会需要借助替代数据或模型设计更高效的防御方法。在这种情况下，我们可以将防御者所使用的替代数据和替代模型分别称为辅助数据（auxiliary data）和辅助模型（auxiliary model）。

3.2　威胁模型

如定义 3.8 所述，威胁模型是对真实攻防场景的一种模拟，旨在清晰地定义攻击者、防御者以及双方的攻防规则。但是与真实开放的对抗环境相比，威胁模型在很多方面还是采用了一定的假设和约束，以便公平地进行攻防对抗。下面介绍几类经典的威胁模型。

3.2.1　白盒威胁模型

白盒威胁模型主要是对攻击目标来说的，是指攻击者具有对目标数据或目标模型的完全访问权限。只要切实可行，攻击者可以利用任何关于目标数据或目标模型的信息发起攻击。需要注意的是，"白盒"一般指的是**访问权限**，并不意味着攻击者就可以随意修改目标数据或目标模型。否则，攻击者可以任意破坏目标数据或目标模型，而不再需要设计特殊的攻击方法。白盒威胁模型是一种最强的假设，会大大降低攻击的难度，也与现实场景差别较大。所以更实际一点的攻击方法通常在白盒威胁模型的基础上添加一些限制，以约束攻击的自由度，增加攻击难度，同时缩小跟现实场景的差距。

在已有研究中，白盒威胁模型主要被模型攻击所采用。白盒模型攻击假设攻击者可以获得模型参数、训练数据、训练方法以及训练超参数等所有关键信息。白盒模型攻击往往用来揭示模型的脆弱性，评估模型的安全风险，衡量模型在"最坏"情况下的表现。白盒模型攻击之间比拼的不再是简单的"攻击成功与否"，而是攻击成功率的具体大小，以及能否躲避防御方法。一些数据攻击方法，如数据投毒，也会采用白盒威胁模型，即攻击者可以利用整个训练数据集生成更高效的有毒样本。但是投毒攻击往往会限制攻击者可以控制的数据比例，即攻击者只可以改变一小部分训练数据或者向训练数据中添加少部分新的毒化数据。

与攻击相反，防御者一般默认采用白盒威胁模型，即防御者完全掌握训练数据、模型参数以及训练过程，但是防御者也无法预知所有可能的攻击。在实际场景中，防御者往往只能根据已知攻击设计防御方法，同时要求所设计的防御方法可以防御未知攻击和适应性攻击（adaptive attack）。未知攻击是指新的、未被防御方法学习过的攻击方法，而适应性攻击是指专门针对防御方法的特定攻击。从这一点上来说，防御工作采用的威胁模型更接近后面要介绍的灰盒威胁模型。

3.2.2　黑盒威胁模型

与白盒威胁模型不同，黑盒威胁模型假设攻击者只能通过 API（application programming interface）对模型发起查询请求并获得返回结果，而无法获取训练数据、训练方法、模型参数等其他信息。也就是说，黑盒攻击只能使用模型，而无法知道模型背后的细节信息。黑盒威胁模型是最接近现实场景的一种攻防假设，即模型和训练数据都是保密的，只有模型在部署使用后，攻击者才有机会通过 API 进行攻击。

在黑盒威胁模型下，攻击者只可以利用模型的返回结果设计攻击方法，大大增加了攻击的难度。为了适当降低攻击难度，很多黑盒攻击方法对 API 的使用次数并没有做任何限制。这样可以在提高攻击成功率的同时最大限度地模拟现实场景，虽然大部分 API 都有访问次数和频率限制。针对黑盒攻击的防御工作依然假设防御者可以完全控制训练数据、模型参数以及训练过程，但是无法预知所有的黑盒攻击，这实际上是一种白盒或灰盒威胁模型。未来当出现第三方防御时，比如防御者在不直接接触数据或模型的情况下提供防御服务，防御也会需要黑盒威胁（防御）模型。

从安全性评测方面来说，黑盒安全性评测比白盒安全性评测的可实施性更高，因为只需要远程调用模型就可以完成评测，而不需要用户上传数据或者模型，这使独立第三方安全性评估和监管成为可能。黑盒安全性评测与黑盒攻击类似，但是假设比黑盒攻击弱，评测者可以拥有一些先验知识和模型所有者提供的部分数据。人工智能模型的安全性评测研究还处于萌芽期，存在大量的研究机会。

3.2.3　灰盒威胁模型

灰盒威胁模型介于白盒威胁模型和黑盒威胁模型之间，假设攻击者可以知道攻击目标的部分信息，如任务类型、数据类型、模型结构等，但是无法获得具体的训练数据或模型参数。与黑盒威胁模型类似，灰盒威胁模型也与现实场景非常接近，因为攻击者所知道的先验信息往往可以通过开源信息获得，尤其是当今人工智能大量采用类似开源数据集和预训练模型，正在发生严重的趋同效应，这也导致先验信息更容易获得。

根据灰盒威胁模型的定义，现有迁移攻击方法大多属于灰盒攻击方法而非黑盒攻击方法。这是因为，迁移攻击需要借助替代数据或者替代模型生成攻击，而替代数据往往假设跟目标数据有一定的分布重叠性、替代模型跟目标模型具有相似子结构，这些都是灰盒威胁模型里的先验知识。只有当迁移攻击可以利用完全不相关的替代数据或替代模型完成攻击的时候，迁移攻击才真正属于黑盒攻击。

先验知识的挖掘和利用是灰盒攻击的关键，是攻击者会全力探索的攻击点。正所谓"知己知彼，百战不殆"，大量搜集关于攻击目标的先验信息会大大提高攻击成功率。而在防御方面，针对灰盒攻击的防御跟白盒防御所需要的策略并不相同，在很多情况下只需要有针对性地掩盖或者扰乱可能暴露的先验信息即可。

3.3 攻击类型

近年来，针对人工智能数据和模型的攻击被大量提出，揭示了当前人工智能实践在数据收集、模型训练、模型部署等方面存在的安全问题。相关研究比如对抗攻击、后门攻击、隐私攻击等已经快速成长为一个热门的研究方向。本章节尝试从攻击目的、攻击对象和攻击时机三个角度对现有攻击进行分类，并介绍每一类攻击的主要思想。

在介绍具体的攻击类型之前，我们需要深入理解机器学习模型本身的特点，因为模型特点决定了它可能存在的弱点和所面临的攻击。这里我们以深度学习模型（即深度神经网络）为例，介绍对机器学习模型不同层次的理解。

机器学习模型是一个学习器。 机器学习模型可以在学习算法，如有监督学习算法、无监督学习算法等的指导下，从给定训练数据中学习潜在的规律，并能将学习到的规律应用到未知数据上去，这是对机器学习模型最朴素的理解。学习器存在一系列共同的弱点，比如无论任务定义、训练数据、学习算法、训练时长等哪一个环节出了问题，最终得到的模型都会出现性能下降、被恶意攻击等各种风险。所以攻击者可以攻击这其中任何一个环节，以此来阻止模型的正常训练、破坏模型的泛化、向模型里安插后门等。破坏学习最有效的方式就是提供错误的知识，所以针对训练数据的攻击可能会成为最有效的攻击。

机器学习模型是一个计算器。 训练好的机器学习模型可以理解为一个计算器，其可以对输入样本进行一系列复杂的计算并最终输出预测结果。比如，深度神经网络可以理解为一个多层的计算器，每层负责计算对应层次的转换。而计算器普遍受计算精度（32 位/64 位）和微小扰动的影响。比如，在 32 位浮点数下鲁棒的模型，在 64 位浮点数下不一定鲁棒。此外，计算器容易受微小扰动的干扰，比如微小的图像旋转，可以得出完全不同的计算结果，性能的稳定性较差。由于机器学习模型的输入往往是多个样本（一批样本），输出也不是单维度的，所以不同维度的计算结果之间也会产生相互干扰。另外，计算器跟具体的任务一般不是唯一绑定的，也就是说为一个任务设计的计算器也有可能会被劫持来服务于另一个非法的任务。这都是作为一种计算器，机器学习模型可能存在的安全问题。

机器学习模型是一个存储器。 机器学习模型在训练数据上不断训练的过程也是其不断学习规律、不断存储信息的过程。很多研究表明深度学习模型具有强大的记忆能力，会记住训练数据中某些特定的样本、敏感属性、敏感特征和标签等。随着训练的进行，模型会将越来越多的训练数据信息存储在模型参数里，以便在推理阶段通过重新组合的方式得到正确预测结果。从这个角度来理解，泛化只是记忆碎片的重组。既然机器学习模型是一个存储器，那么其存储的信息就一定可以通过某种方式"提取"出来，导致隐私泄露攻击、数据窃取攻击等安全问题的出现。有时候可能仅通过跟模型交互就可以从模型中逆向出原始训练数据的信息。

机器学习模型是一个复杂函数。机器学习模型可以理解为一个将输入空间映射到输出空间的复杂函数。比如，深度神经网络是一个层层嵌套、极其复杂的非线性复合函数。这样的函数存在很多特性，比如因为错误会逐层累积所以微小的输入变化可能会导致巨大的输出变化。模型训练的过程就是在训练数据点周围进行局部函数拟合的过程，会在高维空间形成 "决策边界"（decision boundary）和对应的 "损失景观"（loss landscape），而函数的整体又会随着训练的进行不断变形，直至稳定到一个可以使整体损失最小的形式。由于整个函数完全是由训练数据点定义的，所以会容易过拟合训练数据，而整个函数的泛化性能又由测试数据点在深度特征空间距离训练数据点的远近而决定。对深度神经网络来说，函数的每一层都尝试将数据点映射到一个统一划分、均匀覆盖的空间，以确保最终的泛化性能。从这个角度来讲，机器学习模型会对特定（无法正常映射到统一空间）的输入噪声敏感，而这样的噪声很容易通过一阶导数找到（比如对抗样本）。高维的输入和输出空间决定了其难以通过有限训练数据点达到空间的完美覆盖，导致空间存在大量无法被探索到的高维口袋（high-dimensional pocket）。这样的函数也决定了其内部会存在一些近路（shortcut），在这些路径上输入和输出之间距离很近，不需要复杂的计算即可直接得出结论；同时也会存在一些死胡同（dead end），无论怎么计算也得不到某类输出。高维的非线性空间给攻击和操纵模型留下了巨大的空间。

大部分现有针对人工智能数据和模型的攻击都可以从以上四个角度找到对应的动机。围绕这些理解，也可以启发新的攻击类型，暴露机器学习模型更多的弱点。下面将以不同的分类方式对现有攻击进行介绍，需要注意的是，这些分类方式并不是唯一或者完备的。一般来说，当需要从某一个特定的角度去分析攻防问题的时候，我们可以提出进行相应的分类方式，但是需要分类标准可以被合理地解释并具备一定的排他性。

3.3.1　攻击目的

根据攻击目的的不同，针对人工智能数据和模型的攻击可以分三种类型：**破坏型攻击**（disruptive attack）、**操纵型攻击**（manipulative attack）和**窃取型攻击**（stealing attack）。

3.3.1.1　破坏型

破坏型攻击的目的只有一个，那就是 "破坏"。破坏型攻击可以破坏机器学习的任何一个关键环节，包括数据收集过程、训练数据、模型的训练过程、训练得到的模型、模型部署、模型测试、测试数据等。任何攻击都有一定的动机，对破坏型攻击来说，其攻击动机包括：破坏竞争对手的人工智能系统、以破坏来勒索受害用户、无意间使用了具有破坏性的样本等。

针对数据的破坏型攻击可以以数据投毒的方式进行，通过上传毒化数据来破坏模型的正常训练，使整个模型或者模型的某个方面失去功能。可以想象，如果有大量用户往网上上传有毒数据，尤其是当有毒数据会占据所收集数据的大部分的时候，会对当今人工智能产生巨大威胁，以至于难以收集到干净的数据进行模型训练。目前，数据投毒攻击只是在一些公开数据集上进行测试，但是未来不排除出现大规模数据投毒攻击的可能性。根据具体的应用场景，投毒的方式和目的可能有所不同，比如投毒攻击联邦学习、投毒攻击生成模型、投毒攻击数字世界（元宇宙）等。在网络世界里，一方面，发现和判定投毒攻击的难度很大，另一方面，对投毒攻击者的追责也不容易执行。这些挑战都会导致更多投毒攻击的出现，使其成为当今人工智能所面临的一个重要安全问题。

此外，投毒攻击不仅限于简单的数据投毒，一些西方媒体惯用思想投毒，在各类新闻报道中故意扭曲事实，不断给大众植入"有毒"的偏见。如何利用机器学习发现这样高级的投毒攻击行为，揭示其操纵大众思想的丑恶行径也是值得正义人工智能从业者思考的问题。实际上，世界上一些顶级研究机构已经开始进行类似的研究[25]。

针对模型的破坏行为也可以通过破坏数据（比如数据投毒）来完成，当然其他的破坏型攻击也有很多种，比如直接修改模型的参数、生成专门针对模型的对抗样本等。不同的攻击方式需要不同的威胁模型，对应不同的实施难度。比如，攻击者可以在灰盒或者黑盒威胁模型下生成对抗样本，让模型做出错误的判断，借此绕过身份验证或者干扰自动驾驶汽车等。可以通过向干净样本中添加微小、人眼不可见的噪声而得到对抗样本，也可以生成在物理世界中也具有对抗性的对抗补丁。此外，在机器学习模型本身就缺乏泛化性的情况下，一些投毒攻击可以彻底破坏模型在某些方面的功能，比如让物体识别模型无法识别某类物体、自动驾驶系统无法在某种颜色的灯光下工作等。这类破坏型攻击实际上很难察觉，因为相关问题也有可能是模型自身泛化能力不足造成的。

当今人工智能开源数据和模型的下载量巨大，有一些还被政府机构所使用。如果这些所谓的"开源"数据和模型携带恶意的攻击，那么可能会引发广泛的负面影响。已经有一些研究工作展示了此类攻击的可能性，比如 Wang 等人[26] 发现一个 178MB 的 AlexNet 模型可以携带 36.9MB 的恶意软件，而这只会带来 1% 的准确率损失。这类攻击利用了深度神经网络的"存储器"属性。此外，需要警惕"趣味性"破坏攻击的出现，一旦攻击变得极具趣味性，就可能会吸引大量的互联网用户参与其中而忽略攻击本身所带来的危害。这在人工智能法律法规不健全的情况下，可能会引发大规模的攻击，产生负面的社会影响，且难以追责。一个现实的例子是微软在 2016 年发布的聊天机器人 Tay，它在 Twitter 上上线仅一天即被广大用户"教坏"，开始发表攻击性和种族歧视言论。

3.3.1.2 操纵型

操纵型攻击的目的是控制数据或模型以完成攻击者特定的目的。相比破坏型攻击，此类攻击要求攻击者完成对数据或模型更精细化的控制，攻击难度更大。理论上来讲，操纵型攻击也可以攻击机器学习的任何一个环节，但这些攻击的结果都是完成对目标模型的控制，所以属于一种模型攻击。此类攻击的动机比破坏型攻击更多样化，包括但不限于：让模型做出特定的预测从而可以躲过垃圾邮件过滤、身份审查、海关检查等，盗用别人的身份进行刷脸支付，得到指定的医疗诊断结果（比如患有某种疾病）进行保险欺诈，操纵智能体（如自动驾驶汽车、送货无人机等）等。操纵型攻击还可以完成破坏型攻击的攻击目标，此时只需要将攻击目标设置成破坏攻击的目标即可。

针对数据进行操纵型攻击的研究相对较少，大部分以前面介绍的破坏型和后面将要介绍的窃取型攻击为主。从动机上来说，如果获取了对数据的控制权，则基本上等于完全拥有了数据。这是一个极强的假设，在实际中可能不太会发生，但不排除未来会出现专门对数据的操纵型攻击。比如，通过向数据中添加新样本来尝试往某一个方向扰乱数据的分布。数据控制是一个比较广义的概念，除了用于攻击还可以用来进行数据保护。比如控制数据的使用次数，使其在进行一定次数的模型训练后失去作用，或者对数据进行使用授权控制，使没有获得授权的用户无法使用数据。更严格的控制可以让个人数据被收集后无法用于模型训练，从而达到保护个人数据（如自拍照）的目的，比如"不可学样本"（unlearnable example）相关的研究[27]。

针对模型的操纵型攻击主要是后门攻击，其通过数据毒化或者模型篡改的方式向模型中注入后门触发器，以便在推理阶段控制模型做出对攻击者有利的预测结果。实际上，达到对模型的精准控制并不一定需要提前注入后门。对测试样本直接修改也可以达到同样的效果，比如有目标对抗攻击。这样的攻击方式反而会更灵活，因为不需要访问训练数据、训练过程或者训练后的模型。当然，有目标对抗攻击对攻击者的要求比较高，因为它需要掌握先进的对抗攻击技术。相比之下，后门攻击的实施门槛较低，只要提前将后门触发器注入目标模型中，任何拥有后门触发器的人就都可以发起攻击。

不论是针对数据还是模型，要达到一定精度的控制就得需要对应级别的威胁模型。事实上，在现实场景中达到精准控制是极其困难的，需要物理可实现的攻击，比如后门攻击和对抗攻击要在实际场景中完成攻击，需要将后门或者对抗图案以实物的形式呈现出来，如妆容、穿着、3D 打印的物体等。现有研究只能在真实物理环境下完成破坏型攻击，尚不能达到精准的操纵型攻击。鉴于操纵型攻击具有很强的目的性，预计未来会有更多操纵型攻击出现，暴露人工智能系统更多方面的可被操纵性和脆弱性。

3.3.1.3　窃取型

窃取型攻击的目的是通过窥探数据、模型或者模型的训练过程，以完成对训练数据、训练得到的模型、训练算法等关键信息的窃取。不可否认的是，数据和模型是人工智能最核心的两种资源，是宝贵的人工智能资产。很多人工智能模型，尤其是大规模的预训练模型，需要大量的训练数据、昂贵的计算资源和关键的训练技巧才能达到业界最优的性能。比如谷歌发布的自然语言处理（natural language processing，NLP）大规模预训练模型 BERT 的训练费用最高可达 160 万美元[28]。很多时候，仅仅是收集训练数据本身也需要耗费大量的人力物力。再加上大模型的巨大商业价值，攻击者有很强的动机去窃取训练数据、大模型甚至训练技巧，从而牟取非法利益。

针对数据的窃取型攻击有很多种，包括窃取整个训练数据集的模型逆向攻击、推断某个样本是否是训练数据集成员的**成员推理攻击**，以及窃取敏感信息和属性的**隐私类攻击**等。这些攻击可以通过模型的参数或者仅仅是查询模型来完成对相关信息的窃取。一般来说，攻击者掌握的先验信息越多，所能逆向的数据和信息就越多。比如联邦学习中的成员推理攻击可以以全局模型为媒介获得其他用户的梯度信息，进而以很高的精准度窃取其他用户的训练数据。虽然已有窃取型攻击并不能完全窃取原始训练数据集，但是窃取的数据足以训练一个性能还不错的模型，即信息泄露已经发生。在一些应用场景（如人脸识别）下，数据窃取攻击可能会导致大量用户隐私信息的泄露。

对模型的窃取可以通过与模型进行交互，即向模型中输入不同的样本并观测其输出的变化，进而采用知识蒸馏的方式训练一个跟目标模型功能相近的模型来实现。由于机器学习模型可以理解为一个复杂的函数，而任何函数都是可以被近似的，所以模型窃取型攻击能成功也就不足为奇了。现有攻击大部分针对的是**功能窃取**，其目的是得到一个跟目标模型功能相近的模型。也有一些工作将深度学习模型看作一个复杂的函数，通过大量的随机输入，对目标模型进行函数层面的高精度近似，此类工作又称为**模型近似**，此类攻击比功能窃取更加精准但是需要大量的模型查询。未来会出现更多样化的模型窃取型攻击，如窃取模型的结构、窃取部分功能（攻击者只对某个子任务感兴趣）、窃取模型子结构、窃取模型的某些属性（如鲁棒性）等。

由于窃取型攻击可以带来巨大的经济利益，所以随着人工智能的不断发展，可能会出现越来越多的窃取型攻击，比如窃取训练数据中最核心的部分、窃取训练算法、窃取训练超参、窃取模型的中间结果、窃取模型结构等。由于窃取型攻击往往伴随着大量敏感信息的泄露，所以极易给国家安全带来威胁，难以想象泄露一个国家大量用户的隐私数据（如电话号码、银行账号、转账记录、社会保障号码等）会带来多大的负面影响。所以，保护人工智能不受数据和模型窃取型攻击是需要长期关注的核心安全问题。

3.3.2　攻击对象

机器学习大致遵循"数据收集–模型训练–模型部署"三个步骤。在此基本三步模式下，机器学习根据实际学习任务的不同又分为不同的学习范式，包括有监督学习、无监督学习、强化学习三个主要学习范式和联邦学习、增量学习、对比学习、迁移学习等不同的细分学习范式。数据和模型是这些范式中最核心的两个部分，也是受到最多攻击的两个对象。在不同的范式下，数据和模型攻击的具体形式不同，但是攻击对象相对确定。上一节中介绍了不同攻击的目的和动机，本节将围绕攻击对象，即数据和模型，进行另外一个角度的介绍。

3.3.2.1　数据

训练数据和测试数据是两类主要数据，训练数据服务于模型训练，测试数据服务于模型评估。现有数据攻击大多是对训练数据的攻击，对测试数据的攻击则相对较少。这主要是由于训练数据是训练高性能机器学习模型的关键，具有巨大的商业价值。而测试数据是对真实环境的模拟，所以很多模型攻击（如对抗攻击）通过扰动测试样本的方式让模型犯错，最终的攻击对象是模型而非测试数据本身。在当今机器学习范式中，训练数据和模型是紧密关联的，对数据的攻击往往会对模型产生影响（如投毒攻击），而通过模型也可以实施数据攻击（如数据窃取）。值得一提的是，不同类型的模型与数据间的关联方式并不相同，深入理解目标数据和目标模型间的关联模式可以启发设计新型的攻击方法。

主流机器学习模型，如深度神经网络，往往需要大量的训练数据才能达到不错的性能。所以，训练数据的质量，比如数据纯净度、类别均衡度、标注准确度与真实数据分布之间的吻合度等，直接决定了模型的泛化性能。但是收集高质量的训练数据并不是一件容易的事情，比如在某些领域如医疗诊断和缺陷检测领域，关键类别（如患有某种罕见病或者有缺陷的样本）的数据极其稀少。即使常见的数据也需要投入大量的人力物力进行收集、筛选和标注，耗费巨大。此外，对某些特定数据比如人脸数据则需要授权收集，未经授权的公司或个人不得非法收集这些数据。所以，高质量的训练数据具有巨大的商业价值，成为很多攻击者的攻击对象。针对训练数据的攻击主要包括数据投毒、数据窃取、隐私攻击，以及数据篡改和伪造。

数据投毒攻击通过污染收集到的训练数据以达到破坏数据、阻碍模型训练的目的。数据投毒攻击可以通过不同的方式进行，比如攻击数据的收集过程、标注过程，或者直接污染收集到的数据。数据窃取通过对模型进行逆向工程，从中恢复出原始训练数据。**数据窃取攻击利用的是机器学习模型的存储器性质**，既然模型可以在训练过程中将数据逐步学习到模型内部，也一定会存在一个逆过程可以逐步从模型中反推出训练数据。不过，现有数据窃取方法的计算开销很高，而且窃取效果并不理想。即便如此，窃取得到的数据还是可以用来训练一个性能不错的模型，这说明数据中的有用信息还是发生了大量泄露。从防御的角度来说，如何确保模型不能被逆向，或者使逆向得到的数据无法用来训练模型是一个研究难题。值得一提的是，数据窃取或者模型逆向与知识蒸馏有一定的联系，因为**无数据知识蒸馏**（data-free knowledge distillation）过程中得到的中间数据就是一种逆向数据。

随着互联网和元宇宙的进一步发展，会有越来越多的个人隐私数据（如自拍照、带有位置信息的照片）发布在网上，这难免会催生非法窃取和售卖个人隐私数据的黑色产业链。而人工智能模型的广泛使用以及基于互联网数据的大规模预训练都有可能会泄露更多的个人隐私信息。比如，基于医疗大数据训练的疾病诊断模型可能（被成员推理攻击）泄露关于某人得了某种难以启齿的疾病的信息（即受害者的医疗影像出现在了阳性训练样本里）。再比如，深度学习推荐模型可能会泄露某个用户的个人偏好、购物记录或者位置信息。由于未来机器学习模型大多会在海量数据上训练，所以一旦某类信息发生泄露就可能会影响大量用户，极易造成大范围的影响。

人工智能是一把双刃剑，在带来技术变革的同时也可能会被滥用，比如被用来篡改和伪造数据。由于深度学习强大的特征学习和数据生成能力，由深度学习模型篡改和伪造的数据已经可以达到连人类都难以辨别真伪的程度。虽然提出数据修改和生成技术的初衷是帮助修复、美化和弥补数据，甚至解决某些场景下数据匮乏的问题，但是这些技术频频被用来生成极其逼真的篡改和虚假数据。例如，针对知名人物（如美国前总统奥巴马和特朗普等）的合成视频在网上大量传播，让很多人信以为真，造成了恶劣社会影响。此类信息不但会影响人们辨别是非的能力，挑战大众的道德底线，甚至可能会影响一个国家的政治形势，引发不必要的仇恨与冲突。数据篡改和伪造的目标比较直观，一般是为了达到某种篡改结果或伪造目标，如从图像中移除某个人或者生成某个名人的演讲视频等。这些目标往往可以转换为一个可优化的目标，通过机器学习轻松实现。检测篡改和伪造的数据却相当困难，因为篡改和伪造的形式多种多样，伪造手段多种多样，即使是真实数据也有可能因为包含噪声而被误认为"假"的。如何检测和防止数据被篡改和伪造将会成为人工智能发展过程中长期存在的痛点问题。

3.3.2.2 模型

针对模型的攻击主要包括对抗攻击、后门攻击和模型窃取攻击三大类，这三类攻击分别代表了破坏型、操纵性和窃取型这三类攻击目的。下面将对这三类攻击的主要思想和其所对应的对机器学习模型的不同层次的理解进行介绍。

对抗攻击的思想是让模型在部署使用阶段犯错，其通过向测试样本中添加微小的对抗噪声来让模型做出错误的预测结果。有意思的是，这种通过修改输入样本来干扰模型预测的攻击方式并不稀奇，反而会引发两个疑问。首先，既然攻击者有修改测试数据的权限，那么意味着他/她可以随意修改数据，也就不会仅限于微小修改。其次，攻击者可以修改测试数据这一假设会面临"动机"方面的挑战，即为什么模型的使用者作为受益者一方要让模型犯错呢？实际上，对抗样本（攻击）的出现是为了更好地理解深度学习模型。但是随着此方向研究的增多，研究者逐渐把对抗样本视为一种对深度学习模型的安全威胁，并在实际场景（如自动驾驶、物体识别等）中进行了威胁性验证。本质上，对抗样本只是代表了一种"最坏结果"（worst-case result），即模型最不能处理的一类数据，标记了模型的性能下界。

后门攻击通过向目标模型预先注入后门触发器的方式来控制模型在推理阶段的预测结果。从某种程度上来说，后门攻击是一种特殊形式的有目标对抗攻击，即"**通用有目标对抗攻击**"（universal targeted adversarial attack，UTAA）。"通用"是指对整个类别或者数据集都可以通过单个扰动图案进行攻击，"有目标"是指模型在被攻击后会预测一个特定的错误类别。但二者还是有一定区别的，后门攻击通过预埋触发器的方式可以大大提高测试阶段的高攻击成功率，而 UTAA 只能在测试阶段生成攻击，成功率难以保证。后门攻击的触发器注入可以以不同的方式实现，比如数据投毒、篡改训练过程、修改模型参数等。实际上，相比对抗攻击来说，后门攻击的威胁性可能更大。从"机器学习模型是一个存储器"的角度来说，其存储能力是巨大的，很容易携带大量隐蔽的后门触发器。这就意味着很多看似"友善"的数据或者模型共享其实可能存在后门攻击。这比对抗攻击更隐蔽，影响也会更广泛，比如对一个上游预训练模型的攻击可能会影响所有下游任务。

模型窃取攻击通过模型部署后的开放接口（比如查询 API）对其推理行为进行模仿和近似，以此达到功能和性能窃取的目的。攻击的难度和效果跟模型返回值的类型信息相关，模型返回的信息越丰富,泄露的信息就越多,窃取也会越准确。在实际场景中,模型的查询次数和频率都会受到限制或者按需收费,大量的查询操作不但提高攻击代价而且会增加被暴露的概率。所以模型窃取攻击需要最大化地降低窃取所需要的查询次数,或者采取更隐蔽的**女巫攻击**(sybil attack),通过伪造身份来发起多点攻击。模型窃取的设置跟知识蒸馏类似,知识蒸馏使用大的教师模型去指导小的学生模型,从而提高学生模型的性能。在模型窃取设置下,要窃取的目标模型即是教师模型,窃取得到的模型则是学生模型,两个模型可以通过查询交互,将目标模型的功能蒸馏到窃取模型中。模型窃取是对人工智能知识产权的一种侵犯,迫切需要建立完善的保护方法体系和法律法规来解决相关问题。

3.3.3　攻击时机

根据攻击时机的不同,现有攻击大约可以分为训练阶段攻击和测试阶段攻击。下面将从这两个阶段对现有攻击进行介绍。

3.3.3.1　训练阶段

与模型训练紧密相关的是训练数据、训练算法、超参数和模型,这些元素都有被攻击的可能。在训练阶段,攻击者可以对数据进行投毒攻击,通过污染训练数据来破坏模型的正常训练。例如对训练数据进行增、删、改、换等不同形式的改动,以此来降低最终训练得到的模型的性能或者其他属性(如鲁棒性、隐私保护性等)。此外,近期提出的个人数据保护技术"不可学样本"[28]也算是一种对训练数据的攻击。这类技术的思想是从训练数据中删除有价值的信息,从而达到数据保护的目的。

对于训练阶段的模型攻击来说,最被广泛研究的莫过于后门攻击。如前文所述,后门攻击向目标模型中安插后门触发器的方式可以控制模型的预测行为。我们认为后门攻击是一种针对模型(而非针对数据)的攻击,因为其实现方式并不局限于数据投毒。当然,如果后门攻击是通过数据投毒的方式实现的,那么其也可以被认作一种数据攻击。事实上,不只后门攻击,其他很多攻击的攻击效果最后都体现在模型上,比如数据投毒攻击会导致模型性能下降。针对模型训练阶段的攻击还包括其他几种尚未被充分探索过的类型,如模型结构篡改、预训练参数攻击等。举例来说,攻击者可以修改预训练模型的结构降低其特征迁移能力,或者预训练得到一组特殊的参数初始化使模型无法收敛等。当然这些都只是猜想的攻击方式,具体如何实施、效果如何还需进一步实验验证。

目前针对训练算法和超参数的攻击并不多见,但是可以想象的是模型训练对这些参数,比如学习率、初始化参数、训练周期,是很敏感的。但是对训练超参的攻击需要很强的威胁模型,比如攻击者可以控制训练过程或者恶意修改训练代码。一个有意思的观察是,部分研究工作的开源代码存在复现难的问题,需要对训练算法和超参数进行进一步调优才能达到论文中报告的结果。对于轻量级的训练来说这可能影响不大,但是对于大规模训练算法来说,这就会带来大量的训练开销,大大增加研究费用。如果在开源代码中故意对超参数进行隐藏或者过度复杂化以增加复现难度,就可以视其为一种**训练超参攻击**。

3.3.3.2 测试阶段

相比训练阶段,不论从数据还是模型的角度来说,测试阶段的攻击更多样化。其中很大一部分原因是,测试阶段模拟的是模型的真实使用情况,此时模型会以不同的形式接收外部请求,会面临多种多样的潜在攻击。在数据方面,可以以模型为媒介对训练数据进行窃取和隐私攻击,还可以借助模型进行数据篡改和伪造。在模型方面,可以通过修改测试样本对模型发起对抗攻击,或者通过查询 API 对模型进行窃取攻击。

针对测试数据本身的攻击相对较少,大部分攻击是通过对测试样本的修改来攻击模型(而非测试数据本身)。这主要是因为相比测试数据,训练数据的价值往往更高,而测试数据相对较少且具有不确定性。有些机器学习范式,比如在线学习和主动学习,会在依序到达的测试样本上更新模型参数。针对此类学习范式,攻击者可以发起测试数据攻击,比如通过控制测试数据的到达顺序使在线更新的模型发生功能或性能退化,或者通过毒化测试数据的方式对模型进行在线后门攻击(online backdoor attack)。

在测试阶段可以发起模型逆向攻击,攻击者可以通过白盒模型或者查询 API 来窃取原始训练数据。由于机器学习模型是一个存储器,所以攻击者可以设计一个机器学习的逆过程,将模型逐步退化成初始化状态,并在此过程中反向推导出原始训练数据。此外,攻击者可以通过**数据蒸馏**的方式,根据模型在不同输入样本上的输出结果去蒸馏一个近似模型,并在此过程中完成对训练数据和模型的同时窃取。隐私攻击的成功(如成员推理和敏感信息泄露)是"机器学习模型是一个存储器"的强有力证据。有趣的是,机器学习模型(深度神经网络)到底能记住多少训练样本的独特信息目前仍没有一个明确的结论。

针对模型的测试阶段攻击主要是对抗攻击和模型窃取。对抗攻击是人工智能安全的核心研究领域,相关研究推动了可信机器学习领域的快速发展。对抗攻击通过把普通样本转换为对抗样本的方式使模型发生预测错误,虽然对抗样本跟原始样本往往只有微小的差别,但在很多时候差别可以小到人都无法察觉。当然,后续的研究已经慢慢地将对抗样本的"微小变化"扩展到可物理实现的贴图、花纹、配饰、衣服图案等。除对抗攻击外,模型在测试阶段还可能会面临大量未知攻击,这就需要在模型部署时搭配另外一个攻击检测模型才能够及时检测未知攻击并对其拒绝服务。

在模型窃取方面,前面讲过现有攻击方法通过类似知识蒸馏的方式对目标模型进行功能和性能近似,窃取一个跟目标模型功能和性能相近的替代模型。如果目标模型的结构是已知的并且查询次数没有限制,那么从理论上来说攻击者可以对目标模型进行任意精度的近似。而即使目标模型的结构是未知的,攻击者也可以用一个尽量复杂的模型来对目标模型进行替代性近似。需要注意的是,如果模型窃取所需的计算开销超过了攻击者从头训练一个类似模型的代价,那么模型窃取也就失去了意义,二者之间的比值可以用来衡量窃取攻击的性能。一种更高明的模型窃取方式是攻击者利用模型窃取来提高自身模型的泛化能力,比如先预训练一个尽量大的模型,然后以性能窃取的方式通过攻击目标模型来提升自己的性能。此外,模型窃取还可以与后门攻击结合形成复合攻击类型,达到更准确的窃取。

数据篡改和伪造也是测试阶段的攻击，这个研究方向对比较独立，相当于对模型和数据的不当使用。事实上，一旦一个技术开放使用，我们往往就很难控制使用者对它的使用目的。比如，自从人工智能技术逐渐成熟以来，对人工智能技术的滥用时有发生，如人工智能武器化和人工智能用以人肉搜索、经济诈骗、谣言传播及舆论操纵、数据篡改及伪造等。这其中数据篡改及伪造可能是最简单、最容易处理的一种技术滥用。

3.4 防御类型

攻击揭示问题，防御解决问题。目前，大部分的防御工作是围绕已有攻击展开的，针对某种攻击提出有针对性的防御策略，与此同时，力求能够对多种攻击方法都有效。一般来说，防御一种攻击相对比较简单，防御多种攻击则特别困难，需要抓住模型最本质的脆弱点。在有些情况下，还会存在"鱼与熊掌不可兼得"的困境，解决安全问题与学习任务本身有着难以调和的冲突，导致必须在性能和鲁棒性之间做出权衡。

前面我们多次提到过，数据攻击往往与针对模型的攻击存在紧密的关联，因为机器学习本身就是数据和模型相互作用的结果。然而，这种相关性难以用来同时解决数据安全问题和模型安全问题。其主要原因是当前机器学习模型，尤其是深度学习模型，主要以记忆的方式进行学习，并没有**反思机制**。正如伊恩·古德费洛（Ian Goodfellow）在其受邀发表在 ICLR 2019 上的论文[29] 所指出的那样，我们可能需要**动态模型**（dynamic model）来解决现有机器学习模型的对抗脆弱性问题。动态模型指能在每一次推理之后都发生变化的模型，比如分类模型输出的第一个位置所对应的类别从"猫"变成了"卡车"。当然，这并不是一种反思机制，但是它能启发我们去思考现有机器学习范式的根本性缺陷。

从防御策略上来说，防御者可通过以下三种不同策略进行防御。

- **检测**。检测潜在的攻击并对其拒绝服务，这是一种对目标模型影响最小的防御方式，也是一种最容易落地应用的防御方式。
- **增强**。增强模型本身的鲁棒性，使其具备抵御各种攻击的能力，这是一种最根本的防御方式，也最难实现。
- **法律**。通过法律法规禁止对人工智能系统的攻击行为，明确攻击者所需要承担的责任和后果，对恶意的攻击行为做出适度的惩罚。

由于人工智能的应用场景非常广泛，所以在短时间内构建完备的法律体系并不现实。这就需要在检测和增强两种技术解决方案上下大力气，最大限度地降低安全隐患。下面将从**攻击检测**、**数据保护**和**模型增强**三个方面讨论现有防御工作的基本思想。

3.4.1 攻击检测

攻击检测旨在在模型部署阶段对潜在的攻击行为做出实时的检测并拒绝服务，避免模型受到不必要的攻击。攻击检测的核心是寻找 "**差异性**"，即攻击行为在某些方面一定有别于正常的模型使用行为。这种差异性一般体现在以下几个方面。

- **数据差异**。攻击者所使用的数据（如有毒样本、对抗样本、随机样本等）往往与普通数据不同，存在分布上的明显差异，且攻击数据分布一般比较单一，往往过拟合到攻击者所使用的攻击方法上。
- **行为差异**。攻击者往往不止一次发起攻击，经常是在一定时间内周期性地发起大量查询请求，而普通用户的请求频率往往分布比较均匀，即使不均匀，其请求频率也不会只集中在一个单一的时间段。
- **目标差异**。攻击者和普通用户的目标不同，攻击者往往是利益驱动的，会在攻击过程中大量获利，所以了解了某个应用场景的商业利益所在和利益相关方，也就能大约地界定出攻击所发生的范围和攻击目的。

那具体有哪些检测任务呢？在数据安全方面，我们可以检测投毒和后门样本、检测投毒和后门模型、检测隐私和数据窃取行为、检测篡改和伪造数据，等等。在模型安全方面，我们可以检测对抗样本、检测（测试阶段的）后门样本、检测模型窃取行为、检测模型逆向行为，等等。实际上，已有攻击大多比较容易检测，如对抗样本和后门样本的检测准确率往往在 80% 以上 [30-31]。虽然单次检测准确率不算高，但是攻击者会多次发起攻击，那么在多次攻击后被检测出来的概率是很高的，比如 80% 的单次检测准确率相当于 99% 的三检 （三次攻击中检测出来 次）准确率。

在上述检测任务中，投毒和后门样本检测主要是基于攻击数据来自于（与干净数据）不同分布的假设，对攻击数据的分布、深度特征、预测结果等进行刻画和区分。投毒和后门模型检测主要是对模型在不同测试数据上的行为差异进行建模，从而检测模型存在的功能异常。隐私和数据窃取行为检测可以通过对攻击者的查询行为进行建模，暴露其"拼图"行为，阻止其通过多次联合查询来窃取数据或隐私信息。篡改和伪造数据检测则是假设修改数据与天然数据具有不同分布，并通过寻找这种不同来检测修改或伪造的样本。测试阶段的对抗和后门样本检测主要是通过这两种异常样本对模型产生的异常激活或输出分布来检测。而对模型窃取来说，攻击者往往需要对目标模型发出大量的查询请求，且这些请求从简单到复杂体现出"课程表"的特性，很容易被检测出来。

3.4.2 数据保护

数据保护旨在对数据本身、模型训练算法以及推理机制进行改进，防止训练数据被投毒、窃取、篡改或者伪造。值得注意的是，数据安全不只涉及数据本身，也需要训练算法和模型增强的配合。这是因为，在机器学习中数据会借助模型而存在，即其在训练过程中以某种形式被学习到模型内部，与模型参数的更新融为一体。可惜的是，目前关于数据和模型参数之间的相互作用并没有确切的理论刻画，只能从不同方面进行实验探索。

在训练数据方面，防御者可以通过数据替换、特征替换、数据加噪等方式，防止模型对原始训练样本产生记忆，降低数据或者关键隐私信息被窃取或篡改的风险。针对数据投毒，可以采用特定的数据增广方法打破有毒样本对目标模型的负面影响，打破后门样本与后门标签之间的关联等。此外，还可以通过数据集压缩（dataset condensation）、数据过滤

（data filtering）等方法，将问题样本从训练数据集中隔离并移除。这类方法对大规模预训练比较有利，一方面可以从海量预训练数据中剔除有问题的样本；另一方面可以压缩数据集，降低训练成本。

在训练方法方面，可以通过差分隐私（differential privacy, DP）或者隐私保护学习方法（如联邦学习）等来降低模型对训练数据的记忆，避免对私有数据的简单聚合，防止大规模隐私泄露。当然也可以设计特定的鲁棒训练方法来降低模型训练对原始数据的依赖，如通过"反后门"学习机制来防止模型对简单后门样本的学习。实际上，这些训练方法往往会牺牲模型的部分性能，因为对数据的**"模糊学习"**（即只学习非敏感部分的信息）往往会带来一定的信息损失。如何设计高效的模糊学习方法是实现数据保护的机器学习的关键。

在推理机制方面，防御者可以通过策略性地隐藏原始模型输出，防止敏感信息的泄露。如前文所述，机器学习模型可以看作一个复杂的函数，在模型结构确定以后，函数的形式就确定了，其具体的参数值由训练数据所确定。也就是说，我们可以在任何一个训练数据点处进行泰勒展开（Taylor expansion），得到一个局部定义。这些局部定义的独特性就决定了模型整体的隐私性。如果我们对模型的输出进行一定的加噪和模糊化，那么多个数据点可能会得到类似的展开，攻击者就不容易根据局部信息推理出某个数据点的特性，避免了潜在的信息泄露。对于窃取类攻击，防御者甚至可以实施反向攻击，比如对模型的输出进行修改，向攻击模型中反向安插后门，也就是所谓的"以攻为守"。

此外，还可以采用**同态加密**（homomorphic encryption, HE）算法，对模型的输入进行加密，在密文上进行运算后返回预测结果（也是密文），从而完全避免了真实数据的传输。相关研究领域称为**加密机器学习**（encrypted machine learning, EML）。加密方法还可以与安全增强的训练方法结合使用，如联邦学习加同态加密，全面提升各个环节的安全性。需要注意的是，隐私保护的推理机理往往会降低模型的性能和推理效率，在某些场景下可能会降低用户的使用体验。

3.4.3　模型增强

模型安全增强的目的是提高模型自身对潜在攻击的鲁棒性，其中研究最多的是**对抗鲁棒性和后门鲁棒性**。虽然模型对**常见损坏**（common corruptions）的鲁棒性，如对噪声标签、噪声输入、损坏输入等的鲁棒性也需要提高，但是这些鲁棒性通常被认作**常见鲁棒性**，并不是**安全方面**的鲁棒性。常见鲁棒性旨在模拟现实世界中充满噪声又多变的应用环境，对抗和后门则是在此基础上再加上恶意攻击者的存在。针对对抗和后门攻击的模型安全性增强往往也会对常见鲁棒性有所提升。

目前，模型安全性增强主要通过**输入增强、鲁棒训练、鲁棒模型结构设计和鲁棒后处理**四种方式进行。其中，输入增强又包含输入去噪、输入压缩、输入转换（如像素偏转）、输入随机化等不同方法；鲁棒训练包括对抗训练、对抗蒸馏、后门鲁棒训练等方法；鲁棒模型结构设计可以从探索全新的模型谱系（如 transformer 模型）或者改进现有结构两个方向进行；鲁棒后处理主要是对已经训练完毕的模型进行量化、剪枝、压缩、微调等操作进一步提升其鲁棒性。

一般来说，**输入增强**技术通用性强、实现简单，可以配合其他增强技术灵活使用。例如，当前最优的对抗鲁棒性提升方法就是通过数据增广加对抗训练来达到的。而一些新兴的去噪模型如**扩散模型**（diffusion model）也可以用来进行高质量的输入去噪和安全性增强，且此类模型对微小的对抗噪声极其鲁棒。**鲁棒训练方法**一般被视为最可靠的鲁棒性增强技术，因为它们可以从优化的角度对模型自身的鲁棒性产生根本性的提升，但是鲁棒训练方法的计算开销较高，每次尝试都需要进行一次耗时的模型训练。在对抗鲁棒性方面，对抗训练还会降低模型在干净数据上的性能，在一定程度上阻碍了模型的可用性。

鲁棒模型结构设计是最具有挑战性的任务，设计鲁棒的模型结构往往比设计高性能的模型结构更加困难。实际上，只通过结构的改变来提高模型的鲁棒性极其困难，可以说是一个不可完成的任务，因为结构固然重要但是不会直接决定模型的鲁棒性。想从根本上解决现有模型的安全性问题需要模型结构和学习范式的双重改变，需要对现有学习范式进行本质性的改变。**鲁棒后处理**方法能对不鲁棒的模型起到一定的补救效果，但是往往不能从根本上解决模型自身不鲁棒的问题，很多后处理方法也陆续被发现可以被新的攻击方法攻破。但是后处理方法在灵活性和及时性方面相较其他方法存在一定优势，因为任何模型都无法保证在训练完成后就能完成预期的鲁棒性提升。此外，也有可能会在模型部署后发现新的安全问题，这也需要后处理方法进行及时的修补，这种有针对性的鲁棒性增强往往是比较高效的。

在对抗鲁棒性方面，模型安全增强无非就是弥补模型中所存在的对抗脆弱性，比如数据分布不均衡、决策边界扭曲、损失景观不平滑、梯度大小不一致等。这些问题的最终体现就是模型对微小的输入噪声极其敏感，很容易就会被干扰跨过决策边界，损失会在小范围内陡增，梯度易被恶意利用等。总结已有研究，**一个安全（对抗鲁棒）的模型**应该具备以下特点：

- 安全模型在干净测试样本上可以达到与普通模型相当的性能；
- 安全模型在对抗样本上可以达到与在干净测试样本上相当的性能。

要同时实现上述两个特点是极其困难的，因为已有模型并不具备区分干净样本与对抗样本、普通噪声与对抗噪声的能力，即模型对所有输入信息都"一视同仁"。这迫使防御方法需要提高模型在**所有输入**上的鲁棒性。比如，对抗训练需要对所有训练样本做对抗增广，将其变为对抗样本后再进行模型训练，这难免会损害模型在干净样本上的干净准确率（clean accuracy）。训练更鲁棒的机器学习模型需要在样本区分上做出一定的突破，否则无法做到准确率和鲁棒性的兼得。

在后门鲁棒性方面，模型安全增强可以在两个不同的阶段进行，在学习阶段避免模型对投毒（后门）数据的学习，在推理阶段移除触发器或阻止触发器的激活。其中，学习阶段的增强方法一般是**后门鲁棒训练方法**，这类方法让模型在训练过程中避免对投毒数据的学习。后门鲁棒训练可以分两步来完成：1）有毒样本检测和 2）有毒样本处理。它也可以一步完成，让模型在学习过程中自动识别并忽略有毒样本。有毒样本检测可以基于模型在有毒样本上的学习特点来完成。需要注意的是，有毒样本只有被学习的时候才能被观测到，所以当能检测到有毒样本的时候，有毒样本已经被学进模型内部了，这多少有点"试毒"的意思。实际上，可以通过一个**辅助模型**（比如一个小模型）去做检测，然后基于检测结果从模型中"遗忘"或者"反学习"掉有毒样本。有毒样本也有不同的处理方式，丢弃有毒样本是一种更简单粗暴的处理方式，但是当检测数量较多时，会损失大量训练数据。最好是可以对这些样本进行净化，净化后继续将它们用于模型训练，但是这种策略存在一定的风险，容易因净化不彻底而再次被投毒。

3.5　本章小结

本章主要介绍了人工智能数据与模型安全所涉及的基本概念（3.1 节）、威胁模型（3.2 节）、攻击类型（3.3 节）和防御类型（3.4 节）。其中，威胁模型部分介绍了三种经典的威胁模型，即白盒、黑盒和灰盒威胁模型；攻击类型部分从攻击目的、攻击对象以及攻击时机三个维度对现有攻击的动机和目的进行了系统的介绍；防御类型部分则介绍了三种主流的防御策略，即攻击检测、数据保护和模型增强。在介绍的过程中，我们也进行了一定程度的发散思维和批判式思考，对未来攻防研究进行了前瞻性的讨论。

3.6　习题

1. 列举三种威胁模型，并解释它们的主要区别。
2. 简要分析深度学习模型的记忆特性会导致哪些安全问题。
3. 列举三种攻击目的并分析达到相应目的所需的条件。
4. 列举三种防御类型，并介绍它们的主要思想。
5. 数据保护和模型保护有哪些相同与不同之处？

第 **4** 章

数据安全：攻击

在过去的数十年中，人工智能已经迅速渗透到我们的日常生活中，在包括计算机视觉、自然语言处理、语音识别等多个关键领域取得了巨大的成功。然而，人工智能模型的训练需要大量数据和计算资源。因此，工业界和学术界在训练模型时使用外包数据、第三方机器学习平台或者预训练模型已经成为一种惯例。这种便捷的开发方式可以让研究人员快速开发一个可用的人工智能模块并迅速投入使用，而不需要了解具体所使用的训练数据，但这也带来了很大的安全隐患。正因数据的完整性和准确性对机器学习算法正确运行的重要性不言而喻，数据也就自然成为攻击者的主要攻击目标之一。本章从数据投毒、隐私攻击、数据窃取和数据篡改与伪造四个角度介绍现有机器学习范式下数据所面临的攻击。

4.1 数据投毒

数据投毒（也称投毒攻击）是一种训练阶段的攻击，其通过污染训练数据来干扰模型的训练，从而达到降低模型的推理性能的目的。投毒攻击的一般流程如图 4.1 所示。在实际场景中，投毒者可以通过两种方式实施投毒攻击，即被动攻击和主动攻击。被动攻击是指攻击者可通过在线社交媒体上传有毒数据到网上，等待受害者利用网络爬虫下载使用；主动攻击则可以直接将有毒数据发送到数据集收集器（如聊天机器人、垃圾邮件过滤器或用户信息数据库）中。研究机构对 28 家公司的调查问卷显示数据投毒是工业界最担心的人工智能安全问题[32]。

数据投毒工作最早可以追溯到 1993 年 Kearns 和 Li[33] 的工作，他们在 PAC（probably approximately correct）学习设置下研究了如何在有恶意误差数据存在的情况下进行模型训练。2006 年，Barreno 等人[34] 揭示了通过恶意训练人工智能系统可以混淆网络入侵检测系统（intrusion detection system，IDS），使其在推理阶段对特定攻击不做拦截。2008 年，Nelson 等人[35] 提出了针对垃圾邮件过滤器（spam filter）的投毒攻击，通过错误标记 1% 的训练数据成功破坏了朴素贝叶斯（naive Bayes）分类器的垃圾邮件过滤功能。2012 年，Biggio 等人[36] 正式提出了**投毒攻击**的概念。他们认为投毒攻击指将一小部分毒化数据注入训练数据或直接投毒模型参数，进而损害目标系统的功能的攻击。

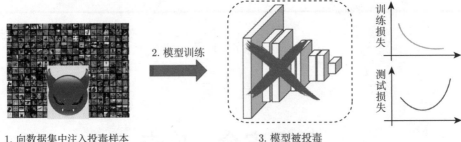

图 **4.1** 投毒攻击示意图

数据投毒可大致分为六类：标签投毒攻击、在线投毒攻击、特征空间攻击、双层优化攻击、生成式攻击和差别化攻击。

4.1.1 标签投毒攻击

模型训练是一个对训练样本进行迭代，使其能够一步步靠近标签的过程。所以正确的标签对正确的模型训练至关重要，而对攻击者来说也是如此，攻击训练过程所使用的标签是最直接一种投毒方式。这种攻击方式被称为标签投毒攻击（label poisoning attack），其通过混淆样本与标签之间的对应关系来破坏模型的训练。例如，**标签翻转**（label flipping，**LF**）**攻击**将部分二分类数据的 0/1 标签随机翻转，使 0 标签对应的数据在训练中靠近假标签 1，而 1 标签对应的数据靠近假标签 0。可以看出，此类投毒攻击需要很强的威胁模型，要求投毒者可以操纵对训练数据的标注或使用。在二分类问题下，随机标签翻转攻击可形式化表示为：

$$\mathrm{LF}(y) = \begin{cases} 1-y, & y \in Y = \{0,1\} \\ \mathrm{random}(Y/\{y\}), & \text{其他} \end{cases} \tag{4.1}$$

其中，y 是原始标签，$1-y$ 可以在 0/1 分类问题下进行标签的翻转，$\mathrm{random}(\cdot)$ 表示随机选择函数，适用于多分类问题。

除了随机选择样本进行翻转，我们还可以有选择地对一部分数据进行翻转以最大化攻击效果。Biggio 等人[36] 在随机标签翻转攻击的基础上，通过优化方法寻找部分易感染样本进行标签翻转，可以成功损害鲁棒训练的目标。后来，Zhang 等人[37] 从博弈论的角度证明了标签翻转攻击对基于共识（consensus-based）的分布式支持向量机（distributed support vector machines，DSVM）同样有效。标签投毒类攻击可以被理解为一种"指鹿为马"攻击，明明是物体 A 却非要说成物体 B，从而达到混淆视听的目的。

4.1.2 在线投毒攻击

在线投毒攻击也称 p-**篡改攻击**（p-tampering attack），是指在在线学习过程中对训练样本以一定概率 p 进行投毒以此削弱模型推理能力的攻击。在线投毒攻击假设攻击者可以对训练样本进行在线的修改、注入等，但对标签不做改动。最早将 p-篡改攻击用于数据投毒的是 Mahloujifar 和 Mahmoody[38]，他们以在线训练中的一段训练数据为原子，对其中比例为 p 的数据施加噪声来进行偏置，进而对模型在推理阶段的功能进行干扰。p-篡改攻击可以被理解为一种"暗度陈仓"攻击，在不改变类别标签的情况下（高隐蔽性），以一定概率偷偷修改样本，使数据分布产生偏移。

Mahloujifar 等人[39] 后续将单方 p-篡改攻击扩展到了多方学习，并以联邦学习为例进行了研究。不同于单方学习，多方学习中参与方之间会相互影响，给数据投毒留下很多空间（可相互传染）也带来一些挑战（避免相互干扰）。在多方学习场景下，p-篡改攻击可以扩展到 (k, p)-篡改攻击，其中 $k \in \{1, 2, \cdots, m\}$ 表示 m 个参与方中被攻击者控制的个数。(k, p)-篡改可以高效地完成攻击，且不需要修改标签，是一种只依赖当前时刻样本的高效在线数据投毒攻击。

4.1.3 特征空间攻击

特征空间投毒（feature space poisoning）攻击通过修改毒化样本的深度特征来完成攻击。通过基于替代模型的深度特征修改，特征空间攻击几乎可以随意修改样本与类别之间的对应关系，即能让一个类别为 A 的样本跟任意非 A 类别的深度特征匹配。特征空间攻击有三个隐蔽性优势。首先，在特征空间进行对应关系的修改并不需要修改标签，具有很高的隐蔽性。其次，特征投毒可以基于优化方法对输入样本进行轻微（微小）扰动完成，并不需要明显的投毒图案，因此可轻易躲过人工审核。再次，特征空间攻击通常只影响模型对特定目标样本的分类，而不影响非特定目标样本，故而很难被检测出来。毒化数据的影响通常在模型部署后才会显现出来。

2018 年，Shafahi 等人[40] 提出了一种经典的特征空间投毒攻击方法：**特征碰撞攻击**（feature collision attack）。特征碰撞攻击是一种白盒数据毒化方法，其通过扰动部分**基类**（base class）训练数据，使其在特征空间下趋于**目标类**（target class），从而诱使模型在训练过程中产生误解。特征碰撞攻击最初是为攻击单个目标样本而设计的，所以也被称为"**有目标**"攻击，攻击多个样本则需要重复多次同样的攻击过程。具体而言，攻击者巧妙地使有毒基类数据点在特征空间中靠近目标类样本，从而诱使目标模型在推理阶段将目标类测试样本误分为基类类别。

特征碰撞攻击的优化目标定义如下：

$$\min_{\boldsymbol{x}_p} \left[\|f(\boldsymbol{x}_p) - f(\boldsymbol{x}_t)\|_2^2 + \beta \|\boldsymbol{x}_p - \boldsymbol{x}_b\|_2^2 \right] \tag{4.2}$$

其中，$\boldsymbol{x}_p$ 为毒化样本，$\boldsymbol{x}_t$ 为目标测试样本，$\boldsymbol{x}_b$ 为训练数据中一个基类样本，f 为目标模型，$f(\cdot)$ 为模型的输出，β 为超参数。上式中，第一项使毒化样本接近攻击目标类别 t，达成攻击目的；第二项中 $\|\boldsymbol{x}_p - \boldsymbol{x}_b\|_2^2$ 控制毒化数据与基类数据相似，使二者在视觉上无明显差异，起到伪装效果。通俗的理解就是，让 $\boldsymbol{x}_p$ 看上去像 $\boldsymbol{x}_b$ 而特征和预测类别像 $\boldsymbol{x}_t$，达到"**声东击西**"的目的。后续很多隐蔽性数据投毒算法都是基于此思想，只是在优化方法上略有不同。

在特征碰撞攻击中，目标模型通常是在干净数据上预训练的模型，而投毒攻击发生在后续的模型微调过程中，主要用于攻击基于公开预训练模型的迁移学习。由于迁移学习会冻结特征提取器而只微调最后一层的线性分类器，所以特征碰撞攻击对迁移学习很有效，有时毒化单张图片就可以成功攻击。然而，特征碰撞攻击也存在一定的局限性。首先，特征碰撞攻击需要攻击者掌握目标模型，这是很强的威胁模型假设。其次，一旦目标模型又通过其他干净数据再次被微调，那么特征碰撞攻击的效果会大大降低。因此，**端到端训练**或**逐层微调**对特征碰撞攻击具有显著的鲁棒性。

Zhu 等人[41] 在 2019 年提出了基于净标签的**凸多面体攻击**（convex polytope attack，CPA）以提高特征空间攻击的迁移性。与特征碰撞攻击的单样本混淆策略不同，凸多面体攻击尝试寻找一组毒化样本并将目标样本包围在一个凸包内。凸多面体攻击的优化目标如下：

$$
\min_{\{c^{(i)}\},\{\boldsymbol{x}_p^{(j)}\}} \frac{1}{2m} \sum_{i=1}^m \frac{\left\| f^{(i)}(\boldsymbol{x}_t) - \sum_{j=1}^k c_j^{(i)} f^{(i)}(\boldsymbol{x}_p^{(j)}) \right\|^2}{\left\| f^{(i)}(\boldsymbol{x}_t) \right\|^2}
$$

$$
\text{s.t.} \sum_{j=1}^k c_j^{(i)} = 1, c_j^{(i)} \geqslant 0, \forall i, j; \; \left\| \boldsymbol{x}_p^{(j)} - \boldsymbol{x}_b^{(j)} \right\|_\infty \leqslant \epsilon, \forall j
$$

（4.3）

其中，$\boldsymbol{x}_p$ 为毒化样本，$\boldsymbol{x}_t$ 为目标测试样本，$\boldsymbol{x}_b$ 为训练数据中一个基类样本；一组预训练模型的集合被定义为 $\{f^{(i)}\}_{i=1}^m$，m 是集合中模型的数量；$\{\boldsymbol{x}_p^{(j)}\}_{j=1}^k$ 是针对 $\boldsymbol{x}_t$ 设计的 k 个"包围"在外的毒化样本；约束 $\sum_{j=1}^k c_j^{(i)} = 1, c_j^{(i)} \geqslant 0$ 指"包围"在外的毒化样本的权重都大于 0 且加和为 1；添加扰动的上界被定义为 ϵ。凸多面体攻击在特征空间中构建了更大的"攻击区域"，从而增加了迁移攻击成功的可能性。当在多个中间层中实施凸多面体攻击时，迁移性会更好。凸多面体攻击可以被理解为一种"四面楚歌"攻击，从不同角度对特征子空间进行围攻，从而使在外的毒化数据在从头训练设置下也能起作用。

4.1.4 双层优化攻击

最新的研究往往通过**双层优化**（bi-level optimization）的方式去实现数据投毒，其也可以与其他攻击方式结合产生更大效益。实际上，优化的思想在数据投毒中早已存在，比如通过优化方法找出最适合标签投毒的数据集或者找到最有效的数据投毒方案。早在 2008年，Nelson 等人[35] 便在其工作中通过优化产生能最大化合法邮件有害得分的电子邮件，并用来毒化训练数据。2012 年，Biggio 等人[36] 也使用了优化方法来找到可以最大化分类误差的样本。上述两种方法都是利用**梯度上升**的迭代算法来一步步计算出最优解决方案，并更新迭代出最终目标模型。为了统一概括数据投毒的优化问题，Mei 和 Zhu[42] 在 2015 年正式提出了"**有毒数据构建+目标模型更新**"的双层优化问题，并证明利用梯度可以有效地解决此双层优化问题。此后，数据投毒攻击便进入了基于双层优化问题求解的时代，研究者提出了很多更有效、更快速，抑或更便捷的数据投毒攻击方法。

双层优化攻击的核心是一个**最大最小化问题**。双层优化攻击的流程大体上是这样的:(1)攻击者首先将投毒攻击问题转化为一个优化问题以便找到全局最优值;(2)攻击者使用常见优化算法(如随机梯度下降)在相应的约束下检索解决方案。数据投毒对应的双层优化问题可形式化表示如下:

$$D_p{}' = \underset{D_p}{\arg\max} \mathcal{F}(D_p, \boldsymbol{\theta}') = \mathcal{L}_{\mathrm{out}}(D_{\mathrm{val}}, \boldsymbol{\theta}')$$

$$\text{s.t.}\ \ \boldsymbol{\theta}' = \underset{\boldsymbol{\theta}}{\arg\min} \mathcal{L}_{\mathrm{in}}(D \cup D_p, \boldsymbol{\theta}) \tag{4.4}$$

其中,D、D_{val} 及 D_p 分别表示原始训练数据集、验证数据集以及有毒数据集,$\mathcal{L}_{\mathrm{in}}$ 和 $\mathcal{L}_{\mathrm{out}}$ 分别代表内层和外层的损失函数。外层优化的目的是生成可以最大化目标模型 $\boldsymbol{\theta}'$ 在(未受污染的)验证数据集 D_{val} 上的分类错误数的有毒数据。内层优化的目的是通过迭代更新得到数据投毒后的目标模型,即目标模型会在有毒数据集 $D \cup D_p$ 上迭代更新。由于目标模型参数 $\boldsymbol{\theta}'$ 是由有毒数据集 D_p 来隐式决定的,所以在外层优化中,我们用函数 $\mathcal{F}$ 来表述 $\boldsymbol{\theta}'$ 和 D_p 之间的联系。整个双层优化的过程可以描述为,每当内层优化达到局部最小值,外层优化就会用更新后的目标模型 $\boldsymbol{\theta}'$ 来更新有毒数据集 D_p,直到外层优化的损失函数 $\mathcal{L}_{\mathrm{out}}(D_{\mathrm{val}}, \boldsymbol{\theta}')$ 收敛。

双层优化攻击是一种**破坏型攻击**,因为其攻击目的是让目标模型发生错误分类。当然,双层优化攻击也可以是**操纵型的**,即让目标模型将目标数据误分类为特定类别(需要预先指定)。在这种情况下,双层优化就变成了一个最小最小化(**min-min**)问题,定义如下:

$$D_p{}' = \underset{D_p}{\arg\min} \mathcal{F}(D_p, \boldsymbol{\theta}') = \mathcal{L}_{\mathrm{out}}(\{\boldsymbol{x}_t, y_{\mathrm{adv}}\}, \boldsymbol{\theta}')$$

$$\text{s.t.}\ \ \boldsymbol{\theta}' = \underset{\boldsymbol{\theta}}{\arg\min} \mathcal{L}_{\mathrm{in}}(D \cup D_p, \boldsymbol{\theta}) \tag{4.5}$$

其中,y_{adv} 是攻击者预设的错误类别。而此时外层优化的目的是生成可以最小化目标模型 $\boldsymbol{\theta}'$ 在目标数据上的分类错误数的有毒数据。上面的双层优化框架很好地概括了数据投毒与目标模型更新之间的关系,通过代入不同的目标函数、攻击目标及训练数据集,几乎所有数据投毒攻击场景都可以用这个框架实现。

解决双层优化问题的一种思路是通过**迭代算法**来步步逼近全局最优解。而基于梯度的攻击又可以将训练数据往目标梯度方向扰动来进行数据毒化,直至毒化数据达到最优效果。在 $\mathcal{L}_{\mathrm{out}}$ 可微的情况下,梯度可以通过**链式法则**(chain rule)计算如下:

$$\nabla_{D_p} \mathcal{F} = \nabla_{D_p} \mathcal{L}_{\mathrm{out}} + \frac{\partial \boldsymbol{\theta}}{\partial D_p}^{\top} \nabla_{\boldsymbol{\theta}} \mathcal{L}_{\mathrm{out}}$$

$$\text{s.t.}\ \ \frac{\partial \boldsymbol{\theta}}{\partial D_p}^{\top} = (\nabla_{D_p} \nabla_{\boldsymbol{\theta}} \mathcal{L}_{\mathrm{in}})(\nabla_{\boldsymbol{\theta}}^2 \mathcal{L}_2)^{-1} \tag{4.6}$$

其中，$\nabla_{D_p}\mathcal{F}$ 表示 $\mathcal{F}$ 关于 D_p 的偏导数。第 i 次迭代的毒化数据 $D_p^{(i)}$ 可以通过梯度上升更新至 $D_p^{(i+1)}$，形式化定义如下：

$$D_p^{(i+1)} = D_p^{(i)} + \alpha\nabla_{D_p^{(i+1)}}\mathcal{F}(D_p^{(i)}) \tag{4.7}$$

其中，α 是由攻击者控制的学习率。

上面提到的例子多是针对传统机器学习（或者简单神经网络）的数据投毒攻击，他们隐式地假设基于梯度的内层优化可以被完美解决。然而，对于深度神经网络来说，其梯度有可能爆炸或消失，因此，针对深度学习的双层优化攻击需要特殊的梯度计算方式。Muñoz-González 等人[43] 利用 "反向梯度法" 来更高效稳定地计算内部优化的梯度。作者使用逐步梯度下降法近似求解内层优化问题，而每步梯度下降都会反向传播至外层优化及目标函数进行求解，经过数次迭代最终得到满足双层优化目标的毒化数据。然而基于随机梯度下降法的微分对内存来说是一个非常大的负担，所以该毒化数据制造方法是单个进行而不是分批次进行的，且只能作用于单层神经网络。

2018 年，Jagielski 等人[44] 对 Muñoz-González 等人[43] 的工作进行了扩展，提出了一个专用于回归模型的数据投毒及防御的理论优化框架。Huang 等人[45] 提出的 MetaPoison 采用集成的方式，利用 m 个模型和 K 步内部最小化来求解式（4.5）。具体来说，对每个模型在毒化数据上进行 K 步基于随机梯度下降的梯度下降，然后计算并存储外部最小化对应的梯度（称为对抗梯度），在 m 个模型上计算完毕后累积得到平均对抗梯度，之后使用平均对抗梯度更新毒化样本。当达到一定的训练周期后，需要重新初始化 m 个模型的参数，以增加探索（防止因模型收敛过快而导致毒化样本探索不够）。

相比之前的方法，MetaPoison 是净标签数据投毒（clean-label data poisoning）领域的一个重要改进。其数据毒化过程更加通用，无论是破坏型还是操纵型攻击目标都可达成，生成的毒化数据可以在整个训练过程中都对目标模型有影响，而且不会对某个代理模型过拟合。此外，MetaPoison 还做到了毒化数据的跨模型和训练设置迁移，即 MetaPoison 生成的毒化数据可投毒其他训练设置、网络架构未知的模型。MetaPoison 甚至成功毒化了工业级服务，如 Google Cloud AutoML API。而 MetaPoison 也是第一个在人眼不可察觉的前提下，可同时攻击微调模型及端对端模型的数据投毒方法。

2020 年，Geiping 等人[46] 对 MetaPoison 攻击做了进一步改进，提出了 Witches' Brew 攻击方法，使得此类投毒攻击达到工业规模。Witches' Brew 攻击引入 "梯度对齐" 的概念，使毒化目标函数与对抗目标函数具有一致的梯度，也就是说，使模型在毒化样本和其目标样本上的梯度一致。当这个目标达成时，毒化样本和目标样本将对模型产生同样的梯度激活，也就是在训练过程中对模型参数更新起到一模一样的作用，因此训练毒化数据过程中进行的标准梯度下降也会强制使对应目标图像上的对抗性损失降低，进而完成攻击目标（让模型将毒化样本完全当作目标样本来学习）。

4.1.5 生成式攻击

上述数据投毒攻击都在毒化数据的生成和使用效率上有所受限，而基于生成模型的生成式攻击（generative attack）可避免基于优化攻击的高昂计算代价，大大提高毒化数据的生成和使用效率。生成式攻击的核心是对生成模型（如生成对抗网络和自动编码器）的训练。生成模型可以通过学习毒化噪声分布进而大规模生成毒化数据。生成式攻击一般需要攻击者知晓目标模型的相关知识，对应灰盒或白盒威胁模型。

Yang 等人[47] 提出基于编码器解码器（encoder-decoder）的毒化数据生成式攻击。此攻击框架有两个重要的组成模块：生成模型 G 以及目标模型 f。其毒化数据生成过程可以描述为：在第 i 次迭代中，生成模型产生毒化数据 $\boldsymbol{x}_p^i$；攻击者将此时的毒化数据注入训练数据中，令目标模型的参数从 $\boldsymbol{\theta}^{(i-1)}$ 更新为 $\boldsymbol{\theta}^{(i)}$；攻击者进一步评估目标模型在验证集 D_{val} 上的表现，并以此为依据引导生成模型的进一步优化；攻击者更新生成模型并进入下一次迭代。此迭代过程可形式化表示如下：

$$
\begin{aligned}
G' &= \arg\max_{G} \sum_{(\boldsymbol{x},y)\sim D_{\mathrm{val}}} \mathcal{L}(f_{\boldsymbol{\theta}'}(G(\boldsymbol{x})), y) \\
\text{s.t.}\ \boldsymbol{\theta}' &= \arg\min_{\boldsymbol{\theta}} \sum_{(\boldsymbol{x},y)\sim D_p} \mathcal{L}(f_{\boldsymbol{\theta}}(G'(\boldsymbol{x})), y)
\end{aligned}
\tag{4.8}
$$

其中，$\boldsymbol{\theta}$ 表示目标模型 f 的原始参数，$\boldsymbol{\theta}'$ 表示目标模型被数据投毒攻击后的参数。生成式攻击的最终目标是使生成模型 G 能够无限生成能降低目标模型 f 性能的毒化数据。在此基础上，Feng 等人[48] 提出了一个类似的生成模型训练方式，引入伪更新（pseudo-update）步骤来更新生成模型 G。这种新的更新方式克服了交替更新（f 和 G）所导致的生成模型训练不稳定的问题。

除了自动编码器（autoencoder），生成对抗网络（GAN）也可以用来生成毒化数据。例如 Muñoz-González 等人[49] 提出的 pGAN 攻击，其由生成器 G、判别器 D 及分类器（即目标模型 f）三个子模型组成。判别器 D 用于区分毒化样本与干净样本，生成器 G 旨在生成高效的毒化样本以最大化目标模型 f 的分类错误数，同时让判别器 D 无法区分毒化样本与干净样本。这种对抗博弈使得生成式攻击可以在攻击强度和隐蔽性之间做出权衡，更灵活地应对不同风险级别的人工智能模型。

4.1.6 差别化攻击

上述几类攻击方法在投毒的过程中随机选取少量训练样本进行毒化，可以被视为无差别化攻击。然而，研究发现毒化样本的选择会大大影响攻击效果。由此引出了基于样本影响力（sample influence-based）的差别化攻击。基于样本影响力的投毒攻击通过选择影响力大的样本来投毒，以此来提高攻击的强度。单个样本对模型性能的影响可以定义为：

$$\mathcal{I}(\boldsymbol{z}) = -\mathcal{H}_{\hat{\boldsymbol{\theta}}}^{-1} \nabla_{\boldsymbol{\theta}} \mathcal{L}(f_{\hat{\boldsymbol{\theta}}}(\boldsymbol{x}), y)$$

$$\text{s.t.}\quad \hat{\boldsymbol{\theta}} = \underset{\boldsymbol{\theta}}{\arg\min} \sum_{(\boldsymbol{x},y) \sim D_{\text{val}}} \mathcal{L}(f_{\boldsymbol{\theta}}(\boldsymbol{x}), y) \tag{4.9}$$

其中，$\boldsymbol{x}$ 表示目标样本，y 表示样本标签，$\hat{\boldsymbol{\theta}}$ 表示移除样本 $\boldsymbol{x}$ 后所得到的目标模型的参数，D_{val} 表示验证数据集，$\mathcal{H}$ 为经验风险的黑塞矩阵（Hessian matrix），即 $\mathcal{H}_{\hat{\boldsymbol{\theta}}} = \frac{1}{n} \sum_{i=1}^{n} \nabla_{\hat{\boldsymbol{\theta}}}^{2} L(f_{\hat{\boldsymbol{\theta}}}(\boldsymbol{x}_i), y_i)$。

Koh 等人 [50-51] 首次将影响函数（influence function）应用于梯度计算，并提出了三种有效的近似双层优化方法。首先，他们通过式（4.9）来计算删除特定样本对测试损失的影响，进而确定对模型训练影响最大的样本。接下来，以会产生较大影响的样本作为毒化目标，继续利用影响函数来产生毒化数据。最后，将毒化数据注入原始训练数据集中。最终，该方法成功使目标模型将一个特定测试图像错误分类。Fang 等人[52] 将基于影响力的投毒攻击用在了推荐系统上，攻击者可以通过精心伪造的用户及交互数据来投毒推荐系统，使其做出错误推荐。值得注意的是，Basu 等人[53] 提出，由于深度神经网络的非凸（non-convex）损失表面，影响函数并不能有效捕捉深度神经网络中的数据依赖。因此，差别化攻击在深度神经网络中的应用还有待进一步研究。

4.1.7　投毒预训练大模型

随着大模型的兴起，有越来越多的模型训练是在超大规模数据集，如 LAION-400M[54]、LAION-5B[55]、COYO-700M[56]、Wukong[57] 等上进行的自监督预训练。而面对如此大规模的数据集和不适用标签信息的自监督学习预训练，数据投毒还能否成功就成为一个很难探索的问题。

Carlini 和 Terzis[58] 研究了投毒攻击大规模数据集（即 Conceptual Captions 数据集[59] 和 YFCC100M 数据集[60]）和对比学习预训练（即 CLIP[61]）的可能性。他们设计了一个有目标投毒攻击，让预训练的模型在零样本泛化场景下将样本分类为目标类别。具体流程为，选择一张图片同时确定一个目标类别比如"篮球"，将这个图片的文字描述改为与篮球有关的，对于同一张图片可以设计多个与篮球有关的文字描述（在训练集里寻找包含篮球的已有文字描述即可），然后将这些**投毒样本**添加到正常样本集里。在投毒后的数据集上自监督训练一个 CLIP 模型，然后直接使用模型输出的嵌入进行分类（即零样本分类），可以诱使模型将先前的投毒图片分类为"篮球"类别。实验表明，用 3 个投毒样本（高斯扰动过的样本 + 带"篮球"的描述）就可以误导在 300 万样本上训练的模型以 40% 的概率产生分类错误（即预测投毒样本为"篮球"）。作者在线性探针（linear probing）、半监督训练、后门攻击等场景下也进行了测试，都发现投毒或者后门攻击大规模数据集是有可能的。

虽然很多时候攻击成功率并不高，但是投毒所需的样本数量好像并不随目标数据集规模的增加而增加，即有效投毒数量对小规模数据集和大规模数据集是类似的。

2023 年，Carlini 等人[62] 继续对从网络上搜集的大规模图像–文本数据集进行投毒攻击研究。这次研究的对象是 LAION-400M 和 COYO-700M，他们通过以低廉的价格购买已经被回收的图片下载地址来进行投毒。因为规模巨大和避免版权与隐私问题，这些数据集大多只提供下载链接，而每天都有大量链接变得无效且被回收。所以，攻击者可以去域名提供商处查询可购买的过期链接，并合理优化购买预算，以很低的价格（如 60 美元）买下一定数据量的图片下载链接，并在别人访问下载链接时上传投毒数据。作者完整地模拟了这个攻击过程，并证明攻击这些数据集的 0.01% 是有可能的。他们还研究了另外一种投毒方式——**抢先投毒**攻击。针对文本数据，比如维基百科网页需要周期性更新的问题，可以在更新前对维基百科网页进行恶意修改，虽然这种修改最终会被撤回，但是如果时间把控合理，就可以抢在数据更新前的一个短暂时间窗口内进行修改，让数据爬取器正好爬到恶意修改的文本，完成投毒攻击。

4.2　隐私攻击

目前针对数据的隐私攻击主要是针对深度神经网络的**推理**攻击，攻击者在白盒或黑盒威胁模型下试图从模型中推理或逆向出有关训练数据的信息或者训练数据本身。图 4.2 以医学图像分析场景为例，展示了在白盒和黑盒两种不同威胁模型下的隐私攻击。我们的个人数据，如自拍照、健康数据、医疗数据、消费习惯、移动轨迹、个人爱好、电话号码、家庭住址等，有可能会在某个地方被用于训练人工智能模型。而通过隐私攻击，攻击者可以获知个人隐私信息，如是否患有某种疾病、是否到过某个地方等。在人工智能技术被广泛应用的今天，隐私攻击无疑是对个人隐私的巨大威胁。本章将围绕推理类隐私攻击介绍成员推理攻击、属性推理攻击和其他推理类攻击。专门的数据窃取攻击会在 4.3 节中介绍。

4.2.1　成员推理攻击

成员推理攻击（membership inference attack，MIA）的主要思想是利用目标模型在训练数据和测试数据上的**不一致性**来推理某一样本是否在目标模型的训练数据中。通过判定某个样本是否存在于训练数据集中，攻击者可以进一步猜测样本所属的类别以及其他一些隐私信息，如推断某人是否去过某个地方、是否患有某种疾病等。图 4.3 展示了黑盒威胁模型下的成员推理攻击，此时攻击者只能根据目标模型的输出（比如概率向量）和样本的真实类别信息来判断样本是否存在于训练集中，而不知道目标模型的参数和中间层结果。

当前成员推理攻击大多针对深度学习模型提出，关于为什么深度学习模型易受成员推理攻击有三个方面的解释。第一，**人工智能模型易过拟合训练数据**。深度学习模型的高复杂度以及训练数据的有限性导致模型很容易过拟合训练数据。过拟合的模型一般在训练数据上表现得明显优于在测试数据上，而这种差异往往被攻击者用来进行成员推理攻击。第二，**单个样本的变化会影响最终的模型**。研究发现，成员推理攻击对决策边界易受单样木影响的模型更容易成功。第三，**数据的多样性及取样的局限性**。当训练数据不足以充分代表真实数据分布时，模型会对训练过的数据（即训练数据）和未训练过的数据（即测试数据）产生不同的表现。比如，分类模型的平均置信度在训练样本上往往更高。总而言之，模型在训练和测试数据上的泛化差异是导致成员推理攻击存在的主要原因。

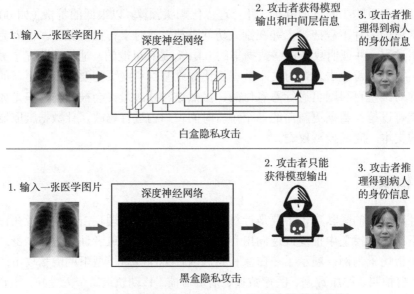

图 4.2 白盒和黑盒隐私攻击示例（示例人脸是生成的）

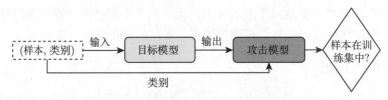

图 4.3 黑盒威胁模型下的成员推理攻击

成员推理攻击的雏形来自于 2008 年 Homer 等人的工作[63]，其基于基因组数据的公开统计数据集推断某特定基因组是否存在于训练数据集中。后来，Pyrgelis 等人[64] 将相关研究拓展至地理位置数据集。但真正让成员推理攻击获得大众广泛关注的是 Shokri 等人[65] 在 2017 年的工作，他们首次提出对深度学习分类模型的成员推理攻击。在此基础上，后续的工作将成员推理攻击拓展到各类机器学习模型上，包括分类模型、生成模型、回归模型、嵌入模型等。值得一提的是，Melis 等人[66] 在 2019 年提出针对联邦学习的成员推理攻击，引发了系列针对联邦学习"隐私性"的激烈讨论，因为联邦学习理应是一种保护隐私的学习方式。下面三节将详细介绍三类经典的成员推理攻击方法。

4.2.1.1 影子模型攻击

影子模型攻击（shadow model-based attack）是 2017 年由 Shokri 等人[65] 提出的成员推理攻击方法，也是首个针对深度学习模型的成员推理攻击方法，其拉开了深度学习领域成员推理研究的序幕。影子模型攻击的思想是将成员推理看作一个二分类（"成员"和"非成员"）问题。假设攻击者对训练数据的来源分布是有一些先验知识的，即具有可以从同一个数据分布总池中采样（但与原训练数据不相交）并构建仿数据集的能力。影子模型攻击大致分为以下三步：

1. 攻击者采样多个影子训练集，并在影子训练集上训练多个可以模仿目标模型表现的影子模型；
2. 根据影子训练集、影子测试集以及影子模型，构建以模型的预测向量输出为样本，以 0 或 1 为标签的攻击训练数据集；
3. 在攻击训练数据集上训练得到一个二分类器（称为攻击模型）来进行成员推理攻击。

图 4.4 展示了影子训练集和影子模型的概念，影子训练集与隐私训练集来自相同分布但不相交，影子模型和目标模型在同一个机器学习平台上相互独立地训练。图 4.5 展示了影子模型攻击中攻击模型（attack model）的构建过程。假设目标数据集为 D_t、目标模型为 f_t，影子模型攻击通过独立采样获得与目标数据集独立同分布的 k 个影子训练集 $\{D_s^1, \cdots, D_s^k\}$（$\forall i,\ D_s^i \cap D_t = \varnothing$），并在影子训练集上独立训练得到 k 个影子模型 $\{f_s^1, \cdots, f_s^k\}$。在采样影子训练集的同时，攻击者还采样了 k 个影子测试集 $\{D_s'^1, \cdots, D_s'^k\}$（$\forall i,\ D_s'^i \cap D_t = \varnothing$），通过影子训练集和影子测试集中的样本，我们就可以构建攻击模型的攻击训练集了。将两类样本输入各自对应的影子模型中，得到模型的预测概率向量，如果样本来自影子训练集则将预测概率向量标记为类别"在"（即此样本在影子模型的训练集中），否则将预测概率向量标记为类别"不在"（即此样本不在影子模型的训练集中）。对 k 个影子训练集、影子测试集以及影子模型重复上述操作，可以得到最终的攻击训练集 D_{attack}，如图 4.5 所示。在攻击训练集上训练即可得到攻击者做成员推理需要的攻击模型，这也就意味着攻击训练集是一个二分类数据集，攻击模型是一个二分类器，成员推理攻击是一个二分类问题。

虽然根据攻击者所掌握目标模型的信息不同，构建的攻击训练数据集会有一定的差别，但影子模型攻击仍通用于白盒和黑盒威胁模型。在黑盒威胁模型下，攻击者通过 API 对目标模型进行查询，只能得到对应的预测概率向量；而在白盒威胁模型下，攻击者可以获得中间层的激活信息。下面将以黑盒威胁模型为主介绍影子模型攻击。

黑盒威胁模型。在黑盒威胁模型下得到的攻击数据集包含以下两个部分：

$$
\begin{aligned}
D_{\text{attack}}^m &= \{\boldsymbol{p}(\boldsymbol{x}), 1\},\ \forall \boldsymbol{x} \in D_s^i \\
D_{\text{attack}}^n &= \{\boldsymbol{p}(\boldsymbol{x}), 0\},\ \forall \boldsymbol{x} \in D_s'^i
\end{aligned}
\tag{4.10}
$$

其中，$\boldsymbol{p}(\boldsymbol{x})$ 表示目标模型的预测概率输出，D_{attack}^m 和 D_{attack}^n 分别表示"成员"（member）和"非成员"（non-member）类别的数据。下一步是训练攻击模型。假设目标模型 f_t 为深

度神经网络分类器（模型参数为 $\boldsymbol{\theta}_t$），那么攻击者可以通过最小化以下经典二分类目标函数，训练得到攻击模型 f_{attack}（参数为 $\boldsymbol{\theta}_{\text{attack}}$）：

$$\boldsymbol{\theta}_{\text{attack}} = \arg\min_{\boldsymbol{\theta}'}\frac{1}{n}\sum_{i=1}^{n}\mathcal{L}_{\text{BCE}}(f_{\text{attack}}(\boldsymbol{x}_i), y_i') \tag{4.11}$$

其中，n 表示攻击者所拥有的训练样本总数，y_i' 为类别标签（"成员" 或 "非成员"），$\mathcal{L}_{\text{BCE}}$ 表示二元交叉熵（BCE）损失函数。通过访问目标模型 f_t 的查询 API 得到任意样本的返回概率向量，再将此向量输入攻击模型 f_{attack} 就可以推理此样本是否属于目标模型的原始训练数据集 D_t。

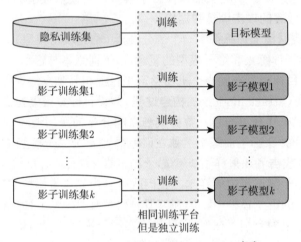

图 4.4　影子训练集与影子模型示意图[65]

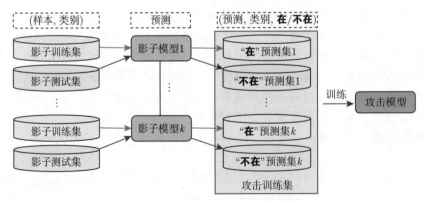

图 4.5　影子模型攻击[65]

白盒威胁模型。 Nasr 等人[67] 首先提出了基于白盒威胁模型的成员推理攻击，攻击者对目标模型具有内部访问权限，可以使用更多信息构建攻击数据集。这包括除预测向量及成员类别以外的：任意中间层的激活输出 $f_t^{(l)}(\boldsymbol{x})$、损失对于中间层参数的梯度 $\frac{\partial \mathcal{L}_{\mathrm{BCE}}}{\partial \boldsymbol{\theta}_t^{(l)}}$、输入样本的损失 $\mathcal{L}_{\mathrm{BCE}}$ 等。攻击者可以将这些特征拼接为一个大的向量 $\boldsymbol{v}$，表示为：

$$\boldsymbol{v} = \left(\boldsymbol{p}(\boldsymbol{x}), f_t^{(1)}(\boldsymbol{x}), \frac{\partial \mathcal{L}_{\mathrm{BCE}}}{\partial \boldsymbol{\theta}_t^{(1)}}, \cdots, f_t^{(l)}(\boldsymbol{x}), \frac{\partial \mathcal{L}_{\mathrm{BCE}}}{\partial \boldsymbol{\theta}_t^{(l)}}, \mathcal{L}_{\mathrm{BCE}}(\boldsymbol{x}, y) \right) \tag{4.12}$$

而得到的攻击数据集表示为：

$$D_{\mathrm{attack}}^m = \{\boldsymbol{v}, 1\}, \quad D_{\mathrm{attack}}^n = \{\boldsymbol{v}, 0\} \tag{4.13}$$

类似地，目标函数表示为：

$$\boldsymbol{\theta}_{\mathrm{attack}} = \arg\min_{\boldsymbol{\theta}'} \frac{1}{n} \sum_{i=1}^n \mathcal{L}_{\mathrm{BCE}}(f_{\mathrm{attack}}(\boldsymbol{v}_i), y_i') \tag{4.14}$$

Shokri 等人[65] 提出的影子模型攻击需要两个很强的假设：1）攻击者有多个与目标模型结构相同的影子模型；2）攻击者知道训练数据的分布。Salem 等人[68] 放宽了这两个假设。首先，他们将影子模型的数量缩减至一个，并使用不同于目标模型的网络结构或训练方法来训练这个影子模型。在多个图像数据集上的实验结果表明，宽松假设下的成员推理攻击的成功率有所下降，但在可接受范围之内。紧接着，他们进一步放宽了攻击者所需要掌握的关于目标模型结构和数据分布的先验知识，提出了一种数据迁移攻击。在这种攻击模式下，攻击者用于训练影子模型的数据与训练目标模型的数据来自两个不同的分布。研究发现在基于两个不同分布构建的攻击训练数据集中，成员和非成员数据各自有聚类现象。

Long 等人[69] 研究了对未过拟合人工智能模型的成员推理攻击，发现了除过拟合外成员推理攻击的另一诱因。具体来讲，某些样本在训练阶段会对机器学习模型有着独特的影响，导致模型对这些样本产生了独特的记忆。实验表明，即使在目标模型良好泛化（训练和测试准确率差距小于 1%）的情况下，攻击者也可以推断出易感数据样本是否为"成员"。

此外，Nasr 等人[67] 提出的白盒影子模型攻击实际上利用了目标模型的中间层结果以及预测损失作为附加特征来提升攻击成功率。对此，Leino 和 Fredrikson[70] 指出白盒影子模型攻击中的模型及数据太过透明，攻击者对目标模型有完全访问权限并掌握很大一部分目标模型的训练数据集，这在实际应用中并不多见，偏离了成员推理攻击的初始假设。对此，作者提出了一种新的白盒假设：攻击者对目标模型有完全访问权限但不知道目标模型的训练数据集。他们认为目标模型的训练数据与数据池之间的特征分布差异可以被用来进行成员推理攻击。

除了分类模型，影子模型攻击同样适用于**生成模型**。生成模型多被用于在无监督学习下生成与训练数据分布尽可能相近的数据。Hayes 等人[71] 提出了第一个针对生成模型的成员推理攻击，其原理是生成对抗网络的判别器（discriminator）被训练来学习训练数据与生成数据之间的统计差异，因此会以相对更高的置信度输出训练数据（即 "成员"），以相对更低的置信度输出生成数据（即 "非成员"）。作者分别研究了白盒威胁模型和黑盒威胁模型下的攻击方法。在白盒威胁模型下，攻击者对目标模型具有完全访问权限，故可以先将所有目标数据（要攻击的样本）输入目标判别器，以得到能够反映对应样本属于原始训练数据的置信度。对判别器的输出概率向量进行降序排序，排序靠前的数据极有可能为 "成员"。值得注意的是，在白盒威胁模型下，此攻击并不需要训练影子模型，因为判别器所提供的信息已足够。而在黑盒威胁模型下，攻击者仍然需要训练**影子生成模型**，并使其模仿目标生成模型的表现。其中，影子生成模型的训练数据靠目标模型生成器（generator）来生成。影子生成模型训练完毕后，剩余攻击步骤与白盒威胁模型类似。此外，Hayes 等人[71] 将要攻击的目标数据限定为与训练数据（欧氏距离）相近的数据，因为当目标数据为训练数据或生成数据时才能达到较高的攻击准确率。Liu 等人[72] 则不在目标数据上做限制，他们同样在黑盒威胁模型下构建影子生成模型，但是是利用影子判别器（shadow discriminator）来进行攻击。

4.2.1.2 指标指导攻击

与影子模型攻击不同，**指标指导的成员推理攻击**（metric-guided membership inference attack）通过预先指定的统计指标来检测 "成员" 样本，跟异常检测（anomaly detection）类似。其中，成员检测指标大多根据目标模型的概率输出计算得到，然后将指标与预设的阈值做比较，以此作为判断某样本是否为成员的依据。已有成员检测指标大致可分为四类：**预测正确性**（prediction correctness）、**预测损失**（prediction loss）、**预测置信度**（prediction confidence）和**预测熵**（prediction entropy）。我们将攻击定义为推理函数 $\mathcal{M}(\cdot)$，其输出 1 和 0 分别代表 "成员" 和 "非成员"。

预测正确性。 一种最简单的攻击方式就是认为 "只要预测成功了就是成员样本"，这里假设模型无法向测试集泛化，所有预测成功的都是训练样本。对应的推理函数为：

$$\mathcal{M}(\boldsymbol{p}(\boldsymbol{x}), y) = \mathbb{1}[y = \arg\max_i \boldsymbol{p}_i(\boldsymbol{x})] \tag{4.15}$$

其中，$\boldsymbol{p}_i(\boldsymbol{x})$ 为模型输出概率向量的第 i 维（对应第 i 个类别），$\mathbb{1}[\cdot]$ 为指示函数（indicator function）。这种推理攻击的攻击效果跟目标模型的基本性能相关，在某些很少见的情况下效果其实并不差，比如测试准确率很低的困难问题或者问题本身不难但是测试集里包含很难的样本等情况。这里举个简单的例子，使用机器学习模型预测股票价格，如果能连续预测正确则大概率是对训练过的数据进行了预测。但是对于相对简单的任务，目标模型本身就具有不错的泛化性能，那么这种攻击方式将会失效，只能大概率确定分不对的样本是 "非成员" 而无法说明分对的样本就是 "成员"。

预测损失。 Yeom 等人[73] 在其工作中建立了成员推理攻击、属性推理攻击以及过拟合之间的理论关联，并提出借助模型在训练数据和测试数据上的**平均损失大小差异**进行成员推理攻击。此攻击思想对应机器学习训练与测试数据点之间的分布偏差（由采样引起）。

Yeom 等人将成员判定阈值设为所有训练样本的**平均损失**，对应的推理函数如下：

$$\mathcal{M}(\boldsymbol{p}(\boldsymbol{x}), y) = \mathbb{1}[\mathcal{L}(\boldsymbol{p}(\boldsymbol{x}), y) \leqslant \tau] \tag{4.16}$$

其中，$\mathcal{L}(\cdot, \cdot)$ 为损失函数（如交叉熵损失），τ 为所有训练样本的平均损失。

预测置信度。Salem 等人[68] 在其工作中除了提出放松假设的白盒影子模型攻击外，还提出了基于预测置信度以及预测熵的指标指导攻击。这里，高预测置信度指的是在预测向量中，其中一个维度的概率远大于其他维度的概率。目标模型的训练会让训练样本的最大概率无限接近 1，因此可以用**最大置信度**作为指标来检测"成员"样本。推理函数可定义如下：

$$\mathcal{M}(\boldsymbol{p}(\boldsymbol{x}), y) = \mathbb{1}[\max \boldsymbol{p}(\boldsymbol{x}) \geqslant \tau] \tag{4.17}$$

其中，τ 为一个预设的接近 1 的阈值。

预测熵。Salem 等人[68] 还提出了以预测熵为指标的成员推理攻击。模型输出概率向量的熵衡量了模型在不同类别上的确信程度，低熵说明模型确信地指向某个类别，高熵说明模型在不同类别上犹豫不决。基于预测熵的推理函数可定义为：

$$\mathcal{M}(\boldsymbol{p}(\boldsymbol{x}), y) = \mathbb{1}[\mathrm{H}(\boldsymbol{p}(\boldsymbol{x})) \leqslant \tau] = \mathbb{1}[-\sum_i \boldsymbol{p}_i \log \boldsymbol{p}_i \leqslant \tau] \tag{4.18}$$

Song 和 Mittal[74] 则认为预测熵应该和样本标签结合起来使用，并提出**修正预测熵**（modified prediction entropy）来提高上述基于标准预测熵的推理攻击。举例来说，如果目标模型以极高的置信度错误分类某个样本，则它的预测熵将无限接近 0，会被攻击者检测为"成员"，而实际上可能是目标模型无法分类的"非成员"样本。考虑了此问题的修正预测熵定义如下：

$$\mathrm{MH}(\boldsymbol{p}(\boldsymbol{x}), y) = -(1 - \boldsymbol{p}_y) \log \boldsymbol{p}_y - \sum_{i \neq y} \boldsymbol{p}_i \log(1 - \boldsymbol{p}_i) \tag{4.19}$$

其中，$i \neq y$ 在概率向量中排除了样本 $\boldsymbol{x}$ 本身的类别 y。将式（4.18）中的预测熵替换为修正预测熵便得到基于修正预测熵的推理函数。

4.2.1.3 联邦推理攻击

近年来，联邦学习（FL）打开了多方协作训练的新范式，参与方在不共享数据只共享梯度（或参数）的情况下，综合各方优势共同训练一个强大的全局模型。前面介绍的成员推理攻击都是在传统集中式学习范式下的攻击，然而联邦学习的多方协作难免会泄露一些特殊的隐私信息，因为毕竟信息（虽然不是数据本身）还是从参与者汇聚到了全局模型。

Melis 等人[66] 提出了第一个针对联邦学习的成员推理攻击。此工作以文本分类为例，目标模型是一个包含词嵌入（word embedding）层的递归神经网络。词嵌入层通过一个嵌入矩阵（embedding matrix）将输入向量投影为低维向量表达，而这个嵌入矩阵会被视作模型的全局变量，在联邦学习的各方共同参与下得到优化。词嵌入层的梯度是稀疏且与输入词有对应关系的。也就是说，对一批输入文本来说，词嵌入只会根据文本中存在的词进行更新，其余词（文本中不存在的词）的梯度则为零。攻击者可以利用词嵌入更新的这种特性，通过观察**非零梯度**来推断一个文本样本是否为"成员"。

Truex 等人[75] 则提出了一种针对**异构联邦学习**的成员推理攻击。在异构联邦学习框架下，参与者利用本地私有数据来训练本地模型，在新样本到来时，参与者与其他参与方共享本地模型对新样本的预测向量。异构联邦学习的特点是各方数据不互通且重叠度（overlap）较小，因而不同本地模型之间的决策边界差异很大。对联邦中的恶意参与者来说，这种**决策边界差异**就可以用来推理某样本是否存在于其他参与方的私有数据中。

4.2.2　属性推理攻击

属性推理攻击（attribute inference attack，AIA）来源于模型逆向攻击（model inversion attack），是针对**个体属性**的隐私攻击。攻击者基于已发布的目标模型，从给定样本的非敏感属性中推断其敏感属性。最初，Fredrikson 等人[76] 在 2014 年通过逆向药物剂量预测模型来推断关于患者的敏感属性。他们根据目标模型输出的华法林预测剂量和患者的非敏感属性（如身高、年龄、体重等）推理得到该患者的基因组信息。具体地，作者将这种攻击形式化为最大化敏感属性的后验概率估计（posteriori probability estimate）。攻击者假设每个患者（数据样本）的特征向量中的某个特征为**敏感属性**，而其他特征为非敏感属性。给定非敏感属性和模型输出，攻击者通过**后验概率最大化**（maximum a posteriori，MAP）来最大化敏感属性的后验概率。

上述工作研究的目标模型为简单的线性回归模型（linear regression model），在后续的研究中，Fredrikson 等人[77] 又将目光投向了深度学习模型。给定人名，攻击者利用目标模型的输出（预测概率向量）来攻击基于深度神经网络的人脸识别模型，推理出该人物的人脸敏感特征。在这个工作中，Fredrikson 等人将属性推理攻击转化为一个优化问题：找出一个输入人脸图像，其能让目标模型以最大概率预测给定人名。需要注意的是，虽然通过此攻击可以得到一个能迷惑神经网络的（合成）人脸图像，但是这个图像并不属于目标模型的训练数据集，而更像是一个特征聚合的结果。

在 Pan 等人[78] 的工作中，研究者将个体属性推理攻击扩展到自然语言处理模型。通用语言模型（如谷歌的 BERT，OpenAI 的 GPT-3）将文本转化为嵌入向量，在自然语言处理中起到了至关重要的作用。然而，Pan 等人发现攻击者可以训练一个攻击模型，在只知道通用语言模型输出向量的情况下（对原文本一无所知）找到原文本的关键词（也就是敏感属性）。举例来说，现在很多医疗机构都在构建**全自动预诊断**机制，以此来提高患者的就诊效率，其中往往会使用通用语言模型来生成病历的词嵌入向量。攻击者在得到这些嵌入向量之后，便可以推理患者的疾病类型甚至病灶，窥探患者的隐私。

另外，属性推理攻击在图神经网络（graph neural network，GNN）中也具有一定的威胁性。2021 年，He 等人[79] 最先提出针对边的推理攻击。他们在黑盒威胁模型下对图神经网络进行攻击，推理两个节点之间是否存在边。推理的大致思想是，图神经网络通过聚合邻居节点信息来计算该节点的嵌入向量，那么嵌入向量距离近的节点间大概率会存在连接。实际上，Duddu 等人[80] 在 2020 年就系统研究了三种对图神经网络的攻击：1）成员推理攻击，攻击者利用图嵌入（白盒攻击）或者模型输出（黑盒攻击）推理某个用户节点是否存在于目标模型的训练数据集中；2）图重构和边推理攻击，通过图重构和自动编码器逆向图的结构信息（邻接矩阵），并基于此推理攻击节点间的连接情况；3）属性推理攻击，攻击者推理有关用户敏感信息的节点属性。作者假设攻击者拥有从同一数据池采样的（但与目标数据不相交）图，这样就可以利用影子模型（见 4.2.1.1 节）来进行攻击。虽然这几种推理攻击的成功率方差很大，很多时候成功率也不高，但是这些工作揭示了图神经网络切实存在的隐私泄露风险。

4.2.3　其他推理攻击

以智能手机、智能音箱、智能冰箱等为代表的智能家居设备是隐私攻击的重点对象。例如，无处不在的麦克风可能随时都在"监听"用户，用户的声音、音量及表达方式都有可能暴露他们的姓名、性别、年龄、位置、健康状况、醉酒程度、疲劳情况等个人隐私信息。早在 2014 年，Bone 等人[81] 便利用语言错误（如难以理解的单词数量、中断、犹豫等特征）和节奏特征来推断说话人是否醉酒。2015 年，Schuller 等人[82] 通过综合调研，分析说明语速、音量、表达特征等语音数据可以被用来推断人格特征。2017 年，Cummins 等人[83] 利用声音沙哑程度及咳嗽、擤鼻子的频率来判断说话人是否感冒或喉咙痛。2018 年，Jin 和 Wang[84] 利用音量、音调变化来识别说话人的情绪，包括愤怒、同情、厌恶、快乐、惊讶等。

虽然单个样本所包含的信息有限，但当数百万条样本汇集起来，攻击者就可以从中分析得到很多重要的知识。因此，具有上百万甚至千万用户的在线社交网络平台（以及未来的元宇宙）都可能会成为个人信息泄露的主要场所。社交网络中的用户档案、交互记录、帖子内容等公开数据可能会被用来推断用户的性别、种族、年龄、位置信息、经济状况、政治兴趣等。近来，国外已经出现了专门针对社交网络的个人隐私攻击，一些非法公司通过分析社交网络获取用户不愿透露的隐私信息，并将这些信息打包出售获得高利。除社交网络外，开放数据集也有可能泄露个人隐私。随着人工智能的快速发展，大规模数据集的构建和开源越来越频繁，政府、公司、组织间共享数据以及整合数据优势的行为也越来越普遍，给隐私攻击留下大量的探索空间。

4.3　数据窃取

数据窃取攻击（data stealing attack）从已训练模型中逆向得到模型的原始训练数据，所以也称为数据抽取攻击（data extraction attack）或模型逆向攻击（model inversion attack）。图 4.6 展示了数据窃取攻击的目的，通常情况下我们利用训练好的模型进行正常推理任务，但是数据窃取攻击者会尝试从模型中逆向出原始训练数据。当前数据窃取攻击针对的主要是深度学习模型研究，利用的是模型在训练过程中记忆的训练数据。数据窃取攻击所带来的威胁是多方面的, 会导致私有数据的泄露、知识产权受侵犯等, 比上一节介绍的隐私攻击威胁更大。对数据持有者来说, 他们通常花费巨大的代价来收集和标注私有数据, 这些数据一旦泄露则会导致财产损失, 严重时甚至会威胁国家安全。此外, 数据的泄露也会破坏保密协定, 而当泄露出的数据被用作其他非法目的时, 更是会带来一系列附加危害。

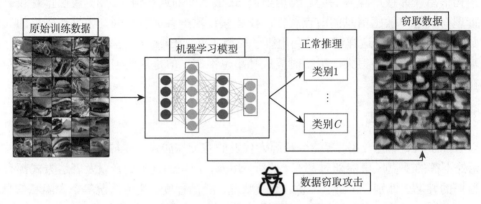

图 4.6　数据窃取攻击示意图

2015 年, Ateniese 等人[85] 指出, 如果攻击者可以访问比他们自己的模型表现更好的机器学习模型 (如支持向量机、隐马尔可夫模型、神经网络等), 那么可以通过对目标模型的访问来推理有关训练数据的信息, 进而用于改进自己的模型。在这项工作中, Ateniese 等人关注的是能帮助攻击者提高自己模型性能的信息, 而不是原始训练数据的泄露。

以此为启发, Song 等人[86] 首次提出了**模型记忆攻击** (model memorization attack) 的概念, 通过 (伪) 正则化或者数据增广技术将训练数据记忆在深度神经网络里, 从而可以在后续的步骤中以白盒或者黑盒的方式访问目标模型提取记忆的数据。该工作假定攻击者为恶意服务提供商, 在机器学习即服务 (machine learning as a service, MLaaS) 的设定下, 在向用户提供训练数据增广技术、模型架构及训练编码等服务的同时将训练数据藏在模型参数中进行窃取。在白盒威胁模型下, 攻击者可以访问目标模型参数, 提取参数中记忆的训练数据。在这种情形下, 攻击者可以直接修改训练算法编码, 采用编码 (encoding) 技术将数据藏在模型**最不明显的比特** (least significant bits, LSB) 中, 抑或使用正则化技术将敏感数据与模型参数 (或者参数的正负号) 建立关联和记忆。在黑盒威胁模型下, 攻击者只有模型的使用权 (即输入输出访问权), 所以可以使用预埋的恶意数据增广技术, 在增广得到的新样本 (称为**恶意增广样本**) 的类别标签里隐藏原始训练数据的信息, 一个恶意增广样本负责一个比特, 从而在推理阶段可以通过恶意增广样本逐一提取这些比特, 组合成泄露数据。此类攻击需要很强的假设, 即攻击者能够自由执行修改后的训练算法和数据增广技术, 而且能窃取的数据量相对较小, 比如最核心的敏感信息。

上述攻击是一种恶意的 “有意” 记忆导致的信息泄露。相比 “有意” 记忆, 更令人担忧的是深度学习模型 “无意” 或 “意外” 的记忆。Carlini 等人[87] 将意外记忆 (unintended memorization）定义为训练有素的神经网络所暴露的分布外（out-of-distribution）训练数据，这些分布外训练数据与学习任务无关却被神经网络（意外地）记住了。

数据窃取攻击与上一节介绍的属性推理攻击有什么异同？ 首先，数据窃取攻击与属性推理攻击都是重构还原（全部或者部分）训练数据的过程。其次，它们的区别在于，属性推理攻击的目标是得到使目标模型以最大概率输出的特定类别的数据，这意味着其学习的是训练数据的聚合统计属性。如在攻击人脸识别模型的工作[77] 中，攻击者最终得到的是合成人脸图像（被目标模型预测为特定类别）而非实际训练数据。而对于数据窃取攻击来说，它的目标是最大程度地还原训练数据。虽然属性推理攻击也会在一定程度上泄露隐私信息，但是其所涉及的对象往往是单个隐私属性，而数据窃取攻击往往泄露的是整个数据集，所造成的危害更大、影响范围更广。当然数据窃取攻击也比属性推理攻击更难实现。

根据攻击者所掌握的信息，数据窃取也可分为黑盒数据窃取和白盒数据窃取。概括来说，在黑盒威胁模型下，攻击者只可以与目标模型交互，得到攻击者给定输入的对应输出；而在白盒威胁模型下，攻击者可以访问目标模型的内部结构和模型参数。下面将从黑盒数据窃取与白盒数据窃取两个角度进一步介绍数据窃取攻击方法。

4.3.1 黑盒数据窃取

在黑盒数据窃取设定下，攻击者所掌握的信息并不多，只有模型的输出结果，所以只能攻击特定类型的模型，且只能窃取部分数据信息。一般来说，模型（比如生成模型、序列到序列模型等）的输出维度越高就越容易受到黑盒数据窃取，这主要是因为输出维度越高暴露的信息也就越多。反之，如果是对输入信息压缩很厉害的分类模型，则难以仅根据输出概率去窃取输入信息。此外，黑盒数据窃取能获得的信息也非常有限，目前的攻击只能获得与输入样本相关的一些信息。

现有黑盒数据窃取攻击主要针对**大语言模型**（large language model）——为单词序列分配概率的统计模型。这类（开放的）语言模型是许多自然语言处理任务的基础，其往往使用非常大的模型架构，并在海量文本数据上进行训练。这种大规模学习的方式赋予了语言模型生成通畅自然语言的能力，被广泛应用于各种下游任务。训练大语言模型的数据集往往包含大量公开在互联网上的文本数据，这些数据经常（意外地）包含个人隐私信息（如身份证号码、手机号码、邮箱、家庭住址等），在面临窃取攻击时容易发生关联泄露（比如出现人名的时候也往往连带着电话号码或家庭住址）。

图 4.7 展示了一个黑盒数据窃取攻击自然语言处理模型的例子，当输入特定前缀文字后，语言模型自动返回了模型记忆的与前缀文字关联的其他隐私信息。这是由 Carlini 等人[87] 发现的模型的**意外记忆**。神经网络的设计本意是专注于学习与任务高度相关的数据而忽略与任务无关的信息，然而 Carlini 等人的工作证明了意外记忆的存在和敏感信息泄露的可能性。

为了以一种可控的方式研究并量化模型的记忆，Carlini 等人手动构建了与目标学习任务无关的"**先兆数据**"（canary$^\ominus$）。通过定义并计算这些**先兆数据**在语言模型中的"曝光度"（exposure）可以定量地考核模型是否存在意外记忆以及记忆程度。先兆数据是从输入域中抽取的**独立随机序列**，随后以不同次数注入训练数据中。举例来说，给定一个格式"我的社会保障号码为 ＊＊＊＊＊＊＊＊＊"（美国社会保障号码长度）和数据域 $0 \sim 9$，每一个 ＊ 都是从数据域 $0 \sim 9$ 中随机选取的，一个简单的例子为"我的社会保障号码为 281265017"。实验同时需要设计对照数据，如与先兆数据只相差一位数的"我的社会保障号码为 281265018"。Carlini 等人将先兆数据注入一个**神经网络机器翻译**（neural machine translation，NMT）模型中后发现，有时候先兆数据只需注入一次就会让模型记住它，导致信息被推理出的概率大大升高。

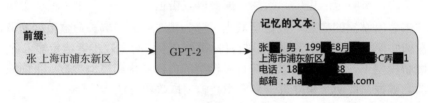

图 4.7　黑盒数据窃取示意图

在后续的工作中，Carlini 等人[88] 将数据窃取的设定进行了一定的泛化。之前的工作假定攻击者知道他们想要"窃取"的目标数据（如社会保障号码），是一种**定向攻击**。在新的工作中，他们假设攻击者的攻击目的是尽可能多地从模型中窃取训练数据，是一种**普适攻击**。在普适攻击设定下，攻击者可以使用成员推理攻击来辅助黑盒数据窃取。此攻击改进了文本的生成方式，使生成的文本更多样化，同时以混淆值（perplexity）作为成员推理的基准指标，并结合超参数调整和额外互联网数据（与 GPT-2 类似的前缀数据），力求从模型中生成出更多样化的样本。混淆值的定义如下：

$$\mathcal{P} = \exp\left(-\frac{1}{n}\sum_{i=1}^{n}\log f_{\boldsymbol{\theta}}(\boldsymbol{x}_i|\boldsymbol{x}_1,\cdots,\boldsymbol{x}_{i-1})\right) \tag{4.20}$$

其中，$f_{\boldsymbol{\theta}}$ 为目标语言模型，是概率生成模型的一种。对一个序列 $\{\boldsymbol{x}_1,\cdots,\boldsymbol{x}_i\}$ 计算混淆值，混淆值高表示目标模型对给定序列的出现是"惊讶的"，而混淆值低意味着给定序列对目标模型来说是一个普通的（意料之中的）序列。

如图 4.8 所示，研究者在大语言模型 GPT-2 及其变体上进行了实验验证。给定一个模型，先生成 20 万条文本，然后通过 6 个混淆值指标对文本进行排序（各自独立排序），去除重复并（以网上搜索确认的方式）人工检查前 100 条记录。最终，通过与数据拥有方 OpenAI 进行确认，研究者成功逆向了 604 条训练文本，其中包括 100 条新闻报道、79 条日志或者错误报告记录、32 条私人通信信息（如地址、电话、邮箱和 Twitter 账户）等。更让人担忧的是，即使包含上述信息的文本在训练数据中只出现一次，攻击也有可能成功。

$\ominus$　矿井里的金丝雀：英国矿工们把金丝雀带入矿井，通过金丝雀的状态来判断一氧化碳是否超标。

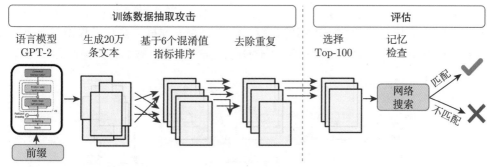

图 4.8　黑盒数据窃取流程图[88]

4.3.2　白盒数据窃取

白盒数据窃取攻击对目标模型具有完全访问权限,可以获得模型结构和参数,并基于此从目标模型中窃取训练数据。在这种情况下,攻击者往往利用梯度信息进行数据窃取,因此此类攻击也被称为**梯度逆向攻击**（gradient inversion attack）。联邦学习在设计上需要各方共享模型参数或梯度信息,这使其更容易遭受白盒数据窃取攻击。实际上,白盒数据窃取攻击也大多以联邦学习范式为主要攻击目标。根据优化目标的不同,梯度逆向攻击可以分为两类:**迭代梯度逆向**（iterative gradient inversion）攻击和**递归梯度逆向**（recursive gradient inversion）攻击。迭代梯度逆向攻击通过迭代来逐步缩小生成梯度与真实梯度（各方共享梯度）之间的差异;递归梯度逆向攻击则对神经网络从后往前逐层递归优化,得到每层的最优输入。

迭代梯度逆向攻击的思想是通过生成可以触发模型产生同样梯度的数据来逐步窃取真实训练数据。一种经典的**迭代梯度逆向攻击**方法是 Zhu 等人[89] 提出的**深度梯度泄露**（deep leakage from gradients,DLG）攻击。如图 4.9 所示,迭代梯度逆向攻击主要包括三个部分:伪数据初始化、梯度求导和梯度匹配。攻击者首先初始化一个随机样本 $\boldsymbol{x}'$ 和随机标签 y',然后通过对伪数据 $\boldsymbol{x}'$ 进行优化来还原初始训练数据。具体地,将 $\boldsymbol{x}'$ 输入模型,经过正向及反向传播得到模型每一层参数的**伪梯度** $\{\nabla\boldsymbol{\theta}'_i = (\nabla W'_i, \nabla b'_i)\}_{i=1}^{L}$（$L$ 为神经网络层数）;然后,迭代最小化伪梯度 $\nabla\boldsymbol{\theta}'_i$ 与真实梯度 $\nabla\boldsymbol{\theta}_i = (\nabla W_i, \nabla b_i)$ 之间的距离,使生成数据趋近目标模型的训练数据。将上述步骤迭代数次并收敛后即可得到无限近似原始训练数据的合成数据,优化过程定义如下:

$$
\begin{aligned}
\boldsymbol{x}^*, y^* &= \min_{\boldsymbol{x}',y'} \|\nabla\boldsymbol{\theta}' - \nabla\boldsymbol{\theta}\|_2 \\
&= \arg\min_{\boldsymbol{x}',y'} \left\|\frac{\partial \mathcal{L}(\mathcal{F}(\boldsymbol{x}', \boldsymbol{\theta}), y')}{\partial \boldsymbol{\theta}} - \nabla\boldsymbol{\theta}\right\|_2
\end{aligned}
\tag{4.21}
$$

其中,$\|\cdot\|_2$ 表示 L_2 范数,$\boldsymbol{x}^*$、y^* 分别表示优化得到的窃取样本和标签。大部分伪数据的初始化选用高斯噪声,也有部分工作选择均匀分布噪声。在迭代梯度逆向的过程中,伪样

本和伪标签会在模型训练过程中一起迭代升级。但 Zhao 等人[90] 发现，深度梯度泄露攻击无法保证同时完成模型收敛和正确标签窃取，因此对深度梯度泄露攻击提出了改进，预先从真实梯度中窃取正确标签，然后只对伪样本进行优化。这一做法有效降低了计算复杂度，提高了窃取效率。

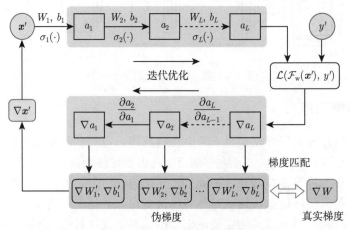

图 4.9   迭代梯度逆向攻击流程图[91]

对普通模型训练来说，基于批的训练有助于减少迭代次数，减缓累积误差造成的波动。但是对于数据窃取来说，基于批的训练会造成梯度混杂，给窃取增加了难度。实际上，从混杂梯度中提取梯度和目标数据等同于做平均和分解（decomposition of averaged summation）。深度梯度泄露攻击使用的普通优化策略可以计算批大小最大为 8 的混杂梯度。而 Jin 等人[92] 借助正则化项，成功地从批大小为 100 的混杂梯度中窃取到了数据。此外，如式（4.21）所示，深度梯度泄露攻击在计算伪梯度与真实梯度之间的距离时使用了 L_2 范数。然而，Geiping 等人[93] 研究发现，对数据窃取攻击来说，梯度的方向比大小更重要，进而使用余弦相似度（cosine similarity）来代替 L_2 距离，取得了更好的窃取效果。

递归梯度逆向攻击的思想是通过真实梯度来反向推断神经网络每一层的输入，一直到输入层，如图 4.10 所示。最简单的情况是每一层都是一个感知器（perceptron）。Aono 等人[94] 发现当损失是均方差损失函数时，感知器的某一维的输入可以直接通过当前感知器的梯度逆向得到：

$$\boldsymbol{x}^{(k)} = \nabla \boldsymbol{W}^{(k)} / \nabla b \tag{4.22}$$

其中，$\boldsymbol{x}^{(k)}$ 和 $\boldsymbol{W}^{(k)}$ 是输入和模型参数的第 $k = 1, \cdots, d$ 维，b 为偏置变量。而这个结论也被进一步扩展至全连接层（fully connected layer）和多层感知器（multilayer perceptron）。只要偏置项存在，就可以通过梯度来逆向推导多层感知器的输入。随后，Zhu 和 Blaschko[95] 将这个结论进一步泛化至卷积层（convolutional layer）。为了成功窃取第一层卷积的输入，也就是训练数据，Zhu 和 Blaschko 将递归梯度逆向攻击表述为求解线性方程组的过程：

$$\begin{cases} \boldsymbol{W}^{(i)} \cdot \boldsymbol{x}^{(i)} = \boldsymbol{z}^{(i)}, \\ \nabla \boldsymbol{z}^{(i)} \cdot \boldsymbol{x}^{(i)} = \nabla \boldsymbol{W}^{(i)} \end{cases} \tag{4.23}$$

$$\text{s.t.} \begin{cases} \boldsymbol{z} = \sigma(a) \\ \nabla \boldsymbol{z} = \nabla a \sigma'(a) \end{cases} \tag{4.24}$$

其中，$\boldsymbol{z}^{(i)}$、$\nabla \boldsymbol{z}^{(i)}$ 表示输入数据的特征及其对应的梯度（损失 $\mathcal{L}$ 关于 $\boldsymbol{z}^{(i)}$ 的梯度），a 和 $\sigma(\cdot)$ 分别表示神经元的输出和每层神经网络的激活函数。从理论上来说，从最后一层全连接层开始递归计算，是可以逐像素还原原始输入数据的。需要注意的是，递归梯度逆向攻击目前只被证实能作用于卷积层和全连接层，而无法应用在**池化层**（pooling layer）和**跳跃连接**（skip connection）层。此外，递归梯度逆向攻击也不能很好地还原批次数据。

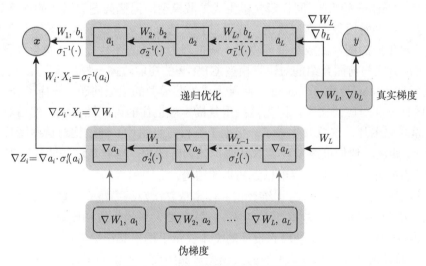

图 4.10　递归梯度逆向攻击流程图

4.3.3　数据窃取大模型

大模型在海量数据上进行训练，难免会记忆一部分原始数据，会导致信息泄露和版权问题。由于 ChatGPT、GPT-4 等模型刚发布不久且未开源，因此目前还没有针对这些模型的数据窃取攻击。而目前已经存在针对生成扩散模型的相关研究。比如，Somepalli 等人[96]研究了生成扩散模型对训练数据的记忆，发现模型确实会记住个别的训练样本（如图 4.11 所示），而很多看似"新"生成的数据也存在一定的缝合现象（是多个原始图片的拼接）。数据记忆现象在小数据集上比在大规模数据集上体现得更加明显，所记忆的样本可以使用图像所对应的原始描述文本作为文本提示来进行提取，也可以通过一些非原始文本提示来提取。

生成图片

原始图片

图 4.11   Stable Diffusion 模型对原始数据的记忆[96]：上面是生成图片，下面是 LAION 数据集中的原始图片

　　2023 年，Carlini 等人[97] 同样研究了生成扩散模型的记忆问题和潜在的训练数据泄露。他们提出了一个两阶段数据窃取攻击，先通过预先选择的文本提示以及其变体生成大量的图片，然后对生成的图片做成员推理攻击，被推理为成员的图片极有可能会是原始训练图片。这一攻击方式与前面介绍的对语言模型 GPT-2 的窃取攻击一样。基于此攻击，他们研究了 Stable Diffusion[98] 和 Imagen[99] 两种生成扩散模型的记忆问题，选择了 35 万个重复次数最多的样本和对应的文本，因为这些重复样本被记住的可能性更大，然后对每个文本提示生成 500 张图片，这总共生成了一亿七千五百万张图片。通过比对这些图片跟原始训练图片的 L_2 距离，他们最终发现了 500 张原始训练图片，也就是这些图片发生了泄露。

　　基于现有研究，我们可以得出以下初步的结论：
- 大模型确实会记忆一部分训练数据，样本重复次数越多越有可能被记住；
- 从大模型里抽取训练数据并不容易，往往需要大量的生成和比对；
- 文本–图像大模型容易被精心设计的文本提示引诱出其记忆的样本；
- 可以通过预埋数据的方式来检验大模型对原始训练数据的记忆。

4.4   篡改与伪造

　　篡改与伪造主要是指利用深度伪造（deepfake）等多种技术对图像和视频进行篡改。根据被篡改数据的内容和类型，又可分为普通篡改和人脸伪造。深度伪造技术可以轻松地对图像进行编辑和修改，生成具有误导性或欺骗性的内容，被恶意篡改的内容在经过传播后，会造成误导舆论、扰乱秩序、损坏名誉、骗取钱财等恶性事件的发生。与其他技术不同，现在有很多工具提供了深度伪造的功能，这些工具的使用门槛很低，使得伪造多媒体（图像、视频、演讲等）能够以极低的成本大规模进行。这也促进了针对篡改和深度伪造等的检测技术的发展。本章将围绕篡改和伪造技术进行介绍，对应的篡改和深度伪造检测技术将在5.4 节中介绍。

4.4.1　普通篡改

普通篡改一般涉及移动图像中物体的空间位置、抹掉原有内容并修复出新伪造内容等修改原始图像的行为。最简单的图像篡改技术可以是各种修图工具，可以对少量图像进行手动修改。实际上，图像理解、编辑和修改是计算机视觉和图形学领域的经典研究问题，在近几十年的发展过程中提出了大量简单易用的图像编辑方法。后来在深度学习模型的推动下，出现了大量交互式、智能的图像编辑工具，如风格修改、颜色刷、纹理变换、图像修复等。这些方法让高效、大批量的图像篡改成为可能。

在基于深度学习的方法中，针对图像的篡改有多种建模方式。首先，图像中的物体、背景等元素之间存在语义关联，传统的基于深度学习的篡改方法有基于上下文的图像修复[100]、基于条件的生成模型[101] 等。这些方法解决的核心问题是如何对图像中的不同元素，如物体的背景和前景、纹理和结构等进行解耦，其中重点关注前景信息（即物体本身）。在解耦后需要对图像中的不同元素进行建模，图像中物体的形状、物体与物体之间的互动和相对位置都可以进行建模。随着技术的发展，建模的粒度逐渐由粗到细，如 Hong 等人[102] 提出对场景图构建物体级别的语义分割图，这是一个从粗粒度到细粒度逐级进行的分级语义修改框架。用户可以借助一个结构生成器和一个图像生成器通过操控语义对象来篡改图像。它首先以粗略级别的边界框初始化图像生成器；然后通过创建像素级的语义布局（semantic layout），捕捉物体的形状、物体与物体之间的互动以及物体与场景的关系；最后，图像生成器在语义布局的指导下填充像素级纹理。这样的框架允许用户通过添加、移除或移动边界框，在物体层面上操作图像，展现出了比之前的方法更好的效果。如图 4.12 所示为该分级语义修改框架的架构。

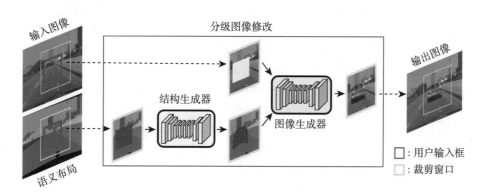

图 4.12　分级语义修改框架[102]

除了对前景物体进行修改，也可以对图像背景进行修改与替换。类比前景物体篡改，可以将背景视作图像中一种更大的物体，如天空、草地、建筑物、室内场景等，以此对其进行建模。以将图像中的天空作为背景为例，Zou 等人[103] 提出了**天空置换算法**，以解决拍摄户外照片时出现的天空过曝、景色不佳的状况。所提出的算法由三个核心部分组成：1）由卷积神经网络实现的**天空分割网络**，用以根据图像生成像素级模板，进而区分画面中的天空和非天空区域，以去掉需要置换的天空像素；2）**运动估计模块**，它假定天空在无限远处，天空相对前景的移动是仿射（affine）的，通过光流算法估计原视频中天空的运动；3）**图像融合**，首先进行天空色彩和风格的迁移，然后将新的天空图像作为一个 360 度的背景，根据第 2）步计算出的偏移来确定前景在新的天空中的位置，并实现天空的置换。另一个方法**Image2GIF**[104] 甚至训练了一个能够在给定单一图像的情况下自动生成电影片段序列的计算模型。他们将生成模型、递归神经网络及深度网络相结合，以增强序列生成的能力。

随着文本–图像预训练模型的兴起，现在一个新的图像篡改方向是：**文本指导图像篡改**，即通过文本命令实现对要被篡改的图像的操控。由 Kim 等人[105] 提出的**对比语言–图像预训练**（contrastive language-image pretraining，CLIP）模型[61] 和**扩散模型**（diffusion model）[106-107] 是这个领域的代表工作。CLIP 模型和扩散模型完成了在零样本（模型并未在类似的图像上训练过）下对图像中通用物体和属性，如建筑物风格、天气场景、发型装饰等的修改。CLIP 模型通过搜集大量的"文本–图像"配对数据进行训练，很好地解决了常规的图像分类模型在进行全监督训练时对数据要求高、需要大量人工标注的缺点，提高了模型的泛化能力和适用性。而在扩散模型流行之前，文本指导的图像篡改大多通过生成对抗网络来完成。总体来说，由于缺乏对特定领域数据的学习，这些借助 CLIP 预训练模型的文本指导图像篡改方法往往精细化程度不够，大多会留下明显的痕迹。但是这些方法的潜在危害不容忽视，它们在方便图像编辑的同时也大大降低了图像篡改的门槛，且未来可能会与其他大规模预训练模型（如物体分割模型）结合，达到更精准、更隐蔽的图像篡改。

4.4.2　深度伪造

深度人脸伪造特指基于深度学习技术生成的人脸伪造数据。在深度学习技术广为流行的今天，可以说任何人都可通过深度伪造软件轻松创建图像、视频或语音等伪造内容。当前，深度伪造最广泛使用的深度学习技术是**生成对抗网络**，未来还会包括**扩散模型**等。

生成对抗网络的思想源于博弈论中的"零和博弈"（zero-sum game），其通过一个**生成器模型**和一个**判别器模型**之间的相互博弈来学习真实数据分布，如图 4.13 所示。其中，生成器基于随机噪声向量生成数据样本，让判别器无法区别样本的真实性；判别器则尝试将生成器生成的样本判别为假样本。二者以这种对抗式的方式通过交替优化达到纳什均衡状态，此时生成器能够生成"以假乱真"的数据样本，使判别器无法判别真假，即判断准确率相当于随机猜测。相比于其他生成模型，生成对抗网络具有一定的优势：1）不依赖先验知识；2）生成器的参数更新来自判别器的反向传播，而非直接来自数据样本，故训练不需要复杂的**马尔可夫链**（Markov chain）。生成对抗网络在图像编辑、数据生成、恶意攻击检测、肿瘤识别和注意力预测等领域具有广泛应用，这里关注的是其在深度伪造方面的应用。

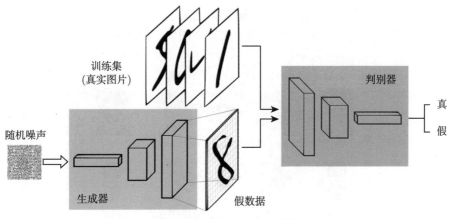

图 4.13　生成对抗网络[108]

4.4.2.1　人脸伪造

2017 年，Korshunova 等人[109] 提出了一种基于生成对抗网络的自动化实时换脸技术。同年，Suwajanakorn 等人[110] 使用长短期记忆（long short-term memory，LSTM）设计了一种智能化学习口腔形状和声音之间关联性的方法，该方法仅通过音频即可生成对应的口部特征。研究者利用美国前总统奥巴马在互联网上的音视频片段，生成了非常逼真的假视频。此技术一经问世便引起了广泛关注，基于其原理实现的换脸项目也大量出现，极大地刺激了视觉深度伪造技术的发展。

视觉（主要是人脸）深度伪造技术的实现大体可分为**数据收集、模型训练**和**伪造图片生成**三个步骤。假设我们的目标是将 Alice 的脸换至 Bob 的身体上，这可以通过以下的几个步骤实现。

（1）**数据收集**：　数据收集顾名思义就是通过各种渠道对 Alice 和 Bob 的已有图像进行大量收集，以便为模型训练提供数据支撑。对于公众人物来说，数据收集可以说是不费吹灰之力，因为他们有大量的演讲、报告、报道等数据公布在互联网上。注意这里收集的是人脸图像，所以很多时候需要使用人脸检测工具将人脸区域检测并截取出来。

（2）**模型训练**：　目前，针对人脸伪造的深度伪造模型主要基于自动编解码器，一般由编码器（encoder）和解码器（decoder）两部分构组成。编码器用于提取人脸图像的潜在特征，解码器则用于重构人脸图像。为了实现换脸操作，模型需要两个编码器/解码器组（编码器 A/解码器 A、编码器 B/解码器 B），分别基于已收集的 Alice 和 Bob 的图像集进行训练，其中编码器 A 和编码器 B 具有相同的编码网络（即参数共享）。通过统一的编码器可以把 Alice 和 Bob 两个人的人脸特征编码到同一个隐式空间，只有在同一个隐式空间，二者的脸部特征才能发生互换。两套编码器/解码器的训练过程如图 4.14a 所示。

（3）**伪造图片生成**：　待模型训练完成之后，通过将 Alice 和 Bob 的解码器互换，进而构建新的编码器/解码器组（编码器 A/解码器 B，编码器 B/解码器 A），然后选取 Alice

的一张图像作为目标图像，在编码器 A 编码完成之后，基于解码器 B 进行解码，从而生成载有 Bob 人脸、Alice 身体的深度伪造（换脸）图像，如图 4.14b 所示。

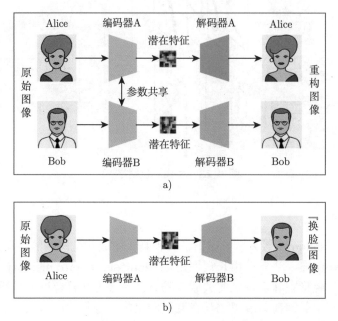

a)

b)

图 4.14　深度伪造内容生成流程[111]

人脸伪造技术可以按照对人脸图像的修改程度分为两类：**人脸互换**（face swap）和**人脸重演**（face reenactment）。人脸互换的目标是用目标人物的人脸替换原图像中的人脸，人脸重演的目标是将源图像中人的表情转移到目标任务上。

总而言之，这两类修改目标都可以基于自动编码器来完成，通过解耦人脸的身份与表情信息实现不同维度、不同层次的特征提取，并最终将输入的人脸扭曲后重建出伪造的人脸。通过引入生成对抗网络可以大幅提高替换后人脸的真实性，即添加一个判别器来判别生成图像和真实图像，强制解码器生成高度真实的换脸图像。

SimSwap 人脸互换方法。人脸互换的方法有很多种，传统的人脸互换方法如 FaceSwap 等，通常缺乏泛化性，存在无法保留人脸表情和注视方向等属性、生成人脸图像质量差等问题。为了提高人脸互换的泛化性，Chen 等人[112] 提出了**SimSwap 框架**以实现通用且高保真的人脸互换。SimSwap 的主要工作是：1）引入**身份注入模块**，在特征层面将源脸的身份信息转移到目标人脸上，来将特定身份的人脸结构互换扩展到任意结构，解决了传统的方法需要预先进行面部关键点检测、姿态估计等处理的问题；2）提出**弱特征匹配损失**，得以隐式地、有效地保留人脸属性，从而实现在人脸特征互换的同时保持身份。通过以上方法，SimSwap 能够用任意目标人脸替换任意源脸，同时保留目标人脸的人脸身份特征属性，实现了将特定身份的人脸互换结构扩展到任意人脸互换。

具体而言，SimSwap 中的编码器从目标图像中提取特征，**身份注入模块**将身份信息从源图像传输到特征中，解码器将修改后的特征恢复到结果图像中。SimSwap 使用所设计的**身份对应损失函数**来保证生成图像与源图像具有相似身份结果。SimSwap 使用**弱特征匹配损失函数**来确保网络可以保留目标人脸的属性，同时不会过多地损害身份修改性能。身份对应损失函数 $\mathcal{L}_{\mathrm{id}}$ 的定义如下：

$$\mathcal{L}_{\mathrm{id}} = 1 - \frac{\boldsymbol{v}_s \cdot \boldsymbol{v}_t}{\|\boldsymbol{v}_s\|_2 \|\boldsymbol{v}_t\|_2} \tag{4.25}$$

身份对应损失函数 $\mathcal{L}_{\mathrm{id}}$ 定义了**源身份向量$\boldsymbol{v}_s$** 及**目标身份向量$\boldsymbol{v}_t$** 之间的余弦相似度。弱特征匹配损失函数 $\mathcal{L}_{\mathrm{wFM}}$ 的定义如下：

$$\mathcal{L}_{\mathrm{wFM}} = \sum_{i=m}^{M} \frac{1}{N_i} \left\| D^{(i)}\left(\boldsymbol{x}_s\right) - D^{(i)}\left(\boldsymbol{x}_t\right) \right\|_1 \tag{4.26}$$

其中，$D^{(i)}$ 为判别器 D 第 i 层的特征提取器，N_i 为第 i 层的元素个数。弱特征匹配损失函数 $\mathcal{L}_{\mathrm{wFM}}$ 从第 m 层起计算目标图像 $\boldsymbol{x}_t$ 与源图像 $\boldsymbol{x}_s$ 之间的弱特征匹配损失。由于使用了多个判别器 D，故总的弱特征匹配损失函数为：

$$\mathcal{L}_{\mathrm{wFM\_sum}} = \sum_{i=1}^{2} \mathcal{L}_{\mathrm{wFM}}\left(D_i\right) \tag{4.27}$$

FaceShifter 人脸互换方法。 为了生成更加高质量的人脸图像，Li 等人[113] 提出 **FaceShifter**架构，包括两个网络，即**AEI-Net**（adaptive embedding integration network）用来进行人脸互换和**HEAR-Net**（heuristic error acknowledging refinement network）用来处理遮挡。用于人脸互换的网络 AEI-Net 由三个部分组成：1）**身份编码器**，采用预先训练好的人脸识别模型，提供抽象身份表征；2）一个**多级属性编码器**，对面部属性的特征进行分级和编码；3）AAD（adaptive attentional denormalization）生成器，将身份和属性信息进行融合并生成伪造的人脸。处理遮挡的网络 HEAR-Net 则以自监督的方式进行训练，它可以恢复异常（如遮挡）区域。通过这两个网络，可以实现对输入图像中的人脸自适应地调整网络架构，从而提高转换的精度和质量。FaceShifter 的网络框架如图 4.15 所示。

具体来说，FaceShifter 接收两张图片，源图像 $\boldsymbol{x}_s$ 用来提供身份，目标图片 $\boldsymbol{x}_t$ 用来提供姿势、表情、光照或是背景等属性。在第一阶段，**AEI-Net**中的三个组件被用来生成高保真的人脸：1）**身份编码器**$z_{\mathrm{id}}(\boldsymbol{x}_s)$ 用来从 $\boldsymbol{x}_s$ 中提取身份特征；2）**多级属性编码器**$z_{\mathrm{att}}(\boldsymbol{x}_t)$ 用来从 $\boldsymbol{x}_t$ 中提取属性；3）**AAD 生成器**用来互换人脸。在第二阶段，HEAR-Net 用来处理生成图像中可能出现的人脸遮挡。其中，多级属性编码器还可进一步定义为：

$$z_{\mathrm{att}}\left(\boldsymbol{x}_t\right) = \left\{ \boldsymbol{z}_{\mathrm{att}}^1\left(\boldsymbol{x}_t\right), \boldsymbol{z}_{\mathrm{att}}^2\left(\boldsymbol{x}_t\right), \cdots \boldsymbol{z}_{\mathrm{att}}^n\left(\boldsymbol{x}_t\right) \right\} \tag{4.28}$$

其中，$z_{\text{att}}^k(\boldsymbol{x}_t)$ 代表第 k 级的特征图，n 表示特征图的级数。这个多级属性编码器可以不需要任何属性标注，它通过自监督的方式来对属性进行提取。源图像 $\boldsymbol{x}_s$ 及目标图像 $\boldsymbol{x}_t$ 需要具有相同的属性嵌入。

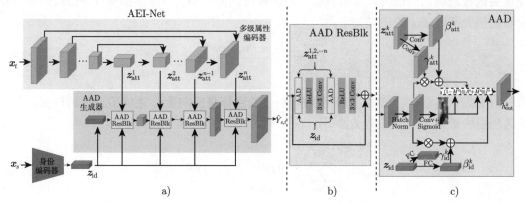

图 4.15   FaceShifter 的网络框架[113]

AEI-Net 中定义了多个损失函数。$\mathcal{L}_{\text{adv}}$ 是对抗损失函数，使生成的人脸 $\hat{Y}_{s,t}$ 更加逼真；$\mathcal{L}_{\text{id}}$ 作为身份对应损失函数，运用了余弦相似度来对源图像的信息进行保存，其定义如下:

$$\mathcal{L}_{\text{id}} = 1 - \cos\left(\boldsymbol{z}_{\text{id}}\left(\hat{Y}_{s,t}\right), \boldsymbol{z}_{\text{id}}\left(\boldsymbol{x}_s\right)\right) \tag{4.29}$$

多级属性编码器的损失函数 $\mathcal{L}_{\text{att}}$ 用来计算目标图像 $\boldsymbol{x}_t$ 与生成的人脸 $\hat{Y}_{s,t}$ 间的 L_2 距离，其定义如下:

$$\mathcal{L}_{\text{att}} = \frac{1}{2}\sum_{k=1}^n \left\| z_{\text{att}}^k\left(\hat{Y}_{s,t}\right) - z_{\text{att}}^k\left(\boldsymbol{x}_t\right) \right\|_2^2 \tag{4.30}$$

当训练样本中的目标图像 $\boldsymbol{x}_t$ 和源图像 $\boldsymbol{x}_s$ 相同时，采用重建损失函数 $\mathcal{L}_{\text{rec}}$ 来在像素层面计算 $\boldsymbol{x}_t$ 和 $\hat{Y}_{s,t}$ 间的 L_2 距离，其定义如下:

$$\mathcal{L}_{\text{rec}} = \begin{cases} \dfrac{1}{2}\left\|\hat{Y}_{s,t} - \boldsymbol{x}_t\right\|_2^2, & \boldsymbol{x}_t = \boldsymbol{x}_s \\ 0, & \text{其他} \end{cases} \tag{4.31}$$

AEI-Net 总的损失函数 $\mathcal{L}_{\text{AEI-Net}}$ 可由上述损失函数加权定义如下:

$$\mathcal{L}_{\text{AEI-Net}} = \mathcal{L}_{\text{adv}} + \lambda_{\text{att}}\mathcal{L}_{\text{att}} + \lambda_{\text{id}}\mathcal{L}_{\text{id}} + \lambda_{\text{rec}}\mathcal{L}_{\text{rec}} \tag{4.32}$$

其中，$\lambda_{\text{att}} = \lambda_{\text{rec}} = 10$，$\lambda_{\text{id}} = 5$。

在第二阶段，**HEAR-Net** 用以处理面部遮挡。它首先对目标图像可能产生的异常进行了定义:

$$\Delta Y_t = \boldsymbol{x}_t - \text{AEI-Net}\left(\boldsymbol{x}_t, \boldsymbol{x}_t\right) \tag{4.33}$$

随后将产生的异常 ΔY_t 及第一阶段生成的人脸结果 $\hat{Y}_{s,t}$ 送入一个 U-Net 结构中,来获得调整后的图像 $Y_{s,t}$。HEAR-Net 可以以全监督的方式进行训练,损失函数包括:**身份对应损失函数、更改损失函数和重建损失函数**。

身份对应损失函数 $\mathcal{L}'_{\mathrm{id}}$ 与第一阶段所使用的类似:

$$\mathcal{L}'_{\mathrm{id}} = 1 - \cos\left(z_{\mathrm{id}}\left(Y_{s,t}\right), z_{\mathrm{id}}\left(\boldsymbol{x}_s\right)\right) \tag{4.34}$$

更改损失函数 $\mathcal{L}'_{\mathrm{chg}}$ 用来保证第一阶段与第二阶段生成结果间的连续性:

$$\mathcal{L}'_{\mathrm{chg}} = \left|\hat{Y}_{s,t} - Y_{s,t}\right| \tag{4.35}$$

重建损失函数 $\mathcal{L}'_{\mathrm{rec}}$ 用来限制第二阶段在源图像和目标图像相同时仍然能完成重建:

$$\mathcal{L}'_{\mathrm{rec}} = \begin{cases} \dfrac{1}{2}\left\|Y_{s,t} - \boldsymbol{x}_t\right\|_2^2, & \boldsymbol{x}_t = \boldsymbol{x}_s \\ 0, & \text{其他} \end{cases} \tag{4.36}$$

最终 HEAR-Net 总的损失函数为上述损失函数之和:

$$\mathcal{L}_{\mathrm{HEAR\text{-}Net}} = \mathcal{L}'_{\mathrm{rec}} + \mathcal{L}'_{\mathrm{id}} + \mathcal{L}'_{\mathrm{chg}} \tag{4.37}$$

通过 AEI-Net 及 HEAR-Net,FaceShifter 能够实现高保真和遮挡感知的人脸互换,通过自监督的方式对 HEAR-Net 进行训练,可以无须任何手动标注便实现对异常区域的恢复。

人脸重演。通常的人脸重演步骤是:人脸追踪(face tracking),人脸匹配(face matching)和人脸迁移(face transfer),逐步将所提供的人脸迁移到目标人物的身上。早在 2014 年,Garrido 等人[114] 就提出了一个自动化的人脸互换和重演框架,作者通过上述步骤将自己的脸替换到了美国前总统奥巴马的演讲视频中,并完成了对奥巴马演讲时表情的重演。虽然研究者自己的表情跟演讲并不完全对应,但此工作实现了人脸替换和重演的全部自动化,并且只需要用户随意录制一个短视频即可,不需要做跟目标视频中一样的脸部表情。

除了传统的神经网络之外,**3D 生成技术**也被运用来生成更真实合理的人像,Sun 等人[115] 提出的**FENeRF**即一个 3D 感知生成器,它可以生成视图一致的本地可编辑的脸部图像。FENeRF 的核心部分包括:1)使用两个解耦的编码器,在同一个 3D 空间中,分别生成对应的人脸语义信息和纹理;2)通过这种底层 3D 表达,渲染出没有裁切边界的图像和语义掩码,并使用语义掩码通过生成对抗网络来编辑 3D 信息。上述的步骤可以帮助 FENeRF 生成更加精细的图像。

与传统的人脸重演不同,Song 等人[116] 的工作提出了一个新的概念——**虚幻人脸重演**(pareidolia face reenactment),即目标人脸不是常规的人脸,而是卡通、树皮、机器人、姜饼人等"幻想"出来的人脸。这引发了两个新的挑战,即形状差异和纹理差异。**形状差异**指的是非常规人脸在重演的过程中,可能会出现面部轮廓特异、五官错位等问题。例如,机器人可能有特异数目的眼睛、嘴巴等。**纹理差异**指的是如树皮、金属、食物等往往具有与人类皮肤相差甚远的纹理，这就使得重演后的五官部分可能会出现纹理不匹配的瑕疵。

在工作 [116] 中，研究者提出了一种新的**参数化无监督重演算法**（parametric unsupervised reenactment algorithm，PURA）来解决这两个挑战。该算法通过将人脸重演分解为三个过程，即形状建模、运动迁移和纹理合成，并有针对性地引入三个关键部分，即**参数化形状建模**（parametric shape modeling，PSM）、**扩展运动迁移**（expansionary motion transfer，EMT）和**无监督纹理合成器**（unsupervised texture synthesizer，UTS），克服了罕见的脸部变异所带来的问题。所提出的参数化无监督重演算法框架如图 4.16 所示。

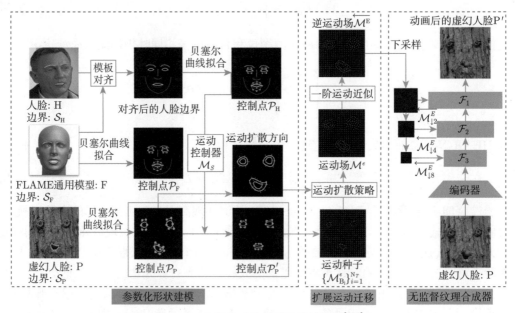

图 4.16 参数化无监督重演算法框架[116]

在参数化无监督重演算法中，**参数化建模**基于的是贝塞尔曲线（Bezier curve）。为了表征人脸的形状同时又不受比例和旋转的影响，参数化无监督重演算法用**模板对齐算法**（template alignment algorithm）[117] 将人脸 H 仿射到**FLAME**[118] 的通用模型 F 上，所对齐的人脸边界将用于后续的形状建模。在人脸形状建模阶段，通过提取并连接人脸 H 的 68 个 3D 地标，我们可以得到人脸不同部位的边界集合 $\mathcal{S}_\text{H} = \{C_i^\text{H}\}_{i=1}^N$。$\mathcal{S}_\text{H}$ 包含 N_H 个分支（比如，嘴的边界可以分为 4 个分支：上、下嘴唇的内、外边界），每个分支 C_i^H 用高阶复合贝塞尔曲线进行拟合，从而转化为控制点。对所参考的 FLAME 模型 F 也进行类似的操作。分别进行参数化后，可以得到人脸 H、头部模型 F 和虚幻人脸 P 的人脸部位边界控制点 $\mathcal{P}_\text{H}$、$\mathcal{P}_\text{F}$ 和 $\mathcal{P}_\text{P}$，用于随后**动作控制器**的计算。

从人脸中提取的动作表示可以记作 $\mathcal{M}_S$，定义为控制点 $\mathcal{P}_H$ 与 $\mathcal{P}_F$ 的状态：

$$\mathcal{M}_S = \bigcup_{i=1}^{N} \left\{ \left(\frac{\hat{x}_j^i}{x_j^i}, \frac{\hat{y}_j^i}{y_j^i}, \frac{\hat{z}_j^i}{z_j^i} \right) \right\}_{j=0}^{h_i} \tag{4.38}$$

$\mathcal{M}_S$ 将对虚幻人脸的人脸边界 $\mathcal{S}_P$ 进行动画处理，即**运动控制器**。一般来说，虚幻人脸的边界分支是人脸边界的一个子集。通过控制点 $\mathcal{P}_P$ 对边界 $\mathcal{S}_P$ 进行参数化：$\mathcal{P}_P = \bigcup_{i=1}^{N_P} \mathcal{P}_{B_i} = \bigcup_{i=1}^{N_P} \left\{ (x_j^i, y_j^i, z_j^i) \right\}_{j=0}^{t_i}$，其中 N_P 是分支的号码，t_i 是第 i 个分支的曲线序列，B_i 为虚幻人脸的曲线。

由于 B_i 可能与相应人脸曲线 B_i^H 有很大的不同，因此在 $t_i < h_i$ 时移除了 $\mathcal{M}_S$ 中的曲线 B_i^H 的有序动作控制器；在 $t_i > h_i$ 时进行线性插值处理，并将处理后的运动控制器记为 $\mathcal{M}_S^e$。最后，虚幻人脸的面部将由 $\mathcal{M}_S^e$ 进行动画化处理：

$$\mathcal{P}_P' = \mathcal{M}_S^e \otimes \mathcal{P}_P = \bigcup_{i=1}^{N_P} \left\{ \left(\frac{\hat{x}_j^i}{x_j^i} x_j^i, \frac{\hat{y}_j^i}{y_j^i} y_j^i, \frac{\hat{z}_j^i}{z_j^i} z_j^i \right) \right\}_{j=0}^{t_i} \tag{4.39}$$

通过上面的运动控制器能够复合贝塞尔曲线的控制点来迁移人脸边界处的运动，但这么迁移的运动是局部的，从而需要采用**扩展运动迁移**来对运动进行扩展。将曲线 B_i 处的运动记为运动种子 $\mathcal{M}_{B_i}^e$，则 $\{\mathcal{M}_{B_i}^e\}_{i=1}^{N_P}$ 记为运动种子集。所提出的扩展运动迁移策略沿着其与复合贝塞尔曲线正交的方向衰减运动种子。来自运动种子 $\mathcal{M}_{B_i}^e$ 的衰减运动 $\mathcal{M}_{B_i(\omega_i, \tau_i)}^e$ 可以定义如下：

$$\mathcal{M}_{B_i(\omega_i, \tau_i)}^e = \lambda(\omega_i) \cdot \mathcal{M}_{B_i(1,\tau_i)}^e, \ \mathcal{M}_{B_i(1,\tau_i)}^e \in \mathcal{M}_{B_i}^e \tag{4.40}$$

其中，$\lambda(\omega_i)$ 表示 ω_i 的衰减参数。虚幻人脸中的像素 P 会从许多运动种子中接收到衰减运动信息，将 P 处的衰减运动的组合表示为 $\mathcal{M}_P^e$。为了对虚幻人脸 P 进行动画化处理，参数化无监督重演算法通过所提出的**扩展运动迁移**从运动种子构建整个虚幻人脸的全局运动。定义 $G(\cdot)$ 为返回输入图像像素网格的函数，定义运动场（motion field）$\mathcal{M}^e = \{\mathcal{M}_P^e\}_{P \in G(P)'}$，对于每个 P 中的像素，运动场可以将其驱动到一个新的位置。

最后一步**无监督纹理合成器**则使用没有标注的自然图像来训练一个自动编码器，通过将自动编码器网络与特征变形层相结合，逐步将运动转换为纹理。通过上述的模块，所提出的参数化无监督重演算法框架能够将静态的虚幻人脸转化为动态的人脸，克服虚幻人脸所带来的显著差异。

表情重演仅是人脸重演的一个部分，还有许多工作希望能够同时进行人脸生成领域的两项工作，即**面部身份变换和表情迁移**。例如 FSGAN[119] 进行的人脸互换工作。FSGAN 的具体流程是：1）**互换生成器**G_r 估算被互换的脸与其分割掩码基于热图编码的脸部地标，G_s 估算源图像的分割掩码；2）**画中画生成器**G_c 对缺失部分进行修复并得出完整的互换脸；

3）使用**分割掩码及混合发生器**G_b 混合上述结果，生成最终的输出。通过以上步骤，FSGAN 能够降低对数据的依赖和提高模型在不同人物间的泛化性。

基于 Transformer 的人脸伪造。 基于 Transformer 的伪造人脸生成工作也有很多，如 Xu[120] 提出的**TransEditor**，便是一种基于 Transformer 的双空间生成对抗网络，可以进行高度可控的人脸编辑。通过引入跨空间注意力机制，两个潜在空间进行有意义的交互。此外，该工作利用 TransEditor 提供的可控性提出了一种灵活的双空间图像编辑策略。TransEditor 的框架如图 4.17 所示。

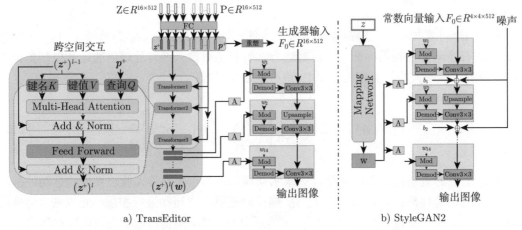

a) TransEditor　　　　　　　　　　　　b) StyleGAN2

图 4.17　TransEditor[120] 及所采用的 StyleGAN2[121] 的架构图

具体来说，P 和 Z 是两个具有独立映射的潜在空间，它们分别用来完成生成器的输入特征图和逐层样式调制。图像的生成过程可以表示为：

$$\boldsymbol{x} = \text{TransEditor}(\boldsymbol{z}, \boldsymbol{p}) \tag{4.41}$$

为了确定这两个空间与对应的生成器的集成，每一层中的生成过程可以表示为：

$$\boldsymbol{F}_{i+1} = \text{ModuConv}\left(\boldsymbol{T}_{\boldsymbol{w}_i}, \boldsymbol{F}_i\right) \tag{4.42}$$

其中，$\boldsymbol{F}_i$ 表示前 $i-1$ 层生成的特征图，$\boldsymbol{T}_{\boldsymbol{w}_i}$ 是由层样式编码 $\boldsymbol{w}_i$ 决定的调制调解过程。具体地，$\boldsymbol{T}_{\boldsymbol{w}_i}$ 通过以下方式来对第 i 层的卷积模块的参数进行放缩：

$$\boldsymbol{T}_{\boldsymbol{w}_i} : \boldsymbol{w}''_{ijk} = \boldsymbol{w}'_{ijk} \bigg/ \sqrt{\sum_{j,k} \boldsymbol{w}'_{ijk} + \epsilon} \tag{4.43}$$

其中，$\boldsymbol{w}'_{ijk} = s_i \times \boldsymbol{w}_{ijk}$，$j$、$k$ 为卷积项。$\boldsymbol{F}_i$ 将由放缩参数 $\boldsymbol{w}''$ 进行卷积。虽然在每一层都进行了调制与解调，但每个特征图都是前一层的卷积结果，因此初始特征图 $\boldsymbol{F}_0$ 是整个

生成过程的基础。由此带来了更多的可控性，能够将学习到的常量输入替换为来自 P 空间的潜在输入。

此外，对于整个潜在空间的输入，重塑（reshape）一个单采样向量本质上是纠缠在一起的。因此两个子空间 Z 和 P 由单独的子向量构成。为了进一步获得更好的解纠缠属性，利用对偶空间的单独映射，其可以表示如下：

$$\begin{aligned}
\boldsymbol{z}^{+} &= \begin{bmatrix} \boldsymbol{z}_1^{+} \\ \boldsymbol{z}_2^{+} \\ \vdots \\ \boldsymbol{z}_n^{+} \end{bmatrix} = \begin{bmatrix} M_{\boldsymbol{z}_1} & 0 & \cdots & 0 \\ 0 & M_{\boldsymbol{z}_2} & \cdots & 0 \\ \vdots & & & \vdots \\ 0 & 0 & \cdots & M_{\boldsymbol{z}_n} \end{bmatrix} \begin{bmatrix} \boldsymbol{z}_1 \\ \boldsymbol{z}_2 \\ \vdots \\ \boldsymbol{z}_n \end{bmatrix} \\
\boldsymbol{p}^{+} &= \begin{bmatrix} \boldsymbol{p}_1^{+} \\ \boldsymbol{p}_2^{+} \\ \vdots \\ \boldsymbol{p}_n^{+} \end{bmatrix} = \begin{bmatrix} M_{\boldsymbol{p}_1} & 0 & \cdots & 0 \\ 0 & M_{\boldsymbol{p}_2} & \cdots & 0 \\ \vdots & & & \vdots \\ 0 & 0 & \cdots & M_{\boldsymbol{p}_n} \end{bmatrix} \begin{bmatrix} \boldsymbol{p}_1 \\ \boldsymbol{p}_2 \\ \vdots \\ \boldsymbol{p}_n \end{bmatrix}
\end{aligned} \tag{4.44}$$

其中，每个 $M_{\boldsymbol{z}_i}$ 或是 $M_{\boldsymbol{p}_i}$ 都是一个多层感知器模块。

这两个分离的空间，通过基于**交叉注意力**的交互模块相关联。映射的潜在编码 $\boldsymbol{z}^{+}$ 被作为键名 K 以及键值 V，潜在编码 $\boldsymbol{p}^{+}$ 作为查询 Q。第 i 层 Transformer 中的交互可以写为：

$$\begin{aligned}
Q &= \boldsymbol{p}^{+}\boldsymbol{W}^{Q}, \quad K = \left(\boldsymbol{z}^{+}\right)^{l}\boldsymbol{W}^{K}, \quad V = \left(\boldsymbol{z}^{+}\right)^{l}\boldsymbol{W}^{V} \\
\left(\boldsymbol{z}^{+}\right)^{l+1} &= \mathrm{softmax}\left(\frac{QK^{\top}}{\sqrt{d_k}}\right)V + \left(\boldsymbol{z}^{+}\right)^{l}
\end{aligned} \tag{4.45}$$

其中，$\boldsymbol{W}^{Q}$、$\boldsymbol{W}^{K}$、$\boldsymbol{W}^{V}$ 是线性投影矩阵，d_k 是潜在编码的公共维数。$\boldsymbol{p}^{|}$ 查询的注意力过程将在 $\boldsymbol{z}^{+}$ 上运行。由于 $\boldsymbol{p}^{+}$ 仅充当查询的作用，尽管 $\boldsymbol{z}^{+}$ 采用了 $\boldsymbol{p}^{+}$，两个空间依然是分离的。

TransEditor 的图像编辑操作是在乘积空间 $\mathcal{Z}^{+} \times \mathcal{P}^{+}$ 上进行的，双空间操作可以进一步表示如下：

$$I_{(\mathcal{Z}^{+} \times \mathcal{P}^{+})}\left(\boldsymbol{z}^{+}, \boldsymbol{p}^{+}\right) = \left(I_{\mathcal{Z}^{+}}\left(\boldsymbol{z}^{+}\right), I_{\mathcal{P}^{+}}\left(\boldsymbol{p}^{+}\right)\right) \tag{4.46}$$

其中，$\boldsymbol{z}^{+} \in \mathcal{Z}^{+}$，$\boldsymbol{p}^{+} \in \mathcal{P}^{+}$，$I_i$ 表示在空间 i 上的操作。

对于每个属性，使用 SVM（支持向量机）分类器在两个分离的潜在空间中训练两个超平面，从而获得 $\mathcal{Z}^{+}$ 空间中的法向量 n_z 和 $\mathcal{P}^{+}$ 空间中的法向量 n_p。随后，对于采样获得的潜在编码 $\boldsymbol{z}^{+}$ 和 $\boldsymbol{p}^{+}$，可以通过沿 n_z 方向移动 λ_z 步和沿 n_p 方向移动 λ_p 步的方式获得新的潜在编码 $(\boldsymbol{z}^{+} + \lambda_z \times n_z, \boldsymbol{p}^{+} + \lambda_p \times n_p)$。对于仅完全包含在一个空间中的属性，只在对应空间内进行编辑，而对更加复杂一点的属性（如性别）则最好同时使用这两个空间。

如果要对真实图像进行处理，则需要将图像反转回对偶的潜在空间。首先，使用特征金字塔（feature pyramid）提取输入真实图像的三级特征图。由于 z^+ 空间具有分层结构，因此使用不同的特征来生成每个 z_i^+。潜在编码 p^+ 仅映射自编码器中的最高级别特征，并作为生成器的初始特征输入注入。上述反转策略能够将真实图像映射到所训练的双潜在空间，可以应用线性潜在操作来执行双空间编辑。通过以上的方法，TransEditor 能够实现采用双空间生成对抗网络来分离所编辑人脸的样式及具体内容。

基于人脸伪造技术，研究者们同时还构建了一系列的人脸篡改与伪造数据集，包括 UADFV、DFDC 等。这些数据集的基本信息如表 4.1 所列。

表 4.1   常用的深度伪造数据集

数据集	真实		伪造	
	视频数	帧数	视频数	帧数
DF-TIMIT[122]	320	34.0k	320	34.0k
UADFV[123]	49	17.3k	49	17.3k
FF++[124]	1000	509.9k	1000	509.9k
DFDC[125]	1131	488.4k	4113	1783.3k
Celeb-DF[126]	590	225.4k	5639	2116.8k
WildDeepFake[127]	3805		3509	

4.4.2.2   视频伪造

视频伪造是深度伪造的一个重要分支，与对图像篡改不同，视频伪造需要考虑更多的维度，如时序信息、不同主客体在画面上的相对位置变化、甚至更进一步的音频伪造等。

例如，在生成一个虚拟人物正在运动的视频时，需要解决的一个问题就是如何生成合理的动作姿态，与目标人物的运动轨迹、力线、惯性等相符合。在这个问题上一个比较好的模型是**一阶移动模型**(first-order-motion model)[128]，它将视频的内容分为主体和动作，其中主体表示视频中出现的人物，动作表示人物的行为。一阶移动模型包括两个主要模块：**运动估计模块**，使用一组学习得到的关键点以及它们的局部仿生变换来预测密集的运动场；**图像生成模块**，结合从源图像中提取的外观和从驱动视频中得到的运动来模拟目标运动中出现的遮挡。通过上面的框架，一阶移动模型能够将一个随机向量序列映射成为连续的视频帧，最后合成视频。每个向量中的一部分表示主体，另一部分表示动作，在视频的生成过程中，表示主体的部分固定不变。一阶移动模型通过对外观和运动信息进行解耦，实现了通过运动模型推导出目标任务的合理姿势与动作。

如何生成高分辨率的伪造视频也是一个具有挑战性的问题。Tian[129] 等人基于生成对抗网络提出了一个框架**MoCoGAN-HD**，利用已有的图像生成器来渲染合成高分辨率视频。MoCoGAN-HD 将视频合成问题看作在预训练的图像生成器的潜在输出空间中寻找运动轨迹的问题。MoCoGAN-HD 的主要部分是：**动作生成器**，能够探查到期待的主体的运动轨迹，使其中的主体和动作解耦；**跨域视频合成训练**，在不同域的不相交数据集上训练图像生成器和运动生成器，从而可以生成训练集中不存在的新视频内容。通过上面的框架，

MoCoGAN-HD 解决了生成高清伪造视频性能较低、精度不够的问题。MoCoGAN-HD 的结构如图 4.18 所示。

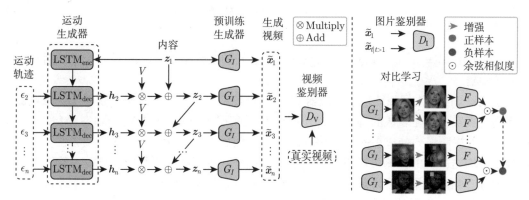

图 4.18 MoCoGAN-HD 的网络架构[129]

具体来说，MoCoGAN-HD 采用了预训练的图像生成器（StyleGAN2[121]），动作生成器 G_M 和图像生成器 G_I 采用两个 LSTM 网络实现，并用来预测潜在的动作轨迹 $z = \{z_1, z_2, \cdots, z_n\}$，其中 n 是所合成视频的帧数。图像生成器 G_I 能够根据运动轨迹合成每个单独的帧。所生成的视频序列 $\widetilde{V}$ 由 $\tilde{v} = \{\tilde{x}_1, \tilde{x}_2, , \tilde{x}_n\}$ 给出。对于每个合成帧 $\tilde{x}_t$，都有 $\tilde{x}_t = G_I(z_t)$。为了训练动作生成器 G_M 来发现所需的运动轨迹，应用**视频判别器**来使得生成的运动模式与训练视频的运动模式相似，以及强制帧内容在时间上一致。

动作生成器 G_M 使用输入编码 $z_1 \in Z$ 来预测连续的潜在编码，潜在空间 Z 也由图像生成器共享。形式上，G_M 由一个 LSTM 编码器 LSTM_{enc} 及 LSTM 解码器 LSTM_{dec} 组成，分别对 z_1 进行编码以获得初始隐藏状态以及递归地估计 $n-1$ 个连续的隐藏状态：

$$h_1, c_1 = \text{LSTM}_{\text{enc}}(z_1)$$
$$h_t, c_t = \text{LSTM}_{\text{dec}}(\epsilon_t, (h_{t-1}, c_{t-1})) \tag{4.47}$$

其中，h 和 c 分别表示隐藏状态与单元状态，ϵ_t 是从正态分布采样的噪声向量，用来对时刻 $t = 2, 3, \cdots, n$ 处的运动多样性进行建模。

运动解耦。 为了使用运动残差（motion residual）来估计运动轨迹，将运动残差建模为潜在空间中一组可解释方向的线性组合。首先对来自 Z 的 m 个随机采样的潜在向量进行主成分分析以获得基础 V，然后使用 h_t 和 V 来估计从前一帧 z_{t-1} 到当前帧 z_t 的运动方向，可形式化定义如下：

$$z_t = z_{t-1} + \lambda \cdot h_t \cdot v \tag{4.48}$$

其中，隐藏状态 $h_t \in [-1, 1]$，λ 用来控制残差给定的步长。

运动多样性。引入噪声向量 ϵ_t 来控制运动多样性后，会出现 G_M 无法从训练视频中捕获不同运动模式的问题，同时也无法从一个初始潜在编码来生成不同的视频。为了缓解这些问题，引入互信息损失 $\mathcal{L}_m$ 来最大化隐藏向量 $\boldsymbol{h}_t$ 和噪声向量 ϵ_t 间的互信息，定义如下：

$$\mathcal{L}_{\mathrm{m}} = \frac{1}{n-1} \sum_{t=2}^{n} \mathrm{sim}\left(H\left(\boldsymbol{h}_t\right), \epsilon_t\right) \tag{4.49}$$

其中，$\mathrm{sim}(\boldsymbol{u}, \boldsymbol{v}) = \boldsymbol{u}^{\top} \boldsymbol{v} / \|\boldsymbol{u}\| \|\boldsymbol{v}\|$ 表示 $\boldsymbol{u}$ 和 $\boldsymbol{v}$ 之间的余弦相似度，H 是一个起映射作用的二层感知器。

生成器训练。 为了训练运动生成器 G_M，作者使用一个多尺度视频判别器 D_V 来判断视频序列是真实的还是合成的，同时 D_V 使用 3D 卷积层来更好地模拟时间动态。MoCoGAN-HD 将输入视频序列分成小的 3D 块（patch），然后将每个补丁分类为真或者假，在输入序列上平均这些块的预测可以得到最终输出。此外，为了实现更稳定的训练，输入视频序列中的每一帧都以第一帧为条件，因为它属于预训练图像生成器的分布。生成器 G_M 和判别器 D_V 通过以下对抗损失进行训练：

$$\mathcal{L}_{D_V} = \mathbb{E}_{\boldsymbol{v} \sim p_v}\left[\log D_V(\boldsymbol{v})\right] + \mathbb{E}_{\boldsymbol{z}_1 \sim p_z}\left[\log\left(1 - D_V\left(G_I\left(G_M\left(\boldsymbol{z}_1\right)\right)\right)\right)\right] \tag{4.50}$$

通过以上训练的动作生成器，MoCoGAN-HD 将运动建模为传递给图像生成器及生成单个帧的连续潜在编码的残差，可以更高效地生成潜在的运动轨迹，从而能够生成在时间上保持一致的高质量帧，进而生成高清的运动伪造视频。

除了生成高清视频之外，如何生成高质量的长视频也是一个挑战的问题。Yu 等人[130] 基于 GAN 提出了 **DI-GAN**，它通过将隐式神经表示（implicit neural representation，INR）编码到参数化神经网络中，实现了利用视频的隐式神经来表示动态感知。具体地，DI-GAN 基于 INR 的视频生成器（见图 4.19a），通过不同的方式来操作空间和时间坐标来改善生成动作的质量（见图 4.19b）。通过上述方法，DI-GAN 能在不观察整个长序列视频帧的情况下高效识别非自然运动，从而节约了生成高质量长视频所需的资源消耗。

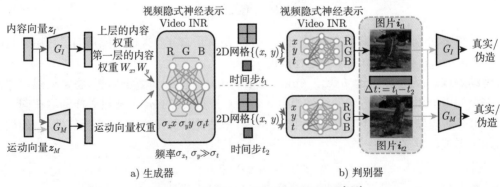

图 4.19 DI-GAN 的生成器与判别器[130]

4.5　本章小结

本章介绍了针对人工智能数据的四类常见攻击：数据投毒（4.1 节）、隐私攻击（4.2 节）、数据窃取（4.3 节）和篡改与伪造（4.4 节）。其中，投毒攻击通过污染训练数据来阻碍模型的正常学习，总共介绍了六种不同的投毒方式及其攻击特点。隐私攻击在黑盒或白盒模型下对已训练好的目标模型进行访问，通过模型的记忆特性反推有关训练数据的隐私信息，包括成员推理攻击、属性推理攻击以及其他推理攻击。数据窃取相较隐私攻击更进一步，直接逆向模型的原始训练数据。与前三种攻击不同，篡改与伪造是一种技术滥用攻击，其中包括普通篡改和深度伪造，前者通过编辑和修改图像中的物体来生成伪造数据，而后者更加关注于人脸图像的伪造。实际上，当前人工智能的数据收集和使用方式所引发的担忧长期以来一直存在，而深度学习的迅速发展又加重了这些担忧，因为技术越先进影响的人就会越多。对此，我们需要不断地提出更新更高效的防御技术来防止敏感信息和原始数据的泄露和滥用。

4.6　习题

1. 数据投毒攻击的攻击目标是什么，攻击方法有哪几类？
2. 什么是标签投毒攻击，在什么情况下标签投毒无法影响模型训练？
3. 简要分析凸多面体攻击与特征碰撞攻击的相同点和不同点。
4. 定义双层优化攻击的优化目标，并描述其攻击思想。
5. 成员推理攻击的目标是什么，为什么能够成功？
6. 简单描述影子模型攻击的大致流程，并讨论其局限性。
7. 什么是"意外记忆"，其与数据窃取的关系是什么？
8. 白盒数据窃取中的迭代梯度逆向和递归梯度逆向的主要思想是什么？
9. 描述人脸伪造的三个步骤，并列举两个经典伪造算法或框架。

第 **5** 章

数据安全：防御

本章介绍针对数据投毒、隐私攻击、数据窃取和篡改与伪造的防御方法。防御比攻击更有挑战性，防御者不但需要抵御目前已知的所有攻击，还要能抵御适应性攻击和未来不可知的攻击。由于攻击类型的多样性、不同攻击间的巨大差异性、攻击的快速迭代性等因素，数据安全方面的防御工作目前还停留在定点防御的阶段，主要针对某种已知攻击设计防御方法，在防得住一种（或一类）攻击的基础上力争兼顾其他攻击类型。下面将围绕几种数据攻击介绍对应的防御方法。

5.1 鲁棒训练

"数据有问题，算法来补救"。应对数据投毒最直接的一种防御方法就是鲁棒训练，即提高训练算法的鲁棒性，使其能够在训练过程中检测并抛弃毒化样本，从而避免模型被攻击。可惜的是此方面的研究工作并不是很多。我们在很多时候并不知道数据是否被投毒，也无法估计被投毒的比例有多大、样本有哪些，也就很难设计高效的鲁棒训练方法。但随着大规模预训练的流行，此类的鲁棒训练算法将会变得格外重要。

Shen 等人[131] 系统地研究了三种问题数据，包括分类任务中的噪声标签（标签存在错误）、对抗生成任务中的污染数据（一个数据集里出现了别的数据集的样本）和分类任务中的后门投毒样本。研究者通过实验发现对"好"的数据往往学得更快，即训练损失下降更快，并基于此提出一种基于**修剪损失**（trimmed loss）的鲁棒训练方法，让模型只在好的样本上进行学习。基于修剪损失的模型训练所对应的优化问题如下：

$$\arg\min_{\boldsymbol{\theta}\in\mathfrak{B}} \min_{S:|S|=\lfloor\alpha n\rfloor} \sum_{(\boldsymbol{x},y)\in S} \mathcal{L}(\boldsymbol{x},y) \tag{5.1}$$

其中，$\mathfrak{B}$ 表示模型的**紧致参数空间**（compact parameter space），比原参数空间要小，S 是内层最小化问题寻找到的样本子集，实际上就是训练损失很小的 $\lfloor\alpha n\rfloor$ 个样本，其中 α 是比例，n 是原训练集中样本数量。可以看出这是一个最小最小双层优化问题，内部最小化问题寻找一部分损失最小的样本子集，然后在这个样本子集上训练得到干净的模型。此方法在三个问题数据场景下都取得了不错的效果，其中包括基于简单后门攻击 BadNets[132] 的数据投毒。

此外，投毒样本往往只占训练数据很小的一部分，那么这些样本就可以通过数据划分（data partition）隔离出来。将训练数据集划分成一定数量的子集，通过恰当地设置子集的大小可以让划分得到的子集大部分是干净子集（即不包括任何毒化样本）。我们在干净子集上训练得到的模型都是干净（子）模型，基于这些模型我们就可以以投票的方式得到干净无毒的预测结果。

基于上述思想，Levine 等人[133] 提出可以理论证明的投毒防御方法：**深度划分聚合**（deep partition aggregation，DPA）。具体地，令 $\mathcal{S}_L := \{(\boldsymbol{x}, c)|\boldsymbol{x} \in \mathcal{S}, c \in \mathbb{N}\}$ 为有类别标签的样本集，$\mathcal{S}$ 为无类别标签的样本空间。一个供模型训练的训练集可表示为 $\mathcal{T} \in \mathcal{P}(\mathcal{S}_L)$，其中 $\mathcal{P}(\mathcal{S}_L)$ 是集合 $\mathcal{S}_L$ 的幂集。对于 $\boldsymbol{t} \in \mathcal{S}_L$，令 $\text{sample}(\boldsymbol{t}) \in \mathcal{S}_L$ 为数据样本，$\text{label}(\boldsymbol{t}) \in \mathbb{N}$ 为标签。一个分类模型被定义为由有标签的训练集和无（待定）标签的数据集共同确定的函数：$f : \mathcal{P}(\mathcal{S}_L) \times \mathcal{S} \to \mathbb{N}$。令 $f(\cdot)$ 表示（不鲁棒的）基分类模型，$g(\cdot)$ 表示鲁棒的分类模型。DPA 算法需要一个哈希函数 $h : \mathcal{S}_L \to \mathbb{N}$ 和超参数 $k \in \mathbb{N}$ 表示用于集成的基本分类器个数。在训练阶段，DPA 首先用哈希函数将训练集 $\mathcal{T}$ 划分为 k 个子集，分别为 $P_1, \cdots, P_k \in \mathcal{T}$：

$$P_i := \{\boldsymbol{t} \in \mathcal{T} | h(\boldsymbol{t}) \equiv i \ (\text{mod } k)\} \tag{5.2}$$

在选择哈希函数 $h(\cdot)$ 时，最好可以使各子集的大小一致。对于图像数据，$h(\boldsymbol{t})$ 为图像 $\boldsymbol{t}$ 的像素值之和。基于子集划分，我们可以在每个子集上训练一个基分类器，定义如下：

$$f_i(\boldsymbol{x}) := f(P_i, \boldsymbol{x}) \tag{5.3}$$

在推理阶段，我们可以用每个基分类器进行预测，并统计有多少个基分类器将输入样本分类为 c：

$$n_c(\boldsymbol{x}) := |\{i \in [k] | f_i(\boldsymbol{x}) = c\}| \tag{5.4}$$

最终，DPA 选择大部分基分类器都同意的类别作为其鲁棒预测类别：

$$g_{\text{DPA}}(\mathcal{T}, \boldsymbol{x}) := \arg\max_c n_c(\boldsymbol{x}) \tag{5.5}$$

Li 等人[31] 对十种后门投毒攻击进行了研究，发现了跟之前的工作[131] 不太一样的结论：**后门投毒样本往往被学习得更快而不是更慢**。这主要是因为后门攻击需要在触发器样式和后门类别之间建立强关联，而这种强关联使得后门样本损失下降得更快。基于此观察，研究者提出训练阶段的后门投毒防御方法"**反后门学习**"（anti-backdoor learning，ABL）。ABL 方法将会在 9.3 节中进行详细的介绍，这里简单描述一下它的主要思想。ABL 将模型训练分为两个阶段，在第一阶段通过**局部梯度上升**（local gradient ascent，LGA）技术检测和隔离投毒样本，在第二个阶段通过**全局梯度上升**（global gradient ascent，GGA）技术对隔离出来的投毒样本进行反学习。局部梯度上升通过约束训练样本的损失下限来阻止干净样本产生过低的训练损失，而后门样本由于其强关联性会突破这个限制，依然产生更低的损失。所以局部梯度上升相当于一个筛子，将后门样本过滤出来。第二阶段的全局梯度上升通过最大化模型在所检测投毒样本子集上的损失来"反学习"掉后门样本的关联性。这一步后门反学习是有必要的，因为当后门样本被检测出来的时候也就意味着模型已经学习了它（否则就无法知道某个样本是不是后门样本）。

Yang 等人[134] 观察中毒样本后发现，并不是所有中毒样本对攻击都是有效的（即现有攻击往往对更多一些的样本投毒来确保攻击成功）。基于此观察，研究者提出了**有效毒药**（effective poison）的概念，来指代在删除其他中毒样本的情况下也能让模型中毒的最小投毒样本子集。有趣的是，观察发现有效毒药并不是决策边界附近的中毒样本，也不是比同类样本具有更高损失的离群点。投毒攻击的主要策略是对原始样本添加扰动（噪声和图案都可以看作一种扰动），使得中毒样本的梯度在模型训练过程中远离正确类别，靠近攻击目标类别。虽然扰动的目的都是让原始梯度变为目标梯度，但是不同类型的有效毒药之间有着不同的修改轨迹。同时，在训练过程中，随着有效毒药和目标类别之间梯度相似度的提高，有效毒药的梯度信息也会变得明显有别于干净样本。因此，在训练的早期，就可以在梯度空间中把有效毒药的梯度孤立出来，如借助 k-medoids 聚类算法进行孤立点的检测，成为防御投毒攻击的主要突破口。

在模型训练过程中使用数据增广也可以在一定程度上打破投毒样本与投毒目标之间的关联。例如，Borgnia 等人[135] 研究发现常用的数据增广方法不仅可以有效降低投毒和后门攻击的威胁，且会给模型带来更好的性能。这使得数据增广成为鲁棒训练的一个关键部分。大胆猜测，未来更高效的鲁棒训练算法将会以某种数据增广的方式出现。

5.2   差分隐私

5.2.1   差分隐私概念

差分隐私（differential privacy，DP）的概念是由 Dwork 等人[136] 在 2006 年提出的，其来源于密码学中的**语义安全**（semantic security），即对明文完成加密后攻击者无法区分不同明文对应的密文。差分隐私在传统数据发布（data release）领域的隐私保护方面有着优异的表现，被广泛应用于各类相关的软件产品中，如苹果公司的 iOS10 系统在其输入法和搜索功能中使用差分隐私技术来收集用户键盘、Notes 以及 Spotlight 的数据。

差分隐私保护的主体并不是数据集整体的隐私，而是其中单个个体的隐私，因此，差分隐私要求数据集中单个个体对相关函数的输出产生的影响都在一定限度之内。差分隐私最早被用于数据查询业务，对此 Dwork 等人[136] 提出了**相邻数据集**（neighboring datasets）的概念，即把只差一条记录的两个数据集称为相邻数据集，如有数据集 A={小明, 小王, 小赵}，B={小王, 小赵} 和 C={小李, 小王, 小赵}，则 A 与 B 或 A 与 C 都称为相邻数据集。差分隐私有着非常严格的数学原理，相关概念定义如下。

定义 5.1 差分隐私。对于一个随机算法 $\mathcal{A}$，$P_{\mathcal{A}}$ 为算法 $\mathcal{A}$ 所有可能输出的集合，算法 $\mathcal{A}$ 满足 (ϵ, δ)-DP，当且仅当相邻数据集 D 和 D' 对 $\mathcal{A}$ 的所有可能输出子集 $S \in P_{\mathcal{A}}$ 满足不等式[137]：

$$P_r[\mathcal{A}(D) \in S] \leqslant \mathrm{e}^{\epsilon} P_r[\mathcal{A}(D') \in S_m] + \delta \tag{5.6}$$

上式中，ϵ 称为隐私预算（privacy budget），ϵ 越小则隐私预算越低，意味着差分隐私算法使得查询函数在一对相邻数据集上返回结果的概率分布越相似，故而隐私保护程度越高。δ 表示打破 (ϵ, δ)-DP 限制的可能性，当 $\delta = 0$ 时，可称为 ϵ-DP，此时的隐私保护更加严格。

差分隐私有两条非常重要的合成性质，分别为顺序合成和平行合成[138]。

性质 5.1 顺序合成。给定 n 个相互独立的机制 $\mathcal{A}_i(i = 1, \cdots, n)$，分别满足 ϵ_i-DP，如果将它们作用在同一个数据集上，则满足 $\sum_{i=1}^{n} \epsilon_i$-DP。

性质 5.2 平行合成。将数据集 D 分割成 n 个不相交的子集 $\{D_1, D_2, \cdots, D_n\}$，在每个子集上分别作用满足 ϵ_i-DP 的随机机制 $\mathcal{A}_i$，则数据集 D 整体满足 $\max\{\epsilon_1, \cdots, \epsilon_K\}$-DP。

顺序合成表明，将多个算法组成的序列同时作用在一个数据集上，最终的隐私预算等于算法序列中单个算法隐私预算的总和。平行合成表明，当多个算法分别作用在一个数据集的不同子集上时，整体的隐私预算为所有算法隐私预算的最大值。

2010 年，Kifer 等人[139] 又为差分隐私提出了两条重要性质，分别为交换不变性和中凸性。

性质 5.3 交换不变性。给定满足 ϵ-DP 的任意机制 $\mathcal{A}_1$、数据集 D，对于任意机制 $\mathcal{A}_2$（$\mathcal{A}_2$ 不一定满足差分隐私），$\mathcal{A}_2(\mathcal{A}_1(D))$ 满足 ϵ-DP。

性质 5.4 中凸性。给定满足 ϵ-DP 的随机机制 $\mathcal{A}_1$ 和 $\mathcal{A}_2$，对于任意的概率 $P \in [0, 1]$，用 A_P 表示一种选择机制，该机制以 P 的概率选择机制 $\mathcal{A}_1$，以 $1 - P$ 的概率选择机制 $\mathcal{A}_2$，则 A_P 机制满足 ϵ-DP。

在了解完差分隐私的基本概念之后，我们要思考的问题是如何构建差分隐私模型。在查询任务中，差分隐私是通过给查询结果添加噪声来完成隐私保护的，添加的噪声越多对隐私信息的保护会越好，但同时也会使得查询结果的可用性降低。因此，噪声的添加量是一个非常重要的参数。函数敏感度则为噪声的添加量提供了依据，所以 Dwork 等人[140] 在其 2006 年的工作中提出使用全局敏感度来控制噪声添加量。

定义 5.2 全局敏感度（global sensitivity）。给定查询函数 $f: D \to R$，其中 D 为数据集，R 为查询结果。在任意一对相邻数据集 D 和 D' 上，全局敏感度定义为：

$$\mathrm{GS}(f) = \max_{D, D'} \|f(D) - f(D')\|_1 \tag{5.7}$$

其中，$\|f(D) - f(D')\|_1$ 表示 $f(D)$ 与 $f(D')$ 之间的曼哈顿距离。

然而，根据全局敏感度添加的噪声量会对数据产生过度的保护，从而影响数据的可用性。对此，Nissim 等人[141] 提出了局部敏感度的概念。

定义 5.3   局部敏感度（local sensitivity）。给定查询函数 $f : D \to R$，D 为数据集，R 为查询结果。在任意一对相邻数据集 D 和 D' 上，局部敏感度定义为：

$$\mathrm{LS}(f) = \max_{D'} \| f(D) - f(D') \|_1 \tag{5.8}$$

比较公式 (5.7) 和 (5.8) 可以看出，局部敏感度只是针对一个特定数据集 D 而言的，全局敏感度则涵盖任意数据集。

了解完噪声添加量的控制，添加何种噪声又成为我们不得不思考的问题。添加的噪声类型会对结果产生直接的影响。因此，接下来我们将介绍几种被广泛使用的噪声添加机制，分别为**拉普拉斯机制、高斯机制**和**指数机制**。

- **拉普拉斯机制**[142]。给定一个函数 $f : D \to R$，给该函数的输出加入符合特定拉普拉斯分布的噪声，则可使机制 $\mathcal{A}$ 满足 ϵ-DP：

$$\mathcal{A}(D) = f(D) + \mathrm{Lap}\left(\frac{\mathrm{GS}(f)}{\epsilon} \right) \tag{5.9}$$

其中，$\mathrm{Lap}\left(\dfrac{\mathrm{GS}(f)}{\epsilon} \right)$ 表示位置参数为 0、尺度参数为 $\dfrac{\mathrm{GS}(f)}{\epsilon}$ 的拉普拉斯分布，$\mathrm{GS}(f)$ 为函数 f 的全局敏感度。

- **高斯机制** [143]。对于函数 $f : D \to R$，若要使其满足 (ϵ, δ)-DP，则在函数输出值上加入符合相应分布的高斯噪声：

$$\mathcal{A}(D) = f(D) + \mathcal{N}(\delta^2)$$
$$\mathrm{s.t.} \ \delta^2 = \frac{2\mathrm{GS}(f)^2 \log(1.25/\delta)}{\epsilon^2} \tag{5.10}$$

其中，$\mathcal{N}(\delta^2)$ 表示中心为 0、方差为 δ^2 的高斯分布，$\mathrm{GS}(f)$ 为函数 f 的全局敏感度。高斯机制与拉普拉斯机制除了分布本身不同以外，高斯机制满足的是 (ϵ, δ)-DP，相比拉普拉斯机制更宽松一些。

- **指数机制** [144]。前两种机制通过直接在函数输出值上添加噪声来完成差分隐私，主要应对的是数值型函数。而指数机制应对的是非数值函数，通过概率化输出值来完成差分隐私。例如对于一个查询函数 f，其输出值是一组离散数据 $\{R_1, R_2, \cdots, R_N\}$ 中的元素，指数机制的思想是使 f 的输出值不是确定性的 R_i，而是以一定概率返回的结果。因此会涉及计算概率值的打分函数 $q(D, R_i)$，D 为数据集，$q(D, R_i)$ 为输出结果为 R_i 的分数，若要使机制 $\mathcal{A}$ 满足 ϵ-DP，则有：

$$\mathcal{A}(D) = \mathrm{return}\left(R_i \propto \exp\left(\frac{\epsilon q(D, R_i)}{2\mathrm{GS}(q)} \right) \right) \tag{5.11}$$

其中，$\mathrm{GS}(q)$ 为函数 q 的全局敏感度。对其归一化则可以得到输出值 R_i 的概率：

$$\Pr(R_i) = \frac{\exp\left(\dfrac{\epsilon q(D, R_i)}{2\mathrm{GS}(q)}\right)}{\sum_{j=1}^{N} \exp\left(\dfrac{\epsilon q(D, R_j)}{2\mathrm{GS}(q)}\right)} \tag{5.12}$$

5.2.2 差分隐私在深度学习中的应用

深度学习模型的**过度参数化**使其很容易发生过拟合，在无意中记忆大量训练数据的隐私信息，给成员推理攻击、数据窃取攻击等数据攻击留下可乘之机，给模型在实际场景中的部署应用带来巨大的隐私泄露隐患。差分隐私作为一种具有严格数据证明的隐私保护方法，可有效保护深度学习模型的隐私泄露问题，本节根据差分隐私在深度学习模型上应用位置的不同，从输入层、隐藏层和输出层三个层面展开介绍一些经典的防御算法。

5.2.2.1 输入层：差分隐私预处理训练数据

把差分隐私部署在输入层意味着在差分隐私机制下生成**合成数据**（synthesized data），并用合成数据替换原始数据用于模型训练。为了得到可用的合成数据，一个经典方法是借助生成模型：利用原始数据训练一个生成模型，负责生成与原始数据具有相同统计分布的合成数据。差分隐私机制则通过在生成模型中添加噪声来完成，噪声的添加方法以及隐私预算计算方法——**矩会计**将在隐藏层部分进行详细介绍。

Su 等人[145] 利用 k-均值聚类算法先将原始数据分成 K 个类，然后分别在 K 个类上借助差分隐私机制训练 K 个生成模型，如变分自编码器（VAE），并将 K 个生成模型集成得到最终的生成模型。聚类的目的是将具有相同特征的数据集中在一起，有助于生成模型的训练。之后也有学者利用生成对抗网络（GAN）提出 DP-GAN[146]（框架如图 5.1所示）来生成数据。管理者基于收集到的数据利用差分隐私训练生成模型，最后利用生成模型的合成数据完成分析任务。其中，差分隐私只应用在 GAN 的判别器的训练过程中，差分隐私机制的实施借助于**噪声添加**和**梯度裁剪**两种方法（将在下面进行介绍）。

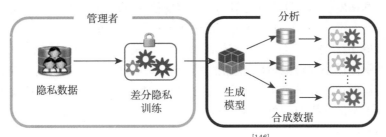

图 5.1 DP-GAN 框架图[146]

5.2.2.2 隐藏层：差分隐私平滑模型参数

深度学习模型的参数携带着训练数据的大量隐私信息，为了防止训练数据隐私信息的泄露，最直接的方法是平滑深度学习模型的参数。然而，模型参数对训练数据的依赖性很难厘清，因此对模型参数在差分隐私机制下添加严格的噪声，会降低模型的可用性。对此，Abadi 等人[147] 提出了差分隐私随机梯度下降（differential private SGD，DP-SGD）算法，将差分隐私嵌入机器学习模型的训练过程中，通过对梯度信息的保护达到对最终模型的保护，其思路如算法 5.1所示。

算法 5.1 DP-SGD 算法[147]

输入：训练数据集 $D = \{\boldsymbol{x}_1, \cdots, \boldsymbol{x}_n\}$，损失函数 $\mathcal{L}(\boldsymbol{\theta}, \boldsymbol{x}_i)$。超参数：学习率 η_t，噪声参数 σ，分组大小 L，梯度约束范数 C

输出：$\boldsymbol{\theta}_T$，同时利用隐私统计方法计算总体的隐私损失 (ϵ, δ)

1: 随机初始化模型 $\boldsymbol{\theta}_0$
2: **for** $t = 1, 2, \cdots, T$ **do**
3:     以概率 L/n 随机选取一组样本 L_t
4:     **梯度计算**：对每一个样本 $\boldsymbol{x}_i \in L_t$，计算 $\boldsymbol{g}_t(\boldsymbol{x}_i) \leftarrow \nabla_{\boldsymbol{\theta}_t} \mathcal{L}(\boldsymbol{\theta}_t, \boldsymbol{x}_i)$
5:     **梯度裁剪**：$\bar{\boldsymbol{g}}_t(\boldsymbol{x}_i) \leftarrow \boldsymbol{g}_t(\boldsymbol{x}_i) / \max\left(1, \dfrac{\|\boldsymbol{g}_t(\boldsymbol{x}_i)\|_2}{C}\right)$
6:     **噪声添加**：$\bar{\boldsymbol{g}}_t \leftarrow \dfrac{1}{L}\left(\sum_{i=1}^{L} \bar{\boldsymbol{g}}_t(\boldsymbol{x}_i) + \mathcal{N}(0, \sigma^2 C^2 \boldsymbol{I})\right)$
7:     **梯度下降**：$\boldsymbol{\theta}_{t+1} \leftarrow \boldsymbol{\theta}_t - \eta_t \bar{\boldsymbol{g}}_t$

DP-SGD 算法以批量梯度下降为基础，通过计算一组数据的平均梯度得到真实梯度的无偏估计。为了区别于传统的批训练，DP-SGD 提出了分组（lot）的概念，每个组含有 L 个数据样本，以概率 L/n 进行独立采样，但是组的大小大于批，一个分组可看作由多批样本组成，组是添加噪声的基本单位。算法 5.1的核心部分为梯度裁剪和噪声添加。除此之外，为保证算法总体满足 (ϵ, δ)-DP，Abadi 等人提出了**矩会计**（moments accountant，MA）算法。接下来将分别介绍这三个核心技术。

- **梯度裁剪**。梯度裁剪经常被用来处理梯度消失或爆炸问题，但在 DP-SGD 算法中它的作用是限制单个样本对模型参数的影响，以确保严格的差分隐私。DP-SGD 对每个样本梯度的 L_2 范数进行裁剪，设定阈值 TH：当 $\|\boldsymbol{g}\|_2 < TH$ 时，保留原始梯度 $\boldsymbol{g}$；当 $\|\boldsymbol{g}\|_2 > TH$ 时，将按一定比例缩小原始梯度。

  选取阈值 TH 时需要权衡两个对立的影响。首先，裁剪会破坏梯度的无偏估计，如果裁剪阈值过小，则裁剪后的梯度会指向与真实梯度完全不同的方向。其次，后续噪声的添加过程也是依据 TH 进行的，因此增加 TH 会使得在梯度中添加过多的噪声，影响最终模型的可用性。因此，一个简单可行的方法是将其设定为未裁剪梯度范数的中值。

- **噪声添加**。DP-SGD 利用高斯噪声机制完成 (ϵ, δ)-DP，噪声添加在一个分组的平均梯度之上：

$$\bar{\boldsymbol{g}}_t \leftarrow \frac{1}{L}\left(\sum_{i=1}^{L} \bar{\boldsymbol{g}}_t(\boldsymbol{x}_i) + \mathcal{N}(0, \sigma^2 C^2 \boldsymbol{I})\right) \tag{5.13}$$

其中，$\mathcal{N}(0, \sigma^2 C^2 \boldsymbol{I})$ 表示均值为 0，且标准差为 $C \cdot \sigma$ 的高斯分布，$\boldsymbol{I}$ 为与梯度维度相同的单位矩阵。对于高斯机制的差分隐私，若设定此处的 σ：

$$\sigma = \frac{\sqrt{2 \log \frac{1.25}{\delta}}}{\epsilon} \tag{5.14}$$

则可以让每一个分组都满足 (ϵ, δ)-DP[143]。

- **矩会计**。DP-SGD 算法的关键是计算训练过程的隐私损失。由差分隐私的合成性质可知：只要能够得到训练过程中每一步的隐私损失，通过累加就可以得到总体隐私损失。深度学习模型在计算隐私损失时需要考虑多层的梯度以及所有与梯度相关联的隐私预算，因此是否可以有效准确地统计隐私成为决定差分隐私机制效果的关键。矩会计是差分隐私机器学习领域最常用也是最优越的隐私损失计算方法之一。矩会计的关键定理见定理 5.1。

定理 5.1　给定采样概率 $q = L/n$，存在常数 c_1、c_2 以及算法迭代次数 T，对于任意的 $\epsilon < c_1 q^2 T$，只要：

$$\sigma \geqslant c_2 \frac{q \sqrt{T \log(1/\delta)}}{\epsilon} \tag{5.15}$$

那么算法 5.1对于任意的 $\delta > 0$ 是满足 (ϵ, δ)-DP 的。

该定理将隐私损失的上界降低到 $(q\epsilon\sqrt{T}, \delta)$，相比于利用基础的高斯噪声，强组合性质有了很大的提升。

5.2.2.3　输出层：差分隐私扰动目标函数

在输出结果上使用差分隐私机制往往会对结果产生较大的负面影响，且适用的算法很有限。因此，在输出层部署差分隐私机制的主要策略是扰动模型的目标函数而非输出结果。

Zhang 等人[148] 在回归问题的**多项式化目标函数**中提出函数机制（functional mechanism），对每一个多项式系数添加拉普拉斯噪声，以达到扰动目标函数的目的。给定数据集 $D = \{t_1, \cdots, t_n\}$，数据样本 $t_i = (\boldsymbol{x}_{i1}, \cdots, \boldsymbol{x}_{id}, y_i)$，回归模型的参数为 $\boldsymbol{w} \in \mathbb{R}^d$，第 j 维的参数可表示为 $\boldsymbol{w}_j$，则回归模型的最优化参数可表示为：

$$\boldsymbol{w}^* = \arg\min_{\boldsymbol{w}} \sum_{i=1}^{n} \mathcal{L}(t_i, \boldsymbol{w}) \tag{5.16}$$

其中，$\mathcal{L}$ 表示损失函数。令 $\phi(\boldsymbol{w})$ 表示 $(\boldsymbol{w}_1, \boldsymbol{w}_2, \cdots, \boldsymbol{w}_d)$ 的乘积，$\phi(\boldsymbol{w}) = \boldsymbol{w}_1^{c_1} \cdot \boldsymbol{w}_2^{c_2} \cdot \cdots \cdot \boldsymbol{w}_d^{c_d}$，$c_1, \cdots, c_d \in \mathbb{N}$。$\boldsymbol{\Phi}_j (j \in \mathbb{N})$ 则表示 $(\boldsymbol{w}_1, \boldsymbol{w}_2, \cdots, \boldsymbol{w}_d)$ 的 j 次方乘积：

$$\boldsymbol{\Phi}_j = \left\{ \boldsymbol{w}_1^{c_1} \cdot \boldsymbol{w}_2^{c_2} \cdot \cdots \cdot \boldsymbol{w}_d^{c_d} \ \middle| \ \sum_{l=1}^{d} c_l = j \right\} \tag{5.17}$$

例如 $\boldsymbol{\Phi}_0 = \{1\}$，$\boldsymbol{\Phi}_1 = \{\boldsymbol{w}_1, \cdots, \boldsymbol{w}_d\}$，$\boldsymbol{\Phi}_2 = \{\boldsymbol{w}_i \cdot \boldsymbol{w}_j \mid i, j \in [1, d]\}$。对于任意连续可微函数 $\mathcal{L}(t_i, \boldsymbol{w})$，根据 Stone-Weierstrass 理论[149] 其可被写成下列多项式形式：

$$\mathcal{L}(t_i, \boldsymbol{w}) = \sum_{j=0}^{J} \sum_{\phi \in \boldsymbol{\Phi}_j} \lambda_{\phi t_i} \phi(\boldsymbol{w}) \tag{5.18}$$

其中，$J \in [0, \infty]$，$\lambda_{\phi t_i} \in \mathbb{R}$ 是多项式系数。类似地，回归模型的损失函数 $\mathcal{L}_D(\boldsymbol{w})$ 也可以被表示为含有 $\boldsymbol{w}_1, \cdots, \boldsymbol{w}_d$ 的多项式形式：

$$\mathcal{L}_D(\boldsymbol{w}) = \sum_{j=0}^{J} \sum_{\phi \in \boldsymbol{\Phi}_j} \lambda_{\phi t_i} \sum_{t_i \in D} \phi(\boldsymbol{w}) \tag{5.19}$$

回归问题的函数机制可通过算法 5.2 实现。

算法 5.2 函数机制

输入： 数据集 D，目标函数 $\mathcal{L}_D(\boldsymbol{w})$，隐私预算 ϵ
输出： 差分隐私扰动后的模型参数 $\bar{\boldsymbol{w}}$

1: 令 $\triangle = 2 \max_t \sum_{j=1}^{J} \sum_{\phi \in \boldsymbol{\Phi}_j} \|\lambda_{\phi t}\|_1$
2: **for** $0 \leqslant j \leqslant J$ **do**
3:    **for** $\phi \in \boldsymbol{\Phi}_j$ **do**
4:       令 $\lambda_\phi = \sum_{t_i \in D} \lambda_{\phi t_i} + \text{Laplace}\left(\dfrac{\triangle}{\epsilon}\right)$
5: 令 $\bar{\mathcal{L}}_D(\boldsymbol{w}) = \sum_{j=1}^{J} \sum_{\phi \in \boldsymbol{\Phi}_j} \lambda_\phi \phi(\boldsymbol{w})$
6: 计算 $\bar{\boldsymbol{w}} = \arg\min_{\boldsymbol{w}} \bar{\mathcal{L}}_D(\boldsymbol{w})$
7: 返回 $\bar{\boldsymbol{w}}$

Phan 等人[150] 通过**泰勒展开**对基于 softmax 归一化层定义的交叉熵损失函数进行多项式化，并利用函数机制提出差分隐私自编码器模型。然后，研究者[151] 又利用**切比雪夫展开**（Chebyshev expansion）将卷积深度信念网络（convolutional deep belief network，CDBN）的非线性目标函数多项式化，并在得到的多项式上添加噪声以实现差分隐私保护。

5.3 联邦学习

5.3.1 联邦学习概述

近年来，随着人工智能技术在各行业的落地应用，人们越来越关注其自身数据的安全和隐私，国家相关机构也出台新的法律来规范个人数据的合规使用。例如，中国于 2017 年开始实施的《中华人民共和国网络安全法》、2021 年发布的《中华人民共和国数据安全法》和《中华人民共和国个人信息保护法》、欧盟于 2018 年开始执行的《通用数据保护条例》

(General Data Protection Regulation，GDPR) 等，都对用户数据的收集和使用做出了严格要求。

传统机器学习将多方数据汇集到一个中心节点，中心节点则负责使用汇集的数据进行模型训练。现实是，不同的机构之间可能出于行业竞争等因素的考虑，不愿意与其他机构共享数据，形成大量的"数据孤岛"（data silos）。此外，如果中心点遭受恶意攻击，则可能会泄露所有参与方的隐私数据。在这样的大背景下，将多方数据汇聚到中心节点统一处理的方式就会变得越来越难以实现。

学术界和工业界都在探索如何在保护各方数据安全的前提下完成**多方协作训练**（multiparty collaborative training）。**联邦学习**（federated learning，FL）在这样的大背景下应运而生，其核心思想就是用模型梯度（或参数）传递代替数据传递，可以保证在数据不出本地的前提下，多方协作完成一个全局模型的训练。谷歌在 2016 年将联邦学习部署于智能手机，用于手机输入法中的下一单词预测，成为联邦学习首个成功应用的典范，为机器学习开启了一种新的范式。

联邦学习的优化目标是使各参与方的平均损失最小，可表示如下：

$$\min_{\boldsymbol{w}} \frac{1}{N} \sum_{i=1}^{N} \mathbb{E}_{(X,Y)} \mathcal{L}(f_{\boldsymbol{w}}(X_i), Y_i) \tag{5.20}$$

其中，N 为参与方的个数，X_i 和 Y_i 表示第 i 个参与方的本地训练样本集和标签集，$\mathcal{L}$ 为损失函数，这里假设各参与方使用相同的模型 $f_{\boldsymbol{w}}$ ⊖。

5.3.1.1 联邦类型

典型联邦学习框架是一种"**参与方–服务器**"结构。参与方利用本地数据更新本地模型，服务器则负责聚合不同参与方的梯度信息并完成对全局模型的更新。服务器端通常由可信第三方机构或者数据体量最大的参与方来担任。参与方上传的梯度信息中仍然包含大量参与方本地数据的隐私信息，可以使用差分隐私和同态加密进行保护。经典联邦学习的架构如图 5.2所示。首先，参与方利用本地数据计算模型梯度，并将梯度信息进行加密后发送至服务器；然后，服务器聚合参与方的加密梯度，并将聚合后的梯度广播至各参与方；最后，参与方对收到的信息进行解密，并利用解密的梯度信息更新模型参数。

在经典联邦框架下，中心服务器的可信性是人们一直讨论的一个话题。有些研究提议使用去中心化的联邦学习来代替经典联邦学习，以摆脱对第三方机构的依赖，提高多方协作训练的可信性与安全性。本节将在有可信第三方中心节点的前提下，介绍经典的（中心化的）联邦学习方法，对去中心化训练框架感兴趣的同学可自行查阅相关文献学习。

联邦学习可分为**横向联邦学习**、**纵向联邦学习**和**迁移联邦学习**。令 I 为数据样本 ID 空间、X 为样本特征空间、Y 为样本标签空间，则一组训练数据集可表示为 (I, X, Y)，参与方 i 的本地数据集为 $D_i = (I_i, \boldsymbol{x}_i, Y_i)$。以表格数据为例，如图 5.3所示，**横向联邦学习**

⊖ 为了与现有工作中的符号使用保持一致，这里使用 $\boldsymbol{w}$ 来表示模型参数。

（horizontal federated learning, HFL），又称特征对齐的联邦学习（feature-aligned federated learning），相当于对全局数据集进行横向切分，不同的参与方拥有相同的特征集但是不同的数据样本。也就是说，横向联邦学习适用于各参与方特征重叠较多，但样本 ID 重叠较少的情况，多方协作的目的是增加训练样本数量。比如不同城市的银行之间通常具有类似的业务（数据特征），但是拥有不同用户（数据样本 ID）。

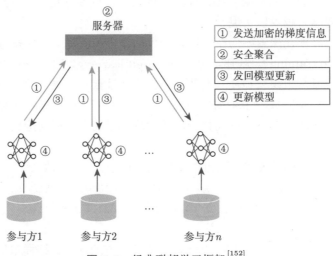

图 **5.2**   经典联邦学习框架[152]

数据样本	特征1	特征2	特征3	……	特征n	标签
样本1						
样本2			参与方A的数据			
样本3						
样本4						
……			参与方B的数据			
样本m						

图 **5.3**   横向联邦学习

与横向联邦学习相对，**纵向联邦学习**（vertical federated learning，VFL），又称样本对齐的联邦学习（sample-aligned federated learning），相当于对全局数据集进行纵向切分。再次以表格数据为例，如图 5.4所示，不同参与方拥有重叠的样本 ID 但是不同的特征集。所以纵向联邦学习适用于各参与方之间数据样本 ID 重叠较多但特征重叠很少的情况，多方协作的目的是增加数据特征。比如同一地区的银行和电商之间拥有相同的用户群体，但是拥有不同的业务和数据特征。

　　在**迁移联邦学习**（transfer federated learning，TFL）下，各参与方之间既缺少共有客户（数据样本 ID），也没有（或者很少有）重叠特征，比如不同城市的银行和电商之间业务特征和用户群体都没有交集。图 5.5展示了基于表格数据的迁移联邦学习各参与方的数据拥有情况。

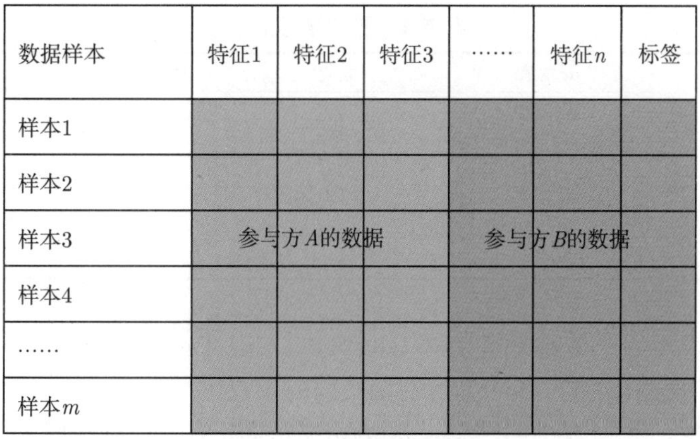

数据样本	特征1	特征2	特征3	……	特征n	标签
样本1						
样本2						
样本3	参与方A的数据			参与方B的数据		
样本4						
……						
样本m						

图 5.4　纵向联邦学习

数据样本	特征1	特征2	特征3	……	特征n	标签
样本1						
样本2	参与方A的数据					
样本3						
样本4				参与方B的数据		
……						
样本m						

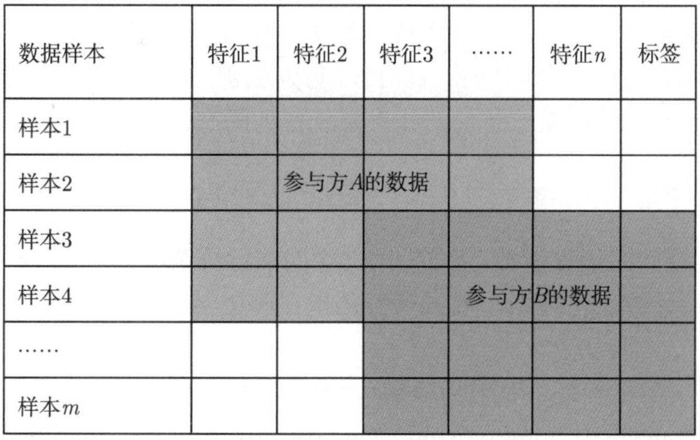

图 5.5　迁移联邦学习

　　从 2016 年提出至今，联邦学习得到了学术界和工业界的广泛关注，先后提出了很多联邦学习的开源框架。表 5.1统计了几个具有代表性的开源框架，包括开发者信息、是否支持横/纵向联邦学习以及支持的加密算法等。

5.3.1.2　同态加密

　　联邦学习机制的提出让各参与方在本地数据不外泄的前提下完成全局模型的训练，然而参与方向外传输的梯度信息仍然可能包含有关训练数据的敏感信息，导致恶意参与方可以通过梯度反推出其他参与方的隐私信息。这可以通过**同态加密**（homomorphic encryption, HE）来有效解决，同态加密通过实现数据的"**可算不可见**"有效保护参与方的梯度信息安全。同态加密是密码学的经典问题，Rivest 等人[153] 于 1978 年首次提出同态加密的概念：数据经过加密之后，对密文进行一定计算，后将密文的计算结果进行解密的过程，等同于直接对明文数据进行对应计算。

表 5.1　联邦学习框架

框架	开发者	纵向	横向	加密算法
FATE	微众银行	✓	✓	同态加密
PySyft	OpenAI	✓	✓	同态加密，秘密共享
TF Federated	Google	×	✓	秘密共享
TF Encrypted	Dropout	✓	✓	同态加密，秘密共享
CrypTen	Facebook	✓	✓	同态加密，秘密共享

同态加密可表示为一个四元组 $H = \{\text{KeyGen}, \text{Enc}, \text{Dec}, \text{Eval}\}$。其中 KeyGen 为密钥生成函数，Enc 为加密函数，Dec 为解密函数，Eval 为评估函数。加密的方式有**对称加密**和**非对称加密**两种。令 M 为明文空间，C 为密文空间，对于**对称加密**来说，首先由密钥生成元 g 和密钥生成函数 KeyGen 生成密钥 $\text{sk} = \text{KeyGen}(g)$，然后使用加密函数 Enc 对明文 M 进行加密 $C = \text{Enc}_{\text{sk}}(M)$，再使用 Dec 对密文 C 进行解密 $M = \text{Dec}_{\text{sk}}(C)$。对于**非对称加密**，使用密钥生成元 g 和密钥生成函数 KeyGen 生成 $(\text{pk}, \text{sk}) = \text{KeyGen}(g)$，其中 pk 为公钥，用于对明文加密 $C = \text{Enc}_{\text{pk}}(M)$，sk 为私钥，用于对密文解密 $M = \text{Dec}_{\text{sk}}(C)$。

以对称加密为例，满足以下条件的加密系统称为**同态**：

$$\forall m_1, m_2 \in M, \text{Enc}_{\text{sk}}(f_M(m_1, m_2)) \leftarrow f_C(\text{Enc}_{\text{sk}}(m_1), \text{Enc}_{\text{sk}}(m_2)), \tag{5.21}$$

其中，f_M 为明文空间的运算函数，f_C 为密文空间的运算函数，$\leftarrow$ 表示右边项等于左边项或者右边项可直接计算出左边项。上式条件是指在密文上运算与直接在明文上运算再加密是等价的。

同态加密又可分为三类：**半同态加密**（partially homomorphic encryption, PHE）、**部分同态加密**（somewhat homomorphic encryption, SWHE）和**全同态加密**（fully homomorphic encryption, FHE）。半同态加密是指只支持加法或乘法中的一种运算，支持加法运算的加密又称为**加法同态加密**（additive homomorphic encryption, AHE），如 RSA、GM[154] 等；部分同态加密可同时支持加法和乘法运算，但支持的运算次数有限，如 BGN[155] 等；全同态加密则可支持任意次数的加法和乘法运算。克雷格·金特里（Gentry Craig）于 2009 年首次实现全同态加密 [156]，轰动了学术界，激发了学者对全同态加密的研究热情，也因此诞生了诸多优秀的全同态加密算法，如 BFV[157]、BGV[158] 等。

5.3.2 横向联邦

如前文所述，横向联邦学习中各参与方的特征重叠而样本不重叠，从全局数据集的角度来看构成了一种横向切分的效果。横向联邦的适用场景非常广泛，除了可以解决同类业务不同地域之间的数据孤岛问题，也可以联合数量庞大的移动设备，如智能手机、智能电器、无人机等，训练一个强大的全局模型。当参与设备为智能手机等算力较弱的设备时，参与方与服务器之间的梯度信息传输代价将高于其计算代价。因此，联邦学习通常不使用随机梯度下降来更新全局模型，而是使用**联邦平均**（FedAvg）[159]，让参与方在本地数据上多进行几次迭代后，再将梯度信息（或模型参数）传输到服务器端进行平均和更新，具体步骤如算法 5.3所示。

算法 5.3 联邦平均（FedAvg）算法

输入： 参与方集合 $C = \{1, 2, \cdots, K\}$，参与方数据 $D = \{D_1, D_2, \cdots, D_K\}$，参与方本地迭代次数 s
输出： 全局模型 w

1: **for** 迭代轮次 $t = 1, 2, \cdots, T$ **do**
2:   **服务器端：**
3:   初始化全局模型 w_0
4:   服务器端在参与方集合 C 中选取 M 个，构成参与当前轮次模型更新的集合 C_t
5:   将模型 w_{t-1} 广播至 C_t 中所有参与方
6:   **for** 参与方 $i \in C_t$ **do**
7:     利用本地数据 D_i 完成模型更新：$w_t^i \leftarrow (D_i, w_{t-1})$（见第 11 行）
8:     将更新后的模型参数 w_t^i 发送给服务器
9:   服务器收到参与方的信息后，对其进行加权平均：$w_t = \sum_i^M \frac{n_i}{N} w_t^i$（$n_i$ 为参与方 i 本地数据的数量，N 为 C_t 中包含的所有参与方本地数据的总量）
10:   服务器判断当前模型 w_t 是否收敛，若收敛，则停止模型训练
11:   **参与方** $(i \in C_t)$：
12:   从服务器端接受当前最新模型 $w_t^i = w_{t-1}$
13:   **for** 迭代次数 $v = 1, 2, \cdots, s$ **do**
14:     将本地数据 D_i 随机划分为批量（batch），每个批量包含 E 个样本
15:     **for** 批量 $p = 1, 2, \cdots, \frac{n_i}{E}$ **do**
16:       计算梯度 g_i^p
17:       更新本地模型参数 $w_t^i \leftarrow w_t^i - \eta g_i^p$
18:   将本地模型 w_t^i 发送至服务器端

FedAvg 算法虽然通过参与方在本地的多次迭代，减少了通信的代价，但是迭代次数过多也会增加参与方节点的算力负担，甚至会使一些算力受限的参与方无法完成训练，同时多次迭代也会使参与方的本地模型偏离全局模型，进而影响全局模型的收敛。导致这一问题的根本原因在于联邦学习中的**异质性**（heterogeneity），包括各参与方之间的**设备异质**、**数据异质**和**模型异质**等。设备异质会使得设备间的通信和计算存在较大差异，导致不同设

备之间更新不同步等问题；数据异质主要是由于不同参与方的个性化使得数据是非独立同分布（non-independently and identically distributed，Non-IID）的；而模型异质是由于计算资源的限制导致不同设备可能会选择不同（量级）的模型来参与运算。

FedProx 算法[160] 则从异质性入手对 FedAvg 做了两点改良。首先，与 FedAvg 在每轮迭代中让各参与方进行相同周期（epoch）的本地训练不同，FedProx 允许参与方根据自身算力进行不同周期的本地训练。其次，FedProx 在参与方的目标函数里增加了近端项（proximal term），以加速全局模型的收敛：

$$\min_{\boldsymbol{w}} \mathcal{L}(f_{\boldsymbol{w}}(X_i), Y_i) + \frac{\mu}{2}\|\boldsymbol{w}_t - \boldsymbol{w}_t^i\|, \ i = 1, \cdots, N \tag{5.22}$$

其中，$\mathcal{L}(f_{\boldsymbol{w}}(X_i), Y_i)$ 为参与方 i 原始的损失函数，$\frac{\mu}{2}\|\boldsymbol{w}_t - \boldsymbol{w}_t^i\|$ 为其增加的近端项，$\boldsymbol{w}_t$ 为 t 时刻的全局模型，$\boldsymbol{w}_t^i$ 为参与方当前求解的本地模型。其他类似的算法，如 SCAFFOLD 算法[161] 和 PFedMe 算法[162] 与 FedProx 的思想一致，但是正则化方式不同，比如 SCAFFOLD 采用全局模型来约束修正参与方本地模型的训练，PFedMe 则结合 Moreau Envelope 光滑化进行近端项的正则化。

经典的联邦学习是联合多个参与方，协同训练出一个全局模型，但是由于数据异质性，一个全局模型很难对每个参与方都适用。对此，Jiang 等人[163] 提出了**个性化联邦学习**（personalized FL，PFL）的概念，采用模型不可知的元学习（model agnostic meta learning，MAML）思路，将 FedAvg 解释为一种元学习算法，除了参与方协同训练的全局模型外，还有各自的个性化模型。具体来说，研究者提出 Personalized FedAvg 算法，先使用 FedAvg 得到初始模型，其中参与方采用较大的迭代周期；然后，对 FedAvg 得到的初始模型进行微调；最后在参与方本地进行个性化操作。其他相关的方法，如 Per-FedAvg[164] 和 FedMeta[165]，也都是在 FedAvg 的框架下利用元学习思想对本地训练和全局更新部分进行调整。

除了元学习，**多任务学习**也成为解决联邦学习个性化的新方法。在相对早期的工作中，研究者将联邦学习的个性化定义为一个多任务问题，将参与方之间的关系定义为惩罚项，进而通过优化惩罚项进行个性化学习。**聚类联邦学习**（clustered FL，CFL）[166] 则进一步结合多任务和聚类思想解决数据异质性所导致的局部最优问题，在训练的过程中将模型参数相近的参与方分为一组，同一组的参与方进行知识共享，以此完成联邦学习的个性化。

更进一步，FedEM 算法[167] 从参与方的数据分布着手，做了两点假设：一是参与方数据为 M 个未知的潜在分布的混合，每个参与方的模型由 M 个子模型集成得到；二是针对混合分布利用期望最大（expectation maximization，EM）算法优化。每个参与方的个性化则通过赋予 M 个子模型不同的权重完成，前期的个性化联邦学习方法，包括聚类[166]、多任务[168] 以及模型插值[169] 等，都可以被理解为该算法的特例。

5.3.3 纵向联邦

在纵向联邦学习中，各参与方拥有的特征不同但是样本 ID 重叠较多，适用于同地域内不同行业之间的协作训练。比如在银行与电商场景下，银行拥有当地用户的经济收支、借贷以及信用等级等信息，电商平台则拥有用户的购买记录，在一定程度上可以反映用户的消费习惯和产品偏好，这两家机构的联合可以训练出特征更全、性能更优的模型，比如理财产品推荐模型。类似的联邦学习还可以发生在更多的行业之间，如医疗、保险、房地产、娱乐、教育等。纵向联邦学习主要包含两个步骤，首先是不同机构之间相同实体的对齐，其次便是利用共同用户实体的数据协同训练模型。本节将展开介绍两个经典的纵向联邦学习算法。

安全线性回归（secure linear regression，SLR）[152] 可以说是最常用、最经典的纵向联邦学习算法，是线性回归算法的联邦化版本，所以也称**联邦线性回归**。安全线性回归之所以 "安全" 是因为它使用同态加密技术保护参与方之间传输信息的安全。

假定有 A、B 两个参与方，其中只有 B 方拥有数据的标签，即 A 方数据为 $\{x_i^A\}_{i=1}^{n_A}$，B 方数据为 $\{x_i^B, y_i\}_{i=1}^{n_B}$，其中 x_i^A、x_i^B 为数据特征，y_i 为数据标签。令 w_A、w_B 为 A、B 双方的模型参数，则安全线性回归的优化目标为：

$$\min_{w_A, w_B} \sum_i \|w_A x_i^A + w_B x_i^B - y_i\|^2 + \frac{\lambda}{2}(\|w_A\|^2 + \|w_B\|^2) \tag{5.23}$$

简化起见，令 $u_i^A = w_A x_i^A$，$u_i^B = w_B x_i^B$，$[[\cdot]]$ 表示加法同态加密，则加密后的目标函数可表示为：

$$[[\mathcal{L}]] = \left[\left[\sum_i \|w_A x_i^A + w_B x_i^B - y_i\|^2 + \frac{\lambda}{2}(\|w_A\|^2 + \|w_B\|^2)\right]\right] \tag{5.24}$$

利用加法同态加密的性质，令 $[[\mathcal{L}_A]] = [[\sum_i (u_i^A)^2 + \frac{\lambda}{2}\|w_A\|^2]]$、$[[\mathcal{L}_B]] = [[\sum_i (u_i^B - y_i)^2 + \frac{\lambda}{2}\|w_B\|^2]]$、$[[s_{AB}]] = 2\sum_i [[u_i^A(u_i^B - y_i)]]$。则式 (5.24) 可表示为：

$$[[\mathcal{L}]] = [[\mathcal{L}_A]] + [[\mathcal{L}_B]] + [[s_{AB}]] \tag{5.25}$$

在使用梯度下降算法进行模型优化时，A、B 双方的梯度分别为：

$$\left[\left[\frac{\partial \mathcal{L}}{\partial w_A}\right]\right] = 2\sum_i [[d_i]]x_i^A + [[\lambda w_A]] \tag{5.26}$$

$$\left[\left[\frac{\partial \mathcal{L}}{\partial w_B}\right]\right] = 2\sum_i [[d_i]]x_i^B + [[\lambda w_B]] \tag{5.27}$$

其中，$[[d_i]] = [[\boldsymbol{u}_i^A]] + [[\boldsymbol{u}_i^B - y_i]]$。可见，$A$、$B$ 双方为了求得准确的梯度，均需要对方的信息。此外，为了防止 A、B 双方通过传输的信息窥探对方的隐私信息，需要借助一个安全可信的第三方来协助完成加密解密工作。这里的第三方可以选择公信力和权威性较高的机构，如政府机构、学术组织等。综上，安全线性回归算法的完整训练步骤如表 5.2 所列。完成模型训练之后的预测阶段，仍需 A、B 双方在第三方的协助下完成，步骤见表 5.3。

表 5.2   安全线性回归算法的训练步骤

	参与方 A	参与方 B	第三方 C
步骤 1	初始化 $\boldsymbol{w}_A$	初始化 $\boldsymbol{w}_B$	创建安全密钥对，并将其发送给参与方 A、B
步骤 2	计算 $[[\boldsymbol{u}_i^A]]$、$\mathcal{L}_A$ 并将其发送给 B	计算 $[[\boldsymbol{u}_i^B]]$、$[[d_i^B]]$ 和 $[[\mathcal{L}]]$，并将 $[[d_i^B]]$ 发送给 A，将 $\mathcal{L}$ 发送给 C	
步骤 3	初始化随机掩码 R_A，计算 $\left[\left[\dfrac{\partial \mathcal{L}}{\partial \boldsymbol{w}_A}\right]\right] + [[R_A]]$，并将其发送给 C	初始化随机掩码 R_B，计算 $\left[\left[\dfrac{\partial \mathcal{L}}{\partial \boldsymbol{w}_B}\right]\right] + [[R_B]]$，并将其发送给 C	解密 $[[\mathcal{L}]]$、$\left[\left[\dfrac{\partial \mathcal{L}}{\partial \boldsymbol{w}_A}\right]\right] + [[R_A]]$ 和 $\left[\left[\dfrac{\partial \mathcal{L}}{\partial \boldsymbol{w}_B}\right]\right] + [[R_B]]$，并将 $\dfrac{\partial \mathcal{L}}{\partial \boldsymbol{w}_A} + R_A$ 发送给 A，将 $\dfrac{\partial \mathcal{L}}{\partial \boldsymbol{w}_B} + R_B$ 发送给 B
步骤 4	更新 $\boldsymbol{w}_A$	更新 $\boldsymbol{w}_B$	
收获	$\boldsymbol{w}_A$	$\boldsymbol{w}_B$	

表 5.3   安全线性回归算法的预测步骤

	参与方 A	参与方 B	第三方 C
步骤 1	计算 $\boldsymbol{u}_i^A$ 并将其发送给 C	计算 $\boldsymbol{u}_i^B$ 并将其发送给 C	将用户 ID i 分别发送给 A、B，并计算 $\boldsymbol{u}_i^A + \boldsymbol{u}_i^B$

安全提升（SecureBoost）树[170] 是第二个常用且经典的纵向联邦学习算法。安全提升树是 XGBoost 的联邦化版本，本节先介绍 XGBoost 算法，再介绍如何将其联邦化得到安全提升树。

给定一个拥有 n 个样本和 d 个特征的数据集 $X \subset \mathbb{R}^{n \times d}$，XGBoost 算法通过集成 K 个回归树 f_k 完成预测任务：

$$\hat{y} = \sum_{k=1}^{K} f_k(\boldsymbol{x}_i), \ \forall \boldsymbol{x}_i \in X \tag{5.28}$$

XGBoost 通过迭代寻找一组回归树，使得集成后的预测标签与真实标签之间的距离最小。不失一般性，XGBoost 第 t 轮的优化目标可定义为：

$$\mathcal{L}^{(t)} \triangleq \sum_{i=1}^{n} \left[\mathcal{L}\left(\hat{y}_i^{(t-1)} + g_i f_t(\boldsymbol{x}_i), y_i\right) + \frac{1}{2} h_i f_t^2(\boldsymbol{x}_i) \right] + \Omega(f_t) \tag{5.29}$$

其中，$\Omega(f_t) = \gamma T + \dfrac{1}{2}\lambda\|\boldsymbol{w}\|^2$ 用于计算树的复杂度，$g_i = \partial_{\hat{y}^{(t-1)}}\mathcal{L}(\hat{y}^{(t-1)}, y_i)$ 和 $h_i = \partial_{\hat{y}^{(t-1)}}^2 \mathcal{L}(\hat{y}^{(t-1)}, y_i)$。

在第 t 次迭代中，回归树的构建都是从深度为 0 开始，然后在每个节点分割，直到达到最大深度为止。节点的最佳分割可使用下式进行计算：

$$s_{\text{split}} = \frac{1}{2} \left[\frac{(\sum_{i \in I_L} g_i)^2}{\sum_{i \in I_L} h_i + \lambda} + \frac{(\sum_{i \in I_R} g_i)^2}{\sum_{i \in I_R} h_i + \lambda} - \frac{(\sum_{i \in I} g_i)^2}{\sum_{i \in I} h_i + \lambda} \right] - \gamma \tag{5.30}$$

其中，I_L、I_R 分别代表分割后左、右子节点的样本空间。在得到最佳分割点后，便要决定叶节点 j 的最佳权重，计算公式为：

$$w_j^* = -\frac{\sum_{i \in I_j} g_i}{\sum_{i \in I_j} h_i + \lambda} \tag{5.31}$$

其中，I_j 为叶节点 j 的样本空间。

上述内容是 XGBoost 算法的关键信息，但传统 XGBoost 是将所有数据收集在一起进行模型训练的，而安全提升树要解决的问题就是如何在让用户的数据都保留在本地的前提下，完成模型的协同训练。安全提升树将用户分为两类，一类是**主动方**（active party），其同时拥有数据特征和标签，可担当服务器节点；另一类是**被动方**（passive party），其只拥有数据特征。由式 (5.30) 和式 (5.31) 可知，回归树的最佳分割点和最佳权重值均依赖于 g_i 和 h_i。但是如果参与方直接交换 g_i 和 h_i 则会泄露隐私信息，因为 g_i 和 h_i 的计算都依赖于样本的标签信息，被动方可基于导数以及第 $t-1$ 轮的预测标签 $\hat{y}_i^{(t-1)}$ 反推出原始标签信息 y_i。因此双方在传递之前，对其进行同态加密保护。

然而，被动方无法在信息加密的情况下计算式 (5.30)，因此分割点的评估将由主动方执行。在计算最佳分割点之前，首先被动方使用算法 5.4 聚合加密梯度信息，并将其发送给主动方，然后主动方根据收到的信息计算全局最优分割点，如算法 5.5 所示，使用 [参与方 ID（i_{opt}），特性 ID（k_{opt}），阈值 ID（v_{opt}）] 表示最佳分割。

模型训练完成后便是对新样本的预测，因为样本的真实标签只存在于主动方，因此对新样本的预测也将在主动方的主导下完成。

算法 5.4 聚合梯度统计值[170]

输入： I：当前节点的样本空间。d：特征维度。$\{[[g_i]], [[h_i]]\}_{i \in I}$

输出： $G \in \mathbb{R}^{d \times l}$；$H \in \mathbb{R}^{d \times l}$

1: **for** $k = 0 \rightarrow d$ **do**
2:     通过 k 的百分位得到：$S_k = \{s_{k1}, s_{k2}, \cdots, s_{kl}\}$
3: **for** $k = 0 \rightarrow d$ **do**
4:     $G_{kv} = \sum_{i \in \{i | s_{k,v} \geqslant x_{i,k} > s_{k,v-1}\}} [[g_i]]$
5:     $H_{kv} = \sum_{i \in \{i | s_{k,v} \geqslant x_{i,k} > s_{k,v-1}\}} [[h_i]]$

算法 5.5 寻找最佳分割[170]

输入： I：当前节点的样本空间。$\left\{G^i, H^i\right\}_{i=1}^m$，从 m 个参与方得到的加密聚合梯度信息

输出： 根据选中特征的阈值完成当前节点的分割

1: **主动方执行：**

2:    $g \leftarrow \sum_{i \in I} g_i, \ h \leftarrow \sum_{i \in I} h_i$

3:    //遍历所有参与方

4:    **for** $i = 0 \to m$ **do**

5:      //遍历参与方 i 的所有特征

6:      **for** $k = 0 \to d_i$ **do**

7:        $g_l \leftarrow 0, \ h_l \leftarrow 0$

8:        //遍历所有的阈值

9:        **for** $v = 0 \to l_k$ **do**

10:          得到解密值 $D(G_{k,v}^i)$ 和 $D(H_{k,v}^i)$

11:          $g_l \leftarrow g_l + D(G_{k,v}^i), \ h_l \leftarrow h_l + D(H_{k,v}^i)$

12:          $g_r \leftarrow g - g_l, \ h_r \leftarrow h - h_l$

13:          $\text{score} \leftarrow \max\left\{\text{score}, \dfrac{g_l^2}{h_l + \lambda} + \dfrac{g_r^2}{h_r + \lambda} - \dfrac{g^2}{h + \lambda}\right\}$

14: 得到最大 score 时，给相应的被动方 i_{opt} 返回 k_{opt} 和 v_{opt}

15: **被动方 i_{opt} 执行：**

16: 根据 k_{opt} 和 v_{opt} 确定选中特征的阈值，并分割当前样本空间

17: 在查找表中记录选中特征的阈值并将记录 ID 和 I_L 返回给主动方

18: **主动方执行：**

19: 根据 I_L 对当前节点进行分割，并将其与 [参与方 ID, 记录 ID] 进行关联

5.3.4 隐私与安全

联邦学习在参与方不分享本地数据的前提下完成对全局模型的联合训练，这有效保护了参与方的数据隐私。然而，联邦学习也面临新的隐私和安全问题，例如在参与方–服务器架构中，**恶意服务器**可能会利用参与方上传的梯度信息反推其隐私信息，或者在训练过程中篡改相关信息；**恶意参与方**可能会窥探其他参与方的隐私信息，或者通过向服务器发送恶意梯度信息破坏全局模型。本节将介绍联邦学习所面临的两大主要安全隐患（隐私攻击和投毒攻击）以及防御措施。

5.3.4.1 隐私攻击与防御

梯度信息是联邦学习过程中所交换的一类主要信息，梯度虽然不等同于原始数据，但是依然会泄露参与方的部分信息。而至于梯度到底会泄露多少隐私信息，目前并未有确切的结论。在联邦学习中，虽然梯度是在参与方的本地数据上计算得到的，但是全局模型的训练可以看作对所有参与方数据的高度统计。对深度学习模型来说，特定层的梯度是由前层传递的特征和后层传递的误差计算得到的，因此梯度信息可以被用来反推众多的隐私信息，比如某类别的典型样本以及训练数据的成员和属性等，更甚至是用来逆向出原始训练数据。此外，大部分

针对传统机器学习的攻击方法也适用于联邦学习，例如对抗攻击可以直接攻击全局模型，进而攻击所有参与方；后门攻击可以通过攻击单个本地模型来间接攻击全局模型；成员推理攻击既可以攻击单个模型（基于其上传的梯度），也可以攻击全局模型。

隐私攻击主要是推理类型的攻击，可分为四种，分别推理典型样本、成员、属性和训练数据。针对单个机器学习模型的隐私攻击请参阅 4.2 节，这里主要介绍对联邦学习的攻击。

- **典型样本推理。**Hitaj 等人[171] 设计了首个针对联邦学习的隐私攻击方法，该方法使用生成对抗网络推理其他参与方的典型样本（prototypical sample）信息。假设受害者拥有的数据标签为 $[a, b]$，攻击者拥有的数据标签为 $[b, c]$，攻击者的目标是在联邦学习过程中本地训练一个生成对抗网络来生成类别 $[a]$ 的样本。由于全局模型是共享的，所以攻击者可以知道所有的类别，并且可以使用全局模型作为生成对抗网络的判别器。在每轮训练中，攻击者利用具有类别 $[a]$ 的判别器，训练生成器生成 $[a]$ 类别的样本，并将生成的样本标记成 $[c]$ 类别进行本地训练。此时，由于类别 $[a]$ 的生成数据被标记成了类别 $[c]$，所以受害者会在下一轮的本地训练中，不知不觉地增强对 $[a]$ 类别样本的学习和修正，导致泄露更多关于 $[a]$ 类别的样本信息。攻击者以此迭代，可以训练一个生成器生成类别 $[a]$ 的典型样本（跟原始样本不完全相同但是来自于同一分布）。

- **成员推理。**针对联邦学习的成员推理攻击旨在推理某个样本是否出现在其他参与方的训练数据集中，可分为主动推理和被动推理两类。被动推理攻击只观察全局模型的参数信息但不改变联邦学习的训练协议，而主动推理攻击可篡改训练过程中上传的梯度信息以构造更强大的攻击[66,172]。深度学习模型在非数字数据（比如文本）上进行训练时，其输入空间往往是离散且稀疏的，这时候需要先用嵌入层（embedding layer）将输入变成一个低维向量表示。在自然语言处理模型中，嵌入层的梯度往往是稀疏的（出现某个单词的地方不为零，其他地方都为零），所以被动推理攻击者可以根据嵌入层的梯度信息反推出哪些单词在当前的训练数据集中[66]。主动推理攻击的代表方法是**梯度上升**（gradient ascent）[172]，攻击者将目标数据所产生的梯度增大，如果目标数据在其他参与方的训练集中，则在后续的训练过程中该部分的梯度会得到大幅减小，否则下降幅度比较温和，以此完成成员推理攻击。

- **属性推理。**属性推理也可分为主动和被动两种方式[66]。被动属性推理往往先借助辅助数据（auxiliary data），基于当前的模型快照（snapshot）在辅助数据上生成含有目标属性的模型更新和不含目标属性的模型更新。如此得到的两类模型更新便组成了一个二分类数据集，可以用来训练一个二分类器。在联邦学习过程中，攻击者可以使用训练的二分类器，根据全局模型的更新判断是否存在对应的属性。主动属性推理则是借助多任务学习（multi-task learning），将目标属性的识别任务和主任务进行结合训练出一个增强分类器。训练所使用的损失函数可定义为：

$$\mathcal{L}_{\mathrm{mt}} = \alpha \cdot \mathcal{L}(\boldsymbol{x}, y, \boldsymbol{w}) + (1 - \alpha) \cdot \mathcal{L}(\boldsymbol{x}, p, \boldsymbol{w}) \tag{5.32}$$

其中，y 为主任务标签，p 为属性任务标签，w 为模型参数。主动属性推理和被动属性推理的主要区别在于主动推理进行了额外的计算，而且额外计算的结果参与到了全局模型的训练过程之中。

- **训练数据推理**。Zhu 等人[89] 提出**深度梯度泄露**（deep leakage from gradients，DLG）攻击，揭示协作学习过程中梯度的交换会泄露训练数据的问题，严重时甚至可以在像素级别（pixel-wise）和词元级别（token-wise）还原原始训练图像或文本。深度梯度泄露攻击首先随机生成一份与真实样本大小一致的**虚拟样本**和**虚拟标签**，并初始化一个机器学习模型，然后利用虚拟样本和虚拟标签计算**虚拟梯度**，通过优化虚拟梯度与真实梯度之间的距离，让虚拟输入逼近真实输入。其优化目标函数为：

$$\boldsymbol{x}^*, y^* = \arg\min_{\boldsymbol{x}', y'} \|\nabla_{\boldsymbol{w}'}\mathcal{L}(\boldsymbol{x}', y', \boldsymbol{w}') - \nabla_{\boldsymbol{w}}\mathcal{L}(\boldsymbol{x}, y, \boldsymbol{w})\|_2^2 \tag{5.33}$$

其中，$\boldsymbol{x}'$ 和 y' 分别为虚拟样本和虚拟标签，$\boldsymbol{w}$ 为攻击者训练的模型参数，$\nabla_{\boldsymbol{w}'}\mathcal{L}$ 和 $\nabla_{\boldsymbol{w}}\mathcal{L}$ 分别为虚拟梯度和真实梯度。

隐私防御方法主要有三种。首先是**同态加密**，各参与方在上传梯度前先对其进行加密，上传密文而不是明文。同态加密的基本概念在 5.3.1.2 节中已介绍，这里不再赘述。虽然同态加密可以很好地保护梯度安全，但是会增加计算和存储负担，对算力较小的参与方并不适用。其次是**多方安全计算**（secure multiparty computation，SMC）[173]，它可以在不依赖可信第三方的情况下，让多个参与方不透露隐私信息且合作计算任意函数。多方安全计算的协议都涉及一些基本的构造块，如**不经意传输**（oblivious transfer，OT）、**零知识证明**（zero-knowledge proof，ZKP）、**混淆电路**（garbled circuit，GC）⊖等，这些构造块为多方安全计算的理论和实践奠定了基础。**安全机器学习**（secure machine learning）将多方安全计算引入机器学习，保护其训练过程的隐私，为多种模型，如线性回归、逻辑回归和神经网络等，设计了安全协议。但是多方安全计算往往以高算力和高通信开销为代价来换取隐私保护，成为其实际应用的主要障碍。最后是**差分隐私**，其通过向原始数据或者模型参数中添加随机噪声来保护数据隐私，相关概念也已在 5.2 节中介绍，这里不再赘述。

5.3.4.2   投毒攻击与防御

在隐私攻击中，攻击者意在窥探其他参与者的隐私数据，而投毒攻击的目的是降低全局模型的性能、鲁棒性或者操纵全局模型。针对联邦学习的投毒攻击大致可以分为两类，一是**无目标攻击**，二是**有目标攻击**。需要注意的是，针对联邦学习的投毒攻击是一个很热门的研究课题，新型威胁模型和攻击算法层出不穷。

无目标攻击。无目标攻击的目的是破坏全局模型的完整性，使全局模型无法收敛。**拜占庭攻击**（Byzantine attack）就是无目标攻击的一种。在联邦学习中，一个诚实的参与方 i 向服务器传输的更新信息为 $\Delta\boldsymbol{w}_i = \nabla_{\boldsymbol{w}_i}\mathcal{L}(f_i(\boldsymbol{x}), y)$，而拜占庭参与方可以根据自己的意

⊖   又称姚氏电路（Yao's GC），是由姚期智教授于 1986 年针对百万富翁问题提出的解决方案。

图向服务器发送任何恶意信息，比如下式定义的"任意"梯度：

$$\Delta \boldsymbol{w}_i = \begin{cases} \nabla_{\boldsymbol{w}_i} \mathcal{L}(f_i(\boldsymbol{x}), y), & i\text{为诚实参与方} \\ *, & i\text{为拜占庭参与方} \end{cases} \tag{5.34}$$

其中，$*$ 为任意值，f_i 为参与方 i 的本地模型，$\boldsymbol{w}_i \in \mathbb{R}^m$ 为 f_i 的参数。

研究表明，即使只有一个参与方发动拜占庭攻击，全局模型也会被轻易地控制[174]。假如联邦学习系统中有 n 个参与方，其中前 $n-1$ 个为诚实参与方，第 n 个为拜占庭参与方，服务器聚合参与方的更新梯度为 $\Delta \boldsymbol{w}' = \sum_{i=1}^{n} \Delta \boldsymbol{w}_i$。若拜占庭参与方的攻击目标是使服务器聚合后的梯度为 $\boldsymbol{u}$，则其向服务器传输的梯度可设置为 $\Delta \boldsymbol{w}_n = n\boldsymbol{u} - \sum_{i=1}^{n-1} \Delta \boldsymbol{w}_i$。其他拜占庭攻击的方式还有：（1）**高斯噪声攻击**，$\Delta \boldsymbol{w}_i = \Delta \boldsymbol{w}_i + \mathcal{N}(0, \sigma^2)$，$\mathcal{N}(0, \sigma^2)$ 为高斯分布；（2）**相同值攻击**，$\Delta \boldsymbol{w}_i = c\boldsymbol{1}$，$\boldsymbol{1}$ 为全 1 矩阵；（3）**符号反转攻击**，$\Delta \boldsymbol{w}_i = c\boldsymbol{w}_i$（$c < 0$）。

防御无目标攻击。针对拜占庭攻击的防御目前主要是从**容错性**（fault tolerance）的角度考虑，提升服务器端梯度聚合算法的鲁棒性。以经典的鲁棒聚合算法**Krum**[174]为例，其出发点是计算单个参与方梯度与其他参与方梯度的距离和，将距离和较远的参与方判定为潜在的拜占庭攻击者，在服务器梯度聚合时将其剔除，不纳入计算。假设联邦学习系统中有 n 个参与方，在第 t 轮迭代的梯度更新为 $\{\Delta \boldsymbol{w}_1^t, \Delta \boldsymbol{w}_2^t, \cdots, \Delta \boldsymbol{w}_n^t\}$，假设其中 b 个为拜占庭参与方的梯度。服务器在收到参与方的梯度信息后，计算 $\boldsymbol{w}_i^t$ 的 $n-b-2$ 近邻集合 C_i，并利用它们之间的距离计算一个分数：

$$\text{score}(\boldsymbol{w}_i^t) = \sum_{\boldsymbol{w} \in C_i} \|\Delta \boldsymbol{w}_i^t - \boldsymbol{w}\| \tag{5.35}$$

最后服务器利用得分最低的梯度信息 $\boldsymbol{w}_{\text{Krum}} = \boldsymbol{w}_i^t$ 更新全局模型 $\boldsymbol{w}^{t+1} = \boldsymbol{w}^t + \boldsymbol{w}_{\text{Krum}}$。理论上，Krum 最多可以防御的拜占庭攻击者的个数 b 是有限制的，即 $n > 2b + 3$。

巧妙地利用均值、中位数等统计知识来代替个别参与方的异常梯度也是防御拜占庭攻击的重要方法。Yin 等人[175]提出**坐标中值**（coordinate-wise median）和**坐标截尾均值**（coordinate-wise trimmed mean）聚合方法，使用参与方上传梯度的中位数或截尾均值来完成鲁棒聚合。已知 $\Delta \boldsymbol{w}_i \in \mathbb{R}^m$，则坐标中值聚合的梯度为：

$$\boldsymbol{g} := \text{median}(\{\Delta \boldsymbol{w}_i : i \in [n]\}) \tag{5.36}$$

它的第 k 维计算公式为 $g_k = \text{median}(\{\Delta w_i^k : i \in [n]\})$，其中 Δw_i^k 为 $\Delta \boldsymbol{w}_i$ 的第 k 维信息。使用坐标截尾均值聚合的梯度为：

$$\boldsymbol{g} := \text{trmean}_{\beta}(\{\Delta \boldsymbol{w}_i : i \in [n]\}), \ \beta \in \left[0, \frac{1}{2}\right] \tag{5.37}$$

第 k 维计算公式为 $g_k = \dfrac{1}{1-2\beta} n \sum_{\boldsymbol{w} \in U_k} \boldsymbol{w}$，其中 U_k 是由集合 $\{\Delta w_1^k, \cdots, \Delta w_n^k\}$ 去掉最大最小的 β 部分而得到的。类似的方法还有 Bulyan[176]、RFA[177] 和 AUROR[178] 等。

有目标攻击。在有目标攻击中，攻击者的目的不再是破坏模型的完整性，而是在测试阶段控制全局模型，使其将特定样本预测为指定的类别，例如将垃圾邮件预测为非垃圾邮件。有目标攻击的难度通常要高于无目标攻击，其攻击策略主要有两大类：一类是**标签翻转**（label flipping）[36]，攻击者将一类样本的标签类别改为其他类别；另一类则是**后门攻击**[179]，攻击者修改原始样本的个别特征或者较小的区域以达到攻击的目的。标签翻转的实施较为简单，但是隐蔽性差，因为其很容易在验证集上检测出来，相比之下后门攻击更加隐蔽，因为它只是向模型中注入额外的触发器但不影响模型的常规性能。目前，针对联邦学习的有目标攻击大多通过后门攻击来完成，而且针对传统单机器学习模型设计的大量后门攻击可以快速迁移到联邦学习中来。后门攻击的实施又分为两种情况：一是攻击者可以改变样本的标签（也就是结合了标签翻转攻击）[180]，二是攻击者不改变标签信息（即干净标签攻击）[43]，这样的攻击也更隐蔽。实际上，联邦学习更易受后门攻击，因为其联合训练的范式很容易将某个参与方的后门传染到全局模型，继而影响所有的参与方。这些攻击将会在第8 章进行详细的介绍。

防御有目标攻击。传统机器学习范式下的后门防御策略，如后门检测和后门移除等，将在第 9 章进行介绍，这里不再赘述。在联邦学习方面，Sun 等人[181] 提出使用范数约束（norm thresholding）来防御后门攻击。因为攻击者上传的梯度可能具有较大的范数，所以服务器可以将范数超过一定阈值 M 的梯度视为潜在的后门攻击。对此，范数约束通过下列方式完成鲁棒梯度聚合：

$$W_{t+1} = \sum_{k \in S_t} \frac{\Delta \boldsymbol{w}_{t+1}^k}{\max(1, \|\Delta \boldsymbol{w}_{t+1}^k\|_2 / M)} \tag{5.38}$$

其中，W_{t+1} 为第 $t+1$ 轮迭代中服务器端聚合的参与方梯度，S_t 为参与此次更新的参与方集合。该方法可以确保每个参与方的梯度更新都比较小，从而最大限度地减少其对全局模型的影响。当然，一旦攻击者知道服务器端所设定的阈值 M，那么其可以将攻击梯度的范数限制在阈值之内，让基于范数的防御失效。此外，还可以通过权重剪枝[182] 和参数平滑[183] 的方法来防御联邦学习中的后门攻击。

我们将现有防御方法在表 5.4 中进行了一定的总结，对这些方法进行了属性概括，包括使用的核心技术、是否适用于独立同分布（IID）和非独立同分布（Non-IID）数据、可防御的最大攻击者数量（即断点），以及是否可以防御有目标攻击和无目标攻击。

表 5.4   投毒攻击防御方法[184]

防御方法	核心技术	IID 数据	非 IID 数据	断点	有目标攻击	无目标攻击
AUROR[178]	聚类	✓	✗	NA	✗	✓
Krum/Multi-Krum[174]	欧氏距离	✓	✗	$\frac{n-2}{2n}$	✗	✓
Coordinate-wise Median[175]	坐标中值	✓	✗	1/2	✗	✓
Bulyan[176]	坐标截尾中值	✓	✗	$\frac{n-3}{4n}$	✗	✓

（续）

防御方法	核心技术	IID 数据	非 IID 数据	断点	有目标攻击	无目标攻击
RFA[177]	几何中值	✓	×	NA	×	✓
FoolsGold[185]	贡献相似度	✓	✓	NA	✓	×
Sun[181]	范数约束	✓	✓	NA	✓	✓
Wu[182]	权重剪枝	✓	✓	NA	✓	×
CRFL[183]	参数裁剪和平滑	✓	✓	NA	✓	×
DeepSight[186]	异常梯度检测	✓	✓	NA	✓	×

5.4 篡改与深伪检测

媒体数据的篡改与检测正如矛与盾，二者在相互对抗的同时也在相互促进发展。4.4 节中我们介绍了媒体内容的篡改技术，本节将介绍与其对应的防御手段——篡改检测。篡改检测可以从特征、语义等维度判断媒体数据是否被篡改过。根据被检测的媒体内容不同，检测方法主要可以分为两类：**普通篡改检测**和**深度伪造检测**。普通篡改检测主要是指检测图像中的普通物体是否被篡改，深度伪造检测则只关心图像中的**人脸部分**是否被篡改。很多检测方法将这类任务看作一种二分类任务，根据输入的图像或视频给出一个 0 或 1 的检测结果，代表输入内容是真实的或伪造的，当然也有一些方法可以输出一个二进制的掩码（mask）来对篡改区域进行定位。

5.4.1 普通篡改检测

尽管篡改方式十分多样，但现有的普通篡改检测方法主要关注这三种：**拼接**（splice）、**复制–移动**（copy-move）和**消除**（removal）。拼接和复制–移动都是在目标图像上添加内容，区别在于拼接的内容往往来源于不同的图像，复制–移动则是在目标图像中取材。消除是指将图像的某一个区域移除，然后利用背景信息进行填充。用于普通篡改检测的数据集除了提供二进制标签以外，往往还提供表示篡改区域的掩码。

早期的普通篡改检测方法可以分为两种。一种是利用相机成像过程中引入的像素间的相关性来进行分析，图像篡改往往会破坏这些相关性。例如，**横向色差**（lateral chromatic aberration，LCA）是由于不同波长的光在镜头玻璃中的折射角度不同而在相机传感器上产生的颜色条纹，通过分析这些特征可以判断图像是否被篡改，但横向色差可以被后期算法消除，可能使相应的检测方法失效。相机成像过程中的**去马赛克算法**将相机传感器输出的不完整颜色图像补全为完整的彩色图像，同样使同一区域内的像素具有了相关性。当相机使用 JPEG 有损压缩格式来保存图像时，会在图像上留下压缩痕迹，当图像被篡改时也会破坏这些痕迹的完整性，从而可以用来检测篡改。

另一种是利用图像（及其所含噪声）的**频域特征**或**统计特征**进行检测，比较有代表性的是**光响应非均匀性**（photo response non-uniformity，PRNU）噪声。光响应非均匀性噪声可以视为相机传感器的指纹，Lukáš 等人[187]提出可以通过比较相机传感器 PRNU 和待检测图像的 PRNU 之间的差异来检测图像篡改。Wang 等人[188] 利用离散余弦变换（discrete cosine transform，DCT）系数的概率分布来分析图像中的篡改痕迹。Fridrich 等人[189] 提出利用图像中自然存在的噪声特征来检测篡改痕迹。Pan 等人[190] 利用局部区域的噪声方差来分析图像的篡改痕迹。这种利用噪声分布来检测异常区域的思想后续也被应用到图像修复检测[191] 和深度伪造检测。

后来的检测方法大多基于深度学习模型（比如卷积神经网络）进行，得到的检测精度和鲁棒性往往要比上述传统检测方法更优。比如，Chen 等人[192] 将**中值滤波器**与卷积神经网络结合，先对图像进行中值滤波处理，再送入卷积神经网络，以此来提升图像篡改检测的精度。**RGB-N**（RGB features for region proposal Network）[193] 检测方法则是从网络结构入手，提出了一种基于 Faster R-CNN 的双流网络（two-steam network）来精准定位篡改区域：**RGB 数据流**和噪声流。具体地，RGB-N 通过**RGB 数据流**从 RGB 图像中提取图像特征，帮助发现差异对比强烈与不自然的篡改边界；通过**噪声流**从模型过滤器层中提取噪声特征，帮助识别真实区域和被篡改区域之间的噪声不一致性；最后，通过**双线性汇集层**将两个数据流的特征融合在一起，并进一步结合空间特征进行篡改区域的定位。实验表明，这种双流结构相比基于单流的检测在精度方面有较大提升。

Hu 等人[194] 在 2020 年提出了**空间金字塔注意力网络**（spatial pyramid attention network，SPAN），其利用堆叠的卷积层来提取图像特征，然后利用金字塔结构的**局部自注意力块**来模拟多个尺度上的图像块（patch）之间的关系，从而发现不同尺度图像块之间的不一致性，定位到被篡改的图像块。2021 年，Liu 等人[195] 提出了**PSCC-Net**（progressive spatio-channel correlation network），其使用一个自上而下的路径来提取局部和全局特征，同时使用一个自下而上的路径来检测输入图像是否被篡改，并定位篡改区域。它在四种不同尺度上估计**篡改掩码**（manipulation mask），其中每个掩码以前一个掩码作为条件。与传统的编码器–解码器和无池结构不同，PSCC-Net 充分利用不同尺度的特征和密集的交叉联系，以从粗粒度到细粒度的方式产生篡改掩码。此外，PSCC-Net 使用一个**空间–通道相关模块**（spatio-channel correlation module，SCCM）在自下而上的路径中捕捉空间和通道的相关性，从而获取更多全局线索，应对更广泛的篡改手段。此外，在篡改定位方面，如何摒弃耗时的预处理和后处理操作，实现端到端的训练也是一个挑战。对此，**Mantra-Net**[196] 将定位篡改区域的问题表述为一个局部异常检测问题，设计 Z-score 特征来捕捉局部异常，提出一个新的**长短期记忆**（long short-term memory）模块，并结合自监督训练来检测和定位篡改区域。ManTra-Net 是一个端到端的纯卷积网络，可以检测任何大小的图像，灵活应对多达 385 种不同的图像篡改类型。

5.4.2　深度伪造检测

与普通篡改相比，被篡改了人脸的媒体内容更容易传播，更容易对现实社会产生影响，所以亟须能够高效应对人脸深度伪造的检测方法。现有深度伪造检测技术（主要是视觉方面）可以简单分为**图像检测**与**视频检测**。更详细的分类如图 5.6所示。

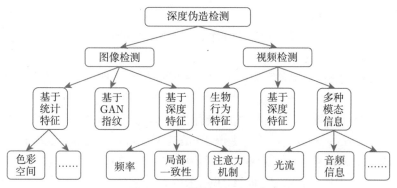

图 5.6　深伪检测方法分类

5.4.2.1　图像检测

基于统计特征的检测。对深度伪造图像的检测方法通常会先将要检测的人脸提取出来，然后把提取出来的人脸图像作为检测输入，输出一个二分类结果表示人脸是真实的还是伪造的。一种被广泛应用的检测方法是基于色彩空间特征的检测，因为色彩空间特征具有很好的鲁棒性，尤其是 HSV 和 YCbCr 色彩空间，它们在伪造图像和真实图像之间往往存在很大差别。比如，Li 等人[197] 就介绍了一种基于色彩统计特征的方法；He 等人[198] 进一步将其扩展到了多个色彩空间（YCbCr、HSV 和 Lab），然后将这些空间特征拼接起来并使用随机森林模型进行一种集成检测，获得最终的检测结果。此外，由于深度神经网络很难复制原始图像中的高频细节，因此 Bai 等人[199] 提出使用频域中的统计、梯度等特征来进行深度伪造检测。

基于 GAN 指纹的检测。随着生成对抗网络（GAN）的快速发展，基于 GAN 的深度伪造方法层出不穷，给深伪检测带来新的挑战。研究发现，GAN 会在伪造图像上面留下一些"指纹"痕迹，所以可以通过寻找这些痕迹来检测由 GAN 伪造的图像。比如，Guarnera 等人[200] 使用**期望最大化**（expectation maximization）算法提取局部特征来对卷积痕迹进行建模，将提取的特征输入一个分类器中来完成伪造检测。但这种方法只在一个单一的尺度上捕获 GAN 指纹，所以检测的鲁棒性并不是很好。为了更好地解决这个问题，Ding 等人[201] 选择采用**分层贝叶斯方法**（hierarchical Bayesian approach），在多个尺度上对 GAN 指纹进行建模，从而提高检测方法的鲁棒性。

基于深度特征的检测。也有一些工作通过设计更先进的深度特征提取网络来提高检测效率。比如，Zhou 等人[202] 提出一种**双流神经网络**（two-stream neural network）：使用 GoogLeNet 作为脸部分类流来检测人脸分类流中的篡改伪影，同时使用一个基于图像块的三联体网络（triplet network）来捕捉局部噪声残余和相机特性。由于同一张图像的不同图像块之间的隐藏特征是相似的，而不同图像的图像块之间的特征是不相似的，所以用三联体网络训练出图像块的距离编码之后，利用一个 SVM 分类器就可以得到图像被篡改的概率。Nguyen 等人[203] 探索了如何使用胶囊网络（capsule network）来检测伪造图像。Guo

等人[204] 则提出一种 AMTEN（adaptive manipulation traces extraction network）预处理
网络结构，其通过一个自适应卷积层来压缩图像内容，同时凸显篡改痕迹，并通过一个整
合的卷积神经网络来检测虚假人脸。

- **基于频率的检测。** 深度伪造技术的快速发展使得伪造图像中的篡改痕迹越来越难
  以察觉，尤其是在图像经过压缩等进一步后期处理之后。不过有研究表明这些痕迹
  还可以从频域中发现，于是研究者使用频域信息作为补充，构建了更好的深度伪造
  检测方法。Yonghyun 等人[205] 提出了**BiHPF**（bilateral high-pass filter）检测方法，
  通过放大合成图像中通常存在的频率伪影来完成更精确的检测。BiHPF 由两个高
  通滤波器（HPF）组成：**频率 HPF**用来放大高频分量中伪影的大小，**像素 HPF**用
  来在像素域中增强人脸周围背景像素的大小。然后，利用 BiHPF 处理的**幅度谱图**作
  为模型的输入，训练一个基于分类的检测模型。与此前方法相比，基于频率的检测
  对不同篡改类型更加鲁棒。

  Qian 等人[206] 提出了两种利用**频率感知**的伪造线索提取方法：**频率感知分解**
  （frequency-aware decomposition，FAD）和**局部频率统计**（local frequency statistics，
  LFS）。作者将这两种方法和一个交叉注意力模块相结合，组成了一个双流协作的网
  络**F³Net**来进行深度伪造检测。在 F³Net 结构中，频率感知分解流用来发现突出的
  频段，局部频率统计流用来提取本地频率统计信息。整体结构如图 5.7所示。

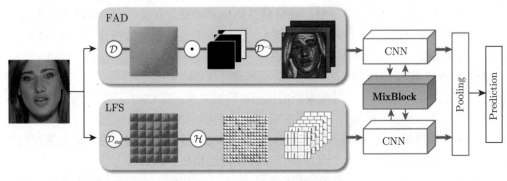

图 5.7   F³Net 网络结构[206]

具体地，在 F³Net 中，**频率感知分解流**（图 5.7中的 FAD 模块）使用一组可
学习的频率滤波器，在频域中自适应地划分输入图像，分解后的频率可以转换到空
间域，从而产生一系列频率感知的图像，将这些图像在通道维度上拼接，然后输入
卷积神经网络中来提取伪造线索。**局部频率统计流**（图 5.7中的 LFS 模块）首先在
输入图像上使用一个滑动窗口来进行离散余弦变换（DCT），从而提取局部频率信
息，然后用一组参数自适应地统计每个窗口的频率信息，再将频率统计信息重新组
合成一个与输入图像大小相同的多通道空间图，之后送入卷积神经网络。最后，作
者提出 MixBlock 结构，其使用来自两个分支的特征图来计算交叉注意力权重，以

此来相互增强两个流的信息。F³Net 使用经典的交叉熵损失函数进行训练。

- 基于局部一致性的检测。人脸伪造往往涉及人脸区域的修改与替换，可能会造成其与周围区域在某个方面的不一致性。2020 年，Li 等人[207] 提出经典的专注于**局部篡改边界**的深度伪造人脸检测方法：**Face X-ray**。此方法首先将定位篡改区域的篡改掩码模糊处理，然后将输入图像 $\boldsymbol{x}$ 的 Face X-ray 定义为一张特殊的图像 B：

$$B_{i,j} = 4 \cdot \boldsymbol{m}_{i,j} \cdot (1 - \boldsymbol{m}_{i,j}) \tag{5.39}$$

其中，(i,j) 表示像素坐标，$\boldsymbol{m}$ 代表模糊边界之后的篡改掩码。如果一张人脸没有被篡改过，那么 $\boldsymbol{m}$ 里的值应该是全 0（或者全 1）。用上式计算得到的 B 代替原来的篡改掩码，然后把它和对应的人脸图像一起送入模型进行训练。具体地，给定输入图像 $\boldsymbol{x}$ 和其 Face X-ray B，模型输出伪造的概率 $\hat{c}$ 和预测的 Face X-ray $\hat{B}$，训练损失函数 $\mathcal{L} = \lambda \mathcal{L}_B + \mathcal{L}_c$ 包含两个部分（$\mathcal{L}_B$ 和 $\mathcal{L}_c$），分别定义如下：

$$\mathcal{L}_B = - \sum_{\{\boldsymbol{x}, B\} \in \mathcal{D}} \frac{1}{N} \sum_{i,j} (B_{i,j} \log \hat{B}_{i,j} + (1 - B_{i,j}) \log(1 - \hat{B}_{i,j})) \tag{5.40}$$

$$\mathcal{L}_c = - \sum_{\{\boldsymbol{x}, c\} \in \mathcal{D}} (c \log(\hat{c}) + (1 - c) \log(1 - \hat{c})) \tag{5.41}$$

其中，$\boldsymbol{x}$ 是输入图像，λ 用来平衡 $\mathcal{L}_B$ 和 $\mathcal{L}_c$ 的权重，实际训练时 $\lambda = 100$，强制模型更加关注对 Face X-ray 的预测。上述训练可以使模型去重点学习检测篡改边界。实验表明，这种简单的训练可以获得不错的深度伪造人脸检测结果。

为了充分利用这种局部不一致性，Zhao 等人[208] 提出一种"缝合"式数据合成方法——**不一致数据合成器**（inconsistency image generator，I²G），通过变换组合不同的人脸生成大量人脸与周围区域不一致的数据，并使用此数据训练卷积神经网络分类器来完成深伪检测。实验表明，这种基于**自洽性**（self-consistency）的数据合成和模型训练方式可以得到较为通用的检测器。Chen 等人[209] 则是通过计算不同区域之间的相似性进行检测，也得到了不错的效果。

- 基于注意力机制的方法。考虑到大多数深度伪造方法只修改一小块人脸区域，所以只要对这一小块区域给予更多关注，就可以提升检测的性能。受此启发，研究者提出了一系列基于注意力机制的检测方法。比如，Chen 等人[210] 先从人脸分离出眼睛、嘴巴等区域，然后用注意力模型分别去检测这些区域，但这种方法需要先手动分割区域，这部分限制了它的代表能力。Zhao 等人[211] 则组合了多个空间注意力头，可以自动使用卷积层来关注不同的局部信息。Wang 等人[212] 推出了一个基于注意力的数据增广框架来鼓励检测模型去关注一些细微的伪造痕迹，其通过在模型生成注意力图之后，遮挡住人脸的一些敏感区域来促使检测模型去重新关注之前忽略的区域。为了学习真实的人脸与伪造的人脸之间的普遍差异（而不仅局限于某种伪造），Cao 等人[213] 提出了使用重建引导的注意力模块来增强差异特征学习，同时使用"重建-分类"学习方式来训练检测模型，其中**重建学习**用来提升特征学习对通用伪造模式的感知，**分类学习**用来挖掘真假人脸图像之间的本质差异。

此外，图像在传播过程中还经常会被压缩，而现有深伪检测方法在检测被压缩的伪造图像时，存在一定的性能下降。为了提高对图像压缩的鲁棒性，Cao 等人[214] 将图像对（原始伪造图像，压缩伪造图像）编码到对压缩不敏感的嵌入特征空间，让原始和压缩伪造图像之间的距离最小，同时让真实图像和伪造图像之间的距离最大，从而形成一种对比学习方式。此方法是一种实例级（instance-level）的对比学习，仅限于学习粗粒度表征。Sun 等人[215] 则进一步提出一种双对比学习（dual contrastive learning）方式，通过**实例间对比学习**（inter-instance contrastive learning，Inter-ICL）来学习跟检测任务相关的判别特征；通过**实例内对比学习**（intra-instance contrastive learning，Intra-ICL）来充分建模和学习伪造人脸的局部特征不一致性。实验表明，这种双对比学习方式可以提升检测 AUC。

5.4.2.2　视频检测

对于深度伪造视频的检测，可以从视频中提取单张人脸图像来进行检测，也可以利用视频中的时序信息（脸的动作、表情变化等）、音频信息来辅助检测。下面介绍几种针对深伪视频的检测方法。

基于生物行为特征的检测。虽然很多深伪方法可以合成逼真的人脸图像，却很难生成自然的表情动作，这启发了一些研究者基于生物行为特征来检测深度伪造视频[216]。"眨眼"就是一种常用的行为特征检测线索，因为眨眼是人类的一种无意识行为。Li 等人[123] 研究发现，一些伪造方法训练时所使用的数据集中没有闭眼的人脸，导致伪造视频中的人不会眨眼睛。于是，他们将卷积神经网络和循环神经网络相结合，通过捕获视频中人脸的"眨眼"行为来进行检测。Jung 等人[217] 也对伪造视频中眨眼的模式进行了详细分析，提出了**DeepVision**检测方法，它通过检测视频中眨眼的周期和持续时间来得出检测结果，并且在多种伪造视频上取得了不错的检测准确率。

除了"眨眼"之外，嘴唇的行为[218-219]和头部的运动[220] 同样可以帮助检测。Agarwal等人[219] 提出人类在说 P、B、M 等字母开头的单词时，嘴唇需要闭合，而伪造视频通常不具备这一特点。最近还有研究通过视频画面来估算人的心率，从而发现伪造视频中的心率异常[216,221]。Fernandes 等人[221] 利用**神经常微分方程**（neural ordinary differential equations，Neural-ODE）模型来预测心率，然后进行深度伪造检测。此外，他们还发现心跳会随时间推移而改变皮肤的反射率，深度伪造则会打破这种连续的变化。

基于深度特征的检测。Trinh 等人[222] 尝试使用一组原型（prototype）来表示一块特征图中特定的激活模式，然后与测试视频进一步比较，根据它们的相似性做出预测。Zheng等人[223] 则发现伪造视频中的相邻帧之间存在不连续性，所以他们采用一个轻量级的时序Transformer 来捕获时序上的不一致性信息，进而完成检测。

基于多种模态信息的检测。视频中可以用到的多模态信息主要有光流（optical flow）、自带的音频等。Amerini 等人[224] 使用视频中帧与帧之间光流的差异来检测真伪。此外，声音与画面是否同步也是判断视频是否经过伪造的一种依据，对视频的篡改往往会破坏这些同步信息，导致视频出现假唱、不自然的面部表情和嘴唇动作等不同步信息。Trisha 等人[225] 就是利用这些多模态信息，提出了基于视听信息的检测方法，通过建模不同模态之间的依赖关系来区分真实和篡改视频。作者使用基于孪生网络（siamese network）的结构，分别提取视频模式和音频模式特征，并通过三元组损失（triplet loss）函数来约束它们之间的一致性。

实际上，视频深伪检测可能比图像深伪检测更容易一些。一方面，视频包含大量的多种模态信息，像前文介绍的时序信息、行为特征信息等，都可以用来增加检测准确率。另一方面，在检测伪造视频的过程中，不同帧的检测效果是可以累加的，被检测出来的伪造帧越多，整个视频是伪造的置信度也就越高，而伪造视频中难免会存在留下大量痕迹的伪造帧。整体来说，深伪检测的核心挑战在于层出不穷的伪造技术和伪造内容，对检测模型的持续更新和升级提出极高的要求。此外，随着大规模生成式模型，如 DALL-E 2、Stable Diffusion 2.0、Imagen 等的兴起，会导致人工智能生成数据的激增，会产生更多样化的检测场景和检测需求，亟须更通用的深伪检测技术。

5.4.2.3　文本检测

随着 ChatGPT 和 GPT-4 等对话模型的发布，对 AI 生成文本的检测需求开始变得迫切起来。ChatGPT 和 GPT-4 的超强文本写作、信息检索、数学推理等能力让它们成为学生、助理、记者、内容创作者等大量用户的得力助手。这也引发了国际上很多高校的密切关注。有些学校开始禁止学生使用相关工具进行作业润色，如华盛顿大学正着手修订其学术诚信政策，将使用 ChatGPT 生成的内容当作一种学术"剽窃"行为。法国的知名大学巴黎政治学院也通过邮件警告学生不要使用 ChatGPT，否则将视其为学术不端。2023 年 3 月，美国版权局发布公告，称通过 ChatGPT 等 AI 自动生成的作品，不受版权法保护。Science 也发文[226] 称，ChatGPT 不能列为论文作者，且禁止在论文中使用 ChatGPT 生成的内容，因为这违反论文的原创性要求。当然，这一些都有可能随着 ChatGPT 的广泛且持续的使用而改变。

对 AI 生成技术的伦理与规则约束存在一定程度的滞后，而关于"该不该使用 AI 生成工具"，不可能在短时间内有一个明确的定论。这就需要一些检测工具来协助我们进行一定的探索，建立初步的秩序。比如，普林斯顿大学的学生开发了检测工具 GPTZero 来检测 GPT 类模型生成的文本，其可以根据文本的困惑度（perplexity）来检测一段文本是否是 AI 生成的。该工具在短时间内吸引了上百万用户注册使用。OpenAI 公司也发布了一个生成文本检测器，但目前检测精度并不是很高，只能将 26% 的 AI 生成内容检测为"疑似 AI 生成"。Kirchenbauer 等人[227] 提出，可以通过向模型的输出里添加"水印"的方式来协助检测。具体来说，其通过让模型尽可能多地使用一个"绿名单"（熵比较高的 token）里的单词来生成文本，从而可以使文本的可检测性提高，同时不会引起使用者的注意。

对 AI 生成文本的检测将会成为一个长期存在的挑战任务，随着 ChatGPT 和 GPT-4 等模型的进一步发展，我们将越来越难区分人工智能与人类创作的内容。很多时候，即使我们可以检测出 AI 创作内容，也难以提供有力的（或者可解释的）证据来保证检测结果的可信性。比如，有用户发现 GPTZero 工具将美国宪法检测为人工智能生成内容，这显然是不可信的。解决这些问题需要长期的实践探索，而"什么样的方式才是人类与 AI 和谐共处的正确方式"是值得思考的问题。

5.5　本章小结

本章介绍了不同类型的数据防御方法，其中包括鲁棒训练（5.1节）、差分隐私（5.2节）、联邦学习（5.3节）、篡改与深伪检测（5.4节），分别对应上一章中介绍的数据投毒（4.1 节）、隐私攻击（4.2 节）、数据窃取（4.3 节）和篡改与伪造（4.4 节）。鲁棒训练针对数据投毒攻击，通过提高训练算法对异常训练数据的鲁棒性来训练安全干净的模型。差分隐私通过向模型输入、模型参数、模型输出，或者目标函数中添加特定分布的噪声来获得对应预算的隐私保护性，可以防御逆向工程、隐私攻击或者数据窃取类的攻击。联邦学习则提供了一种数据隐私保护的联合训练新范式，各参与方可以在不需要公开本地数据的前提下联合训练一个强大的全局模型。当然联邦学习也面临新的数据安全问题，如隐私攻击、投毒攻击、后门攻击等，防御这些攻击则需要一个全面鲁棒的梯度聚合算法。本章的最后还介绍了篡改与伪造数据的检测方法，包括普通篡改检测和深度伪造检测，这些方法通过定位并追踪伪造痕迹来检测合成数据。通过这些介绍，读者可以初步地了解当前研究在数据防御方面所做出的探索。

5.6　习题

1. 解释鲁棒训练的核心思想，并列举两种针对数据投毒的鲁棒训练方法。
2. 列举差分隐私的三种性质，并给出具体定义。
3. 详细描述差分隐私随机梯度下降算法 DP-SGD 的步骤。
4. 定义联邦平均算法 FedAvg，并描述服务器和参与方的执行步骤。
5. 简单介绍三种联邦学习鲁棒梯度聚合策略。
6. 列举三种深度伪造检测方法，并简单描述其工作原理。

第 6 章

模型安全：对抗攻击

对抗攻击（adversarial attack）是一种针对机器学习模型的**测试阶段攻击**。对抗攻击一般通过向干净测试样本 $x \in X \subset \mathbb{R}^d$ 中添加细微的、人眼无法察觉的（对图像数据来说）噪声来构造**对抗样本**（adversarial example）x_{adv}，进而误导模型 f 在对抗样本上做出错误的预测。为了提高对抗攻击的**隐蔽性**，即让添加的噪声不易被人眼察觉，通常会通过**扰动约束** $\|x_{\mathrm{adv}} - x\|_p \leqslant \epsilon$ 将对抗样本 x_{adv} 限制在干净样本 x 的周围，其中 $\|\cdot\|_p$ 表示向量的 L_p 范数，ϵ 表示**扰动上限**（也称扰动半径）。

图 6.1展示了对抗攻击的一般流程以及其与模型训练的三个重要区别。首先，对抗攻击的目标是一个已经训练完成的模型，所以是一种**测试阶段攻击**。这也就意味着对抗攻击扰动的样本是测试样本（示例图中的测试图像）。其次，对抗攻击**改变的是输入样本**而模型训练改变的是模型参数，所以对抗攻击需要计算（白盒攻击）或者估计（黑盒攻击）模型损失相对输入的梯度信息。再次，对抗攻击通过**梯度上升最大化模型的错误**而模型训练通过梯度下降最小化模型的错误。上述三个区别通常用来解释对抗样本与对抗攻击的初始设计思想。当然，对抗攻击的主要特色还是"微小不可察觉的噪声即可让模型发生预测错误"。

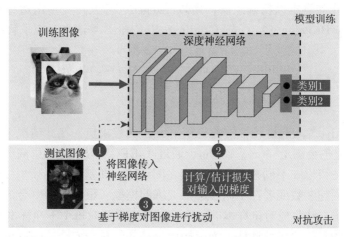

图 6.1 模型训练（上半部分）与对抗攻击（下半部分）的一般流程

根据攻击目标的不同，对抗攻击可以被分为**无目标攻击**和**目标攻击**。无目标攻击生成的对抗样本 $\boldsymbol{x}_{\mathrm{adv}}$ 会被目标模型错误预测为除真实类别以外的任意类别，即 $f(\boldsymbol{x}_{\mathrm{adv}}) \neq y$，而目标攻击生成的对抗样本 $\boldsymbol{x}_{\mathrm{adv}}$ 会被模型 f 错误预测为攻击者**预先指定**的目标类别 y_t，即 $f(\boldsymbol{x}_{\mathrm{adv}}) = y_t$ 且 $y_t \neq y$。根据攻击者能够获得的先验信息的不同，对抗攻击还可以被分为**白盒攻击**和**黑盒攻击**。白盒攻击假设攻击者可以获得目标模型的**全部信息**，包括训练数据、超参数、激活函数、模型架构与参数等。黑盒攻击则假设攻击者无法获得目标模型的相关信息，只能获得目标模型的**输出信息**（逻辑值或概率）。与白盒攻击相比，黑盒攻击更贴合实际应用场景，也更加具有挑战性。下面将介绍几种经典的白盒攻击方法和黑盒攻击方法。

6.1 白盒攻击

2013 年，Biggio 等人[228]首次发现了攻击者可以恶意操纵测试样本来躲避支持向量自动机和浅层神经网络的检测，这种攻击被称为躲避攻击（evasion attack）。同时，Szegedy 等人[229]针对深度神经网络提出了类似的攻击并将其定义为**对抗样本**。虽然 Biggio 等人提出攻击的时间略早于 Szegedy 等人，但是首次揭示深度神经网络的对抗脆弱性的是 Szegedy 等人，所以后续的研究者也认为是 Szegedy 等人最先提出对抗样本概念的。

Szegedy 等人提出通过解决以下**边界约束优化问题**（bound constrained optimization problem）来构造对抗样本：

$$
\begin{aligned}
& \text{minimize } \|\boldsymbol{x}_{\mathrm{adv}} - \boldsymbol{x}\|_2 \\
& \text{s.t. } f(\boldsymbol{x}_{\mathrm{adv}}) = y_t,\ \boldsymbol{x}_{\mathrm{adv}} \in [0, 1]^d
\end{aligned}
\tag{6.1}
$$

其中，y_t 为攻击者预先指定的目标类别，$\boldsymbol{x}_{\mathrm{adv}}$ 是 $\boldsymbol{x}$ 的对抗样本。

由于上述优化问题难以精确求解，所以 Szegedy 等人转而使用边界约束的**L-BFGS**（Limited-memory Broyden-Fletcher-Goldfarb-Shanno）算法来近似求解：

$$
\begin{aligned}
& \text{minimize } c\|\boldsymbol{x}_{\mathrm{adv}} - \boldsymbol{x}\|_2 + \mathcal{L}(f(\boldsymbol{x}_{\mathrm{adv}}), y_t) \\
& \text{s.t. } \boldsymbol{x}_{\mathrm{adv}} \in [0, 1]^d
\end{aligned}
\tag{6.2}
$$

具体来说，Szegedy 等人通过线性搜索得到 $c > 0$ 的最小值，在此情况下，优化问题，即式 (6.2) 的极小值也会满足 $f(\boldsymbol{x}_{\mathrm{adv}}) = y_t$。通过 L-BFGS 攻击方法生成的对抗样本不但能攻击目标模型，还可以在不同模型和数据集之间迁移，即基于目标模型生成的对抗样本也可以攻击使用不同超参数或者在不同子集上训练的模型（虽然成功率会下降）。

L-BFGS 攻击方法生成对抗样本的效率比较低，需要对每个干净样本求解式 (6.2)，所以难以用于模型的对抗鲁棒性评估。为了构建更高效的攻击方法，Goodfellow 等人[230]提出**快速梯度符号方法**（fast gradient sign method, FGSM）。FGSM 假设损失函数 $\mathcal{L}$ 在样本 $\boldsymbol{x}$ 周围是线性的，即可以被 $\boldsymbol{x}$ 处的一阶泰勒展开高度近似。基于此，FGSM 利用输入梯度（分类损失相对输入的梯度）的符号信息（即梯度方向）进行一步固定步长的梯度上升来完成攻击：

$$\boldsymbol{x}_{\mathrm{adv}} = \boldsymbol{x} + \epsilon \cdot \mathrm{sign}(\nabla_{\boldsymbol{x}}\mathcal{L}(f(\boldsymbol{x}), y)) \tag{6.3}$$

其中，步长与扰动上限 ϵ 相同。与 L-BFGS 攻击方法相比，FGSM 更加简单、计算效率更高，然而攻击成功率比较低。正是由于其简单性和高效性，FGSM 是对抗攻击与防御领域最为广泛使用的攻击方法之一。

上述两种攻击都假设攻击者可以直接将对抗样本输入深度神经网络模型中。然而，在**物理世界场景**中，攻击者往往只能通过外接设备（如摄像机和传感器等）来传递对抗样本，即攻击者所呈现的对抗样本往往是受害者通过外接设备捕获的，而不是直接传入模型中的。为了将对抗样本更好地应用于物理世界，Kurakin 等人[231] 基于 FGSM 提出**基本迭代方法**（basic iterative method，BIM）。BIM 以更小的步长多次应用 FGSM，并在每次迭代后对生成的对抗样本的像素值进行裁剪，以保证每个像素的变化都足够小。BIM 定义如下：

$$\begin{aligned}\boldsymbol{x}_{\mathrm{adv}}^0 &= \boldsymbol{x} \\ \boldsymbol{x}_{\mathrm{adv}}^{t+1} &= \mathrm{Clip}_{\boldsymbol{x},\epsilon}\{\boldsymbol{x}_{\mathrm{adv}}^t + \alpha \cdot \mathrm{sign}(\nabla_{\boldsymbol{x}}\mathcal{L}(f(\boldsymbol{x}_{\mathrm{adv}}^t), y))\}\end{aligned} \tag{6.4}$$

其中，裁剪函数 $\mathrm{Clip}_{\boldsymbol{x},\epsilon}\{\boldsymbol{x}'\} = \min\{255, \boldsymbol{x}+\epsilon, \max\{0, \boldsymbol{x}-\epsilon, \boldsymbol{x}'\}\}$，总迭代次数 T 设置为 $\min(\epsilon+4, 1.25\epsilon)$（对应像素值范围 $[0, 255]$），步长 $\alpha = \epsilon/T$（T 步迭代后正好达到 ϵ 大小）。

Madry 等人[232] 认为 BIM 本质上是对负损失函数的投影梯度下降，并提出了一种更加强大的迭代攻击方法——**投影梯度下降**（projected gradient descent，PGD）：

$$\begin{aligned}\boldsymbol{x}_{\mathrm{adv}}^0 &= \boldsymbol{x} + \zeta \\ \boldsymbol{x}_{\mathrm{adv}}^{t+1} &= \mathrm{Proj}_{\boldsymbol{x},\epsilon}\{\boldsymbol{x}_{\mathrm{adv}}^t + \alpha \cdot \mathrm{sign}(\nabla_{\boldsymbol{x}}\mathcal{L}(f(\boldsymbol{x}_{\mathrm{adv}}^t), y))\}\end{aligned} \tag{6.5}$$

其中，ζ 是从均匀分布 $\mathcal{U}(-\epsilon, \epsilon)^d$ 中采样得到的随机噪声，$\mathrm{Proj}_{\boldsymbol{x},\epsilon}\{\cdot\}$ 是投影操作。与 BIM 不同的地方在于，PGD 从干净样本的周围随机采样一个起始点来生成对抗样本，而且没有步长 $\alpha = \epsilon/T$ 的限制。PGD 攻击被视为**最强的一阶攻击方法**，因为从非凸约束优化问题的角度来讲，PGD 是其最好的一阶求解算法。

FGSM 和 BIM 通过最大化损失函数实现了无目标攻击，Kurakin 等人[231] 还通过最大化目标类别 y_t 的概率，将 FGSM 和 BIM 分别扩展到了**FGSM 目标攻击**和**迭代最不可能类别**（iterative least likely class，ILLC）两种目标攻击方法。FGSM 目标攻击方法如下：

$$\boldsymbol{x}_{\mathrm{adv}} = \boldsymbol{x} - \epsilon \cdot \mathrm{sign}(\nabla_{\boldsymbol{x}}\mathcal{L}(f(\boldsymbol{x}), y_t)) \tag{6.6}$$

当使用干净样本的最不可能类别 $y_{\mathrm{LL}} = \arg\min_y\{p(y|\boldsymbol{x})\}$ 作为目标类别时，FGSM 目标攻击方法可被称为**单步最不可能类别攻击方法**。多次迭代单步最不可能类别方法就可以得

到迭代最不可能类别攻击：

$$x_{\mathrm{adv}}^0 = x$$

$$x_{\mathrm{adv}}^{t+1} = \mathrm{Clip}_{x,\epsilon}\{x_{\mathrm{adv}}^t - \alpha \cdot \mathrm{sign}(\nabla_x \mathcal{L}(f(x_{\mathrm{adv}}^t), y_{\mathrm{LL}}))\} \tag{6.7}$$

虽然 BIM 比 FGSM 攻击性更强，但其在每次迭代时都沿梯度方向"贪婪地"移动对抗样本，容易使对抗样本陷入糟糕的局部最优解，并过拟合于当前模型。这导致其生成的对抗样本的跨模型迁移性较差。为了获得稳定的扰动方向并帮助对抗样本在迭代中摆脱局部最优解，Dong 等人[233] 将动量结合到 BIM 算法中，提出了**动量迭代快速梯度符号方法**（momentum iterative FGSM，MI-FGSM）。MI-FGSM 的定义如下：

$$g_0 = 0, \ x_{\mathrm{adv}}^0 = x$$

$$g_{t+1} = \mu \cdot g_t + \frac{\nabla_x \mathcal{L}(f(x_{\mathrm{adv}}^t), y))}{\|\nabla_x \mathcal{L}(f(x_{\mathrm{adv}}^t), y))\|_1} \tag{6.8}$$

$$x_{\mathrm{adv}}^{t+1} = \mathrm{Clip}_{x,\epsilon}\{x_{\mathrm{adv}}^t + \alpha \cdot \mathrm{sign}(g_{t+1})\}$$

其中，g_t 是之前 t 次迭代的**累积梯度**，μ 是动量项的**衰减因子**。由于每次迭代中梯度的大小是不同的，所以每次迭代的梯度被其自身的 L_1 范数归一化。当 μ 等于 0 时，MI-FGSM 就退化成了 BIM。

大多数攻击是对整个样本（比如整张图像）进行扰动，同时通过限制对抗噪声的 L_2 或 L_∞ 范数来保证隐蔽性。为了进行更稀疏的对抗攻击（如只改变几个像素），Papernot 等人[234] 提出了一种限制对抗噪声的 L_0 范数的攻击，并称为**基于雅可比显著性图的攻击**（Jacobian-based saliency map attack，JSMA）。JSMA 是一种贪心算法，每次迭代时挑选一个像素进行修改。具体来说，JSMA 首先计算模型的对抗梯度（雅可比矩阵）：

$$J(x) = \frac{\partial p(x)}{\partial x} = \left[\frac{\partial p(j|x)}{\partial x_i}\right]_{i \times j} \tag{6.9}$$

其中，$p(j|x)$ 表示模型将 x 预测为类别 j 的概率。接着，JSMA 使用对抗梯度计算一个显著性图，该图包含每个像素对分类结果的影响大小：越大的值表明修改它越会显著增加被分类为目标类别的概率。在显著性图中，每个像素 i 的显著值定义为：

$$S(x, y_t)[i] = \begin{cases} 0, & \text{如果 } J_{iy_t}(x) < 0 \text{ 或 } \sum_{j \neq y_t} J_{ij}(x) > 0 \\ J_{iy_t}(x)|\sum_{j \neq y_t} J_{ij}(x)|, & \text{其他} \end{cases} \tag{6.10}$$

其中，$J_{ij}(x)$ 表示 $\dfrac{\partial p(j|x)}{\partial x_i}$。给定显著性图，JSMA 每次选择一个最重要的像素并修改它以增加将其分类为目标类别的概率。重复这一过程，直到超过预先设定的像素修改个数或者攻击成功。然而，由于计算对抗梯度成本较大，JSMA 运行速度极慢。

另外一个经典的攻击方法是**Deepfool**[235]，其使用从干净样本到决策边界的最近距离作为对抗噪声。Deepfool 假设神经网络是完全线性的，存在超平面来区分各个类别。基于这一假设，Moosavi-Dezfooli 等人推导出了这个简化问题的最优解。但神经网络并不是线性的，所以它们在实际中采用迭代的方式逐步求解。具体来说，Moosavi-Dezfooli 等人发现改变仿射分类器决策的最小噪声是从干净样本到仿射超平面 $\mathcal{F} = \{\boldsymbol{x} : \boldsymbol{w}^{\top}\boldsymbol{x} + b = 0\}$ 的距离。对于处在 $\boldsymbol{w}^{\top}\boldsymbol{x} + b > 0$ 区域的干净样本来说，最小对抗噪声的形式为 $-\dfrac{\boldsymbol{w}^{\top}\boldsymbol{x} + b}{\|\boldsymbol{w}\|^2}\boldsymbol{w}$。

对于一般的可微二元分类器 f，则采取迭代的方式，在每次迭代中假设 f 在 $\boldsymbol{x}_i$ 周围是线性的，线性分类器的最小对抗噪声为：

$$
\begin{aligned}
&\underset{\boldsymbol{\eta}_i}{\arg\min}\ \|\boldsymbol{\eta}_i\|_2 \\
&\text{s.t.}\ f(\boldsymbol{x}_i) + \nabla(\boldsymbol{x}_i)^{\top}\boldsymbol{\eta}_i = 0
\end{aligned}
\tag{6.11}
$$

其中，第 i 次迭代计算得到的噪声 $\boldsymbol{\eta}_i$ 会被用来更新第 $i+1$ 次迭代的 $\boldsymbol{x}_{i+1} = \boldsymbol{x}_i + \boldsymbol{\eta}_i$。当 $\boldsymbol{x}_i$ 改变了分类器的决策时，迭代终止。最终的对抗噪声由每次迭代计算得到的噪声累积来近似。通过找到距离最近的超平面，Deepfool 也可以扩展到攻击一般的多元分类器。与上面介绍的攻击方法相比，Deepfool 可以生成与干净样本最接近的对抗样本。

2017 年，Carlini 和 Wagner[236] 提出了基于优化的**CW**（Carlini-Wagner）攻击算法，将噪声直接放到优化目标里进行优化（最小化）。CW 攻击方法通过求解以下优化问题来生成对抗样本：

$$
\begin{aligned}
&\text{minimize}\ \|\boldsymbol{x}_{\text{adv}} - \boldsymbol{x}\|_p + c \cdot g(\boldsymbol{x}_{\text{adv}}) \\
&\text{s.t.}\ \boldsymbol{x}_{\text{adv}} \in [0, 1]^d,
\end{aligned}
\tag{6.12}
$$

其中，对抗目标函数 g 满足 $g(\boldsymbol{x}_{\text{adv}}) \leqslant 0$ 当且仅当 $f(\boldsymbol{x}_{\text{adv}}) = y_t$。Carlini 和 Wagner 列举了 7 种候选的对抗目标函数，并以实验评估的方式选出了最佳的目标函数：

$$
g(\boldsymbol{x}') = \max(\max\{\boldsymbol{z}(\boldsymbol{x}')_i : i \neq y_t\} - \boldsymbol{z}(\boldsymbol{x}')_{y_t}, -\kappa)
\tag{6.13}
$$

其中，$\boldsymbol{z}(\cdot)$ 是目标模型的逻辑（logits）输出，$\boldsymbol{z}_{\max} = \max\{\boldsymbol{z}(\boldsymbol{x}')_i : i \neq y_t\}$ 表示错误类别中逻辑值最大的那个，参数 κ 为置信度超参，定义了目标类别 y_t 与其他类别间的最小逻辑值差异。与 L-BFGS 攻击方法不同，CW 攻击引入了一个新的变量 $\boldsymbol{\omega} \in \mathbb{R}^d$ 来避免边界约束，其中 $\boldsymbol{\omega}$ 满足 $\boldsymbol{x}_{\text{adv}} = \dfrac{1}{2}(\tanh(\boldsymbol{\omega}) + 1)$。通过变量替换，将优化 $\boldsymbol{x}_{\text{adv}}$ 的边界约束最小化问题变成了优化 $\boldsymbol{\omega}$ 的无约束最小化问题。

CW 攻击有三个版本：L_0 范数 CW 攻击（**CW$_0$**）、L_2 范数 CW 攻击（**CW$_2$**）和 L_∞ 范数 CW 攻击（**CW$_\infty$**）。CW$_2$ 攻击求解以下优化问题：

$$
\text{minimize}\ \left\|\frac{1}{2}(\tanh(\boldsymbol{\omega}) + 1) - \boldsymbol{x}\right\|_2 + c \cdot g\left(\frac{1}{2}(\tanh(\boldsymbol{\omega}) + 1)\right)
\tag{6.14}
$$

由于 L_0 范数是不可微的，因此 CW_0 攻击采取迭代的方式，在每次迭代中确定一些对模型输出影响不大的像素，然后固定这些像素值不变，直到修改剩下的像素也无法再生成对抗样本。像素的重要性则是由 CW_2 攻击决定的。由于 L_∞ 范数不是完全可微的，因此 CW_∞ 攻击也采用了迭代的攻击方式，将目标函数中的 L_∞ 项替换为新的惩罚项：

$$\text{minimize} \sum_i [(\boldsymbol{\eta}_i - \tau)^+] + c \cdot g(\boldsymbol{x} + \boldsymbol{\eta}) \tag{6.15}$$

每次迭代后，如果对于所有的 i 都有 $\boldsymbol{\eta}_i < \tau$，则将 τ 减少到原来的 0.9 倍，否则迭代过程终止。CW 攻击可以被视为最强的**单体白盒攻击方法**（PGD 只是一阶最强）。CW 攻击算法攻破了许多曾经的有效防御策略，然而其生成对抗样本的计算开销很大。值得注意的是，随着新攻击方法的出现，目前普遍认为 AutoAttack[237] 是最强的**集成白盒攻击方法**，在模型鲁棒性评估方面能给出更可靠的结果。

上面介绍的白盒攻击方法在生成每个对抗样本时都需要对目标模型进行访问，重复一遍扰动优化过程。为了避免每次都要优化，我们可以利用生成对抗网络提前学习对抗噪声的分布，之后给定任意一个干净样本都可以直接输出其所需的对抗噪声。基于此思想，Xiao 等人[238] 提出了**AdvGAN 攻击方法**，训练一个生成器来学习干净样本的分布，并生成高度逼近干净分布的对抗噪声。如图 6.2 所示，AdvGAN 方法中的生成器 $\mathcal{G}$ 将干净样本 $\boldsymbol{x}$ 作为输入，并生成一个噪声 $\mathcal{G}(\boldsymbol{x})$。添加了噪声的样本 $\boldsymbol{x} + \mathcal{G}(\boldsymbol{x})$ 随后被输入判别器 $\mathcal{D}$，判别器 $\mathcal{D}$ 会对其与原始干净样本 $\boldsymbol{x}$ 进行区分。其使用的 GAN 损失 $\mathcal{L}_{\mathrm{GAN}}$ 定义如下：

$$\mathcal{L}_{\mathrm{GAN}} = \mathbb{E}_{\boldsymbol{x} \sim \mathcal{D}} \log(\mathcal{D}(\boldsymbol{x})) + \mathbb{E}_{\boldsymbol{x} \sim \mathcal{D}} \log(1 - \mathcal{D}(\boldsymbol{x} + \mathcal{G}(\boldsymbol{x}))) \tag{6.16}$$

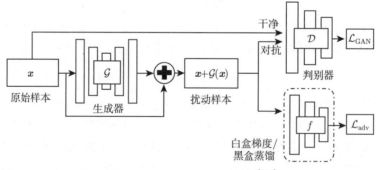

图 6.2　AdvGAN 方法示意图[238]

为了实现针对目标模型 f 的白盒攻击，添加噪声的样本 $\boldsymbol{x} + \mathcal{G}(\boldsymbol{x})$ 也会被输入目标模型 f，并输出损失 $\mathcal{L}_{\mathrm{adv}}$。在有目标攻击中，损失 $\mathcal{L}_{\mathrm{adv}}$ 会鼓励添加噪声的样本 $\boldsymbol{x} + \mathcal{G}(\boldsymbol{x})$ 被目标模型 f 误分类为目标类别 y_t：

$$\mathcal{L}_{\mathrm{adv}} = \mathbb{E}_{\boldsymbol{x} \sim \mathcal{D}} \mathcal{L}(f(\boldsymbol{x} + \mathcal{G}(\boldsymbol{x})), y_t) \tag{6.17}$$

为了限制噪声的大小，Xiao 等人增加了一个基于 L_2 范数的铰链损失（hinge loss）：

$$\mathcal{L}_{\text{hinge}} = \mathbb{E}_{\boldsymbol{x} \sim \mathcal{D}} \max(0, \|\mathcal{G}(\boldsymbol{x})\|_2 - \epsilon) \tag{6.18}$$

这也可以稳定 GAN 的训练。总体目标函数定义如下：

$$\mathcal{L} = \mathcal{L}_{\text{adv}} + \alpha \mathcal{L}_{\text{GAN}} + \beta \mathcal{L}_{\text{hinge}} \tag{6.19}$$

其中，α 和 β 控制了每个损失项的重要程度。Xiao 等人通过求解最小最大（min-max）问题 $\arg \min_{\mathcal{G}} \max_{\mathcal{D}} \mathcal{L}$ 来训练 $\mathcal{G}$ 和 $\mathcal{D}$。一旦 $\mathcal{G}$ 在训练数据和目标模型上被训练，它就可以对任何给定的输入样本产生扰动却不需要访问目标模型。除此之外，AdvGAN 方法还可以被用于黑盒攻击，通过查询目标模型的输出来动态地训练蒸馏模型。在攻击对抗训练、集成对抗训练或 PGD 对抗训练的模型时，AdvGAN 取得了比 FGSM 和 CW 方法更高的成功率。

虽然目前已经提出了大量的攻击方法来评估模型的对抗鲁棒性，但由于超参数调整不当、梯度遮掩（gradient masking）等陷阱，导致模型的鲁棒性会被高估。针对这个问题，Crocc 等人[237] 提出了一种集成攻击方法——**自动攻击**（AutoAttack），"自动"是指算法可以自动调参，有效避免了手动调参过程。AutoAttack 集成了四种攻击算法，其中包括两个 PGD 的改进方法，即 APGD-CE 和 APGD-DLR，这两个攻击方法是新提出的**自动 PGD**（Auto-PGD）攻击方法的两个变体（损失函数不同）。具体来说，Auto-PGD 在 PGD 的基础上添加了动量项：

$$\begin{aligned} \boldsymbol{z}^{t+1} &= \text{Proj}_{\boldsymbol{x}, \epsilon} \{ \boldsymbol{x}_{\text{adv}}^t + \eta^t \cdot \text{sign}(\nabla_{\boldsymbol{x}} \mathcal{L}(f(\boldsymbol{x}_{\text{adv}}^t), y))\} \\ \boldsymbol{x}_{\text{adv}}^{t+1} &= \text{Proj}_{\boldsymbol{x}, \epsilon} \{ \boldsymbol{x}_{\text{adv}}^t + \alpha \cdot (\boldsymbol{z}^{t+1} - \boldsymbol{x}_{\text{adv}}^t) + (1 - \alpha) \cdot (\boldsymbol{x}_{\text{adv}}^t - \boldsymbol{x}_{\text{adv}}^{t-1})\} \end{aligned} \tag{6.20}$$

其中，η^t 是第 t 次迭代时的步长，$\alpha \in [0,1]$ 调节了上一次更新对当前更新的影响。Auto-PGD 不需要选择步长并可以使用不同的损失函数，除迭代次数之外的其他参数都可以自动调整，可以克服 PGD 攻击由于固定步长和损失函数（交叉熵）而导致的评估不准确问题。此外，Croce 等人将两个 PGD 攻击的变体与两个现有的互补攻击——**白盒快速自适应边界**（fast adaptive boundary，FAB）攻击[239] 和黑盒**方形攻击**（square attack）[240] 结合起来得到 AutoAttack 集成攻击。FAB 攻击旨在寻找改变给定输入类别所需的最小噪声，且对梯度遮掩鲁棒。方形攻击是一种基于分数的黑盒攻击，它使用随机搜索（而不是梯度近似）进行攻击，因此不受梯度遮掩的影响。方形攻击在查询效率和成功率方面优于其他黑盒攻击，有时甚至与白盒攻击效果相当。这几种攻击方法的参数都不多，在不同的模型和数据集中具有很好的通用性，因此 AutoAttack 不需要特意调整任何参数。AutoAttack 取得了比之前报告的更低的对抗鲁棒性评估结果，自 2020 年提出以来，已经被很多研究证明是迄今为止最强的攻击之一[237]。

6.2　黑盒攻击

黑盒攻击假设攻击者无法获得目标模型的参数（以及超参）信息，因此无法计算对抗梯度，只能通过近似梯度来生成对抗样本。近似梯度可以通过零阶优化方法估计，也通过替代模型来近似。根据近似梯度的不同，黑盒攻击可以分为**查询攻击**（query-based attack）和**迁移攻击**（transfer attack）。

6.2.1　查询攻击

查询攻击通过查询目标模型获得模型输出，然后使用零阶优化方法进行梯度估计来生成对抗噪声。虽然估计的梯度会存在一定误差，但是准确地计算梯度通常不是成功的攻击所必需的。例如，FGSM 攻击只需要梯度的符号就可以生成对抗样本。因此，即使估计的梯度不是非常准确，也足够使查询攻击取得很高的成功率。根据模型输出返回类型的不同，查询攻击又可以分为**基于分数的攻击**和**基于决策的攻击**。基于分数的攻击需要模型输出完整的预测概率向量，而基于决策的攻击只需要模型输出类别标签。

基于分数的攻击。Chen 等人 [241] 在 2017 年首先提出了基于**零阶优化**（zeroth order optimization，ZOO）的攻击，使用**有限差分**（finite difference）方法来近似目标模型的梯度。在 CW 攻击的基础上，Chen 等人提出了一个新的基于模型预测类别概率的目标函数：

$$g(\boldsymbol{x}') = \max\{\max_{i \neq y_t} \log[p(i|\boldsymbol{x})] - \log[p(y_t|\boldsymbol{x})], -\kappa\} \tag{6.21}$$

然后可以使用对称差商来估计梯度：

$$\hat{\boldsymbol{g}}_i := \frac{\partial g(\boldsymbol{x})}{\partial \boldsymbol{x}_i} \approx \frac{g(\boldsymbol{x} + h\boldsymbol{e}_i) - g(\boldsymbol{x} - h\boldsymbol{e}_i)}{2h} \tag{6.22}$$

其中，h 是一个较小的常数，$\boldsymbol{e}_i$ 是第 i 个分量为 1 的标准基向量。再进行一次梯度估计，还可以得到二阶偏导（即黑塞矩阵）的估计值：

$$\hat{\boldsymbol{h}}_i := \frac{\partial^2 g(\boldsymbol{x})}{\partial \boldsymbol{x}_{ii}^2} \approx \frac{g(\boldsymbol{x} + h\boldsymbol{e}_i) - 2g(\boldsymbol{x}) + g(\boldsymbol{x} - h\boldsymbol{e}_i)}{h^2} \tag{6.23}$$

上述方法的主要瓶颈是效率问题。估计所有坐标（d 维）的梯度，总共需要计算 $2d$ 次目标函数的值，而且有时可能需要经过数百次的迭代梯度下降才能让目标函数收敛。所以当干净样本维度很高时，这种方法求解可能会非常缓慢。为了解决这一问题，ZOO 攻击算法使用了随机坐标下降方法，每次迭代时随机选择一个或一小批坐标进行梯度估计和更新，而且优先更新重要的像素可以进一步提高效率。为了加快计算时间和减少对目标模型的查询次数，ZOO 还使用了攻击空间降维和分层攻击技术，将干净样本变换到更低的维度来生成对抗样本。虽然 ZOO 获得了与白盒 CW 攻击相当的性能，但由于坐标梯度估计方法不可避免地会对目标模型进行过多的查询，导致查询效率较低。

为了进一步降低 ZOO 的查询复杂度，Tu 等人[242] 提出了**基于自动编码器的零阶优化方法**（autoencoder-based zeroth order optimization method，AutoZOOM）。AutoZOOM 构建了两个全新的模块：一个自适应的随机梯度估计策略，可以平衡查询次数和噪声大小，以及一个在其他未标记数据上离线训练好的自动编码器，或者一个简单的双线性调整大小操作来加速攻击。为了提高查询效率，AutoZOOM 放弃了坐标梯度估计，提出了**缩放随机全梯度估计**：

$$\boldsymbol{g} = b \cdot \frac{g(\boldsymbol{x} + \beta\boldsymbol{u}) - g(\boldsymbol{x})}{\beta} \cdot \boldsymbol{u} \tag{6.24}$$

其中，$\beta > 0$ 是平滑参数，$\boldsymbol{u}$ 是从单位半径的欧几里得球体中随机均匀采样的单位长度向量，b 是平衡梯度估计误差的偏差和方差的可调缩放参数。为了更有效地控制梯度估计的误差，AutoZOOM 使用了平均随机梯度估计，计算在 q 个随机方向 $\{\boldsymbol{u}_j\}_{j=1}^q$ 上的梯度估计的均值：

$$\overline{\boldsymbol{g}} = \frac{1}{q}\sum_{j=1}^{q}\boldsymbol{g}_j \tag{6.25}$$

Tu 等人还证明了平均随机估计梯度和真实梯度之间的 L_2 距离存在一个上界，当 $b \approx q$ 时，上界最小。AutoZOOM 通过自适应地调整 q 值来平衡查询次数和噪声大小。具体来说，首先将 q 设为 1（尽可能少的模型查询），粗略地估计梯度以快速完成初始攻击，然后设置 $q > 1$，更精确地估计梯度来微调图像质量，减小噪声。为了进一步提高查询效率和加速收敛，AutoZOOM 从更小的维度 $d' < d$ 进行随机梯度估计。添加到干净样本上的对抗噪声实际上是在降维空间生成的，然后利用解码器 $D : \mathbb{R}^{d'} \mapsto \mathbb{R}^d$ 从低维空间表示中重构出高维对抗噪声。AutoZOOM 为解码器提供了两种选择：简单的线性插值或者额外训练的自动编码器。与 ZOO 相比，AutoZOOM 减少了平均查询的次数，同时保持了相当的攻击成功率。AutoZOOM 还可以有效地微调图像质量，以保持与干净样本之间较高的视觉相似性。

除了有限差分和随机梯度估计之外，Ilyas 等人[243] 还探索了使用**自然进化策略**（natural evolutionary strategy，NES）来估计梯度的方法。Ilyas 等人考虑了三种威胁模型，其分别反映了现实世界系统中访问受限和资源受限的情况。第一种威胁模型限制了攻击者**查询目标模型的次数**。为了能在查询次数限制内实现攻击，Ilyas 等人基于 NES 算法来估计梯度，然后使用 PGD 算法和估计的梯度生成对抗样本。NES 是一种基于搜索分布思想的无导数优化方法，最大化损失函数在搜索分布下的期望值而不是最大化损失函数。与有限差分方法相比，NES 可以用更少的查询次数来估计梯度，具体过程如下：

$$\mathbb{E}_{\pi(\boldsymbol{\theta}|\boldsymbol{x})}[\mathcal{L}(f(\boldsymbol{\theta}), y)] = \int \mathcal{L}(f(\boldsymbol{\theta}), y)\pi(\boldsymbol{\theta}|\boldsymbol{x})\mathrm{d}\boldsymbol{\theta} \tag{6.26}$$

$$\nabla_{\boldsymbol{x}}\mathbb{E}_{\pi(\boldsymbol{\theta}|\boldsymbol{x})}[\mathcal{L}(f(\boldsymbol{\theta}), y)] = \mathbb{E}_{\pi(\boldsymbol{\theta}|\boldsymbol{x})}[\mathcal{L}(f(\boldsymbol{\theta}), y)\nabla_{\boldsymbol{x}}\log(\pi(\boldsymbol{\theta}|\boldsymbol{x}))] \tag{6.27}$$

Ilyas 等人在当前样本 $\boldsymbol{x}$ 周围选择一个随机高斯噪声作为搜索分布，即 $\boldsymbol{\theta} = \boldsymbol{x} + \sigma\boldsymbol{\delta}$，其中 $\boldsymbol{\delta} \sim \mathcal{N}(0, I)$，并且使用通过对偶采样的 n 个 $\boldsymbol{\delta}_i$ 来估计梯度：

$$\nabla_{\boldsymbol{x}}\mathbb{E}_{\pi(\boldsymbol{\theta}|\boldsymbol{x})}[\mathcal{L}(f(\boldsymbol{\theta}), y)] \approx \frac{1}{\sigma n}\sum_{i=1}^{n}\boldsymbol{\delta}_i\mathcal{L}(f(\boldsymbol{x} + \sigma\boldsymbol{\delta}_i), y) \tag{6.28}$$

最后基于 NES 梯度估计值，使用有动量项的 PGD 来生成对抗样本。用 NES 估计梯度的查询效率比用有限差分方法快 2~3 个数量级。

第二种威胁模型限制攻击者只能获得前 k **个类别的概率**或置信度分数。为了能在信息受限的情况下实现攻击，Ilyas 等人还是基于 NES 梯度估计值，使用有动量项的 PGD 来生成对抗样本，只不过没有从干净样本开始，而是从属于目标类别的样本开始迭代优化。在每次迭代时，需要交替进行以下两步。

（1）随着将目标类别的样本投影到干净样本周围的距离逐渐减小，需要将目标类别始终保持在前 k 个类别之中：

$$\epsilon_n = \text{minimize } \epsilon' \text{ s.t. } \text{rank}(y_t | \text{Proj}_{\epsilon'}(\boldsymbol{x}_{\text{adv}}^{t-1})) < k \tag{6.29}$$

（2）随着 PGD 的每次迭代更新，提高预测为目标类别的概率：

$$\boldsymbol{x}_{\text{adv}}^{t} = \arg\min_{\boldsymbol{x}'} p(y_t | \text{Proj}_{\epsilon_{t-1}}(\boldsymbol{x}')) \tag{6.30}$$

第三种威胁模型限制攻击者无法获得类别的概率或置信度分数，只能获得一个按预测概率排序的 k **个类别标签**的列表。为了能在仅获得类别标签的情况下实现攻击，Ilyas 等人定义了对抗样本的**离散分数** $R(\boldsymbol{x}_{\text{adv}}^{t})$，仅基于目标类别标签 y_t 的排名变化，就可以量化每次迭代时输入样本的对抗程度：

$$R(\boldsymbol{x}_{\text{adv}}^{t}) = k - \text{rank}(y_t | \boldsymbol{x}_{\text{adv}}^{t}) \tag{6.31}$$

由于对抗样本对于随机噪声是鲁棒的，Ilyas 等人使用离散分数替代类别概率来量化对抗程度：

$$S(\boldsymbol{x}_{\text{adv}}^{t}) = \mathbb{E}_{\boldsymbol{\delta} \sim \mathcal{U}[-\mu,\mu]}[R(\boldsymbol{x}_{\text{adv}}^{t} + \boldsymbol{\delta})] \tag{6.32}$$

并使用蒙特卡洛近似估计该分数：

$$\hat{S}(\boldsymbol{x}_{\text{adv}}^{t}) = \frac{1}{N}\sum_{i=1}^{N} R(\boldsymbol{x}_{\text{adv}}^{t} + \mu\boldsymbol{\delta}_i) \tag{6.33}$$

Ilyas 等人用估计的 $\hat{S}(\boldsymbol{x})$ 来代替 $p(y_t|\boldsymbol{x})$，从而满足了第二种威胁模型，所以可以用梯度 $\nabla_{\boldsymbol{x}}\hat{S}(\boldsymbol{x})$ 的估计值来生成对抗样本。

基于决策的攻击。基于决策的攻击算是上述第三种威胁模型在 $k=1$ 时的特例，其中攻击者只能获得 Top-1 的类别标签。与基于分数的攻击相比，基于决策的攻击更加符合实际应用场景，因为在现实应用中攻击者很少能获得概率或置信度分数，同时目标模型也会使用梯度遮掩、内在随机性、对抗训练等防御策略进行鲁棒性增强。

在与 Ilyas 等人同期的工作中，Brendel 等人提出了**边界攻击**（boundary attack）方法[244]。如图 6.3所示，边界攻击方法使用已经具有对抗性的样本进行初始化：在无目标攻击中，初始样本的每个像素从均匀分布 $\mathcal{U}(0,255)$ 中采样，并抛弃无对抗性的初始样本；在有目标攻击中，初始样本为被预测成目标类别的样本。基于初始样本，边界攻击沿着对抗区域和非对抗区域之间的决策边界游走，在每次迭代时都保持更新后的样本仍停留在对抗区域中，并且逐渐接近原始样本。

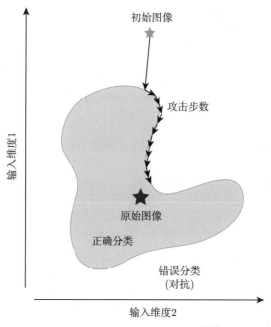

图 6.3　边界攻击方法示意图[244]

具体来说，在第 t 次迭代时，Brendel 等人从高斯分布中采样得到噪声 $\boldsymbol{\eta}_t \sim \mathcal{N}(0,I)$，然后重新缩放和裁剪样本，使其满足 $\boldsymbol{x}_{\mathrm{adv}}^{t-1} + \boldsymbol{\eta}_t \in [0,255]^d$（保持有效像素值）和 $\|\boldsymbol{\eta}_t\|_2 = \delta \cdot \|\boldsymbol{x} - \boldsymbol{x}_{\mathrm{adv}}^{t-1}\|_2$（约束扰动幅度）。然后，Brendel 等人将 $\boldsymbol{\eta}_n$ 投影到干净样本 $\boldsymbol{x}$ 周围的一个球面上得到正交噪声，使其满足 $\|\boldsymbol{x} - (\boldsymbol{x}_{\mathrm{adv}}^{t-1} + \boldsymbol{\eta}_t)\|_2 = \|\boldsymbol{x} - \boldsymbol{x}_{\mathrm{adv}}^{t-1}\|_2$。最后向干净样本的方向移动一下，使其满足 $\|\boldsymbol{x} - \boldsymbol{x}_{\mathrm{adv}}^{t-1}\|_2 - \|\boldsymbol{x} - (\boldsymbol{x}_{\mathrm{adv}}^{t-1} + \boldsymbol{\eta}_t)\|_2 = \epsilon \cdot \|\boldsymbol{x} - \boldsymbol{x}_{\mathrm{adv}}^{t-1}\|_2$。在攻击过程中，Brendel 等人根据边界的局部几何形状来动态地调整 δ 和 ϵ。边界攻击方法的基本运行原理非常简单，基本上颠覆了以前所有对抗攻击的逻辑。尽管边界攻击方法与基于梯度的白盒攻击方法在最小化噪声大小的方面效果相当，但它也需要大量的查询来探索高维空

间，并且缺乏收敛保证。

此外，Cheng 等人[245] 将基于决策的攻击重新表述为一个实值优化问题，并提出了**基于优化的攻击**（optimization-based attack，Opt-attack）方法。转换得到的实值优化问题通常是连续的，并且可以通过任何一个零阶优化方法求解，从而可以提高查询效率。非目标 Opt-attack 攻击的对抗目标函数为：

$$g(\boldsymbol{\theta}) = \min_{\lambda > 0} \lambda \quad \text{s.t.} \ f(\boldsymbol{x} + \lambda \frac{\boldsymbol{\theta}}{\|\boldsymbol{\theta}\|}) \neq y \tag{6.34}$$

相应地，目标 Opt-attack 攻击的对抗目标函数为：

$$g(\boldsymbol{\theta}) = \min_{\lambda > 0} \lambda \quad \text{s.t.} \ f(\boldsymbol{x} + \lambda \frac{\boldsymbol{\theta}}{\|\boldsymbol{\theta}\|}) = y_t \tag{6.35}$$

其中，$\boldsymbol{\theta}$ 表示搜索方向，$g(\boldsymbol{\theta})$ 是干净样本 $\boldsymbol{x}$ 沿方向 $\boldsymbol{\theta}$ 到最近对抗样本的距离。对于归一化后的 $\boldsymbol{\theta}$，Opt-attack 使用粗粒度搜索和二分搜索来计算目标函数的值 $g(\boldsymbol{\theta})$。Opt-attack 方法并没有搜索对抗样本，而是搜索方向 $\boldsymbol{\theta}$ 来最小化对抗噪声 $g(\boldsymbol{\theta})$，那么就有了下面的优化问题：

$$\min_{\boldsymbol{\theta}} g(\boldsymbol{\theta}) \tag{6.36}$$

为了求解上述优化问题，Cheng 等人使用**随机无梯度**（randomized gradient-free，RGF）方法来估计梯度：

$$\hat{\boldsymbol{g}} = \frac{g(\boldsymbol{\theta} + \beta \boldsymbol{u}) - g(\boldsymbol{\theta})}{\beta} \cdot \boldsymbol{u} \tag{6.37}$$

然后以步长 α 通过 $\boldsymbol{\theta} \leftarrow \boldsymbol{\theta} - \alpha \hat{\boldsymbol{g}}$ 来更新搜索方向。最后通过优化问题式 (6.36) 的最优解 $\boldsymbol{\theta}^*$ 得到对抗样本 $\boldsymbol{x}_{\text{adv}} = \boldsymbol{x} + g(\boldsymbol{\theta}^*) \frac{\boldsymbol{\theta}^*}{\|\boldsymbol{\theta}^*\|}$。当目标函数 $g(\boldsymbol{\theta})$ 是 Lipschitz 平滑时，Opt-attack 方法在查询次数上有收敛的保证。此外，Opt-attack 方法还可以攻击除深度神经网络以外的其他离散的、不连续的、不可微的机器学习模型，例如梯度增强决策树等。与边界攻击方法相比，Opt-attack 方法将查询次数减少了 3 或 4 倍，实现了更小或类似的对抗噪声。

查询攻击通常可以取得较高的攻击成功率，但是它们也需要大量的查询才能攻击成功。借助一些先验知识可以进一步优化和加速此类攻击，此外，查询攻击还可以以代价更低的迁移攻击作为初始化来降低查询次数。下面将介绍完全不需要查询目标模型就可以发起攻击的迁移对抗攻击。

6.2.2 迁移攻击

对抗样本的跨模型迁移性早在 2013 年 Szegedy 等人的工作[229] 中就已被发现。由于不同的模型在相同数据点周围学到了相似的决策边界，使得基于一个模型生成的对抗样本往往也可以欺骗在相同数据集上训练的其他模型，尤其是那些结构相同或类似的模型。

迁移攻击便利用了对抗样本的迁移性来实现黑盒攻击。攻击者首先使用**替代模型**（surrogate model）来替代目标模型，然后基于白盒攻击方法在替代模型上生成对抗样本，生成的对抗样本由于迁移性可以直接用来攻击目标模型。攻击者可以自己训练替代模型，而且并不需要跟目标模型结构一致，但是要求替代模型的训练数据跟目标模型的训练数据来自于同一个分布。

Papernot 等人[246] 以自适应查询的方式，使用合成数据来训练替代模型，然而这需要大量的查询并且要求目标模型输出全类别概率向量。这些要求在实际应用场景中很难满足，尤其是像 ImageNet 这样包含上千个类别的大数据集。目前，大部分迁移攻击方法主要使用预训练的模型作为替代模型。此外，直接使用白盒攻击方法在替代模型上生成的对抗样本的迁移性并不是很高，往往需要用各种技术进行进一步增强。

Liu 等人[247] 将集成的概念应用于迁移攻击，提出了基于模型集成的新颖攻击方法。简单来说，如果一个对抗样本对于多个模型具有对抗性，那么它极有可能具有很好的迁移性。Liu 等人提出的攻击方法便是利用了此思想，基于**多个替代模型**来生成迁移性更强的对抗样本。具体来说，给定 k 个替代模型，基于模型集成的有目标攻击求解以下优化问题：

$$\arg\min_{\boldsymbol{x}_{\mathrm{adv}}} -\log\left(\sum_{i=1}^{k}\alpha_i p_i(y_t|\boldsymbol{x}_{\mathrm{adv}})\right) + \lambda\|\boldsymbol{x}_{\mathrm{adv}} - \boldsymbol{x}\|_2 \tag{6.38}$$

其中，α_i 是给每个模型的权重（$\alpha_i \geqslant 0$ 且 $\sum_{i=1}^{k}\alpha_i = 1$），$p_i(y_t|\cdot)$ 是第 i 个替代模型预测类别 y_t 的概率。无目标攻击与式 (6.38) 类似，不过它是最大化模型对真实类别的分类错误。值得注意的是，Liu 等人所提出的攻击方法使用的是多个替代模型的融合预测概率。除此之外，Dong 等人[233] 提出的 MI-FGSM 攻击算法 [见式 (6.8)] 通过融合损失函数和融合逻辑输出高效集成多个替代模型：

$$\sum_{i=1}^{k}\alpha_i \mathcal{L}(f(\boldsymbol{x}_{\mathrm{adv}}), y_t) \tag{6.39}$$

$$\sum_{i=1}^{k}\alpha_i \boldsymbol{z}_i(\boldsymbol{x}_{\mathrm{adv}}) \tag{6.40}$$

上述两种融合方式产生了不同的攻击性能，实验结果表明融合逻辑输出 [即式 (6.40)] 要优于融合预测概率和融合损失函数。

Dong 等人[233] 认为生成一个对抗样本类似于训练一个模型，其迁移性可类比于模型的泛化。基于模型集成的攻击方法和 MI-FGSM 也在某种程度上证明了这一观点，所以可以借鉴其他提升模型泛化能力的技术来提高迁移攻击的性能。受数据增广的启发，Xie 等人[248] 通过创建更多样化的输入模式来提高对抗样本的迁移性，并与 BIM 结合提出了**多样化输入迭代快速梯度符号方法**（diverse inputs iterative FGSM，DI²-FGSM）。DI²-FGSM 的攻击过程类似于 BIM 攻击算法，但是在每次迭代时以概率 p 对输入进行图像变换 $T(\cdot)$，从而缓解对替代模型的过拟合：

$$\boldsymbol{x}_{\mathrm{adv}}^{t+1} = \mathrm{Clip}_{\boldsymbol{x},\epsilon}\{\boldsymbol{x}_{\mathrm{adv}}^t + \alpha \cdot \mathrm{sign}(\nabla_{\boldsymbol{x}} L(f(T(\boldsymbol{x}_{\mathrm{adv}}^t; p)), y))\}, \tag{6.41}$$

其中，随机图像变换函数 $T(\boldsymbol{x}_{\mathrm{adv}}^t; p)$ 定义为：

$$T(\boldsymbol{x}_{\mathrm{adv}}^t; p) = \begin{cases} T(\boldsymbol{x}_{\mathrm{adv}}^t) & \text{以概率 } p \\ \boldsymbol{x}_{\mathrm{adv}}^t & \text{以概率 } 1-p \end{cases} \tag{6.42}$$

具体来说，DI^2-FGSM 使用了**随机大小调整**（将输入图像调整为随机大小）和**随机填充**（随机在输入图像边缘填充零元素）等随机变换。随机变换函数中的随机变换概率 p 平衡了 DI^2-FGSM 的白盒攻击成功率和黑盒攻击成功率。当 $p=0$ 时，DI^2-FGSM 就退化为 BIM，从而导致生成的对抗样本过拟合替代模型；当 $p=1$ 时，则只将随机变换后的输入图像用于对抗攻击，虽然这样可以显著提高生成对抗样本的黑盒攻击成功率，但同时会使得白盒攻击成功率变低。虽然 MI-FGSM 和 DI^2-FGSM 是两种完全不同的缓解过拟合现象的方法，但两者可以自然地组合起来以形成更强大的攻击，即**动量多样化输入迭代快速梯度符号方法**（momentum diverse inputs iterative FGSM, M-DI^2-FGSM）。M-DI^2-FGSM 的整体攻击过程与 MI-FGSM 类似，只需将动量项的计算替换为：

$$\boldsymbol{g}_{t+1} = \mu \cdot \boldsymbol{g}_t + \frac{\nabla_{\boldsymbol{x}}\mathcal{L}(f(T(\boldsymbol{x}_{\mathrm{adv}}^t; p)), y)}{\|\nabla_{\boldsymbol{x}}\mathcal{L}(f(T(\boldsymbol{x}_{\mathrm{adv}}^t; p)), y)\|_1} \tag{6.43}$$

尽管 MI-FGSM 和 DI^2-FGSM 生成的对抗样本在普通训练的模型上具有较高的迁移性，但它们很难有效地迁移到鲁棒训练的模型上。Dong 等人[249] 发现鲁棒模型用来识别物体类别的判别区域不同于普通训练的模型，MI-FGSM 和 DI^2-FGSM 生成的对抗样本与替代模型在给定干净样本时的判别区域相关，从而很难迁移到其他具有不同判别区域的目标模型。为了使生成的对抗样本对替代模型的判别区域不太敏感，Dong 等人提出了一种**平移不变**（translation invariant，TI）技术，可以与已有攻击方法结合，大幅提升迁移性。基于平移不变技术的攻击方法使用原始干净图像和平移后的干净图像所组成的图像集来生成对抗样本：

$$\arg\min_{\boldsymbol{x}_{\mathrm{adv}}} \sum_{i,j} \omega_{ij} \mathcal{L}(f(T_{ij}(\boldsymbol{x}_{\mathrm{adv}})), y) \text{ s.t. } \|\boldsymbol{x}_{\mathrm{adv}} - \boldsymbol{x}\|_\infty \leqslant \epsilon \tag{6.44}$$

其中，$T_{ij}(\boldsymbol{x})$ 是将图像 $\boldsymbol{x}$ 沿两个维度方向分别平移 i 和 j 个像素的平移操作，平移后图像的每个像素 (a,b) 为 $T_{ij}(\boldsymbol{x})_{a,b} = \boldsymbol{x}_{a-i,b-j}$，$\omega_{ij}$ 是损失函数 $\mathcal{L}(f(T_{ij}(\boldsymbol{x}_{\mathrm{adv}})), y)$ 的权重，$i,j \in \{-k, \cdots, 0, \cdots, k\}$，$k$ 是要平移的最大像素数。通过这种方法生成的对抗样本对于替代模型的判别区域不太敏感，可以以更高的概率欺骗鲁棒模型。

然而，要生成上述对抗样本需要计算集合中所有图像的梯度，这会带来很大的计算开销。为了提高攻击效率，Dong 等人利用卷积神经网络中的平移不变特性，即输入图像中的物体在很小的平移下也可以被正确识别，证明了平移不变攻击可以通过将未平移样本的梯度与一个预定义的由所有权重 ω_{ij} 组成的核矩阵进行卷积来实现。改进后的平移不变攻击可以在不增加计算复杂度的情况下，自然地与 FGSM 和 BIM 结合分别得到 TI-FGSM 和 TI-BIM 攻击方法：

$$\boldsymbol{x}_{\text{adv}} = \boldsymbol{x} + \epsilon \cdot \text{sign}(\boldsymbol{W} * \nabla_{\boldsymbol{x}}\mathcal{L}(f(\boldsymbol{x}), y)) \tag{6.45}$$

$$\boldsymbol{x}_{\text{adv}}^{t+1} = \text{Clip}_{\boldsymbol{x},\epsilon}\{\boldsymbol{x}_{\text{adv}}^{t} + \alpha \cdot \text{sign}(\boldsymbol{W} * \nabla_{\boldsymbol{x}}L(f(\boldsymbol{x}_{\text{adv}}^{t}), y))\} \tag{6.46}$$

其中，$\boldsymbol{W}$ 是大小为 $(2k+1) \times (2k+1)$ 的核矩阵，$\boldsymbol{W}_{i,j} = w_{-i-j}$。设计核矩阵的基本原则是给平移较大的图像赋相对较低的权重，因此，Dong 等人采用了高斯核矩阵。

除了 MI-FGSM 之外，Lin 等人[250] 还将**Nesterov 加速梯度**（nesterov accelerated gradient，NAG）结合到 BIM 算法中，提出了 Nesterov 迭代快速梯度符号方法（nesterov iterative FGSM，NI-FGSM）。NAG 可以看作动量的改进。与动量相比，除了稳定更新方向之外，NAG 的期望更新还可以为之前积累的梯度进行一次修正，这有助于有效地向前看。NAG 的这种前瞻性可以帮助对抗样本更容易、更快速地摆脱糟糕的局部最优解，从而提高迁移性。NI-FGSM 在每次迭代计算梯度之前，会先沿着之前积累的梯度方向进行一次跳跃：

$$\boldsymbol{x}_{\text{ne}}^{t} = \boldsymbol{x}_{\text{adv}}^{t} + \alpha \cdot \mu \cdot \boldsymbol{g}_t$$

$$\boldsymbol{g}_{t+1} = \mu \cdot \boldsymbol{g}_t + \frac{\nabla_{\boldsymbol{x}}\mathcal{L}(f(\boldsymbol{x}_{\text{ne}}^{t}), y)}{\|\nabla_{\boldsymbol{x}}\mathcal{L}(f(\boldsymbol{x}_{\text{ne}}^{t}), y)\|_1} \tag{6.47}$$

$$\boldsymbol{x}_{\text{adv}}^{t+1} = \text{Clip}_{\boldsymbol{x},\epsilon}\{\boldsymbol{x}_{\text{adv}}^{t} + \alpha \cdot \text{sign}(\boldsymbol{g}_{t+1})\}$$

其中，μ 是 $\boldsymbol{g}_t$ 的衰减因子。NI-FGSM 能够在梯度积累部分取代 MI-FGSM，并产生更好的攻击性能。Lin 等人发现除了平移不变性以外，深度神经网络还具有**缩放不变性**，即在同一模型上干净图像和缩放后图像的损失是相似的。利用模型的缩放不变特性，Lin 等人进一步提出了**缩放不变攻击**（scale-invariant attack，SIA）方法。缩放不变攻击在缩放样本上优化对抗噪声：

$$\arg\min_{\boldsymbol{x}_{\text{adv}}} \frac{1}{m}\sum_{i=0}^{m}\mathcal{L}(f(S_i(\boldsymbol{x}_{\text{adv}})), y) \ \text{s.t.} \ \|\boldsymbol{x}_{\text{adv}} - \boldsymbol{x}\|_\infty \leqslant \epsilon \tag{6.48}$$

其中，$S_i(\boldsymbol{x}) = \boldsymbol{x}/2^i$ 表示缩放系数为 $1/2^i$ 的干净图像 $\boldsymbol{x}$ 的缩放副本，m 表示缩放副本的数量。从形式上来看，缩放不变攻击和基于模型集成的攻击比较类似。不同的是，基于模型集成的攻击需要训练一组不同的模型作为替代模型，这会带来更多的计算开销，而缩放不变攻击可以看作以模型增强（一种通过保留损失变换获得多个模型的简单方法）的方式从原始模型中衍生出多个模型。

尽管上述基于迁移的攻击方法都很有效，但它们都忽略了深度神经网络的**结构特性**。Wu 等人[251] 研究发现，残差神经网络中跳跃连接（skip connection）可以提升迁移性，即在反向梯度传播过程中有选择性地跳过某些连接会大大提高生成对抗样本的迁移性。基于此，Wu 等人提出了**跳跃梯度方法**（skip gradient method，SGM）基于残差网络生成高迁移性攻击。在残差网络中，跳跃连接使用**恒等映射**（identify mapping）将卷积模块的输入直接连接到其输出，以此来建立一个从浅层向深层的**捷径**（shortcut）$z_{i+1} = z_i + f_{i+1}(z_i)$。具有 L 个残差模块的残差神经网络可以表示为：

$$z_L = z_0 + \sum_{i=0}^{L-1} f_{i+1}(z_i) \tag{6.49}$$

其中，$z_0 = x$ 是模型的输入。根据链式法则，损失函数 $\mathcal{L}(f(x), y)$ 对于输入 z_0 的梯度可以分解为：

$$\frac{\partial \mathcal{L}(f(x), y)}{\partial x} = \frac{\partial \mathcal{L}(f(x), y)}{\partial z_L} \prod_{i=0}^{L-1} \left(\frac{\partial f_{i+1}(\partial z_i)}{z_i} + 1 \right) \frac{\partial z_0}{\partial x} \tag{6.50}$$

Wu 等人发现利用更多来自跳跃连接的梯度可以生成迁移性更强的对抗样本。为了使用更多来自跳跃连接的梯度，SGM 引入了一个衰减参数到分解的梯度中，以减少来自卷积模块的梯度：

$$\nabla_x \mathcal{L}(f(x), y) = \frac{\partial \mathcal{L}(f(x), y)}{\partial z_L} \prod_{i=0}^{L-1} \left(\gamma \frac{\partial f_{i+1}(\partial z_i)}{z_i} + 1 \right) \frac{\partial z_0}{\partial x} \tag{6.51}$$

其中，$\gamma \in (0, 1]$ 是衰减参数。SGM 可以在不增加任何计算开销的情况下，很容易地与基于梯度的攻击方法结合。比如，与 BIM 结合来迭代地生成对抗样本：

$$x_{adv}^{t+1} = \text{Clip}_{x, \epsilon} \left\{ x_{adv}^t + \alpha \cdot \text{sign} \left(\frac{\partial \mathcal{L}(f(x), y)}{\partial z_L} \prod_{i=0}^{L-1} \left(\gamma \frac{\partial f_{i+1}(\partial z_i)}{z_i} + 1 \right) \frac{\partial z_0}{\partial x} \right) \right\} \tag{6.52}$$

卷积模块的梯度是沿着反向传播路径累积衰减的，也就是说，浅层卷积模块的梯度将比深层卷积模块的梯度减小更多倍。由于浅层特征已经被跳跃连接很好地保留了，因此卷积模块梯度的衰减会鼓励攻击更多关注浅层特征，而浅层特征在不同的深度神经网络之间更容易迁移。值得一提的是，目前 SGM 只对有跳跃连接的网络结构适用，其在其他网络结构上的扩展值得进一步探索。

　　虽然上述基于迁移的攻击方法都可以提升生成对抗样本的迁移性，但攻击成功率仍然不如查询攻击，因为毕竟缺失了目标模型的反馈。但是查询攻击又依赖模型的输出类型，且往往受查询次数限制，在现实场景中难以实施。二者之间的融合可以促成更高效的攻击。比如，已经有一些工作尝试将基于替代模型生成的对抗噪声作为初始化，然后用查询攻击来进行微调[252]。预计结合一定的先验知识和迁移攻击，黑盒攻击有可能变得和白盒攻击一样准确高效。

6.3 物理攻击

前面介绍的黑盒攻击和白盒攻击算法都假定用于攻击的对抗样本可以在生成以后原封不动地直接输入目标模型。现实场景中的人工智能系统则往往通过摄像头和传感器等设备获取输入，无法直接接受数字输入。比如，在人脸识别场景中，用户的面部图像是通过摄像头采集的，而不是直接上传的一张图片。在这些场景下，对输入样本进行细粒度逐维度修改的攻击方式就变得不切实际了，需要特殊的**物理世界攻击**（physical-world attack）方法来增强它们在真实环境中的对抗性。本节将对经典的物理对抗攻击方法进行详细的介绍。

物理世界中的对抗样本。 Kurakin 等人[231]是最早开始研究物理攻击的学者。他们将对抗图像打印出来，然后通过手机拍摄后将拍摄图片输入分类模型中，发现很大一部分对抗样本在重新拍摄后依然能够使模型犯错，也就是这些样本在物理环境中也依然具有对抗性。如图 6.4 所示，先使用传统的攻击算法（可以统称为"数字攻击"）生成一些对抗图像。之后，将原始图像和对抗图像打印出来，并重新拍摄成照片（使用谷歌手机 Nexus 5X）。最后，将这些照片中所包含的图像分割出来，输入模型中进行分类测试。实验结果表明，一部分对抗样本在经过拍照后依然可以成功攻击。进一步实验发现，改变照片亮度和对比度对对抗样本影响不大，但是模糊、噪点和 JPEG 编码会在很大程度上破坏对抗样本的有效性。

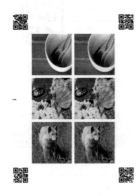  

a) 打印出来的干净(左)　　　b) 手机重新拍摄的图像　　　c) 从b中自动截出
和对抗(右)图像　　　（二维码为了截图方便）　　　来的图像

图 6.4　物理世界攻击[231]

鲁棒物理扰动。 虽然上述工作证明了对抗样本在物理世界中也能发挥作用，但 Kurakin 等人设计的物理攻击是将对抗样本打印后再对其拍摄，这实际上并不符合真实场景。因此 Eykholt 等人[253]选择道路标志牌作为检测目标域，并指出在物理世界中，对抗样本的有效性存在以下挑战。

1. **环境条件**：现实世界中拍摄的图像会受不同距离、角度、光照和天气等因素的影响。
2. **空间限制**：大部分攻击在整张图像上添加扰动，而现实情况是，攻击者无法改变路牌以外的背景，并且背景也会随拍摄视角变化。

3. **不易察觉的物理限制**：很多攻击生成的对抗扰动过于微小，摄像头往往无法感知这些扰动，导致攻击无效。

4. **制造误差**：通过攻击算法计算出来的对抗噪声可能包含无法在现实世界中打印的颜色值。

受以上挑战启发，Eykholt 等人[253] 提出**鲁棒物理扰动**（robust physical perturbation，RP^2）攻击算法，该算法可以产生一个可见但并不显眼的、只作用于目标物体而非环境的扰动，并且这个扰动对不同距离和角度的摄像头具有较高的鲁棒性。图 6.5展示了该算法的攻击流程，RP^2 算法首先基于传统数字攻击算法生成对抗扰动：

$$\arg\min_{\boldsymbol{\delta}} \lambda \|\boldsymbol{\delta}\|_p + \mathcal{L}(f(\boldsymbol{x}+\boldsymbol{\delta}), y_t) \tag{6.53}$$

其中，y_t 为目标类别。为了能够适应上述物理世界挑战中的环境条件，Eykholt 等人拍摄了在不同距离、角度及光线下的路牌照片来反映动态多变的物理环境。此外，还通过合成手段，如随机裁切图片中的目标、改变亮度、添加空间变换等来模拟其他可能的情况。将这些不同条件下的物理变换和合成变换的分布建模成 X^V，用于训练的实例 $\boldsymbol{x}_i$ 均从 X^V 中抽取。

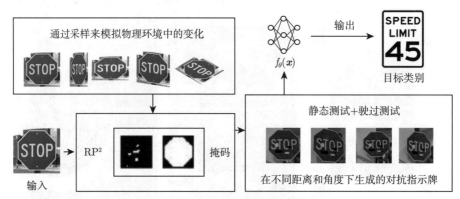

图 **6.5**　RP^2 攻击流程图[253]

为了保证扰动只添加在目标物体 o 上，Eykholt 等人使用一个**输入掩码**（input mask）来将计算出的扰动添加到物理目标区域内。该输入掩码为一个矩阵 $\boldsymbol{M_x}$，大小与分类器输入向量的大小相同，在没有添加扰动的区域掩码值为 0，添加扰动的区域值为 1。

更进一步，引入基于**不可印刷性分数**（non-printability score，NPS）[254] 的约束条件，用来解决打印机无法打印某些颜色的问题。综合以上技术，Eykholt 等人提出的物理攻击方法 RP^2 定义如下：

$$\arg\min_{\boldsymbol{\delta}} \lambda \|\boldsymbol{M_x} \cdot \boldsymbol{\delta}\|_p + \text{NPS} + \mathbb{E}_{\boldsymbol{x}_i \sim X^V} \mathcal{L}\left(f_{\boldsymbol{\theta}}\left(\boldsymbol{x}_i + T_i\left(\boldsymbol{M_x} \cdot \boldsymbol{\delta}\right)\right), y_t\right) \tag{6.54}$$

其中，$T_i(\cdot)$ 是用于将目标变换映射到对抗扰动的对齐函数。在生成完对抗图案后，攻击者可以将生成结果打印出来，并把扰动裁剪后放到目标物体 o 上，如图 6.6所示，可以将扰动伪装成常见的海报、涂鸦和黑白格等贴在道路标志牌上。

a) 微妙的海报   b) 伪装涂鸦   c) 黑白格

图 6.6 RP^2 生成的三类物理对抗交通指示牌[253]

在实景驾驶测试实验中，RP^2 物理攻击在对象受限的海报打印攻击（直接打印整个对象）和贴纸攻击（以贴纸的形式产生扰动，将修改区域限制在一块类似涂鸦或艺术效果的区域中）中都取得了不错的攻击成功率，证明生成在不同距离和角度下都能保持对抗性的物理对抗样本是可能的。

对抗补丁。 Brown 等人[255] 提出了一种**对抗补丁**（adversarial patch，AdvPatch）攻击方法，对图像的局部区域进行较大幅度的对抗扰动，生成具有强对抗性的补丁。由于扰动幅度很大，因此对抗补丁可以被打印出来，在物理场景中攻击深度学习模型，比如使物体检测模型忽略特定的物体并预测错误的类别。

不同于传统梯度优化的算法，Brown 等人用生成的补丁替换图像中的一部分来实现攻击。给定一张图片 $\boldsymbol{x} \in \mathbb{R}^{w \times h \times c}$、一个补丁 $\boldsymbol{r}$、补丁位置 l 和补丁变换 t（如旋转和缩放等），定义打补丁操作 $A(\boldsymbol{r}, \boldsymbol{x}, l, t)$，先将变换 t 应用于补丁 $\boldsymbol{r}$，之后将变换后的补丁 $\boldsymbol{r}$ 作用于图片 $\boldsymbol{x}$ 的位置 l 上。Brown 等人使用了一种变换形式的**变换期望算法**（expectation over transformation，EOT）[256] 来获得训练后的补丁 $\widehat{\boldsymbol{r}}$，此算法通过模拟和求期望来拟合现实世界中的各种变换：

$$\widehat{\boldsymbol{r}} = \arg\max_{\boldsymbol{r}} \mathbb{E}_{\boldsymbol{x} \sim X, t \sim T, l \sim L}[\log p(\widehat{y} \mid A(\boldsymbol{r}, \boldsymbol{x}, l, t)] \tag{6.55}$$

其中，X 是图片训练集，T 是补丁变换的分布，L 是图像中位置的分布。此外，添加一个扰动大小约束 $\|\boldsymbol{r} - \boldsymbol{r}_{\text{orig}}\|_{\infty} < \epsilon$，确保对抗补丁的变化不至于太大。在物理实验中，研究人员将生成的补丁通过标准彩色打印机进行打印，并将它放到不同的场景中进行测试，结果表明这样的补丁能够轻易欺骗分类模型。图 6.7展示了用对抗补丁进行物理攻击的例子。

对抗伪装（AdvCam）。 对抗补丁的出现大大增加了人工智能模型在真实环境中的安全风险，因为这样的补丁可能以任何形式出现在任何地方。Duan 等人[257] 就提出将大小不受限的对抗扰动伪装成一种自然的风格，使之看起来是合理的，更不容易引起注意，以此来揭示物理环境中普遍存在的对抗因素。基于此思想，Duan 等人提出基于风格迁移的对**抗伪装**（adversarial camouflage，AdvCam）攻击。图 6.8展示了对抗伪装的基本思想，其通过选择现实场景中不同风格，如褪色、被积雪覆盖和生锈等的交通指示牌，将对抗性隐藏在不同的风格中，使生成的对抗样本特别像真实存在的。

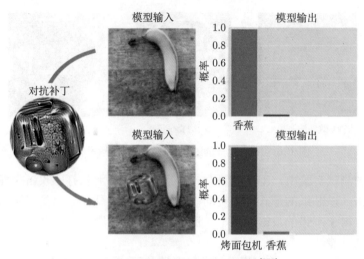

图 6.7   对抗补丁攻击效果示意图[255]

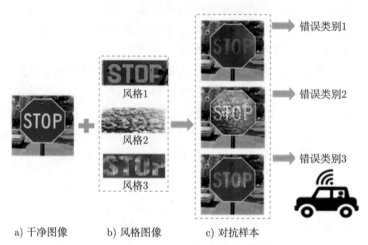

a) 干净图像   b) 风格图像   c) 对抗样本

图 6.8   对抗伪装攻击示意图[257]

对抗伪装攻击需要同时完成多个任务，使用的损失函数包括：表示对抗强度的对抗损失 $\mathcal{L}_{\text{adv}}$、表示风格生成的风格损失 $\mathcal{L}_s$、保护原图像内容的内容损失 $\mathcal{L}_c$ 和生成局部平滑区域的平滑损失 $\mathcal{L}_m$：

$$\mathcal{L} = (\mathcal{L}_s + \mathcal{L}_c + \mathcal{L}_m) + \lambda \cdot \mathcal{L}_{\text{adv}} \tag{6.56}$$

其中，对抗样本 $\boldsymbol{x}'$ 和风格参考图像 $\boldsymbol{x}^s$ 之间的风格距离可表示为：

$$D_s = \sum_{l \in \mathcal{S}_l} \|\mathcal{G}\left(\widetilde{f}_l\left(\boldsymbol{x}^s\right)\right) - \mathcal{G}\left(\widetilde{f}_l\left(\boldsymbol{x}'\right)\right)\|_2^2 \tag{6.57}$$

其中，$\tilde{f}$ 表示特征提取器，$\mathcal{G}$ 是从 $\tilde{f}$ 的风格层（深度神经网络的某些层与风格相关）中提取的风格特征 Gram 矩阵，并使用掩码矩阵 $\boldsymbol{M}$ 来确保只有指定区域（适合进行风格变换的区域）被改变。

上述风格损失 $\mathcal{L}_s$ 可以使模型根据参考风格（预先选择的风格图片）生成对抗样本，这有可能会损失原始图像中的部分内容。原始图像的内容可以通过以下损失来保留：

$$\mathcal{L}_c = \sum_{l \in \mathcal{C}_l} \| \widetilde{f_l}(\boldsymbol{x}) - \widetilde{f_l}(\boldsymbol{x'}) \|_2^2 \tag{6.58}$$

其中，$\mathcal{C}_l$ 表示用于提取内容特征的神经网络层集合，这保证了对抗样本和原始图像在深层特征空间的相似性。此外，研究者还通过减少相邻像素之间的变化来提高对抗图案的平滑度，具体损失公式如下：

$$\mathcal{L}_m = \sum ((\boldsymbol{x'}_{i,j} - \boldsymbol{x}_{i+1,j})^2 + (\boldsymbol{x'}_{i,j} - \boldsymbol{x}_{i,j+1}^2))^{\frac{1}{2}} \tag{6.59}$$

其中，$\boldsymbol{x'}_{i,j}$ 表示图像 $\boldsymbol{x'}$ 坐标 (i,j) 处的像素值。最后，对抗损失可以用交叉熵损失来定义：

$$\mathcal{L}_{\mathrm{adv}} = \begin{cases} \log p_{y_t}(\boldsymbol{x'}) & \text{目标攻击} \\ -\log p_y(\boldsymbol{x'}) & \text{无目标攻击} \end{cases} \tag{6.60}$$

由于物理环境经常会涉及各种状态波动，如视点偏移、相机噪声和其他变换等，Duan 等人同样采用变换集合和 EOT 算法来模拟物理世界中的多变情况：

$$\min_{\boldsymbol{x'}} ((\mathcal{L}_s + \mathcal{L}_c + \mathcal{L}_m) + \max_{T \in \mathcal{T}} \lambda \cdot \mathcal{L}_{\mathrm{adv}}(\boldsymbol{x}_{\mathrm{bg}} + T(\boldsymbol{x'})) \tag{6.61}$$

其中，$\boldsymbol{x}_{\mathrm{bg}}$ 表示一张从现实世界中采样的随机背景图片，T 代表一系列随机变换，如旋转、尺寸调整和颜色变换等。实验表明这种结合了风格迁移和对抗攻击的算法可以让对抗样本的隐匿方式更加灵活。

对抗 T 恤（AdvTShirt）。 上述物理攻击针对的都是不易形变的刚性物体，如道路标识牌等。在一般情况下这些物体是静止的，贴在其表面的对抗图案不会产生形变，导致那些算法在容易形变的非刚性物体上效果有限。针对此问题，Xu 等人[258] 提出对抗 T 恤（adversarial T-shirt，AdvTShirt），使得对抗样本在 T 恤这类会根据人类姿态和动作而随时发生形变的非刚性物体上也能发挥作用。当攻击者穿上印有对抗图案的 T 恤后能躲过物体检测模型，使其无法检测到攻击者的存在。图 6.9 展示了该算法生成的对抗 T 恤在数字和物理世界中攻击 YOLOv2 模型时的有效性。

为了适应物理环境变化，Xu 等人将 EOT 算法[256] 推广到对对抗 T 恤的设计。如前文所述，该方法针对可能发生在现实世界中的多种变换，如缩放、旋转、模糊、光线、噪声等，通过模拟和求期望来拟合这些现实变换，且在对象为刚性物体时有不错的效果。但该方法

无法模拟 T 恤在人体运动时产生的褶皱，而这种褶皱会使对抗样本失去作用。于是 Xu 等
人开发了一种基于薄板样条插值（thin plate spline，TPS）的变换算法来模拟由人体姿态
变化引起的 T 恤变形，TPS 算法已被广泛用于图像对齐和形状匹配中的非刚性变换模型。

图 6.9   数字对抗 T 恤和物理对抗 T 恤成功躲避物体检测模型[258]

图 6.10展示了该算法的总体流程。具体地，以视频中的两帧为例，有一个锚点图像 $\boldsymbol{x}_0$
和一个目标图像 $\boldsymbol{x}_i$，对于 $\boldsymbol{x}_0$ 中给定的人物边界框 $M_{p,0} \in \{0,1\}^d$ 和 T 恤边界框 $M_{c,0} \in \{0,1\}^d$，使用从 $\boldsymbol{x}_0$ 到 $\boldsymbol{x}_i$ 的透视变换来获得图像 $\boldsymbol{x}_i$ 中的人物边界框 $M_{p,i}$ 和 T 恤边界框
$M_{c,i}$。于是，尚未考虑物理变换的关于 $\boldsymbol{x}_i$ 的扰动图像 $\boldsymbol{x}'_i$ 可表示为：

$$\boldsymbol{x}'_i = \underbrace{(\boldsymbol{1} - M_{p,i}) \circ \boldsymbol{x}_i}_{A} + \underbrace{M_{p,i} \circ \boldsymbol{x}_i}_{B} - \underbrace{M_{c,i} \circ \boldsymbol{x}_i}_{C} + \underbrace{M_{c,i} \circ \boldsymbol{\delta}}_{D} \tag{6.62}$$

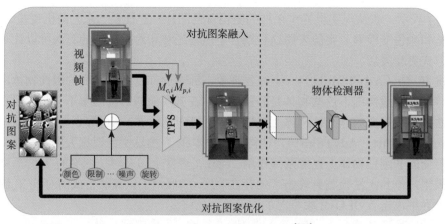

图 6.10   对抗 T 恤生成流程图[258]

其中，A 表示人物边框外的背景区域，B 是人物边界区域，C 表示删除 T 恤边界框内的像素值，D 是新引入的加性扰动。该公式可简化为对抗样本的常规表述：$(1 - M_{c,i}) \circ \boldsymbol{x}_i + M_{c,i} \circ \boldsymbol{\delta}$。

接下来，Xu 等人考虑三种主要类型的物理变换：1）对扰动 $\boldsymbol{\delta}$ 进行 TPS 变换 $t_{\text{TPS}} \in \mathcal{T}_{\text{TPS}}$，以此来模拟布料变形的影响；2）物理颜色变换 t_{color}，这种变换可将数字颜色变换为在物理世界中可被打印出来的颜色；3) 应用于人物边框内区域的常规物理变换 $t \in \mathcal{T}$。这里 $\mathcal{T}_{\text{TPS}}$ 表示非刚性变换集合，t_{color} 由一个可将数字空间色谱映射到对应的印刷品的回归模型给出，$\mathcal{T}$ 表示常用的物理变换集合，包括缩放、平移、旋转、亮度、模糊和对比度等。综合考虑以上不同物理变换后的算法公式为：

$$\boldsymbol{x}_i' = t_{\text{env}}\left(A + t\left(B - C + t_{\text{color}}\left(M_{c,i} \circ t_{\text{TPS}}(\boldsymbol{\delta} + \mu\boldsymbol{v})\right)\right)\right) \tag{6.63}$$

其中，$t \in \mathcal{T}$，$t_{\text{TPS}} \in \mathcal{T}_{\text{TPS}}$，$\boldsymbol{v} \sim \mathcal{N}(0,1)$，$t_{\text{env}}$ 代表对环境亮度条件建模的亮度变换，$\mu\boldsymbol{v}$ 是允许像素值变化的加性高斯噪声（可使最终的目标函数更平滑，更有利于优化过程中的梯度计算），μ 是给定的平滑参数。

最终，用于欺骗单个检测器的 EOT 公式为：

$$\min_{\boldsymbol{\delta}} \ \frac{1}{M} \sum_{i=1}^{M} \mathbb{E}_{t,t_{\text{TPS}},\boldsymbol{v}} \left[\mathcal{L}_{\text{adv}}\left(\boldsymbol{x}_i'\right)\right] + \lambda g(\boldsymbol{\delta}) \tag{6.64}$$

其中，$\mathcal{L}_{\text{adv}}$ 是导致错误检测的对抗损失，g 是增强扰动平滑度的总变分范数（total variation norm），$\lambda > 0$ 是正则化参数。实现显示，通过上述算法生成的对抗 T 恤在数字和物理世界中对 YOLOv2[259] 物体检测模型的攻击成功率分别可达到 74% 和 57%，相比之前方法有巨大提升。

多传感器融合对抗攻击（multi-sensor fusion adversarial attack, MSF-ADV 攻击）。对抗 T 恤探索了如何将对抗图案放在衣服上的问题，这里**多传感器融合对抗攻击**[260] 则探索了如何攻击真实场景下的自动驾驶系统。雷达和摄像头是自动驾驶标配的两种传感器，其捕获的路面信息和路况信息在分别经过处理后会通过两个不同的网络进行一定的融合和对齐，融合得到的信息用来支撑自动驾驶的决策。图 6.11展示了 Cao 等人提出的 MSF-ADV 攻击算法，其主要思想是充分利用两类传感器的特点生成具有对抗性的三维物体，通过优化物体的 3D 角度、位置、表面平滑度等性质，使其更容易在物理世界实现（比如 3D 打印）并保持对抗性。其中，主要的难点包括对雷达模块信息处理（即 3D 点云处理）的可微近似、点云信息与图像信息的匹配以及对抗形状的优化等。此研究工作第一次完整地攻破了自动驾驶的雷达和摄像头两个感知系统，在模拟自动驾驶场景中可以误导企业级的自动驾驶汽车撞上 3D 对抗物体。

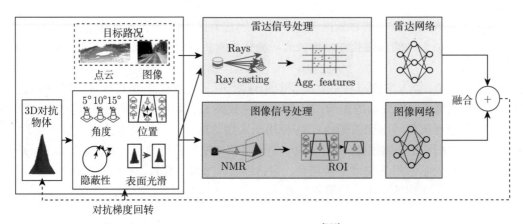

图 6.11   多传感器融合对抗攻击流程图[260]（简化版本）

6.4   本章小结

对抗攻击可以说是威胁深度神经网络安全性的一种最主要的攻击，其自 2013 年被发现以来已经得到了大量的研究。本章从白盒攻击、黑盒攻击和物理攻击三种攻击类型出发，介绍了近年来被提出的几种经典对抗攻击算法。这些算法从不同的角度，如提高攻击成功率、增加隐蔽性、提高查询效率、适应物理环境变化等，探索如何更合理、更高效地使用对抗梯度来获得想要的攻击效果。通过本章的介绍希望读者能够对基本的攻击流程、攻击策略、尚存挑战等有所了解，从而灵活面对未来更多样化的应用领域和攻击场景。当然，本着"攻击是为了更好地防御"的原则，对抗攻击还是要服务于测试模型（尤其是多模态大模型）的鲁棒性、揭示模型的安全问题，而不是恶意地攻击正在服务中的模型，否则可能会引起巨额经济损失，需要承担相应的法律责任。

6.5   习题

1. 什么是白盒对抗攻击，什么是黑盒对抗攻击，二者的主要区别是什么？
2. 写出对抗攻击算法 FGSM 和 PGD 的扰动公式，并列举这两个算法之间的三个不同点。
3. 编程实现以两步 PGD 算法逼近十步 PGD 的攻击效果，并在 CIFAR-10 数据集上进行验证。
4. 列举两种对抗梯度估计策略，并简单分析它们的效率。
5. 列举并简要分析对抗样本可以在不同模型间迁移的三个原因。
6. 简要描述变换期望（EOT）算法的主要思想。

第 **7** 章

模型安全：对抗防御

针对对抗攻击的防御工作主要集中在三个方面。首先是**对抗样本成因**，正所谓"知己知彼，百战不殆"，只有深入了解对抗样本的成因，才能设计防御方法从源头上防御对抗攻击。其次是**对抗样本检测**，检测是一种便捷的防御，其不光能让防御者对检测出来的攻击拒绝服务，还能通过检测到的查询样本定位攻击者，从而对其进行及时的提醒和警告。再次是**对抗训练**，这是一种主流的对抗防御手段，其通过鲁棒优化的思想在训练过程中提高模型自身的鲁棒性。其他的防御策略还包括**输入空间防御**、**可认证性防御**等。下面将对这些防御策略进行详细介绍。

7.1 对抗样本成因

理解对抗样本存在的根本原因有助于设计更有效的防御策略。自 2013 年发现对抗样本以来，研究者已经提出了多种**对抗样本成因假说**，解释对抗样本的一些独有性质。但是关于对抗样本的成因，领域内目前并没有达成一致的结论，有时不同的假说之间也存在一定的冲突。

直观来讲，对抗样本是针对模型的攻击，而模型又可以从不同的角度去理解，如学习器、计算器、存储器、复杂函数等，同时模型具有特征空间、决策边界等不同组成部分，导致对抗样本的成因可以从多种角度来解释。下面将介绍几个经典的假说，包括**高度非线性假说**、**局部线性假说**、**边界倾斜假说**、**高维流形假说**和**不鲁棒特征假说**。这些假说都是基于深度学习模型提出的。

7.1.1 高度非线性假说

通常，我们认为一个良好的模型应当具备很好的泛化能力，而泛化能力又分为**非局部泛化**（non-local generalization）和**局部泛化**（local generalization）。**非局部泛化能力**是指模型能够为不包含训练样本的邻域分配正确类别的概率。例如，同一个物体在不同视角下的图片从像素层面来看差异较大，在向量空间中距离较远，实际上二者具有相同的语义标签，在这种情况下如果模型能够正确分类两张图片，则称其具备一定的非局部泛化能力。**局**

部泛化能力则强调模型的平滑性，要求模型在靠近训练样本的测试样本上也能够按照预期工作。具体来说，对于给定的训练样本 x，设定足够小的球半径约束 ϵ，如果模型能对以 x 为中心、ϵ 为半径的高维球 $\mathcal{B}_\epsilon(x)$ 内的所有样本都给出类似的预测结果，则称模型具有局部泛化能力。Bengio 等人在 2009 年做出了基于核方法的**平滑假说**[261]，认为模型的局部泛化能力往往强于非局部泛化能力。其中，弱非局部泛化能力体现在模型会将一些不重要的概率分配给输入空间中未被训练样本覆盖的区域，而这些区域可能表示与训练数据相同的物体；强局部泛化能力则体现在模型对输入数据上的微小随机扰动不敏感。

Szegedy 等人[229]则认为上述平滑假说对高度非线性的神经网络并不成立。为了支撑这一观点，他们以图像输入为例提出了一套能够在输入样本邻域中寻找对抗样本的算法（即 6.1 节介绍的 L-BFGS 算法），通过对抗样本来构造局部泛化的反例。实验表明，随机噪声确实难以产生对抗样本，但通过对抗算法几乎可以为每一个输入样本找到微小的对抗扰动，使模型对扰动后的样本错误分类，证明了神经网络的弱局部泛化。Szegedy 等人对此做出猜想：正常情况下，对立否定集（对抗样本集）出现的概率极低，因而很少出现在测试集中，但它是密集的（很像有理数），因此几乎在每个测试用例中都存在。

为什么会存在对抗样本呢？为了回答这个问题，Szegedy 等人进一步提出了**高度非线性假说**，认为对抗样本的存在是由高度非线性化导致的局部泛化缺陷。具体来说，深度神经网络具有高维特征空间，同时非线性激活和层间堆叠导致输入和输出之间的映射高度非线性化，导致高维空间中存在大量未被探索过的"**高维口袋**"（high-dimensional pocket），如图 7.1 所示。这些"高维口袋"无法被普通样本覆盖，所以未经过充分训练（受有限训练样本限制），无法预测其内部样本的类别信息（即口袋中的样本类别不确定）。普通样本很容易沿着对抗方向（通过添加对抗噪声的方式）进入"高维口袋"，使模型发生预测错误。此外，这些"高维口袋"可能是大量存在的，即对抗子空间可能会占据特征空间的很大一部分。

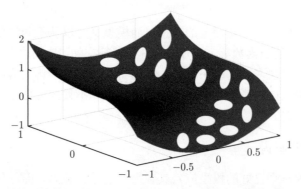

图 7.1   深度神经网络所学到的数据流形（红色曲面）附近存在大量低概率对抗"高维口袋"（白色空洞）[229]

虽然高度非线性假说很直观地解释了对抗样本的成因，但其还存在大量的遗留问题。比如，对抗子空间以什么形式存在？是不是每个样本周围都会存在对抗子空间？对抗子空间是如何在模型训练的过程中形成的，跟决策边界有什么关系？普通测试样本为什么很难到达对抗子空间？对抗子空间是否可以通过采样或者数据增广弥补？等等。回答这些问题需要更深入、更广泛的研究，因为在一个或者一种模型上得到的结论可能并不能代表所有模型。

7.1.2 局部线性假说

深度神经网络实际上包含很多（接近）线性的操作，比如 LSTM 网络、ReLU 激活函数和 Maxout 网络等都以接近线性的方式运行，而这种局部线性性质很可能是对抗样本存在的原因。受此启发，Goodfellow 等人[230] 提出**局部线性假说**，认为对抗样本是深度神经网络局部线性化的必然产物。局部线性假说的核心思想是：尽管深度神经网络整体呈非线性，但其内部存在大量局部线性操作，基于局部线性性质进行攻击足以产生对抗样本。

局部线性假说的认证思路如下：首先以线性模型为例展示高维线性转换对输入变化的无限放大，然后基于深度神经网络中存在的线性行为设计线性对抗攻击算法，最后通过实验认证"深度神经网络的线性化导致对抗样本存在"的合理性。

给定一个线性模型 $f(\boldsymbol{x}) = \boldsymbol{w}^\top \boldsymbol{x} + b$，假设给输入添加的扰动噪声为 $\delta = \text{sign}(\boldsymbol{w}) \cdot \epsilon$，其中 $\text{sign}(\cdot)$ 是符号函数，$\epsilon > 0$ 是每个输入维度上的扰动大小，则模型在扰动前后的输出变化为：

$$\Delta f = f(\boldsymbol{x} + \delta) - f(\boldsymbol{x}) = |\boldsymbol{w}^\top|\epsilon = \sum_{j=0}^{n} |\boldsymbol{w}_j|\epsilon \tag{7.1}$$

其中，n 表示线性模型参数的维度。从上式可以看出，模型的输出变化随参数维度的增加而增加，换言之，当参数维度（也即输入维度）趋向于正无穷的时候，模型输出变化也趋向于正无穷，即 $\lim_{n \to +\infty} \Delta f = +\infty$。而深度神经网络的参数维度很高，所以如果局部线性性质是对抗样本的成因，那么线性的攻击方法就足以为几乎每一个样本找到对抗样本。

实验表明，基于 Goodfellow 等人提出的线性攻击方法 FGSM（参考 6.1节）确实能够达到较高的攻击成功率。在 $\epsilon = 0.25$ 的无穷范数（L_∞）约束下，FGSM 攻击可以让浅层 softmax 分类器在 MNIST 测试集上的错误率达到 99.9%，平均置信度为 79.3%；在同样的参数设置下，攻击使 Maxout 网络在 MNIST 测试集上的错误率达到了 89.4%，平均置信度高达 97.6%。类似地，当使用 $\epsilon = 0.1$ 时，卷积 Maxout 网络在 CIFAR-10 测试集上的错误率高达 87.15%，平均置信度高达 96.6%。这说明基于线性假说生成的对抗扰动能够在非线性神经网络上取得非常好的攻击效果，支持了局部线性化是对抗样本成因的结论。

基于局部线性假说，Goodfellow 等人进一步解释了对抗样本的跨模型迁移性。如图 7.2 所示，从某一个样本出发沿着 FGSM 找到的对抗方向不断增加扰动时，模型对应不同类别的逻辑值发生线性的变化，同时能保持正确分类的部分（左图中的绿色圆圈部分）很小，也就是说正确的流形实际上很薄，流形外是巨大的对抗子空间。这导致了不同模型虽然在所学到的流形上有一定的差别，而在对抗子空间上存在大量重叠，这也解释了对抗样本的跨模型迁移性。

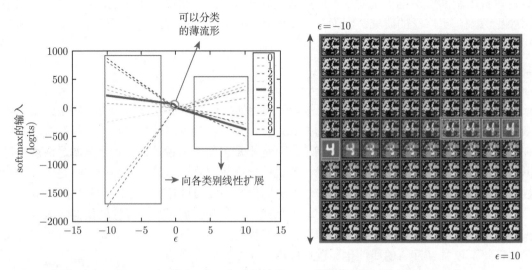

图 7.2　左图：给定一个 MNIST 样本（中心点），沿着 FGSM 算法找到的对抗方向，向 $\epsilon = 10$ 和 $\epsilon = -10$ 两个方向逐步增加噪声，神经网络的逻辑（logits）值发生线性变化，同时能正确分类的部分（绿色圆圈）很小（流形很薄）。**右图**：对应左图中变化 ϵ 所得到的对抗样本。图片来自 [230]

7.1.3　边界倾斜假说

Tanay 和 Griffin[262] 对局部线性假说提出了疑问，并设计了两个可以否定局部线性假说的例子。按照局部线性假说，模型的对抗脆弱性会随着输入维度和模型参数维度的增加而加重。针对这个解释，Tanay 和 Griffin 基于 MNIST 数据集中的两类手写体数字 3 和 7，设计了两个对比数据集：1）原始大小（28×28）的数字 3 和 7；2）放大（200×200）的数字 3 和 7。Tanay 和 Griffin 展示了模型在这两个数据集上的对抗样本现象并未（明显）加重。需要注意的是 Tanay 和 Griffin 的实验使用的是线性 SVM 模型和 L_2 范数攻击，而 Goodfellow 等人的实验使用的是逻辑回归模型和 L_∞ 范数攻击。这个实验从一定程度上挑战了 Goodfellow 等人的线性解释，即**输入维度的增加并没有加重对抗脆弱性**。

紧接着，Tanay 和 Griffin 构造了一个**不存在对抗样本**的分类任务，来证明**并不是所有的线性分类问题都会存在对抗样本现象**。这个分类任务是这么构造的，考虑一个图像二分类问题，两类图像的大小都是 100×100，类别 1 的图像左半边有 [0,1] 之间的随机像素值，**右半边是纯黑像素**（像素值全为 0）；类别 2 的图像左半边有 [0,1] 之间的随机像素值，右半边是纯白像素（像素值全为 1）。对于上述分类问题，通过 FGSM 算法生成的对抗样本只能是在将类别 1 的图像完全转换成类别 2 的图像时才能成功攻击，反之亦然。所以上述分类问题并不存在对抗样本，从而挑战了 Goodfellow 等人的线性解释，即线性分类器沿着对抗方向扰动一定会得到一个对抗样本。

受启发于 Szegedy 等人的高维非线性假说，Tanay 等人提出了**边界倾斜假说**，即模型学习到的决策边界与数据的潜在流形存在轻微的倾斜偏离（如图 7.3 所示），导致二者之间的间隙空间存在对抗样本，即样本可以跨过决策边界但是语义内容仍然在流形附近。决策边界倾斜假说很好地解释了对抗样本的两个主要性质：1）对抗样本可以让模型犯错，即跨过了决策边界；2）对抗样本跟原始样本极为相似，即对抗样本仍然在原始样本附近的流形上。边界倾斜假说与高维非线性假说并不冲突，高维非线性空间中决策边界和数据流形更为复杂，两者之间的偏离空间更加复杂。可惜的是，目前并不存在能有效可视化决策边界或者流形的方法，导致我们无法看到二者的真实形态。

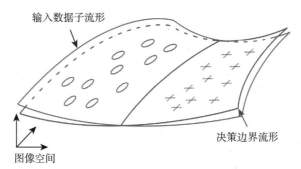

图 7.3 决策边界倾斜导致其与数据流形之间发生了偏离，导致对抗样本的存在[262]

7.1.4 高维流形假说

Ma 等人[263] 提出高维流形假说，认为对抗样本周围子空间（即对抗子空间）所对应流形的**本征维度**（intrinsic dimension）更高，即**对抗样本从低维流形跃迁到了高维流形**。此解释基于机器学习的"流形假说"，即真实世界中的高维数据往往对应一个低维流形。此外，高维流形假说跟 Szegedy 等人的高维非线性假说也是一脉相承的，只不过这里计算出了具体的高维维度（即本征维度）。图 7.4 展示了高维流形假说中普通样本和对抗样本周围子空间的本征维度，其中对抗子空间的维度远高于普通子空间。

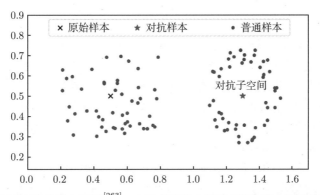

图 7.4 对抗样本处在更高维的子空间里[263]。左边普通样本周围子空间的本征维度为 1.53，右边对抗样本周围子空间的本征维度为 4.36

本征维度的概念在流形学习、特征降维、异常检测等领域已有大量研究。比如在特征降维研究中，本征维度可以告诉我们数据到底可以降到多少维。本征维度可以从全局和局部两个不同角度研究，**全局本征维度**衡量的是整个数据集的维度，而**局部本征维度**（local intrinsic dimension，LID）衡量的是一个样本周围子空间的本征维度。在高维流形假说中，Ma 等人使用局部本征维度对对抗样本周围的子空间进行了维度测量。以欧氏空间为例，用两个 m 维球体的体积与半径之间的关系可以得到整个空间的维度：

$$\frac{V_2}{V_1} = \left(\frac{r_2}{r_1}\right)^m \Rightarrow m = \frac{\ln(V_2/V_1)}{\ln(r_2/r_1)} \tag{7.2}$$

其中，V_1 和 V_2 是两个球体的体积，r_1 和 r_2 是两个球体的半径。将此概念迁移到统计意义上的连续距离分布中，即可得到局部本征维度的形式化定义。

定义 7.1　局部本征维度。给定一个数据样本 $\boldsymbol{x} \in X$，令 $R > 0$ 表示 $\boldsymbol{x}$ 到其他样本的距离变量。如果 R 的累积分布函数（cumulative distribution function，CDF）$F(r)$ 是正值，且在距离 $r > 0$ 处是连续可微的，那么样本 $\boldsymbol{x}$ 在距离 r 处的局部本征维度为：

$$\mathrm{LID}_F(r) \triangleq \lim_{\epsilon \to 0} \frac{\ln\left(F((1+\epsilon) \cdot r)/F(r)\right)}{\ln(1+\epsilon)} = \frac{r \cdot F'(r)}{F(r)} \tag{7.3}$$

假设极限存在。

类比之前欧氏空间的例子，这里累积分布函数 $F(r)$ 相当于体积，而样本 $\boldsymbol{x}$ 到其他样本的距离 r 为半径。由于我们并不知道 $F(r)$，所以需要基于一定的假设对样本 $\boldsymbol{x}$ 的 LID 值进行估计，比如假设 $\boldsymbol{x}$ 的 k-近邻距离分布符合广义帕累托分布（generalized pareto distribution，GPD）。一个经典的估计方法是下面的最大似然估计（maximum likelihood estimate，MLE）方法[264]：

$$\widehat{\mathrm{LID}}(\boldsymbol{x}) = -\left(\frac{1}{k}\sum_{i=1}^{k}\log\frac{r_i(\boldsymbol{x})}{r_k(\boldsymbol{x})}\right)^{-1} \tag{7.4}$$

其中，$r_i(\boldsymbol{x})$ 是 $\boldsymbol{x}$ 到其第 i 个邻居样本的距离，k 表示 $\boldsymbol{x}$ 的 k-近邻样本。

基于上述 LID 估计方法，Ma 等人展示了对抗样本的 LID 值比普通样本或添加了随机噪声的样本都要高，即对抗子空间的本征维度明显高于其他样本。Ma 等人进一步展示了样本的 LID 特征可以用来训练对抗样本检测器，在不同攻击上都表现出了不错的检测结果。与高维非线性假说不同，高维流形假说研究的是特征空间的**本征维度**并不是它的**表示维度**（representation dimension）。从本征维度的角度来说，Tanay 等人反驳局部线性假说的两个反例都是可以解释的，第一个反例（即将输入图像等比变大并不会导致更严重的对抗脆弱性）中本征维度在图像放大前后保持不变，对抗脆弱性也就相同；第二个反例中的二分类问题的本征维度为 1，而一维空间不存在对抗样本也是合理的。

7.1.5　不鲁棒特征假说

对抗样本通常很难被人眼察觉，亦即人眼对对抗扰动噪声并不敏感，从这个角度来讲，人类"看得见"的特征可以被粗略地理解为"鲁棒特征"。而对于神经网络来说，很多人类"看得见"的特征（如"尾巴""耳朵"等）并不比其他隐蔽的特征更具有结果预测性。以图像分类为例，模型在学习过程中会最小化分类错误，利用一切可以利用的分类信号进行学习，这其中往往包括人类无法理解的**不鲁棒特征**。Ilyas 等人[265] 将模型学习的对结果预测有用的特征定义为**有用特征**（useful feature），并提出有用特征可以是鲁棒的也可以是不鲁棒的，其中鲁不鲁棒是由微小噪声对模型输出改变的多少来定义的。

给定一个二分类问题（$\mathcal{Y} = \{+1, -1\}$），基于从分布 $\mathcal{D}$ 中采样得到的"输入–标签"对 $(\boldsymbol{x}, y) \in \mathcal{X} \times \mathcal{Y}$ 来训练一个分类器，使其具备正确将输入映射到标签的能力 $C : \mathcal{X} \to \{\pm 1\}$。使用符号 $\mathcal{F}$ 表示所有特征的集合，其定义为 $\mathcal{F} = \{f : \mathcal{X} \to \mathbb{R}\}$，其中 $f(\boldsymbol{x})$ 表示将输入空间映射到实数空间的特征函数。假定 $\mathcal{F}$ 中的所有特征函数都经过了零均值化和单位方差归一化，即满足 $\mathbb{E}_{(\boldsymbol{x},y)\in\mathcal{D}}[f(\boldsymbol{x})] = 0$ 且 $\mathbb{E}_{(\boldsymbol{x},y)\in\mathcal{D}}[f(\boldsymbol{x})^2] = 1$，从而让后续定义具有尺度不变性。基于此，Ilyas 等人[265] 定义了 ρ 有用特征、γ 鲁棒有用特征和有用不鲁棒特征。

ρ **有用特征**：　对于给定数据分布 $\mathcal{D}$，当特征 f 满足式 (7.5) 时称其为 ρ 有用特征（$\rho > 0$），即特征与标签乘积的期望值不小于某个正数，

$$\mathbb{E}_{(\boldsymbol{x},y)\in\mathcal{D}}[y \cdot f(\boldsymbol{x})] \geqslant \rho \tag{7.5}$$

基于此，可以定义 $\rho_{\mathcal{D}}(f)$ 为数据分布 $\mathcal{D}$（所有样本）上特征 f 满足 ρ 有用特征的最大的 ρ，它表示特征 f 在整个分布上的"有用性"。

γ **鲁棒有用特征**：假定已经拥有了一个 ρ 有用特征 f 及其在 $\mathcal{D}$ 分布上的 $\rho_{\mathcal{D}}(f)$，对输入样本 $\boldsymbol{x}$ 及其 Δ 邻域中的所有数据点，计算 $y \cdot f(\boldsymbol{x} + \delta)$ 的最小值作为下确界 $\inf_{\delta \in \Delta(\boldsymbol{x})} y \cdot f(\boldsymbol{x} + \delta)$，如果下确界在分布 $\mathcal{D}$ 上的期望大于某个正数 γ（$0 < \gamma \leqslant \rho$），即满足式 (7.6)，那么称这样的特征是 γ 鲁棒有用特征，

$$\mathbb{E}_{(\boldsymbol{x},y)\in\mathcal{D}}\left[\inf_{\delta\in\Delta(\boldsymbol{x})} y \cdot f(\boldsymbol{x} + \delta)\right] \geqslant \gamma \tag{7.6}$$

γ 鲁棒有用特征是指在一定邻域内最坏扰动情况下仍能保持 γ 有用性的特征，也就是对分类有用且鲁棒的特征。

有用不鲁棒特征：延续上述定义形式，定义另一类特征为"有用但不鲁棒"的特征，一方面特征 f 是 ρ 有用特征，另一方面它又不属于 γ 鲁棒特征，这样的特征对对抗噪声敏感，容易因对抗扰动而发生预测错误，所以有用但不鲁棒。

基于上述定义，Ilyas 等人基于分类任务进行实验，以"对抗训练得到的模型倾向于使用鲁棒特征"为前提，通过解耦鲁棒特征和非鲁棒特征的方式来证明真实数据集中广泛存在有用不鲁棒特征，是导致对抗样本出现的原因。具体来说，先通过对抗训练获得一个（在一定程度上）鲁棒的模型和一个普通训练下的不鲁棒模型，然后通过**蒸馏 + 数据扰动**的

方式, 对原始数据集进行扰动得到两个版本 (即只包含鲁棒特征的**鲁棒数据集** D_R 和只包含不鲁棒特征的**不鲁棒数据集** D_{NR})。下面介绍基于原始数据集 D 构造鲁棒和不鲁棒数据集的方法。

给定一个在 D 上用普通训练得到的模型 f (不鲁棒模型) 和用对抗训练得到的鲁棒模型 f_R, 对 D 中的每个样本 $\boldsymbol{x}$ 进行如下变换可以得到鲁棒数据集 D_R:

$$\boldsymbol{x}_R = \underset{\boldsymbol{x}' \in [0,1]^d}{\arg\min} \|f_R(\boldsymbol{x}') - f_R(\boldsymbol{x})\|_2 \tag{7.7}$$

其中, f_R 取其特征层 (比如最后一层卷积的输出), $\boldsymbol{x}'$ 为与 $\boldsymbol{x}$ 随机配对的另一个样本, 扰动得到的鲁棒样本 $\boldsymbol{x}_R$ 会被标记为类别 y 并添加到鲁棒数据集 D_R 中。式 (7.7) 借助鲁棒模型 f_R 将 $\boldsymbol{x}'$ 的特征 "鲁棒" 地变为 $\boldsymbol{x}$ 的特征, 在此过程中将 $\boldsymbol{x}'$ 中的不鲁棒特征移除。式 (7.7) 可由归一化的梯度下降 (normalized gradient descent) 求解。

通过下面的转换可以得到不鲁棒版本的 $\boldsymbol{x}$:

$$\boldsymbol{x}_{NR} = \underset{\|\boldsymbol{x}' - \boldsymbol{x}\|_2 \leqslant \epsilon}{\arg\min} \mathcal{L}_{CE}(f(\boldsymbol{x}', t)) \tag{7.8}$$

其中, $\mathcal{L}_{CE}$ 为交叉熵损失函数, t 为对抗目标类别 (比如真实类别 y 的下一个类别 $y + 1$), ϵ 为 L_2 范数下的最大扰动上限。式 (7.8) 可由基于 L_2 范数的 PGD 攻击算法求解。

实验表明, **在 D_R 上普通训练而得的模型具有天然鲁棒性, 而在 D_{NR} 上普通训练而得的模型相比在原始数据集 D 上训练具有更差的鲁棒性, 但是这些特征足够让模型获得不错的预测性能**。这也说明了, 同样都是高预测性特征, 两类特征的鲁棒性存在巨大差别, 而对抗样本的存在与模型使用了不鲁棒性特征有关。

更有意思的是, 对抗样本的跨模型迁移性说明**不同模型会学习类似的不鲁棒特征**。这引发了三个发人深思的问题: 1) 不鲁棒特征是否是深度学习成功的秘诀? 2) 不鲁棒特征到底是什么? 3) 为什么不鲁棒特征比人类视角下的鲁棒特征更具有结果预测性? 这三个问题的答案或许能解开深度学习的黑箱。

关于对抗样本的成因还存在一些其他方面的假说。比如, **"数据不足假说"**认为训练数据的不足导致无法训练鲁棒的模型, 而训练鲁棒的模型至少需要 $\mathcal{O}(\sqrt{d})$ (d 是输入维度) 个样本[266]。此假说的理论分析是基于高斯分布和线性分类器进行的, 实际上训练一个鲁棒模型所需要的样本数可能远远不止 $\mathcal{O}(\sqrt{d})$。Fawzi 等人[267] 以及 Gilmer 等人[268] 认为对抗样本是噪声带来的**测试错误**, 因为某些随机噪声也可以导致模型发生较大的预测错误, 并建议将对抗样本的研究跟图像普通损坏 (common corruption) 一起研究。而实践证明, 向输入中添加随机噪声的训练方式也确实能让模型获得一定的鲁棒性[269]。虽然关于对抗样本存在的根本原因目前尚无定论, 但是对抗样本的存在从侧面说明了当前深度学习模型尚未达到真正抑或鲁棒的智能。

7.2　对抗样本检测

对抗样本检测（adversarial example detection，AED）是一种很直接也很实用的对抗防御策略，在实际应用场景下可以检测对抗攻击并拒绝服务。图 7.5展示了训练一个对抗样本检测器的一般流程。对抗样本检测任务本身是一个**二分类问题**，检测器需要对输入进行"正常"还是"对抗"的判别。我们可以收集一定数量的正常样本和其对应的对抗样本，然后基于要保护的模型 f 抽取不同类型的特征，比如中间层特征、激活分布等。最后将两类样本的特征标记为"正常"和"对抗"类别，组成对抗检测训练数据集 D_{train}。我们可以在 D_{train} 上训练一个任意的分类模型作为最终的检测器 g。在测试阶段，我们先将待检测的样本送入模型 f 抽取特征，然后以抽取的特征为检测器 g 的输入进行检测。

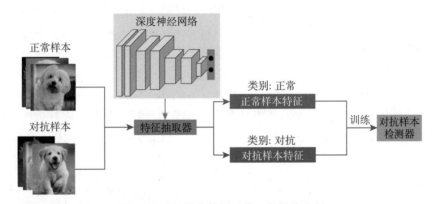

图 7.5　对抗样本检测器的一般训练流程

在介绍具体的检测方法之前，我们先来分析一下对抗样本检测任务本身的一些特点。

- **对抗样本检测是异常检测（anomaly detection）的一个特例**，只不过这里"异常"的是对抗样本，所以任何异常检测的方法都可以用来检测对抗样本。

- **对抗样本检测的关键是特征提取**，特征的好坏直接决定了检测器的性能。这里会产生一个疑问：为什么不能把正常和对抗样本直接输入检测模型，让模型自己去学习检测？相关实验表明这种方式效果并不好，有两个可能的原因：（1）对抗噪声也是一种特征，导致对抗样本与正常样本在输入空间并没有区分度；（2）容易过拟合到有限类型的训练对抗样本，导致训练得到的检测器泛化性差。不过端到端的检测器训练方式还是值得探索的，尤其是在推理阶段与原始模型 f 的融合。

- **训练对抗样本的多样性决定了检测器的泛化能力**，所以训练一个高性能的检测器往往需要尽可能多地利用不同类型的对抗样本来训练。

- **对抗样本检测器也是一种模型**，它本身也会受到对抗攻击，而且往往都不鲁棒[270]。如何训练一个对抗鲁棒的检测器仍是一个探索中的问题。

- **对抗样本检测需要检测所有已知攻击和未知攻击**，需要非常强的泛化能力，是一个巨大的挑战。很多检测器只能检测一些特定类别的对抗样本，或者某些特定参数下生成的对抗样本。如何训练更通用的对抗样本检测器是构建检测防御的首要任务。

- **以检测为中心的防御实际上是一种实用性极高的对抗防御策略**。对抗样本检测脱离于模型的训练与部署之外，对模型不会产生任何干预，而且训练和推理效率往往很高。此外，可以训练多个检测器应对复杂多变的对抗攻击，检测结果还可以作为证据对攻击者发起追责。

下面介绍六大类经典的对抗样本检测方法。这些方法的分类参照了 2017 年 Carlini 和 Wagner 对 10 种典型对抗样本检测方法的测试评估工作[270]。具体类别包括：**二级分类法、主成分分析法、异常分布检测法、预测不一致性、重建不一致性和诱捕检测法**。

7.2.1 二级分类法

二级分类法为对抗样本定义一个**新的类别**，然后通过利用原模型（要保护的模型）、增加检测分支、增加新检测模型等方式来训练对抗样本检测器。相对于原分类任务来说，对抗样本检测是一个二级分类任务，所以我们将此类方法称为二级分类法。代表性的工作包括 Grosse 等人提出的**对抗重训练**（adversarial retraining）[271]、Gong 等人提出的**对抗分类法**[272]，以及 Metzen 等人提出的**级联分类器**（cascade classifier，如图 7.6 所示）[273] 等。这些检测方法的思想比较类似：先普通训练一个分类器，然后对其生成对抗样本，那么生成的对抗样本一定具有独特的性质可以自成一类。二级分类法在检测流程上也比较类似。

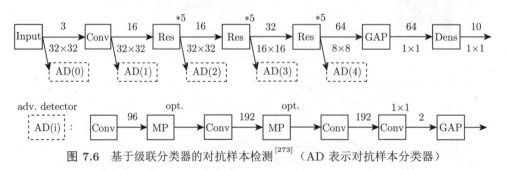

图 7.6 基于级联分类器的对抗样本检测[273]（AD 表示对抗样本分类器）

对抗重训练。 Grosse 等人提出的对抗重训练方法包括以下四步：

（1）在正常训练集 D_{train} 上训练得到模型 f；

（2）基于 D_{train} 对抗攻击模型 f 得到对抗样本集 D_{adv}；

（3）将 D_{adv} 中的所有样本标注为 $C+1$ 类别；

（4）在 $D_{\text{train}} \cup D_{\text{adv}}$ 上训练得到 f_{secure}。

对抗分类法。 与对抗重训练方法不同，在第 3 步里，Gong 等人的对抗分类法将 D_{train} 中的样本标注为类别 0，将 D_{adv} 中的样本标注为类别 1，在第 4 步里训练一个二分类对抗样本检测模型 g（比模型 f 更小）。Carlini 和 Wagner 的测试结果显示，这两种方法得到的检测器对对抗攻击（L_2 范数 C&W 攻击）都不鲁棒，不管是白盒威胁模型下（攻击者知晓检测器的参数）还是灰盒威胁模型下（迁移攻击），都与没有防御相差并不多。

级联分类器。Metzen 等人提出的级联分类器方法的训练步骤与 Gong 等人的对抗分类法类似，不同的是检测器的形式和训练方式。具体来说，级联分类器方法在神经网络的不同中间层，比如残差网络的每个残差块的输出部分，接上一个单独的检测器（0-1 二分类器）。在训练级联检测器的时候，主模型 f 的参数是冻结的。为了应对动态多变的对抗攻击，比如专门针对检测器的白盒攻击，Metzen 等人进一步提出在训练检测器的同时使用 BIM 攻击动态生成对抗样本，也就是检测器是对抗训练的[230]。此方法虽然比前两个检测方法更鲁棒，但是依然无法防御更强的 C&W 攻击，在白盒和迁移攻击情况下都是如此。这主要是因为 BIM 对抗样本并非最有效的对抗训练样本，如果换成 Madry 等人后来提出的 PGD 攻击[232]，那么相信防御效果会有所提升。

实际上，基于开集（open-set）类别识别的**开集网络**（open-set network）都可以用来识别对抗样本，即将对抗样本识别为未知类别。比如，Bendale 等人[274] 提出的开集网络使用 OpenMax 层代替传统的 Softmax 层，以此来识别无关类别样本、愚弄样本（fooling example）或者对抗样本。结合对抗训练[232] 的开集识别也是值得探索的对抗防御策略。

7.2.2 主成分分析法

主成分分析（PCA）[275] 法是一种经典的数据分析和降维方法。PCA 的思想是最大化投影后数据方差的同时最小化投影造成的损失。主成分是**数据协方差矩阵**（covariance matrix）的特征向量，可通过对数据的协方差矩阵做**特征值分解**（eigenvalue decomposition）或者直接对**数据矩阵**（data matrix）做**奇异值分解**（singular value decomposition，SVD）得到，其一般通过后者实现。PCA 可以直接用来分析对抗样本数据。总体来说，基于 PCA 的对抗样本分析与检测方法在对抗防御领域里只是昙花一现，因为 PCA 并不能在稍微复杂一点的数据集上发现对抗样本的不同之处。

PCA 检测。Hendrycks 和 Gimpel[276] 分析了对抗样本的主成分，并以此来检测对抗样本。具体来说，使用**PCA 白化**（PCA whitening）对正常和对抗样本进行处理，白化所得样本的元素值对应 PCA 主成分的系数（比如第一个元素对应最大成分的系数）。在 MNIST、CIFAR-10 和 Tiny-ImageNet 数据集上的分析结果显示对抗样本在低排名成分（low-ranked component）的部分跟正常样本有明显区别。基于此，Hendrycks 和 Gimpel 提出使用倒数几个成分的**系数的方差**进行对抗样本检测。然而，Carlini 和 Wagner 的结果显示对抗样本的 PCA 只在 MNIST 数据集上有区别，在复杂数据集上并不成立[270]。而且对抗样本的小成分异常主要是由数据集本身的特点引起的，即 MNIST 手写体图像的背景是纯黑色的（像素值为 0），所以微小扰动会让背景出现灰色像素（像素值不再为 0），对图像的最后几个成分产生较大影响。所以主成分分析法受数据集本身特点的影响很大，一般很难在不同数据集上得到一致的结论，而且此类方法只是对输入样本进行分析并未考虑模型信息。

降维检测。说到 PCA，我们就不得不提降维方法。Bhagoji 等人提出使用 PCA 对输入数据进行降维，只使用最大的几个成分训练模型，以此来压缩对抗攻击的空间，提高模型的鲁棒性[277]。Carlini 和 Wagner 在 MNIST 数据集上的测试结果显示虽然降维确实可以提高鲁棒性，但是这种提高微不足道[270]。根据 Goodfellow 等人的线性假说和 Simon 等人对输入维度的分析[278]，降低输入维度有利于提高模型的对抗鲁棒性[230]，但是这种自然鲁棒性在没有对抗训练加持的情况下收效甚微。

上述两个方法的失败说明只考虑输入空间的特性并不能准确检测对抗样本。Li 等人[279] 提出对神经网络的中间层结果进行 PCA，并基于此设计了基于 SVM 的**多级级联分类器**进行对抗样本检测。在卷积神经网络上，对每个卷积层都接一个 SVM 分类器，在对应层 PCA 降维后的特征上训练。如果级联分类器中的任何一个检测器预测样本为对抗样本则判定其为对抗样本，只有所有的检测器都检测样本为正常样本才判定其为正常样本。此方法基于 L-BFGS 攻击在大数据集 ImageNet 上进行了实验认证，得到了不错的效果，但是 Carlini 和 Wagner 的测试发现其在小数据集 MNIST 和 CIFAR-10 上对 C&W 攻击时效果欠佳。

7.2.3   异常分布检测法

异常分布检测法通过分析对抗样本或对抗特征的分布特点并使用统计指标来检测对抗样本，或基于计算出来的统计指标训练一个简单的分类器（如线性回归模型、SVM 模型）执行最终的分类任务。对于异常分布检测法来说最主要的是**选择恰当的统计指标**。此类方法是目前主流的对抗样本检测方法。

最大平均差异。Grosse 等人[271] 提出使用**最大平均差异**（maximum mean discrepancy，MMD) 来检测两个数据集（D_1 和 D_2）是否来自于一个相同的数据分布，原假设（null hypothesis）为二者来自于相同分布。在假设 D_1 只包含正常样本的前提下，我们可以根据统计测试结果判定 D_2 是否为对抗样本集。为了应对数据的高维问题，Grosse 等人采用了由 Gretton 等人提出的基于核的 MMD 测试[280]，具体定义如下：

$$\mathrm{MMD}(\mathcal{K}, D_1, D_2) = \sup_{k \in \mathcal{K}} \left(\frac{1}{n} \sum_{i=1}^{n} k(D_1^i) - \frac{1}{m} \sum_{i=1}^{m} k(D_2^i) \right) \tag{7.9}$$

其中，上确界表示从核函数类 $\mathcal{K}$ 中选择能最大化后面的函数差异的核函数 $k(\cdot)$，$|D_1| = n$ 和 $|D_2| = m$ 表示两个数据集各自的样本数量。MMD 无法直接计算，需要近似，Grosse 等人采用了基于无偏 MMD 的渐近分布的测试[280]，具体测试步骤如下：

（1）在 D_1 和 D_2 上计算 $a = \mathrm{MMD}(\mathcal{K}, D_1, D_2)$；

（2）随机打乱 D_1 和 D_2 中的样本顺序，得到对应的 D_1' 和 D_2'；

（3）在 D_1' 和 D_2' 上计算 $b = \mathrm{MMD}(\mathcal{K}, D_1', D_2')$；

（4）如果 $a < b$ 则拒绝原假设，即 D_1 和 D_2 来自不同分布；

（5）重复执行步骤 1~4 很多次（1 万次），计算原假设被拒绝的比例作为 p-值。

在实验中，Grosse 等人采用了**高斯核函数**（Gaussian kernel function），也称径向基函数（RBF）计算 MMD，并在三个小数据集 MNIST、DREBIN 和 MicroRNA 上展示了用 10~100 个样本即可对对抗样本进行高置信度的区分且对抗扰动越大区分度越高。需要注意的是，MMD 是计算在两个样本集合上的，不是对单个样本计算的，所以此方法无法检测单个样本。为了解决这个问题，Grosse 等人采用了前面已经介绍的二级分类法，此方法独立于 MMD 统计测试。但是 Carlini 和 Wagner 的测试[270] 发现这种方法依然无法在 CIFAR-10 数据集上检测 C&W 攻击。

核密度估计。Feinman 等人[281] 提出**核密度估计**（kernel density estimation，KDE）方法来检测对抗样本。与 MMD 不同，KDE 方法是作用在深度神经网络的逻辑（logits）输出上的（MMD 作用在输入空间上）。给定一个被预测为类别 t 的样本 $\boldsymbol{x}$，其 KDE 值的计算公式如下：

$$\text{KDE}(\boldsymbol{x}) = \frac{1}{|X_t|} \sum_{\boldsymbol{s} \in X_t} \exp \left(\frac{|z(\boldsymbol{x}) - z(\boldsymbol{s})|^2}{\sigma^2} \right) \tag{7.10}$$

其中，X_t 是类别 t 的训练样本子集，$z(\cdot)$ 表示模型最后一层的逻辑输出，σ 是控制高斯核平滑度的带宽（bandwidth）超参，需要预先定义。基于 KDE 值，可以指定一个阈值 τ，若 $\text{KDE}(\boldsymbol{x}) < \tau$ 则判定 $\boldsymbol{x}$ 为对抗样本，反之判定为正常样本，也可以直接在 KDE 值上训练一个简单的二分类器（如逻辑回归或 SVM）作为对抗样本检测器。

KDE 方法的出发点是对抗样本在深层空间会远离正常的数据流形，导致相对较低的核密度，主要受启发于 Szegedy 等人的高维非线性假说[229]。图 7.7展示了论文中列出的对抗样本在深度空间中的三种情况。从实际的实验结果来看这三种情况都有可能存在，因为基于 KDE 训练的检测器在不同数据集上并不稳定。Carlini 和 Wagner 的测试结果显示，KDE 在 MNIST 数据集上更好而在 CIFAR-10 数据集上无法检测 C&W 攻击，且在 MNIST 上可以被白盒适应性攻击攻击掉（但是会显著增加成功攻击所需的扰动大小）[270]。

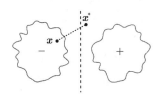 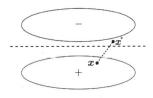

a) 对抗样本离两个子流形都很远　　b) 对抗样本在+子流形附近的口袋里　　c) 对抗样本离目标子流形很近

图 7.7 KDE 方法对数据流形和决策边界的三种假设[281]，其中 $\boldsymbol{x}^*$ 为对抗样本，+/− 表示两个子流形，虚线表示决策边界

局部本征维度。结合高维流形假说，Ma 等人提出使用**局部本征维度**（LID）指标来检测对抗样本[263]。给定模型 f 和样本 $\boldsymbol{x}$（正常或对抗样本），LID 检测方法抽取深度神经网络每一个中间层的特征，然后使用式 (7.4) 估计 $\text{LID}(\boldsymbol{x})$。这里需要注意的是，对 $\text{LID}(\boldsymbol{x})$ 的估计需要知道 $\boldsymbol{x}$ 到其 k-近邻的距离，所以 $\boldsymbol{x}$ 需要放在一批中数据里去估计。基于正常和对抗样本的 LID 特征可以训练最终的对抗样本检测器，具体的步骤参考算法 7.1。LID 检测方法给出了比 KDE 更优的检测结果，且可以在简单攻击（如 FGSM）上训练后用以检测更复杂的攻击（如 C&W 攻击）。LID 检测在 MNIST、CIFAR-10 和 SVHN 数据集上

对五种攻击（包括 FGSM、两种 BIM 变体、JSMA 和 C&W）的平均检测 AUC 为 97.56%（MNIST）、91.90%（CIFAR-10）和 95.51%（SVHN）。

算法 7.1 训练 LID 对抗样本检测器

输入： 原始训练集 x；已训练的神经网络 $f(x)$，共 l 层；近邻样本数量 k

1: 初始化检测器训练集：$\text{LID}_{\text{neg}}=[]$, $\text{LID}_{\text{pos}}=[]$

2: **for** B_{norm} in x **do**

3:    $B_{\text{adv}} :=$ 对抗攻击本批样本 B_{norm}

4:    $N = |B_{\text{norm}}|$

5:    初始化 LID 特征集 LID_{norm}, LID_{adv} 为全零矩阵（维度均为 $[n,l]$）

6:    **for** i in $[1,l]$ **do**

7:       抽取中间层特征：$A_{\text{norm}} = f^i(B_{\text{norm}})$，$A_{\text{adv}} = f^i(B_{\text{adv}})$

8:       **for** j in $[1,n]$ **do**

9:          $\text{LID}_{\text{norm}}[j,i] = -\left(\frac{1}{k}\sum_{i=1}^k \log \frac{r_i(A_{\text{norm}}[j], A_{\text{norm}})}{r_k(A_{\text{norm}}[j], A_{\text{norm}})}\right)^{-1}$

10:         $\text{LID}_{\text{adv}}[j,i] = -\left(\frac{1}{k}\sum_{i=1}^k \log \frac{r_i(A_{\text{adv}}[j], A_{\text{norm}})}{r_k(A_{\text{adv}}[j], A_{\text{norm}})}\right)^{-1}$

11:    $\text{LID}_{\text{neg}}.\text{append}(\text{LID}_{\text{norm}})$, $\text{LID}_{\text{pos}}.\text{append}(\text{LID}_{\text{adv}})$

12: 在数据集 $D = \{(\text{LID}_{\text{neg}}, y=0), (\text{LID}_{\text{pos}}, y=1)\}$ 上训练检测器 g

输出： 检测器 g

后来，Athalye 等人在其工作中声称 LID 检测器并不能检测高置信度的对抗样本[282]，但后续工作表明 LID 检测器并不存在此问题[30]。与 KDE 不同，LID 的计算并不是可微的（涉及 k-近邻选择），所以通过简单的正则化（比如控制对抗样本的 LID 值变低）并不能得到更强的对抗攻击，无法攻破 LID 检测器。从这个角度来说，设计不可微且不易被近似[282] 的对抗样本检测方法似乎是构建更鲁棒的对抗样本检测器的一个可行思路，至少会在一定程度上增加攻击的难度。值得一提的是，近期有个 LID 的改进工作[283] 将对多种攻击的检测 AUC 提高到了接近 100%（近乎完美的检测），当然这个方法的实际效果和鲁棒性还有待进一步确认。

马氏距离。 马氏距离（Mahalanobis distance，MD）是学习中一种常用的距离度量指标，由 Mahalanobis 在 1936 年提出[284]。马氏距离衡量的是一个数据点 x 与一个分布 Q 之间的距离。假设分布 Q 的样本均值为 μ，样本分布的协方差矩阵为 Σ，则样本 $x \in Q$ 的马氏距离定义为：

$$d_{\text{M}}(x) = \sqrt{(x-\mu)^{\top}\Sigma^{-1}(x-\mu)} \tag{7.11}$$

相应地，两个样本 x_i 与 x_2 之间的马氏距离为：

$$d_{\text{M}}(x_i, x_2) = \sqrt{(x_i-x_2)^{\top}\Sigma^{-1}(x_i-x_2)} \tag{7.12}$$

马氏距离在协方差矩阵是单位向量时（各维度独立同分布）等于欧氏距离。实际上，马氏距离相当于欧氏距离加一个白化转换（whitening transformation），把由多维随机变量组成的向量通过线性转换表示为一组不相关且方差为 1 的新变量。

Lee 等人[30] 提出使用马氏距离来检测对抗样本和分布外（out-of-distribution，OOD）样本。给定模型 f 和训练样本集合 D，样本 $\boldsymbol{x}$ 的马氏距离可以通过以下公式计算：

$$d_{\mathrm{M}}(\boldsymbol{x}) = \max_c \{-(f^{L-2}(\boldsymbol{x}) - \mu_c)\Sigma^{-1}(f^{L-2}(\boldsymbol{x}) - \mu_c)\} \tag{7.13}$$

其中，f^{L-2} 表示深度神经网络的倒数第二层输出（暂且称其为深度特征），μ_c 为类别 c 样本的深度特征均值，Σ_c 为类别 c 样本间的协方差矩阵，类别 c 可以选为马氏距离最小的类。均值和协方差矩阵的定义如下：

$$\mu_c = \frac{1}{N_c} \sum_{\boldsymbol{x} \in X_c} f^{L-2}(\boldsymbol{x}) \tag{7.14}$$

$$\Sigma_c = \frac{1}{N_c} \sum_c \sum_{\boldsymbol{x} \in X_c} (f^{L-2}(\boldsymbol{x}) - \mu_c)^\top \tag{7.15}$$

其中，X_c 表示类别为 c 的训练样本子集，N_c 表示类别 c 样本的数量（即 $N_c = |X_c|$）。跟 Ma 等人的 LID 检测一样，Lee 等人提出在神经网络的所有中间层上计算马氏距离，同时通过向样本 $\boldsymbol{x}$ 中添加可最小化马氏距离的噪声的方式进一步提高不同类型样本的区分度。详细的步骤参见算法 7.2，其中加权置信度的权重 α_l 可以通过在一小部分认证数据集上训练逻辑回归模型得到。

算法 7.2 基于马氏距离的对抗样本检测

输入： 测试样本 $\boldsymbol{x}$，逻辑回归检测器权重 α_l，噪声大小 ϵ 以及高斯分布参数 $\{\mu_{l,c}, \Sigma_l : \forall l, c\}$
1: 初始化分数向量：$M(\boldsymbol{x}) = [M_l : \forall l]$
2: **for** 每一层 $l = 1, \cdots, L$ **do**
3:     寻找最近的类别：$\hat{c} = \arg\min_c (f^l(\boldsymbol{x}) - \mu_{l,c})^\top \Sigma_l^{-1}(f^l(\boldsymbol{x}) - \mu_{l,c})$
4:     向样本中添加噪声：$\hat{\boldsymbol{x}} = \boldsymbol{x} - \epsilon \cdot \mathrm{sign}\left(\Delta_x(f^l(\boldsymbol{x}) - \mu_{l,c})^\top \Sigma_l^{-1}(f^l(\boldsymbol{x}) - \mu_{l,c})\right)$
5:     计算置信度：$M_l = \max_c -(f^l(\boldsymbol{x}) - \mu_{l,c})^\top \Sigma_l^{-1}(f^l(\boldsymbol{x}) - \mu_{l,c})$

输出： 样本 $\boldsymbol{x}$ 的总检测置信度 $\sum_l \alpha_l M_l$

Lee 等人[30] 在 CIFAR-10、CIFAR-100、SVHN 数据集和 ResNet、DenseNet 模型上进行了对抗样本检测实验，发现其相比基于欧氏距离的 KDE 检测和 LID 检测有明显的性能提升，尤其是在面对一些弱攻击（如 Deepfool）或者未知攻击的时候。基于 ResNet 模型的结果显示，马氏距离检测在三个数据集上的平均检测 AUC 分别达到了 96.73%（CIFAR-10）、93.43%（CIFAR-100）和 96.16%（SVHN）。虽然检测性能优秀，但至于马氏距离为什么更适合做对抗样本检测仍需更多理解，此外，马氏距离能否提高其他检测方法也是一个值得探索的问题。

7.2.4　预测不一致性

由于对抗样本是基于模型的梯度信息生成的，所以导致对抗样本会过度依赖模型信息，在对样本进行随机变换或者向样本中添加随机噪声时，会产生很高的预测不一致性（比如发生类别翻转）。这意味着，在推理阶段当扰动噪声和模型参数之间的强关联被打破时，模型的预测结果会发生改变。基于此假设，可在推理过程中引入一定的随机性，并根据模型的预测结果变化来判定输入样本是否为对抗样本。从高维非线性假说的角度来理解，对抗样本位于高维空间的低概率区域，本质上具有高度推理不稳定性和预测不一致性。

贝叶斯不确定性。一个非常具有代表性的检测方法为贝叶斯不确定性（Bayesian uncertainty），由 Feinman 等人在其 KDE 的工作 [281] 中提出。贝叶斯不确定性方法巧妙地使用了随机失活（dropout）[285] 技术，在推理阶段保持随机失活处于开启状态（通常情况下随机失活在推理阶段是关闭的），同时对样本进行多次推理并计算模型预测结果的方差，即 $\mathrm{Var}(p) = \mathbb{E}(p^2) - [\mathbb{E}(p)]^2$。具体的计算公式如下：

$$U(\boldsymbol{x}) = \frac{1}{T}\sum_{i=1}^{T}\hat{\boldsymbol{y}}_i^{\top}\hat{\boldsymbol{y}}_i - \left(\frac{1}{T}\sum_{i-1}^{T}\hat{\boldsymbol{y}}_i\right)^{\top}\left(\frac{1}{T}\sum_{i-1}^{T}\hat{\boldsymbol{y}}_i\right) \tag{7.16}$$

其中，$\hat{\boldsymbol{y}}_i$ 表示在第 i 次推理时得到的模型输出概率向量。贝叶斯不确定性在贝叶斯模型（如高斯过程）中有广泛的研究，使用随机失活训练得到的深度神经网络可以被看作**深度高斯过程**(deep Gaussian process) 的一种近似[286]。在这里，随机失活处于开启状态的神经网络是一个随机化的模型，每一次前传都相当于从大网络中随机抽样一个小网络[276]。

基于正常样本和对抗样本的贝叶斯不确定性特征可以训练一个逻辑回归模型（其他模型也可以，一般性能差别不大）进行对抗样本检测。在 MNIST、CIFAR-10 和 SVHN 数据集上的实验结果显示，推理不确定性可以检测一些经典的攻击方法如 FGSM、JSMA 和 C&W 攻击，但是无法检测 BIM 攻击。Feinman 等人将其与 KDE 结合训练了一个组合特征检测器，发现贝叶斯不确定性与 KDE 有一定的互补性，在 MNIST 和 SVHN 数据集上整体的检测性能很好（AUC 高于 90%），但是在 CIFAR-10 数据集上效果欠佳（AUC 为 85.54%）。

Carlini 和 Wagner 的测试结果显示，贝叶斯不确定性在 MNIST 数据集上可以检测 75% 的 C&W 攻击，在 CIFAR-10 上可以检测 95% 的 C&W 攻击（相比 MNIST 效果更好了），即使对一般的适应性攻击（adaptive attack），也能检测出 60% 的对抗样本。最后，Carlini 和 Wagner 基于目标模型随机采样了很多子网络，然后基于子网络集合进行攻击，最后能以 98% 的概率绕过推理不确定性检测[270]，代价是大大增加了攻击所需的扰动大小。在 Carlini 和 Wagner 所测试的 10 种检测方法中，推理不确定性检测方法是最鲁棒的，绕过检测需要对抗扰动的大小接近或超过人眼不可察觉的上限。

特征压缩。Xu 等人[287] 提出使用**特征压缩**（feature squeezing）方法对输入样本进行**物理降维**，然后根据模型在压缩前后的输出变化检测对抗样本。这里，"特征压缩"是指压缩输入空间而非深度特征空间。物理降维指的是直接减少输入图像表示的位数,使用更少的比特来表示图像,以达到压缩输入维度的目的。此想法与线性假说不谋而合,降低输入维度可以提高模型对微小输入扰动的鲁棒性,与此同时减少位数还可以降低像素精度,对噪声也起到一定的阻断作用。一般 RGB 图像的颜色深度(color depth)为 8 位,即使用 8 个比特来表示像素值(0~255),其可以被压缩到更少的位数,如 7 或 1 位,而对于灰度图像(如 MNIST)也可以通过**二值滤波**(binary filter)进一步压缩。给定原始位数 8,目标位数 i($1 \leqslant i \leqslant 7$),原始像素值 v 可以通过下面的整数舍入操作进行压缩:

$$v_s = \lfloor v * (2^i - 1) \rfloor / (2^i - 1) \tag{7.17}$$

除了位数压缩,Xu 等人还探索了**空间平滑**(模糊)技术,包括局部平滑技术**中值滤波**(median filter)和非局部平滑技术**非局部均值滤波**(non-local means filter)。基于此,Xu 等人使用模型输出变化的 L_1 范数($\|f(\boldsymbol{x}) - f(\boldsymbol{x}_s)\|_1$)来检测对抗样本。在 MNIST、CIFAR-10 和 ImageNet 上的实验结果显示,特征压缩方法可以直接提高模型的鲁棒性(模型对压缩后的对抗输入做出了正确预测),在三个数据集上都表现出了优异的效果。与此同时,特征压缩还可以跟对抗训练(当前最鲁棒的模型训练方法)结合,进一步提升鲁棒训练模型在更大对抗扰动下的鲁棒性。在检测方面,最优的特征压缩组合技术对 FGSM、BIM、DeepFool、JSMA、C&W 攻击的检测 AUC 达到了 99.44%(MNIST)、94.74%(CIFAR-10)和 94.24%(ImageNet)。

随机输入变换。此类方法通过对输入样本进行随机变换,然后根据模型预测的不一致性检测对抗样本。Tian 等人[288]提出使用随机图像变换,并基于变换前后的逻辑(logits)输出来检测对抗样本。研究者基于 9 种随机平移和 5 种随机旋转组合成 45 种随机变换,然后基于模型的逻辑向量训练了基于简单全连接网络的对抗样本检测器。在 MNIST 和 CIFAR-10 上的结果显示,上述方法可以有效检测各种攻击强度的 C&W 攻击。此外,研究者通过类似二级分类法的策略,在适应性攻击下也能较为准确地检测 C&W 攻击,在 FGSM 和 BIM 攻击上检测效果更好。类似的方法正在被陆续地探索中,比如近期 Wang 等人[289]提出使用风格转换检测对抗样本。

Roth 等人[290]向输入样本中添加随机噪声,然后基于模型的逻辑输出变化来计算**对数概率**(log-odds)指标并以此来检测对抗样本。给定输入样本 $\boldsymbol{x}$,此检测方法向 $\boldsymbol{x}$ 添加随机噪声 $\eta \sim \mathcal{N}$($\mathcal{N}$ 为高斯噪声)得到噪声样本 $\boldsymbol{x} + \eta$,通过比较模型在 $\boldsymbol{x}$ 上的逻辑向量 $z(\boldsymbol{x})$ 与在 $\boldsymbol{x} + \eta$ 上的逻辑向量 $z(\boldsymbol{x} + \eta)$ 之间的差异来判别 $\boldsymbol{x}$ 是否为对抗样本。假设对于正常样本有 $z(\boldsymbol{x}) \approx z(\boldsymbol{x} + \eta)$,而对于对抗样本会产生较大差异。通过设定恰当的阈值,该方法在 CIFAR-10 和 ImageNet 数据集上都展现了极高的检测准确率,比如在标准 VGG、ResNet、WideResNet 和 Inception V3 模型上检测 PGD 攻击的准确率高达 99% 以上,也能以较高的准确率检测未知攻击和适应性攻击。通过对数概率还可以进行预测结果修正,提高模型的对抗鲁棒性。Tramèr 等人对此方法进行了攻击性评估[291],发现可以被特定的适应性攻击绕过,比如在对抗扰动 $\boldsymbol{x}$(类别为 y)的同时可以让 $z(\boldsymbol{x}_{\text{adv}})$ 无限接近一个其他类别

$y' \neq y$ 的干净样本 $\boldsymbol{x}'$，即 $\min \|z(\boldsymbol{x}_{\mathrm{adv}}) - z(\boldsymbol{x}')\|$。在此基础上使用 EOT 攻击技术可以完全绕过基于对数概率的检测器。

Hu 等人[292] 提出了一种跟对数概率类似的方法，但是使用了更聪明的噪声策略。直观来讲，如果一个样本被攻击过，那么再生成对抗攻击时它会呈现特殊属性：（1）**梯度更均匀**，即对抗样本的所有输入维度都具有类似的梯度大小；（2）**二次攻击更难**，对已经被攻击过一次的样本较难进行第二次攻击（即对生成的对抗样本继续进行攻击）。基于此，Hu 等人提出两个检测对抗样本的准则：（a）如果**向输入样本 $\boldsymbol{x}$ 中添加随机噪声会导致模型的概率输出发生较大改变**，则其为对抗样本（此方法与对数概率相同）；（b）如果**攻击输入样本 $\boldsymbol{x}$ 需要很多的扰动步数**，则其为对抗样本。基于此组合方法，Hu 等人展示了即便是白盒适应性攻击也难以躲避检测，因为这两个检测准则难以同时绕过。但是 Tramèr 等人的测试结果显示，可以同时绕过这两个检测准则的攻击是存在的[291]。比如，给定正常样本 $\boldsymbol{x}$，首先生成一个高置信度的对抗样本 $\boldsymbol{x}_{\mathrm{adv}}$，然后在 $\boldsymbol{x}$ 和 $\boldsymbol{x}_{\mathrm{adv}}$ 之间基于二分查找，寻找对随机噪声具有高置信度同时离决策边界很近的对抗样本。总体来说，对输入进行随机变换或者向输入中添加随机噪声会引入随机性，提高对对抗样本的检测效果，但仍可能会被更有针对性的适应性攻击或者基于 EOT 的攻击绕过。

7.2.5 重建不一致性

基于**重建不一致性**的检测方法假设：**正常样本可以重建而对抗样本无法重建**。原因是对抗样本已经跨过决策边界进入了另一个类别，重建时会按照另一个类别进行重建。此研究方向上最具有代表性的工作是 Menghe 和 Chen 提出的 MagNet[293]。

MagNet 在正常样本上训练一个自编码器（autoencoder），然后通过重建结果构建一**个检测器**和一个**改良器**（reformer）。检测器通过重建错误或者模型在重建样本上的预测不一致性来检测对抗样本，而改良器将检测为"良性"的样本（包含正常样本和弱对抗样本）投影到离正常数据流形更近的位置，以达到进一步改良的目的。检测器所使用的重建错误定义为：

$$E(\boldsymbol{x}) = \|\boldsymbol{x} - \mathrm{AE}(\boldsymbol{x})\|_p \tag{7.18}$$

其中，$\boldsymbol{x}$ 为要检测的测试样本，$\mathrm{AE}(\boldsymbol{x})$ 为自编码器重建的样本，$\|\cdot\|_p$ 为 L_p 范数，$p = 1, 2$。

检测器还可以基于 JS 散度（Jensen-Shannon divergence）的预测不一致性 $\mathrm{JSD}(f(\boldsymbol{x})/\tau,$ $f(\mathrm{AE}(\boldsymbol{x}))/\tau)$ 进行检测，其中 τ 为温度参数（$\tau = 10, 40$）。对抗样本检测可以基于预先定义的阈值进行。改良器可以使用已训练好的自编码器，使用重建样本 $\mathrm{AE}(\boldsymbol{x})$ 代替原始样本以达到改良的目的。此外，Menghe 和 Chen 提出充分利用**集成防御和随机变换**的优势，训练多个自编码器、检测器和改良器来构造更鲁棒的**灰盒检测防御机制**。

但是，Carlini 和 Wagner 在后续的评估中发现，MagNet 检测可以被类似 EOT 的方法绕过[294]。Carlini 和 Wagner 构造了更多的自编码器，并基于此生成迁移性更强的 C&W 攻击，发现 MagNet 无法检测此类灰盒攻击。Jin 等人提出一个类似 MagNet 的重建方法**APE-GAN**（adversarial perturbation elimination GAN），利用生成对抗网络（GAN）来复原（并非检测）对抗样本，以此提高模型的推理鲁棒性[295]。与普通 GAN 不同，APE-GAN 的生成器 $G(\cdot)$ 是一个自编码器，输入对抗样本输出复原的样本，并在 FGSM 对抗样本上进行训练。Carlini 和 Wagner 的评估测试[294] 发现，这种基于重建的模型防御方法可以轻易地被白盒适应性 C&W 攻击破坏掉，攻击生成的样本会造成更大的重构错误，超出了重建器 $G(\cdot)$ 的处理能力。这些研究结果说明基于重建不一致性的检测面临一个很现实的挑战，那就是对抗攻击可以生成既能攻击又能重建的对抗样本。

7.2.6 诱捕检测法

现有大部分对抗样本检测方法并不会修改模型。实际上，我们是可以修改模型的，通过一种特殊的训练方法让模型符合一定的特性，并诱导对抗样本违反这种特性，而被检测出来。我们将此类方法称为**诱捕检测方法**。代表方法为 Pang 等人提出的**逆交叉熵训练**[296] 和 Dathathri 等人提出的**神经指纹**（neural fingerprinting，NeuralFP）[297]。两种方法都是将模型的概率输出训练到符合一种特定的分布，从而让不符合分布的对抗样本更容易暴露出来。

对抗样本的对抗性往往使得模型以较高置信度预测对抗目标类别，所以相比正常样本来说概率向量的熵会更低。那么，在训练模型时增大其输出概率分布的熵，会让对抗样本更容易被识别出来。Pang 等人的**逆交叉熵损失函数**就是基于此思想提出的，具体定义如下：

$$\mathcal{L}_{\text{CE}}^{R}(\boldsymbol{x}, y) = -\boldsymbol{R}_y^{\top} \log f(\boldsymbol{x}) \tag{7.19}$$

其中，$f(\boldsymbol{x})$ 为模型的概率输出，$\boldsymbol{R}_y$ 是逆类别向量，其在 y 所对应位置上的概率是 0，其他位置（$i \neq y$）上的概率为 $\dfrac{1}{C-1}$（C 为总类别数）。使用逆交叉熵损失训练的模型会让模型在非 y 位置上的概率分布趋向于均匀（高熵）。在检测阶段，使用核密度估计[281] 作为检测指标，衡量预测结果的非最大熵（non-maximal entropy），即除去预测类别位置以外的概率向量的熵。核密度估计的使用如下：

$$\text{KDE}(\boldsymbol{x}) = \frac{1}{|X_{\hat{y}}|} \sum_{\boldsymbol{x}_i \in X_{\hat{y}}} k(\boldsymbol{z}_i, \boldsymbol{z}) \tag{7.20}$$

其中，$X_{\hat{y}}$ 表示类别和预测类别 $\hat{y}$ 相同的训练样本子集，$\boldsymbol{z}_i$ 和 $\boldsymbol{z}$ 是模型的逻辑输出，$k(\boldsymbol{z}_i, \boldsymbol{z}) = \exp(-\|\boldsymbol{z}_i - \boldsymbol{z}\|^2/\sigma^2)$ 是带宽为 σ 的高斯核。基于 $\text{KDE}(\boldsymbol{x})$ 分布，可以设置合理的阈值进行对抗样本检测，当然也可以单独训练一个检测器。

在 MNIST 和 CIFAR-10 上的结果表明，使用逆交叉熵训练的模型性能与使用标准交叉熵函数训练的模型性能一致，但是可以明显提高对抗样本的检测 AUC，并且可以在一定程度上防御白盒适应性攻击。

Dathathri 等人[297] 提出**神经指纹**方法，在模型训练阶段显式地学习特定的"输入变化–输出变化"对应关系 $(\Delta \boldsymbol{x}, \Delta y)$，从而在测试阶段可以通过检测输入输出变化来检测对抗样本。首先，对于一个 C 类分类别问题，定义包含 N 个指纹样本的指纹数据如下：

$$\mathcal{X}^{i,j} = (\Delta \boldsymbol{x}^i, \Delta y^{i,j}), i = 1, \cdots, N; \ \ j = 1, \cdots, C \tag{7.21}$$

其中，$\mathcal{X}^{i,j}$ 是类别 j 的第 i 个指纹，这些指纹（即对应关系）可以由防御者指定。值得注意的是，输入变化 $\Delta \boldsymbol{x}^i$ 是**独立于类别**（class-dependent）的，而输出变化是**依赖于类别**（class-independent）的。下面的比较函数（comparison function）定义了模型在指纹数据上的"错误"：

$$D(\boldsymbol{x}, f, \mathcal{X}\cdot, j) = \frac{1}{N} \sum_{i=1}^{N} \|f(\boldsymbol{x} + \Delta \boldsymbol{x}^i) - f(\boldsymbol{x}) - \Delta y^{i,j}\|_2 \tag{7.22}$$

在训练过程中，最小化上述指纹错误可以将指纹嵌入模型内部。在测试阶段，我们可以检测测试样本 $\boldsymbol{x}$ 的指纹错误，在其大于某个阈值时样本会被预测为对抗样本。

可以看出，神经指纹方法通过让模型符合一定的性质来诱导对抗攻击去打破这种性质，显现出明显的预测不一致性。实际上，指纹数据的特殊对应关系会强制模型在决策边界附近进行**空间重塑**（spatial reshape），形成某种特定形状的边界空间。借助巧妙的设计，此方法可以将对抗样本排除在边界空间之外，使其无法在限定的扰动大小范围内通过此空间跨过决策边界。在 MNIST 和 CIFAR-10 上的实验结果显示，神经指纹方法在检测 FGSM、JSMA、BIM 和 C&W 等常规攻击时可以达到 98% 以上的 AUC，且在大部分情况下达到近乎 100% 的 AUC。这充分体现了诱捕类检测方法的强大，只要利用合理，完全可以诱导对抗样本暴露其对抗本性。未来研究可进一步探索如何对决策边界空间或者模型内部空间进行更为广泛的指纹覆盖。

7.3　对抗训练

对抗训练是已知**最有效**的对抗防御方法，其通过在对抗样本上训练模型来提升模型自身的鲁棒性。此外，对抗训练以及前面介绍的对抗样本检测是领域内研究最多的两种防御方式，其中对抗训练可以被视为一种**主动防御**而对抗样本检测是一种**被动防御**。"主动"是指模型本身是鲁棒的，"被动"是指模型本身不鲁棒但是可以对潜在攻击进行检测并拒绝服务。对抗训练的概念在对抗样本发现的早期就已经被提出了，只是在 2018 年才取得重要突破。2018 年以后，大量对抗防御工作基于对抗训练进行，或者提出更优的对抗训练方法，或者将对抗训练与其他防御策略结合来提高防御效果。

对抗训练具有以下特点。

- **鲁棒性最佳**：对抗训练是目前已知最鲁棒的对抗防御方法。
- **方法简单**：对抗训练可直接训练一个对抗鲁棒的模型，不依赖（但是可以叠加）额外的输入去噪、对抗检测等辅助防御策略。

- **训练耗时**：对抗训练耗时大约是正常训练的 8～10 倍。比如，在 CIFAR-10 数据集上使用 4 块 2080Ti GPU 对抗训练 WideResNet34-10 模型大约需要 40 小时；在 ImageNet 数据集对抗训练 ResNet-50 模型大约需要使用 128 块 V100 GPU 52 小时。
- **容易过拟合**：对抗训练更容易过拟合训练数据，加大训练和测试性能之间的差距。例如，PGD 对抗训练在 CIFAR-10 数据集上可以达到 90% 以上的训练鲁棒性，对抗鲁棒性却只有 45%～50%。
- **降低性能**：经过对抗训练的模型在自然（干净）测试样本上通常会有不同程度的性能下降。例如，在 CIFAR-10 数据集上，若以 $L_\infty = 8/255$ 的扰动大小进行对抗训练，则大约会导致 10% 的自然准确率下降；在 ImageNet 数据集上，则会有 8%-15% 的下降。

7.3.1　早期对抗训练

对抗训练的思想比较直观，由于深度神经网络具有强大的学习能力，**让网络直接学习对抗样本可以获得对抗鲁棒性**，所以对抗训练在对抗样本（而不是普通样本）上训练模型。当然，很多早期的对抗训练方法采用的是混合训练的方式，即同时在对抗样本和正常样本上训练模型。下面三个工作可以看作对抗训练领域三个里程碑式的工作。

- 2014 年，Goodfellow 等人首次提出对抗训练的概念，为鲁棒优化和正则化研究开启了新大门[230]。
- 2018 年，Madry 等人提出基于 PGD 的对抗训练方法，给对抗训练的性能带来巨大提升，使对抗训练成为主流对抗防御方法[232]。
- 2019 年，Zhang 等人提出基于 KL 散度的对抗训练方法 TRADES，大幅提升了 Madry 等人提出的 PGD 对抗训练，极大地推动了对抗训练的研究热潮[298]。

虽然对抗训练直到 2018 年才取得重要进展，但从 2013 年发现对抗样本到 2018 年期间，很多对抗训练方法已经被提出，而且有些方法提出的优化框架与 2018 年以后的框架几乎是一样的。可以说，这些早期的对抗训练方法奠定了对抗训练的研究基础。

早在 2013 年，Szegedy 等人[229] 在揭示对抗样本现象的同时就已经探索了对抗训练。他们采用了一种**交替"生成–训练"**的方式，在训练过程中对神经网络的每一层（既包含输入层也包含中间层）生成对抗样本，然后将这些对抗样本加入原始训练集进行模型训练，发现深层对抗样本对鲁棒泛化更有用。Szegedy 等人将对抗训练解释为一种**正则化方法**，并对其他正则化方法，如权重衰减和随机失活等，也进行了分析。可惜由于 Szegedy 等人使用的对抗样本生成算法 L-BFGS 的优化代价比较高，最终训练框架的实用性并不是很好[230]。

FGSM 对抗训练。Goodfellow 等人在其线性假说工作 [230] 中提出基于 FGSM 的对抗训练方法，同时在普通和 FGSM 对抗样本上训练模型。具体的优化目标如下：

$$\min_{\boldsymbol{\theta}} \mathbb{E}_{(\boldsymbol{x},y)\in D}\left[\alpha\mathcal{L}_{\mathrm{CE}}(f(\boldsymbol{x}),y)+(1-\alpha)\mathcal{L}_{\mathrm{CE}}(f(\boldsymbol{x}_{\mathrm{adv}}),y)\right]$$

$$\boldsymbol{x}_{\mathrm{adv}}=\boldsymbol{x}+\epsilon\cdot\mathrm{sign}[\nabla_{\boldsymbol{x}}\mathcal{L}_{\mathrm{CE}}(f(\boldsymbol{x}),y)]$$

(7.23)

其中，$\mathcal{L}_{\mathrm{CE}}$ 是交叉熵损失函数，$\boldsymbol{x}_{\mathrm{adv}}$ 是 $\boldsymbol{x}$ 的对抗样本，通过第二行的单步 FGSM 攻击生成；α 是调和两部分损失的权重系数（实验中设为 0.5）。值得注意的是，Goodfellow 等人并未使用中间层的对抗样本，因为他们发现中间层对抗样本并没有用。

实际上，上式可以化简成 min-max 优化的标准形式：

$$\min_{\boldsymbol{\theta}}\max_{\|\boldsymbol{x}_{\mathrm{adv}}-\boldsymbol{x}\|_{\infty}\leqslant\epsilon}\left[\alpha\mathcal{L}_{\mathrm{CE}}(f(\boldsymbol{x}),y)+(1-\alpha)\mathcal{L}_{\mathrm{CE}}(f(\boldsymbol{x}_{\mathrm{adv}}),y)\right]$$

(7.24)

其中，内部最大化是生成对抗样本 $\boldsymbol{x}_{\mathrm{adv}}$ 的过程，优化变量是 $\boldsymbol{x}_{\mathrm{adv}}$；外部最小化是在普通样本 $\boldsymbol{x}$ 和对抗样本 $\boldsymbol{x}_{\mathrm{adv}}$ 上训练模型的过程，优化变量是模型参数 $\boldsymbol{\theta}$。FGSM 对抗训练的优点是训练速度快，相比传统的模型训练只需要增加一次前传和后传，缺点是无法防御多步对抗攻击，如 BIM、PGD 攻击等。

式 (7.24) 已经跟 Madry 等人提出的 PGD 对抗训练的优化目标很接近了，删掉 $\alpha\mathcal{L}_{\mathrm{CE}}$ 项得到的便是 PGD 对抗训练的优化目标（剩余项的系数可以忽略）。这正是 Nøkland[299] 在其工作中做的，完全在对抗样本上训练模型，并基于此"对抗反向传播"（adversarial back-propagation）正则化方法提升模型的泛化能力（并未对对抗鲁棒性进行测试）。所以 Nøkland 对抗训练的优化目标跟 Madry 等人的 PGD 对抗训练是完全一致的，虽然 Nøkland 并未在其论文中给出具体定义（后面会介绍第一次显式定义实际上是由 Huang 等人[300]、Shaham 等人[301] 以及 Lyu 等人[302] 在同一时期给出的）。具体来说，FGSM 对抗训练和 Nøkland 对抗训练都使用 FGSM 算法来求解内部最大化问题，而 Madry 等人提出的 PGD 对抗训练使用 PGD 算法来求解内部最大化问题。当然这两类方法之间还存在其他一些"小区别"，我们将在后续节中介绍，也正是这些看似简单的"小区别"让 PGD 对抗训练远远好于 FGSM 对抗训练。

Goodfellow 等人还提出了对对抗训练的六种理解：

- 对抗训练是一种基于数据增广的训练方式，而对抗样本生成是一种**特殊的数据增广**；
- 对抗训练是一种**正则化技术**；
- 对抗训练相当于优化模型在**最差情况**（worst-case）下的错误；
- 对抗训练相当于最小化模型在噪声输入上的**期望错误上界**；
- 对抗训练是一个**对抗博弈**（adversarial game）的过程；
- 对抗训练是一种**主动学习**（active learning），模型在训练过程中主动请求标注新的样本（即对抗样本）。

这些不同层面的理解也鼓励了后续工作从不同的方向对对抗训练进行探索与改进。

下面介绍几个大约在同一时间（2015 年 7 月 ~11 月）在 arXiv 公布的代表性工作。

虚拟对抗训练。 Miyato 等人[303]（2015 年 7 月 2 日在 arXiv 上公布）从提高模型泛化和正则化的角度对对抗训练进行了探索，提出了基于 KL 散度的**虚拟对抗训练**（virtual adversarial training, VAT）方法。在训练过程中，VAT 通过在训练样本周围生成"虚拟"对抗扰动的方式来提高模型的局部分布平滑度（local distribution smoothness）。这里，"虚拟"对抗扰动实际上就是对抗扰动，局部分布平滑指的是样本 x 周围的平滑。VAT 的优化目标定义如下：

$$\min_{\theta} \max_{\|x_{\text{adv}} - x\|_2 \leqslant \epsilon} \mathbb{E}_{(x,y) \in D} \left[\mathcal{L}_{\text{CE}}(f(x), y) + \lambda \mathcal{L}_{\text{KL}}(f(x), f(x_{\text{adv}})) \right] \tag{7.25}$$

其中，$\mathcal{L}_{\text{CE}}$ 为交叉熵损失函数，$\mathcal{L}_{\text{KL}}$ 为 KL 散度损失函数，x 是原始训练样本，x_{adv} 是基于 x 生成的对抗样本，ϵ 是 L_2 范数定义的扰动上限。为了着重突出 VAT 的思想，上式对原始的 VAT 方法进行了一定的符号化简。在 VAT 中，$-\mathcal{L}_{\text{KL}}(f(x), f(x_{\text{adv}}))$ 项被定义为**局部分布平滑**（local distributional smoothing, LDS）。值得注意的是，VAT 是从提高模型泛化的角度提出的，所以在原论文中并未对其进行对抗鲁棒性测试。VAT 在解内部最大化问题时使用了单步的**幂迭代**（power iteration）方法[304]，其等同于 FGSM。所以 VAT 跟基于 L_2 范数的 FGSM 对抗训练十分接近，区别是 FGSM 对抗训练使用的是 $\mathcal{L}_{\text{CE}}$ 损失而 VAT 使用的是 $\mathcal{L}_{\text{KL}}$ 损失。实验表明，在提高模型泛化方面，VAT 只比 FGSM 对抗训练好一点点。实际上，VAT 的优化目标跟后来 Zhang 等人提出的基于 KL 散度的 TRADES[298] 对抗训练是一样的。

min-max 鲁棒优化。 如前面提到的，2015 年左右的很多对抗训练工作实际上是在解 min-max 优化问题，但第一次显式将对抗训练定义为 min-max 优化问题是由 Huang 等人[300]（2015 年 11 月 10 日在 arXiv 上公布）、Shaham 等人[301]（2015 年 11 月 17 日在 arXiv 上公布）以及 Lyu 等人[302]（2015 年 11 月 19 日在 arXiv 上公布）在大约同一时间完成的。在这里我们采用 Huang 等人的定义进行介绍。结合 Goodfellow 等人提出的 FGSM 对抗训练[230]、Nøkland 提出的对抗反向传播[299]（2015 年 10 月 14 日在 arXiv 上公布）、Miyato 等人提出的虚拟对抗训练[303]，Huang 等人提出统一的**min-max 优化框架**：

$$\min_{\theta} \mathbb{E}_{(x,y) \in D} \max_{\|r\| \leqslant \epsilon} \mathcal{L}(f(x + r), y) \tag{7.26}$$

其中，$\mathcal{L}$ 可以是任意分类损失函数，r 为对抗扰动，$\|\cdot\|$ 可以是任意范数（$L_{1,2,\infty}$），$\text{sign}(\cdot)$ 是符号函数。当损失函数 $\mathcal{L}$ 为交叉熵损失函数时，不同扰动范数下的对抗噪声可以通过下面的方式生成：

- 如果 $\|\cdot\|$ 是 L_2 范数，那么 $r^* = \epsilon \cdot \dfrac{\nabla_x \mathcal{L}(f(x), y)}{\|\nabla_x \mathcal{L}(f(x), y)\|_2}$；
- 如果 $\|\cdot\|$ 是 L_∞ 范数，那么 $r^* = \epsilon \cdot \text{sign}(\nabla_x \mathcal{L}(f(x), y))$；
- 如果 $\|\cdot\|$ 是 L_1 范数，那么 $r^* = \epsilon \cdot m_k$，其中 m_k 为位置 k 处值为 1 其他位置处值为 0 的掩码矩阵，k 是 $|\nabla_x \mathcal{L}(f(x), j)|_k = \|\nabla_x \mathcal{L}(f(x), y)\|_\infty$ 的位置。

Huang 等人将上述基于 L_2 范数的对抗训练命名为**对抗学习**（learning with adversarial，LWA）方法，并实验展示了其相对 FGSM 对抗训练的优越性。Huang 等人同时提出了基于神经网络中间层特征的对抗训练方法，但效果并没有输入空间的对抗训练好。

上述早期对抗训练方法（主要是 FGSM 对抗训练）的特点可以总结为以下两点：

- **训练速度较快**，虽然比普通训练更耗时但是比后面多步的对抗训练方法要高效很多；
- **易过拟合弱对抗样本**，所训练的模型对较弱的 FGSM 攻击很鲁棒，但是对更强的 PGD 攻击鲁棒性就很差。

下面将介绍 2018 年以后的对抗训练方法。

7.3.2　PGD 对抗训练

2018 年，Madry 等人[232] 提出从鲁棒优化的角度去解决深度神经网络的对抗鲁棒性问题。具体来说，Madry 等人将考虑了对抗因素的模型训练看作一个**鞍点**（**saddle point**）问题，定义如下：

$$\min_{\boldsymbol{\theta}} \mathbb{E}_{(\boldsymbol{x},y)\sim D} \max_{\|\boldsymbol{r}\|\leqslant \epsilon} \mathcal{L}(f(\boldsymbol{x}+\boldsymbol{r}),y) \tag{7.27}$$

上式对原论文中的定义进行了等价化简，得到形式上与 Huang 等人的 min-max 优化框架，即式 (7.26) 一致的定义。实际上，上式定义的 min-max 优化问题在鲁棒优化领域有着悠久的历史，最早可以追溯到 Wald 的工作 [305～307]。上述鞍点问题由内外两层优化组成，即**内部最大化**（inner maximization）问题和**外部最小化**（outer minimization）问题。内部最大化问题的目标是生成更强的对抗样本，而外部最小化问题的目标是最小化模型在（内部最大化过程中生成的）对抗样本上的损失，求解上述鞍点问题的过程也就是对抗训练的过程。

Madry 等人从鲁棒优化的角度研究了式 (7.27) 的鞍点问题，并提出使用 PGD 算法求解内部最大化问题，定义如下：

$$\boldsymbol{x}_{\text{adv}}^{t+1} = \text{Proj}_{\boldsymbol{x}+\mathcal{S}}\left(\boldsymbol{x}^t + \alpha \cdot \text{sign}(\nabla_{\boldsymbol{x}^t}\mathcal{L}(\boldsymbol{\theta},\boldsymbol{x}^t,y))\right) \tag{7.28}$$

其中，$\text{Proj}_{\boldsymbol{x}+\mathcal{S}}$ 是一个投影操作，将对抗样本约束在以 $\boldsymbol{x}$ 为中心的高维球 $\boldsymbol{x}+\mathcal{S}$ 之内；$\boldsymbol{x}^t$ 和 $\boldsymbol{x}^{t+1}$ 分别是第 t 步和第 $t+1$ 步（总步数为 T）对抗攻击产生的对抗样本；α 是单步步长，对其大小的要求要能探索到 ϵ-球以外的空间（即 $\alpha T > \epsilon$）。

PGD 对抗训练也经常被称为**标准对抗训练**（standard adversarial training）或者**Madry 对抗训练**（Madry adversarial training）。PGD 算法实际上是求解有约束 min-max 问题的一阶最优算法，所以 PGD 攻击也可以被认作最强的一阶攻击算法。关于 PGD 攻击算法，读者可以在 6.1节找到详细的介绍。同时，Madry 等人还研究了对抗性鲁棒性和模型大小之间的关系，发现对抗鲁棒的模型往往需要更多的参数。此外，他们证明了对抗训练可以获得一个具有对抗鲁棒性的模型。

PGD 攻击与 BIM 攻击高度相似，只存在两个"小区别"：（1）**步长设置**，PGD 并没有限制步长大小（BIM 的步长为 ϵ/T，PGD 往往采用更大的步长）；（2）**随机噪声初始化**，PGD 在攻击开始前有一个随机噪声初始化的操作 $\boldsymbol{x}_{\mathrm{adv}}^0 = \boldsymbol{x} + \mathcal{U}(-\epsilon, +\epsilon)$，其中 $\mathcal{U}(-\epsilon, +\epsilon)$ 为 $[-\epsilon, +\epsilon]$ 之间的均匀分布。实验表明，这两个"小区别"是 PGD 对抗训练显著优于 FGSM 或 BIM 对抗训练的关键。在差不多同一时间，Tramèr 等人[308] 也发现在 FGSM 对抗训练的基础上加随机噪声初始化会大幅提高模型鲁棒性。

2017 年，Kurakin 等人[309] 发现单步对抗训练不能防御多步攻击，即使是使用多步 BIM 方法训练也是如此。2019 年，Wong 等人[310] 在探索快速单步对抗训练方法的时候，发现添加了上述两个操作的 FGSM 对抗训练能达到与 PGD 对抗训练相当的鲁棒性。直观理解，随机噪声初始化可以有效防止攻击算法因样本 $\boldsymbol{x}$ 周围高低不平的**损失景观**（loss landscape）而卡在局部最优的位置；而使用较大步长配合投影操作有助于在 ϵ 边界附近增加探索，找到更强的对抗样本。

式 (7.27) 中定义的 min-max 优化问题经常与生成对抗网络（GAN）的 min-max 优化问题混淆。二者的区别包括（但不仅限于）以下几点：

- PGD 对抗训练是**有约束**（即 ϵ 约束）的 min-max 优化问题（constrained min-max optimization problem），而 GAN 的训练是一个**无约束**的 min-max 优化问题；
- PGD 对抗训练只涉及**一个模型**（是一个自我对抗的过程），而 GAN 涉及**两个模型**（是一个相互对抗的过程）；
- PGD 对抗训练得到一个**判别模型**（学习的是类别间的决策边界），而 GAN 得到的是**生成模型**（学习的是单类别的分布）。

PGD 对抗训练所带来的显著鲁棒性提升让研究者们看到了训练对抗鲁棒模型的可能，后续出现了很多专门理解其工作原理的工作，以便进一步提升其鲁棒性。总结来说，PGD 对抗训练及其变体具有以下特点。

- **鲁棒决策边界**：PGD 对抗训练可以让模型的决策边界更加鲁棒，即在输入样本周围一定范围内移动样本并不会跨过决策边界，如图 7.8所示。
- **通用鲁棒性**：PGD 对抗训练的模型可以同时防御单步、多步以及不同范数的对抗攻击。
- **需要大容量模型**：PGD 对抗训练需要更大尤其是更宽的深度神经网络模型。
- **需要更多数据**：PGD 对抗训练对数据量需求更高，增加训练数据可以获得明显的鲁棒性提升。
- **激活截断**：PGD 对抗训练的模型内部会产生类似激活截断的效果，可有效抑制对抗噪声对部分神经元的激活，进而阻断其在层与层之间的传递。
- **鲁棒特征学习**：PGD 对抗训练可以让模型学习到更鲁棒、解释性更好的特征，普通训练则会学习到对泛化更有用但不鲁棒也不好解释的特征。
- **准确率–鲁棒性权衡**：模型的准确率（在干净样本上的准确率）和鲁棒性（在对抗样本上的准确率）之间存在冲突，二者（或许）不可兼得，在同一设置下，鲁棒性提升会降低准确率，反之亦然。

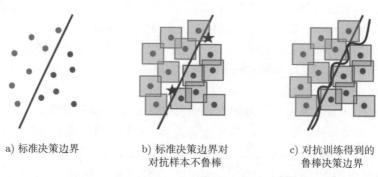

a) 标准决策边界   b) 标准决策边界对   c) 对抗训练得到的
                          对抗样本不鲁棒   鲁棒决策边界

图 7.8 对抗训练会得到鲁棒决策边界[232]

此外，我们在本节开始介绍的对抗训练的五个特点，如鲁棒性最佳、训练很耗时、性能（即准确率–鲁棒性权衡）降低、容易过拟合等，也适用于 PGD 对抗训练。目前，准确率–鲁棒性权衡问题是制约对抗训练进一步发展的主要瓶颈。

对 PGD 对抗训练的改进方法有很多，可以通过设计更灵活的扰动步数、扰动步长、更好地协调内部最大化与外部最小化等方式进行提高。基于 PGD 对抗训练的**集成学习和课程表学习**是两种比较直观的改进方式。例如，Cai 等人[311] 提出基于攻击步数的**课程表对抗训练**，同时为了防止遗忘提出多步混合的累积学习方式。Tramèr 等人[308] 提出结合多个模型的**集成对抗训练**方法，由于训练中的对抗样本是集合了多个模型生成的，所以得到的模型一般对迁移攻击很鲁棒。Yang 等人[312] 提出的 DVERGE 方法则通过在集成模型之间更好地分散对抗脆弱性来防御迁移攻击。当与 PGD 对抗训练结合时 DVERGE 集成策略展现了稳定的鲁棒性提升。

Ding 等人[313] 从边界最大化的角度分析了对抗训练，提出**最大边界对抗**（max-margin adversarial，MMA）训练方法，通过探索能最大化样本到决策边界的距离的扰动（这意味着每个样本都应该设置不同的扰动上界）来更好地权衡准确率和鲁棒性。Wang 等人[314] 分析了 PGD 对抗训练的内部最大化和外部最小化之间的相互作用，发现内部最大化对最终的鲁棒性影响更大，但其在训练初期并不需要生成很强的对抗样本。基于此，Wang 等人提出一个**一阶平稳条件**（first-order stationary condition，FOSC）来衡量内部最大化问题解的收敛性，并在训练的不同阶段通过控制对抗样本的收敛性不断变好（FOSC 值不断变小）来进行动态对抗训练（DART）。

PGD 对抗训练使用单一 PGD 攻击来解决内部最大化问题，可能会存在对输入空间探索不足的问题。为了解决此问题，Dong 等人[315] 提出基于分布的对抗训练方法**对抗分布训练**（adversarial distributional training，ADT）。ADT 通过向对抗噪声中添加高斯噪声并最大化输出概率的熵来生成覆盖性更好的对抗样本。为了解决 PGD 对抗训练的收敛性问题，Zhang 等人[316] 提出**友好对抗训练**（friendly adversarial training，FAT）方法，通过一系列早停策略（如达到一定对抗损失即停止攻击）来生成更有利于模型训练的对抗样本，以此来稳定对抗训练。Bai 等人[317] 提出**通道激活抑制**（channel-wise activation suppressing, CAS) 对抗训练方法，将 PGD 对抗训练应用在深度神经网络的中间层来抑制对抗噪声对中间层的激活，进而提高中间层特征的对抗鲁棒性。此方法需要在要增强的中间层处外接一个辅助分类器来完成。

7.3.3　TRADES 对抗训练

Zhang 等人[298] 提出的**TRADES**（TRadeoff-inspired Adversarial DEfense via Surrogate-loss minimization）对抗训练方法是对 PGD 对抗训练的一个重要改进，此方法赢得了 NeurIPS 2018 对抗视觉挑战赛的对抗防御赛道第一名。其方法本身很简单，即使用 KL 散度代替交叉熵来作为对抗训练的损失函数。TRADES 的优化目标如下：

$$\min_{\boldsymbol{\theta}} \mathbb{E}_{(\boldsymbol{x},y)\sim D}\left[\underbrace{\mathcal{L}_{\mathrm{CE}}(f(\boldsymbol{x}),y)}_{\text{提升准确率}} + \lambda \underbrace{\max_{\|\boldsymbol{r}\|\leqslant\epsilon}\mathcal{L}_{\mathrm{KL}}(f(\boldsymbol{x}),f(\boldsymbol{x}+\boldsymbol{r}))}_{\text{提升鲁棒性}}\right] \tag{7.29}$$

其中，$\mathcal{L}_{\mathrm{CE}}$ 是交叉熵损失函数，$\mathcal{L}_{\mathrm{KL}}$ 是 KL 散度损失函数。上式中第一部分在干净样本 $\boldsymbol{x}$ 上最小化交叉熵分类损失是为了提高模型的分类准确率，而第二部分生成对抗样本并在对抗样本 $\boldsymbol{x}_{\mathrm{adv}} = \boldsymbol{x} + \boldsymbol{r}$ 上最小化 KL 散度可以被理解为一种鲁棒性正则。

Zhang 等人提出**鲁棒分类错误**（robust classification error）可以被分解为**自然分类错误**（natural classification error）和**边界错误**（boundary error），具体定义如下：

$$\mathcal{R}_{\mathrm{rob}}(f) = \mathcal{R}_{\mathrm{nat}}(f) + \mathcal{R}_{\mathrm{bdy}}(f) \tag{7.30}$$

其中，TRADES 对抗训练优化目标中的第一项和第二项分别对应自然分类错误和边界错误。基于上述分解，可以对对抗训练的准确率–鲁棒性权衡问题进行理论分析和更好地解决它。此外，TRADES 的内部最大化损失 $\mathcal{L}_{\mathrm{KL}}(f(\boldsymbol{x}),f(\boldsymbol{x}+\boldsymbol{r}))$ 是可以继续化简为交叉熵损失函数的，这是因为 KL 散度损失分解后的其中一项是常数项。再进一步，真实标签 y 和模型的预测分布 $f(\boldsymbol{x})$ 之间是有关联的，基于此可以继续将 TRADES 化简成类似 PGD 对抗训练的形式，感兴趣的读者可以尝试一下。

在这里，我们介绍一些对 TRADES 的理解。基于 KL 散度的对抗损失会在训练的初期生成对模型"更有针对性"的对抗样本，因为其最大化对抗样本与干净样本之间的预测概率分布，对模型已经学到的预测分布产生反向作用，从而会阻碍模型的收敛。所以 TRADES 对抗训练保留了在干净样本上定义的交叉熵损失函数，以此来加速收敛。相对来说，基于交叉熵损失函数的对抗训练的收敛性问题会轻一点，因为对抗损失是基于真实类别 y 定义的，所以在模型预测错误的样本上不会产生特别大的反向作用。比如，模型对样本 $\boldsymbol{x}$ 的预测是错误的，那么对攻击后得到的对抗样本 $\boldsymbol{x}_{\mathrm{adv}}$ 的预测也是错的，差别不大，模型继续向着正确的类别学习就好了。需要指出的是，虽然添加自然损失项 $\mathcal{L}_{\mathrm{CE}}(f(\boldsymbol{x}),y)$ 可以提高收敛速度，但还是存在两个潜在的问题：1）**收敛不稳定**，导致训练过程对超参 λ 比较敏感；2）在大规模数据集如 ImageNet 上**不稳定性会加剧**，导致超参难调或鲁棒性能下降。

下面我们介绍两种"**逻辑匹配**"（logits pairing）的正则化方法，可以帮助从正则化的角度理解 TRADES。这两种逻辑匹配方法分别是**干净逻辑匹配**（clean logits pairing，CLP）和**对抗逻辑匹配**（adversarial logits pairing，ALP），均由 Kannan 等人[318] 提出。干净逻辑匹配解决下列优化问题：

$$\min_{\boldsymbol{\theta}} \mathbb{E}_{(\boldsymbol{x},y)\in D}\Big[\mathcal{L}_{\mathrm{CE}}(f(\boldsymbol{x}),y) + \lambda\|z(\boldsymbol{x}') - z(\boldsymbol{x})\|_2^2\Big] \tag{7.31}$$

其中，$z(\cdot)$ 表示模型的逻辑输出，$\boldsymbol{x}'$ 是干净样本的配对样本（与 $\boldsymbol{x}$ 组成一对），可以通过给样本 $\boldsymbol{x}$ 添加随机噪声的方式来获得。CLP 通过约束模型在样本对 $(\boldsymbol{x}, \boldsymbol{x}')$ 之间学习相似的逻辑分布来正则化模型的鲁棒性。有趣的是，如果我们将配对样本换成对抗样本，则 CLP 会变得与 TRADES 很相似：

$$\min_{\boldsymbol{\theta}} \mathbb{E}_{(\boldsymbol{x},y)\in D}\Big[\mathcal{L}_{\mathrm{CE}}(f(\boldsymbol{x}),y) + \lambda\max_{\|\boldsymbol{r}\|\leqslant\epsilon}\|z(\boldsymbol{x}+\boldsymbol{r}) - z(\boldsymbol{x})\|_2^2\Big] \tag{7.32}$$

唯一的区别是内部最大化选择的是 L_2 损失。

相应地，ALP 的优化目标如下：

$$\min_{\boldsymbol{\theta}} \mathbb{E}_{(\boldsymbol{x},y)\in D}\Big[\max_{\|\boldsymbol{r}\|\leqslant\epsilon}\mathcal{L}_{\mathrm{CE}}(f(\boldsymbol{x}+\boldsymbol{r}),y) + \lambda\|f(\boldsymbol{x}+\boldsymbol{r}) - f(\boldsymbol{x})\|_2^2\Big] \tag{7.33}$$

其中，第二项 L_2 损失只参与外部最小化，其正则化模型在自然和对抗样本之间学习相同的逻辑值，从而在对抗训练（第一项）的基础上对鲁棒性进行进一步提升。ALP 与 TRADES 的相似点是，二者都在自然和对抗样本上训练模型，且形式上相似（都是一个最大化项加一个最小化项），区别是 ALP 基于交叉熵损失函数生成对抗样本，正则化的是模型在两种样本上的逻辑值（而非决策边界）。值得注意的是，ALP 和 CLP 的对抗鲁棒性有待认证，因为 Engstrom 等人在后续工作 [319] 中指出 ALP 带来的对抗鲁棒性可能并不可靠。

7.3.4 样本区分对抗训练

Wang 等人[320] 提出**错误区分对抗训练**（misclassification aware adversarial training，MART）方法，在对抗训练过程中对未得到正确分类的样本进行区别对待，增加对这些样本的学习力度和收敛性。此想法受启发于错误分类样本对最终的鲁棒性影响较大的观察。通过把样本按正确分类和错误分类分成两类，MART 将鲁棒风险分解为：

$$\mathcal{R}_{\mathrm{rob}}(f) = \mathcal{R}_{\mathrm{rob}}^{+}(f) + \mathcal{R}_{\mathrm{rob}}^{-}(f) \tag{7.34}$$

其中，$\mathcal{R}_{\mathrm{rob}}^{+}(f)$ 为模型已正确学习的样本对应的风险，$\mathcal{R}_{\mathrm{rob}}^{+}(f)$ 为模型尚未正确学习的样本对应的风险。需要注意的是，正确学习与否是针对干净样本来说的，而非针对对抗样本。基于此，MART 提出优化下列 min-max 优化问题来训练鲁棒的模型：

$$\min_{\boldsymbol{\theta}} \mathbb{E}_{(\boldsymbol{x},y)\sim D}\Big[\mathcal{L}_{\mathrm{BCE}}(f(\boldsymbol{x}_{\mathrm{adv}}),y) + \lambda(1-\boldsymbol{p}_y(\boldsymbol{x}))\mathcal{L}_{\mathrm{KL}}(f(\boldsymbol{x}),f(\boldsymbol{x}_{\mathrm{adv}}))\Big]$$
$$\boldsymbol{x}_{\mathrm{adv}} = \underset{\|\boldsymbol{x}'-\boldsymbol{x}\|_\infty \leqslant \epsilon}{\arg\max}\ \mathcal{L}_{\mathrm{CE}}(f(\boldsymbol{x}'),y) \tag{7.35}$$

其中，$\mathcal{L}_{\mathrm{BCE}} = -\log(\boldsymbol{p}_y(\boldsymbol{x}_{\mathrm{adv}})) - \log((1-\max_{k\neq y}\boldsymbol{p}_k(\boldsymbol{x}_{\mathrm{adv}})))$ 为增强交叉熵（boosted cross entropy，BCE）损失，$\boldsymbol{p}_k(\boldsymbol{x})$ 表示模型对应类别 k 的概率输出。BCE 损失通过拉高正确类别的概率同时压低最大错误类别的概率来增强学习，提高模型在未正确学习样本上的收敛性。但其对抗样本的生成方式依然采用了标准的 PGD 攻击，因为大量研究证明用 PGD 求解内部最大化问题已经可以带来最优的鲁棒性。也就是说 MART 实际上只提高了外部最小化的部分，同时为了促进收敛将内部最大化方法由 KL 散度损失换回了交叉熵损失。MART 针对 TRADES 的收敛性问题改进了其外部最小化的部分，且改进的核心在于如何区别对待被错误分类的训练样本。

Zhang 等人[321] 也对分对和分错的样本进行了区分对待，不过采用的方式与 MART 不同。其提出几何区分（geometric aware）的概念，通过样本被成功攻击的步数来计算样本离决策边界的距离，并根据这个距离给每个样本设置一个权重，进行加权对抗训练。其提出的几何区分样本重加权对抗训练（geometry-aware instance-reweighted adversarial training，GAIRAT）方法解决下面定义的 min-max 优化问题：

$$\min_{\boldsymbol{\theta}} \mathbb{E}_{(\boldsymbol{x},y)\sim D}\Big[\max_{\|\boldsymbol{r}\|\leqslant\epsilon} \omega(\boldsymbol{x},y)\mathcal{L}(f(\boldsymbol{x}+\boldsymbol{r}),y)\Big] \tag{7.36}$$

其中，权重计算函数 $\omega(\boldsymbol{x},y)$ 定义如下：

$$\omega(\boldsymbol{x},y) = (1 + \tanh\lambda + 5\times(1-2\kappa(\boldsymbol{x},y)/T))/2 \tag{7.37}$$

其中，T 表示使用 PGD 生成对抗样本时的总步数，$\kappa(\boldsymbol{x},y)$ 代表模型恰好误分类对抗样本时的步数。另外，为模型已经误分类的干净样本设置一个固定的上限值比如 1，当 $\omega(\boldsymbol{x},y)\equiv 1$ 时，GAIRAT 退化为 PGD 对抗训练。

7.3.5　数据增广对抗训练

Alayrac 等人[322] 和 Carmon 等人[323] 在 NeurIPS 2019 会议上提出类似的对抗训练提升策略，即利用额外的训练数据来提升对抗鲁棒性。举例来说，使用从 80 Million Tiny Images 数据集（此数据集由于包含不合规图像已永久下线）中精心选择的 100kB 或 500kB 额外数据来提高模型在 CIFAR-10 数据集上的鲁棒性。在原始数据集 D 的基础上，两个工作通过相似的数据选择策略选择了未标注的额外数据 D_{ul}，然后在原始数据集和额外数据集上同时进行对抗训练：

$$\min_{\boldsymbol{\theta}}\Big[\mathbb{E}_{(\boldsymbol{x},y)\sim D} \max_{\|\boldsymbol{r}\|\leqslant\epsilon}\mathcal{L}(f(\boldsymbol{x}+\boldsymbol{r}),y) + \mathbb{E}_{\boldsymbol{x}_{\mathrm{ul}}\sim D_{\mathrm{ul}}} \max_{\|\boldsymbol{r}\|\leqslant\epsilon}\mathcal{L}(f(\boldsymbol{x}_{\mathrm{ul}}+\boldsymbol{r}),\hat{y})\Big] \tag{7.38}$$

其中，$\hat{y}$ 是未标注样本 $\boldsymbol{x}_{\text{ul}}$ 的预测类别 $f(\boldsymbol{x}_{\text{ul}})$。

有个隐藏的额外数据使用技巧是，外部数据必须要和原始数据集中的样本进行**1:1 混合**训练才能够提升鲁棒性，否则（比如随机混合）不但不会提升反而还会降低鲁棒性。这说明外部数据更多的是起到了一种正则化的作用，通过增加更多样的训练数据来学习更加平滑的决策边界，但是这种正则化无法脱离原始训练数据。虽然并不是所有的数据集都可以找到一个合适的外部数据来协助提升鲁棒性，但是此类方法至少增加了我们对对抗鲁棒性的理解，即使用额外数据确实可以提高对抗鲁棒性。

Rebuffi 等人[324] 研究了三种数据增广方式，即 Cutout、CutMix 和 MixUp，并结合 TRADES 对抗训练，发现结合了**模型权重平均**（model weight averaging，MWA）[325] 的 CutMix 可以显著提高对抗训练的鲁棒性。研究者将数据增广所带来的收益归因于多样化的数据对**鲁棒过拟合**（robust overfitting）问题[326] 的缓解。实际上，此前已有工作将数据增广、逻辑平滑、参数平均等技巧用以解决鲁棒过拟合问题[326-327]。基于此，Rebuffi 等人[328-329] 提出进一步结合生成模型**DDPM**（denoising diffusion probabilistic model）与**CutMix**，在不借助任何外部数据的情况下取得了当前最优的对抗鲁棒性。此外，基于多种数据增广技术的自监督鲁棒预训练[330] 也可以看作此类方法。

目前来看，基于大量增广数据和生成数据的对抗训练才能达到最优的鲁棒性，比如 Rebuffi 等人提出的**融合数据增广方法**仍是领域内最优的对抗防御方法。开源对抗鲁棒性排行榜 RobustBench⊖的统计结果显示，生成模型加上 CutMix 再加上更宽的模型（WideResNet-70-16）可以在标准数据集 CIFAR-10 上取得 66.11% 的对抗鲁棒性和 88.74% 的干净准确率，而结合更先进的生成扩散模型可以将鲁棒性提升至 70.69%，大大超出此前的所有防御方法。相信在后续的研究中，不借助外部数据的数据增广技术会成为取得更优对抗鲁棒性的必备技巧。

7.3.6　参数空间对抗训练

对抗训练通过在对抗样本上训练模型使其**输入损失景观**（input loss landscape）变得平坦。与前面的方法不同，Wu 等人[331] 研究了模型的**权重损失景观**（weight loss landscape）与对抗训练之间的关联，发现损失景观的平坦程度与自然分类和鲁棒性泛化之间的相关性，并指出一些对抗训练的改进技术，如早停（early stopping）、新损失函数、增加额外数据等，都隐式地让损失景观变得更平坦。

基于上述发现，Wu 等人提出了**对抗权重扰动**（adversarial weight perturbation，AWP）对抗训练方法，在对抗训练过程中通过显式地约束损失景观的平坦度来提高鲁棒性。AWP 方法交替对输入样本和模型参数进行对抗扰动，在对抗训练框架下形成了一种**双扰动**机制。AWP 的优化框架定义如下：

$$\min_{\boldsymbol{\theta}} \max_{\boldsymbol{v} \in \mathcal{V}} \mathbb{E}_{(\boldsymbol{x},y) \sim D} \max_{\|\boldsymbol{r}\| \leqslant \epsilon} \mathcal{L}\left(f_{\boldsymbol{\theta}+\boldsymbol{v}}(\boldsymbol{x}+\boldsymbol{r}), y\right) \tag{7.39}$$

⊖　https://robustbench.github.io/。

其中，$v \in \mathcal{V}$ 是对模型参数的对抗扰动，$\mathcal{V}$ 是可行的扰动区域；相应地，r 是对输入样本的对抗扰动，$\|r\| \leqslant \epsilon$ 是其可行的扰动区域。借鉴输入扰动的大小限定，参数空间的扰动大小可以限定为 $\|v_l\| \leqslant \gamma\|\theta_l\|$，其中 l 表示神经网络的某一层。这种按照缩放比例的上界限定主要是考虑不同层之间的权重差异较大，且权重具有隔层缩放不变性（前一层放大后一层缩小就等于没有改变）。在具体的训练步骤方面，AWP 先使用 PGD 算法构造对抗样本 $x_{\text{adv}} = x + r$，然后使用对抗最大化技术对模型参数生成扰动 v，最后计算损失函数 $\mathcal{L}(f_{\theta+v}(x+r), y)$ 对于扰动后的参数 $\theta + v$ 的梯度并更新模型参数 θ。

实验表明，AWP 确实会带来更平坦的损失景观和更好的鲁棒性，认证了显式地约束损失景观的重要性。AWP 可以通过和已有对抗训练方法，如 PGD 对抗训练、TRADES 等相结合，进一步提升鲁棒性。然而，AWP 对抗训练是一个 min-max-max 三层优化框架，会在普通对抗训练的基础上继续增加计算开销。

7.3.7 对抗训练的加速

对抗训练比普通训练多了一个内部最大化过程，需要多次反向传播，大大增加了计算开销。对抗训练的效率问题制约着其在大数据集上的应用，也难以与大规模预训练方法结合训练对抗鲁棒模型。近年来，对抗训练加速方面的研究工作已有不少，但在提升效率的同时都或多或少会牺牲一部分鲁棒性。现有方法大多通过两种思想来加速对抗训练：（1）提高对抗梯度的计算效率；（2）减少内部最大化的步数。

直观来讲，对抗梯度（对抗损失关于输入样本的梯度）的计算需要沿着整个神经网络进行反向传播直至输入层，这是其主要的效率瓶颈。为了打破此瓶颈，对抗梯度加速计算方法通过巧妙地复用模型参数更新的梯度（模型梯度）来估计对抗梯度（输入梯度），从而避免每次计算对抗梯度都需要一次单独的、完整的反向传播。此外，对抗训练（如 PGD 对抗训练）往往需要多步优化方法来解内部最大化问题，所以如果能够在更少的步数内有效解决此问题也可以达到加速的目的。减少内部最大化的步数也就自然而然地成为一种经典的对抗训练加速方法。下面我们将对四种经典的加速方法进行详细的介绍。

Free 对抗训练。 Shafahi 等人[330] 在 2019 年提出**Free 对抗训练方法**，通过重使用模型更新（外部最小化）的梯度信息来近似对抗梯度（内部最大化），以此降低内部最大化所带来的计算开销。具体来说，Free 对抗训练提出了两个巧妙的加速技巧。首先，损失关于输入的梯度与损失关于神经网络第一个隐层的梯度是关联的，也就是说，我们在正常梯度后传的基础上多传一层（从第一个隐层传到输入层）就可以同时得到损失关于模型参数和输入的梯度。其次，上述的技巧对一次模型梯度后传只会得到一个对抗梯度，也就是只能完成一步攻击。那么如何解决多步攻击的问题呢？作者提出巧妙地利用模型更新跟对抗攻击的步数比例（即 1:1，一次模型更新完成一步攻击）在 m 次模型更新的同时完成 m 步的攻击。所以我们需要修改模型的训练策略，在一个训练周期中，传统的训练方法在一批数据上更新一次模型然后换到下一批数据，而 Free 对抗训练在同一批数据上更新模型 m 次（并同时生成 m 步对抗攻击），然后换到下一批数据。如此一来，通过调整模型的训练策略, 我们既可以完成模型的正常训练又可以大幅提高对抗梯度的计算效率。

Free 对抗训练的详细训练步骤可参考算法 7.3。其首先将训练的总轮数除以 m, 以保证总体的训练迭代次数和普通对抗训练一致。在训练中, 对于每一个批次的数据, 循环 m 次, 每一次反向传播一次, 得到损失对参数 θ 的梯度 ∇_θ 和对输入 x 的梯度 ∇_x, 最后分别将二者更新到模型参数上和样本 x 上, 达到同时训练模型和构造对抗样本的目的。

算法 7.3 Free 对抗训练 (Free-m)

输入: 模型 f, 训练样本集 X, 扰动上限 ϵ, 学习率 τ, 跳跃步数 m

1: 初始化模型参数 θ

2: 初始化对抗噪声 $r \leftarrow 0$

3: **for** 训练轮数 epoch $= 1, \cdots, N_{\text{ep}}/m$ **do**

4:     **for** 批数据 $B \subset X$ **do**

5:         **for** $i = 1, \cdots, m$ **do**

6:             使用随机梯度下降更新模型参数 θ

$$g_\theta \leftarrow \mathbb{E}_{(x,y) \in B} \nabla_\theta \mathcal{L}(f(x+r), y)$$
$$g_{\text{adv}} \leftarrow \nabla_x \mathcal{L}(f(x+r), y)$$
$$\theta \leftarrow \theta - \tau g_\theta$$

7:             使用上述计算得到的对抗梯度生成对抗噪声 r

$$r \leftarrow r + \epsilon \cdot \text{sign}(g_{\text{adv}})$$
$$r \leftarrow \text{Clip}(r, -\epsilon, +\epsilon)$$

输出: 鲁棒模型 f

Free 对抗训练在 CIFAR-10 等较小的数据集上能以极小的额外成本实现与 10 步 PGD (PGD-10) 对抗训练相当的鲁棒性, 并且可以达到 7~30 倍的训练加速[330]。Free 对抗训练是较早利用模型更新过程中的梯度信息来加速对抗训练的工作, 不过 Free 对抗训练需要对传统的模型训练步骤进行较大的改变, 且改变后的训练策略在不同学习任务下的性能不确定, 这在一定程度上阻碍了该算法的广泛应用。

YOPO 对抗训练。 同在 2019 年, Zhang 等人[332] 提出了 YOPO 对抗训练加速方法。与 Free 对抗训练一样, YOPO 提出巧妙地复用模型参数梯度信息来估计对抗梯度信息, 但与 Free 不同的是, YOPO 并不需要修改模型的整体训练策略。根据链式法则, 损失对输入的梯度可以进行如下的分解:

$$\nabla_x \mathcal{L}(x, y) = \nabla_{f^1} \mathcal{L}(f(x), y) \nabla_x f^1(x) \tag{7.40}$$

其中, f^1 表示神经网络的第一层 (第一个隐藏层)。上述分解表明损失对输入的梯度等于损失对模型第一层的梯度乘以第一层对输入的梯度。所以一个 $m \times n$ 的 PGD 对抗训练

（PGD-$m \times n$）可以被分解为 m 次损失对第一层的梯度 $\nabla_{f^1}\mathcal{L}(f(\boldsymbol{x}),y)$ 乘以 n 次第一层对输入的梯度 $\nabla_{\boldsymbol{x}}f^1(\boldsymbol{x})$。通过如此分解，可以将计算消耗降低为原来的 $\frac{m}{mn}=\frac{1}{n}$（这里假设 $\nabla_{\boldsymbol{x}}f^1$ 的计算消耗可以忽略不计）。由于原论文中的计算过程比较复杂，我们在此进行了化简，化简后的训练步骤参考算法 7.4。

算法 7.4 YOPO 对抗训练（YOPO-m-n）

输入: 模型 f，训练样本集 X，扰动上限 ϵ，学习率 τ，全量反向传播次数 m，单层反向传播次数 n

1: 初始化模型参数 $\boldsymbol{\theta}$
2: 初始化对抗噪声 $\boldsymbol{r} \leftarrow 0$
3: **for** 训练轮数 epoch $= 1, \cdots, T$ **do**
4:   **for** 批数据 $B \subset X$ **do**
5:     **for** $i = 1, \cdots, m$ **do**
6:       $\boldsymbol{g}^1 \leftarrow \nabla_{f^1}\mathcal{L}(f(\boldsymbol{x}+\boldsymbol{r}),y)$
7:       **for** $j = 1, \cdots, n$ **do**
8:         $\boldsymbol{g}^0 \leftarrow \boldsymbol{g}^1 \nabla_{\boldsymbol{x}}f^1(\boldsymbol{x}+\boldsymbol{r})$
9:         $\boldsymbol{r}_{i,j} = \boldsymbol{x}_{i,j-1} + \epsilon \cdot \text{sign}(\boldsymbol{g}^0)$
10:         $\boldsymbol{r} \leftarrow \text{Clip}(\boldsymbol{r}_{i,j}, -\epsilon, +\epsilon)$
      在生成的对抗样本上使用 SGD 更新模型参数 $\boldsymbol{\theta}$

输出: 鲁棒模型 f

上述算法是基于梯度的 YOPO 算法，此外作者基于最优控制理论中的庞特里亚金最大值原理（pontryagin maximum principle，PMP）对此算法进行了进一步泛化，使其适用于梯度下降以外的更广泛的优化算法（如离散时间微分博弈问题）。YOPO 可达到跟现有对抗训练方法如 PGD 对抗训练和 TRADES 类似的性能，并能带来 4-5 倍的训练加速。

Fast 对抗训练。 与上述加速方法不同，Wong 等人[310] 提出通过缩减生配对样本的步数以及配合其他训练加速技巧来加速对抗训练。首先，Wong 等人发现在内部最大化过程中可以使用**单步 PGD 算法**（即 FGSM）加随机对抗噪声初始化来代替多步 PGD 算法，以此降低多步对抗训练的计算成本。值得一提的是，单步对抗训练长期以来被认为是无效的（因为其无法防御多步攻击）。对此，Wong 等人探索发现问题在于单步训练在 ϵ-球面附近的过拟合，随机对抗噪声初始化可以有效缓解此问题。值得注意的是，其在 CIFAR-10 上的随机初始化很大，达到了 $\epsilon = 10/255$。由此得到的单步对抗训练方法可以媲美多步训练方法。在此基础上，可以结合**周期学习率**（cyclic learning rate）**调整**[333]、**混合精度训练**（mixed-precision training）[334] 和**早停**进一步提高对抗训练的效率。此外，在大规模、高分辨率数据集 ImageNet 上，Fast 将训练分为三个阶段，分别使用不同的分辨率进行训练。

Fast 算法对对抗训练的效率提升是巨大的，其可以在 12 个小时内完成在 ImageNet 数据集上的训练（$\epsilon = 2/255$），而在 CIFAR-10 数据集上可以在 6 分钟之内完成（$\epsilon = 8/255$）。此效率与 Free 对抗训练相比也有 5-6 倍的加速。虽然加速效果显著，但 Fast 对抗训练依赖精细的超参数（比如学习率）调整，并不能容易得扩展到其他数据集上。例如，在新数据集上寻找最优的动态学习率调整策略对 Fast 来说是一个巨大的挑战，大部分情况下需要基于多次重训练探索得到，无形之中反而增加了计算消耗。此外，Fast 对抗训练与标准的对抗训练方法相比，鲁棒性有一定程度的下降（虽然比其他加速方法已经好很多了）。抛开这些不足，Fast 对抗训练的提出对大规模高效对抗训练起到了极大的推动作用。

周期迁移对抗训练。 Zheng 等人[335] 发现在对抗训练过程中，来自两个相邻周期的模型之间存在较高的对抗迁移性，即前一个周期生成的对抗样本在之后的周期里依然具有对抗性。利用这一特性，Zheng 等人提出**基于可迁移对抗样本的对抗训练**（adversarial training with transferable adversarial examples，ATTA）方法，利用周期可迁移对抗样本来累积对抗扰动，减少后续周期中生成对抗样本所需的扰动步数，从而达到加速训练的目的。ATTA 算法在上一个训练周期里存下生成的对抗噪声以及随机剪裁或补齐的偏移量，然后在下一个训练周期中利用存下的对抗噪声进行攻击初始化，如此往复，直到模型训练结束。实验表明，ATTA 可以在 MNIST 和 CIFAR-10 等小数据集上对 PGD 对抗训练达到 12~14 倍的加速，且能带来小幅的鲁棒性提升。虽然 ATTA 方法减少了对抗样本的构造时间，但是其需要存储大量的中间样本，带来了额外的数据 I/O 开销。此外，ATTA 方法对数据增广比较敏感，由于两个周期之间存在增广随机性，所以需要针对数据增广做噪声对齐，也就很难应对复杂的数据增广算法，如 Mixup 和 Cutout 等。

7.3.8   大规模对抗训练

作为一种双层优化方法，对抗训练需要消耗高于普通训练数倍的算力。粗略估计，在 ImageNet 数据集上进行对抗训练需要消耗相当于在小数据集 CIFAR-10 上训练的 1000 倍算力，给开展相关实验带来巨大挑战。此外，在 ImageNet 上的普通训练本身就比在 CIFAR-10 等小分辨率数据集上更加难收敛，带来进一步的挑战。这些挑战制约了对抗训练在大规模数据集上的研究，导致相关研究相对较少。由于大规模对抗训练可以提供鲁棒的预训练模型，大大推动领域的发展，所以我们在这里着重介绍几个在大规模对抗训练方面的研究工作。

实际上，早在 2016 年 Kurakin 等人[309] 就在此方面进行了一定的研究。他们发现对抗训练中干净样本和对抗样本的配比最好是 1:1（一半干净样本一半对抗样本），每个样本的扰动上限 ϵ 最好是在一定范围内随机指定（而非固定不变）。经过对应的改进，Kurakin 等人在 ImageNet 数据集上使用单步 FGSM 对抗训练成功地训练了一个 Inception v3 模型。但是我们知道，单步对抗训练所带来的鲁棒性是有限的。此外，上述介绍的对抗训练加速方法（如 Fast）也几乎都在 ImageNet 数据集上进行了认证，因为加速的主要目的是让大规模对抗训练成为可能。但是由于加速本身往往让精确的对抗梯度计算变为近似的，所以鲁棒性往往达不到标准（未加速）对抗训练的水平。目前，在 ImageNet 上的标准对抗训练工作主要包括 Xie 等人的**特征去噪对抗训练**（feature denoising adversarial training，FDAT）[336]、Qin 等人的**局部线性正则化训练**（local linearity regularization training，

LLRT)$^{[337]}$、Xie 等人的平滑对抗训练（smooth adversarial training，SAT）$^{[338]}$ 等。

特征去噪对抗训练。 特征去噪的概念与输入去噪类似，不过是在特征空间进行，通过一些过滤操作将对抗噪声从特征空间中移除。在 FDAT 工作中，Xie 等人测试了四种去噪操作（在残差网络的残差块之后添加），包括**非局部均值**（non-local mean）$^{[339]}$、**双边滤波器**（bilateral filter）、**均值滤波器**（mean filter）和**中值滤波器**（median filter）。非局部均值去噪操作的定义如下：

$$\hat{f}_i^l = \frac{1}{\mathcal{C}(f^l)} \sum_{\forall j \in \mathcal{S}} \omega(f_i^l, f_j^l) \cdot ft_j \tag{7.41}$$

其中，f^l 表示神经网络第 l 层的特征输出，ω 是与特征 f_i^l 和 f_j^l 相关的权重函数，特征 f_i^l 和 f_j^l 对应特征图上的两个位置，$\mathcal{C}(f^l)$ 是一个归一化函数，$\mathcal{S}$ 表示整个特征空间（所有维度集合）。上式是对 i 维特征做全局的加权特征融合。Xie 等人发现基于 softmax 加权平均的非局部均值操作可以带来最优的鲁棒性，加权函数定义如下：

$$\omega(f_i^l, f_j^l) = \exp\left(\frac{1}{\sqrt{d}} \Phi_1(f_i^l), \Phi_2(f_j^l)\right) \tag{7.42}$$

其中，Φ_1 和 Φ_2 是特征的两个嵌入版本（通过两个 1×1 的卷积操作获得），d 是通道个数，$\mathcal{C}(f^l) = \sum_{\forall j \in \mathcal{S}} \omega(f_i^l, f_j^l)$，$\omega(f_i^l, f_j^l) / \mathcal{C}(f_i^l)$ 则为 softmax 函数。

通过进一步将特征去噪与 PGD 对抗训练结合，Xie 等人将 ImageNet 上的 PGD-10 鲁棒性从 27.9%（Kannan 等人提出的对抗逻辑匹配 ALP$^{[318]}$ 方法）提高到了 55.7%，在防御 2000 步的 PGD 攻击（PGD-2k）时也取得了 42.6% 的鲁棒性。特征去噪对抗训练赢得了 CAAD（competition on adversarial attacks and defenses）2018 的冠军，是大规模对抗训练领域一项重要的工作。

局部线性正则化训练。 Qin 等人$^{[337]}$，提出**局部线性正则化**对抗训练方法，通过显式地约束训练样本周围的损失景观使其更线性化，以此来避免对抗训练中存在的梯度阻断（gradient obfuscation）问题。LLRT 对抗训练与常规对抗训练算法不同，定义如下：

$$\min_{\theta} \mathbb{E}_{(\boldsymbol{x},y) \in D} \left[\mathcal{L}_{\text{CE}}(f(\boldsymbol{x}),y) + \underbrace{\lambda \gamma(\epsilon, \boldsymbol{x}) + \mu |\boldsymbol{r}_{\text{LLRT}}^{\top} \nabla_{\boldsymbol{x}} \mathcal{L}_{\text{CE}}(f(\boldsymbol{x}),y)|}_{\text{LLRT}} \right] \tag{7.43}$$

其中，$\gamma(\epsilon, \boldsymbol{x}) = |\mathcal{L}_{\text{CE}}(f(\boldsymbol{x}+\boldsymbol{r}_{\text{LLRT}}),y) - \mathcal{L}_{\text{CE}}(f(\boldsymbol{x}),y) - \boldsymbol{r}_{\text{LLRT}}^{\top} \nabla_{\boldsymbol{x}} \mathcal{L}_{\text{CE}}(f(\boldsymbol{x}),y)|$ 基于损失在样本 $\boldsymbol{x}$ 附近的泰勒展开定义了 $\boldsymbol{x}$ 周围损失景观的线性程度；$\boldsymbol{r}_{\text{LLRT}} = \arg\max_{\|\boldsymbol{r}\|_p \leq \epsilon} |\mathcal{L}_{\text{CE}}(f(\boldsymbol{x}+\boldsymbol{r}_{\text{LLRT}}),y) - \mathcal{L}_{\text{CE}}(f(\boldsymbol{x}),y) - \boldsymbol{r}_{\text{LLRT}}^{\top} \nabla_{\boldsymbol{x}} \mathcal{L}_{\text{CE}}(f(\boldsymbol{x}),y)|$ 是 $\boldsymbol{x}$ 周围最坏情况的扰动（即对抗扰动）；λ 和 μ 是两个超参数。式子中涉及 $\boldsymbol{r}_{\text{LLRT}}$ 的部分仍然需要 PGD 攻击算法求解，但是需要的步数比 PGD 对抗训练更少（比如两步 PGD），为了帮助线性正则化，激活函数也由 ReLU 替换成了 softplus 函数（$\log(1 + \exp(x))$）$^{[340]}$。Qin 等人的实验展示了 LLRT 对抗训练的有效性，在 ImageNet 上对无目标 PGD 攻击的鲁棒性达到了 47%（$\epsilon = 4/255$），而此鲁棒性也在 AutoAttack 的评估实验中得到了确认$^{[237]}$。

平滑对抗训练。 此外，Xie 等人[338] 还研究了激活函数对对抗鲁棒性的影响，发现普遍使用的 ReLU 激活函数并不利于对抗鲁棒性，而训练更鲁棒的神经网络需要更平滑的激活函数。基于此，他们提出了**平滑对抗训练方法**，对 ReLU 激活函数进行平滑近似，即将 ReLU 替换为 softplus[340]、SILU[341]、GELU（gaussian error linear unit）[342] 和 ELU（exponential linear unit）[343]。其中，SILU 取得了最优的鲁棒性，其定义如下：

$$\mathrm{SILU}(x) = x \cdot \sigma(x) \tag{7.44}$$

通过简单的激活函数替换，SAT 几乎以"零代价"提高了对抗鲁棒性，而且对小模型和大模型都适用，在 ImageNet 上训练大模型 EfficientNet-L1[344] 取得了 58.6% 的鲁棒性。值得注意的是这里的对抗训练使用的是单步的 Fast 对抗训练，扰动上限为 $\epsilon = 4/255$。

7.3.9　对抗蒸馏

知识蒸馏[345] 是一种广泛使用的性能提升技术，其主要思想是借助教师模型（一般是大模型）来提升学生模型（一般是小模型）的泛化性能，往往优于从头训练学生模型。知识蒸馏技术已被应用于对抗防御，一方面用来提升模型的对抗鲁棒性，另一方面用来更好地进行准确率–鲁棒性权衡。此外，对抗训练往往需要更大的模型，这制约了其在资源受限场景下的应用，因此如何使用鲁棒预训练的大模型蒸馏得到鲁棒的小模型也是一个研究热点。

虽然 Papernot 等人[346] 早在 2016 年就提出了"防御性蒸馏"（defensive distillation）的概念，但是这并不是基于知识蒸馏的防御。防御性蒸馏是一种模型后处理（post-processing）技术，将模型输出逻辑值的数量级变大，以此让其对微小的输入变化不敏感。防御性蒸馏所得到的模型仍然可以被适应性攻击绕过[347]。下面介绍两个真正基于知识蒸馏的对抗蒸馏方法。

对抗鲁棒蒸馏。 Glodblum 等人[348] 研究了在知识蒸馏过程中对抗鲁棒性从教师模型向学生模型迁移的过程，发现当一个模型具有鲁棒性时，仅仅利用自然样本进行蒸馏便可训练出具有一定鲁棒性的学生模型。基于此，Glodblum 等人提出**对抗鲁棒蒸馏**(Adversarially Robust Distillation，ARD) 的概念，将教师模型具有的对抗鲁棒性迁移到学生模型。ARD 优化框架定义如下：

$$\min_{\boldsymbol{\theta}_S} \mathbb{E}_{(\boldsymbol{x},y) \in D} \left[(1-\alpha)\mathcal{L}_{\mathrm{CE}}(S^\tau(\boldsymbol{x}), y) + \alpha\tau^2 \mathcal{L}_{\mathrm{KL}}(S^\tau(\boldsymbol{x}_{\mathrm{adv}}), T^\tau(\boldsymbol{x})) \right]$$
$$\boldsymbol{x}_{\mathrm{adv}} = \underset{\|\boldsymbol{x}'-\boldsymbol{x}\|_p \leqslant \epsilon}{\arg\max} \mathcal{L}_{\mathrm{CE}}(S(\boldsymbol{x}'), T(\boldsymbol{x})) \tag{7.45}$$

其中，$T(\boldsymbol{x})$ 和 $S(\boldsymbol{x})$ 分别为教师和学生模型，$\boldsymbol{x}_{\mathrm{adv}}$ 为 $\boldsymbol{x}$ 的对抗样本，τ 为蒸馏温度，α 为平衡准确率和鲁棒性的超参数。

上式中，第一个损失项是在干净样本上定义的分类损失项，第二项为鲁棒性蒸馏损失项。在内部最大化过程中，ARD 依然使用 PGD 算法配合交叉熵损失函数 $\mathcal{L}_{\mathrm{CE}}$ 来生成对抗样本。作者猜测对抗鲁棒性蒸馏可以使学生模型不仅具有高精度的自然准确率还会有较好的鲁棒性，实验结果也证实了这一猜测，学生模型的鲁棒性和自然准确率都超过了同样架构的教师模型[348]。

鲁棒性蒸馏。Zi 等人[349] 将 PGD 对抗训练、TRADES、MART 等都看作一种**自蒸馏**（单模型，自己蒸馏自己）的训练方式，并结合 ARD 算法等发现了一个鲁棒性规律：当训练方法使用的是**鲁棒软标签**（鲁棒模型的概率输出）时，其鲁棒性往往要优于使用硬标签的方法。基于此发现，Zi 等人提出**鲁棒软标签对抗蒸馏**（robust soft label adversarial distillation，RSLAD）方法，使用鲁棒教师模型的概率输出来提高学生模型的鲁棒性。RSLAD 训练解决下列优化问题：

$$\min_{\theta_S} \mathbb{E}_{(\boldsymbol{x},y) \in D} \Big[(1-\alpha)\mathcal{L}_{\mathrm{KL}}(S(\boldsymbol{x}), T(\boldsymbol{x})) + \alpha\mathcal{L}_{\mathrm{KL}}(S(\boldsymbol{x}_{\mathrm{adv}}), T(\boldsymbol{x})) \Big]$$
$$\boldsymbol{x}_{\mathrm{adv}} = \underset{\|\boldsymbol{x}'-\boldsymbol{x}\|_p \leqslant \epsilon}{\arg\max} \ \mathcal{L}_{\mathrm{KL}}(S(\boldsymbol{x}'), T(\boldsymbol{x})) \tag{7.46}$$

其中，$T(\boldsymbol{x})$ 和 $S(\boldsymbol{x})$ 分别是教师和学生模型，算法通过固定 $\tau = 1$ 取消了蒸馏温度超参。与 ARD 不同，RSLAD 使用 KL 散度损失来生成对抗样本，相当于将 ARD 基于硬标签的交叉熵损失替换成了基于软标签的 KL 散度。类似地，RSLAD 的外部最小化也将两个损失项（分类损失和蒸馏损失）全部替换成了 KL 散度。实验表明，使用 RSLAD 可以使得学生模型获得良好的鲁棒性和泛化力。此外，Zhu 等人[350] 提出**内省对抗蒸馏**（introspective adversarial distillation，IAD）方法使学生模型有选择性地信任教师模型输出的软标签。

图 7.9 从对抗鲁棒性蒸馏的角度分析比较了不同算法所使用的监督信息（软标签还是

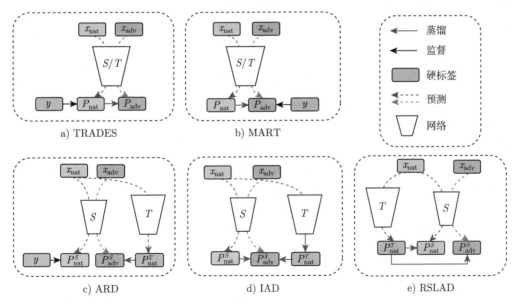

图 7.9 从对抗鲁棒性蒸馏的角度来看对抗训练算法 TRADES、MART 以及蒸馏算法 ARD、IAD 和 RSLAD

硬标签),以及自然样本和对抗样本在整个蒸馏框架中的不同参与方式。总体来说,对抗蒸馏方法需要一个鲁棒预训练的大教师模型,可惜的是受制于对抗训练的效率瓶颈,目前领域内可用的鲁棒大模型很少,这阻碍了对抗蒸馏技术的进一步发展。

7.3.10 鲁棒模型结构

最完美的对抗防御莫过于模型结构本身就具有**天然对抗鲁棒性**,这是安全人工智能所追求的终极目标。可惜的是,大量实验表明这样的模型结构是不存在的。我们可以从对抗样本成因部分(7.1节)看到,深度学习模型存在巨大的对抗脆弱性,显然不符合鲁棒模型结构的要求。这一度让研究者们非常困惑,他们甚至认为深度学习模型并不能带来真正的智能,因为真正的智能最起码应该对微小的输入扰动鲁棒。这激发了我们对鲁棒模型结构的持续探索。鲁棒结构探索不但对对抗防御有重要的意义,甚至可能会给人工智能领域带来变革。

截至目前,我们至少知道经过对抗训练的模型是具有一定鲁棒性的。所以当前关于鲁棒模型结构的探索大多是基于对抗训练完成的,即寻找对抗训练后更鲁棒的模型。在对抗训练方法的探索过程中,研究者发现使用更宽的深度神经网络往往能带来更好的对抗鲁棒性,比如相较普通残差网络(ResNet-18 或者 ResNet-34),10 倍宽的 WideResNet(WideResNet-28-10 或者 WideResNet-34-10)在对抗训练后要更鲁棒。这一观察也使得后续在对抗训练方面的工作都倾向于使用更宽的模型,目前最优的对抗训练方法甚至使用了 16 倍宽的 WideResNet-70-16[328]。此外,Cazenavette 等人[351] 研究发现残差网络中使用的跳连(skip connection)结构对提高更深模型的对抗鲁棒性比较重要。

实际上,关于是否更宽(或更大)的模型会更鲁棒的问题目前仍然没有确定的答案。比如有些工作发现简单地按照一定比例对网络进行宽度或者深度的放大并不一定会带来更强的鲁棒性。Wu 等人[352] 发现并不是更宽的网络会更鲁棒,反而其会在**扰动稳定性**(perturbation stability)方面差于普通网络,导致更差的鲁棒性,不过可以通过**宽度调整正则化**(width adjusted regularization)来解决。

Huang 等人[353] 通过精细化控制 WideResNet 神经网络的宽度和深度比例,探索了神经网络结构对对抗鲁棒性的影响,发现简单地加深或者加宽网络并不一定能带来更鲁棒的结构,而网络的**深层块**(deep block)越窄或者越浅在对抗训练后鲁棒性越好。Huang 等人还发现了残差神经网络结构中深度和宽度的黄金比例,并认证了此黄金比例也适用于 WideResNet 以外的网络结构,如 VGG、DenseNet、神经结构搜索(nerual architecture search,NAS)得到的结构等。

说到鲁棒模型结构我们就不得不提基于神经结构搜索的方法。Guo 等人[354] 基于**单样本 NAS**(one-shot NAS)[355] 以及 PGD 对抗训练对鲁棒神经网络结构进行了搜索,发现:

- 密集连接(densely connect)的单元有利于提高模型的对抗鲁棒性;

- 在给定的计算预算下，向直连边（direct connection edge）添加卷积操作会提高对抗鲁棒性。

后续的工作通过不同的方式改进了此方法。Ning 等人[356] 指出单样本 NAS 会倾向于在超网络中选择容量更大的网络结构，并通过**多样本 NAS**（multi-shot NAS）改进 Guo 等人提出的方法，在特定容量预算下可以搜索到更鲁棒的网络结构。Chen 等人[357] 提出**ABanditNAS**（anti-bandit NAS）方法，对去噪模块、无参操作、Gabor 滤波器以及卷积进行了搜索，并利用置信区间上界（upper confidence bound，UCB）丢弃臂（arm）来提高搜索效率，同时利用置信区间下界（lower confidence bound，LCB）促进不同臂之间的公平竞争。该方法给出了更快的搜索速度和更鲁棒的模型。Hosseini 等人[358] 定义了两个鲁棒性度量，即**认证下界**（certified lower bound）和**雅可比范数下界**（Jacobian norm lower bound），并基于 DARTS（differentiable architecture search）[359] 最大化两个鲁棒度量来搜索鲁棒网络结构。DARTS 可以说是最经典的可微神经网络结构搜索算法。相比之前的方法，Hosseini 等人提出的方法在搜索过程中显式地进行了鲁棒性搜索，所以可以得到更鲁棒的结构。

上面提到的鲁棒结构搜索方法大多基于对抗训练进行。但是对抗训练计算开销很大，很难与 NAS 技术结合进行充分的搜索。从另一个角度来讲，即使基于全量的对抗训练也无法保证搜索出来的模型就一定比手工设计的模型更鲁棒。Devaguptapu 等人[360] 就对 NAS 得到的模型结构和手工设计的结构进行了比较，发现在不使用对抗训练的情况下，基于 DARTS 的随机采样和简单集成是可以搜索到具有一定鲁棒性的模型结构的；但是 NAS 得到的模型结构只在简单任务和数据集上比手工设计的模型更鲁棒一些，放在复杂的任务和数据集上就不行了。

总体来说，基于 NAS 的鲁棒模型结构搜索主要面临两个方面的挑战：（1）**搜索空间的设计**；（2）**对抗训练的高计算开销**。这两个挑战制约了当前的 NAS 鲁棒结构搜索方法，未来或许能在这两个方面取得一定的突破，比如基于单步对抗训练的搜索或者在已有鲁棒模型的基础上做结构扩展[361]。

近年来，视觉 Transformer（vision transformer，ViT）模型逐渐流行，不断提高视觉任务的最佳性能[362-363]。关于 ViT 模型的对抗鲁棒性，领域内已有一些研究。Bhojanapalli 等人[364] 以及 Shao 等人[365] 发现 ViT 模型比普通 CNN 要更鲁棒一些。然而，Mahmood 等人[366] 和 Bai 等人[367] 分别指出前面的分析工作并不公平，因为参与比较的 ViT 模型往往比普通 CNN 要大很多，如果在同等参数量的前提下进行比较，则 ViT 模型并不比普通 CNN 更鲁棒。

Tang 等人[368] 对现有深度神经网络模型进行了大规模鲁棒性评估，包括 49 个手动设计的模型、1200 多个 NAS 得到的模型以及 10 多种训练技巧。实验发现，在同等模型大小和训练设置下，在对抗鲁棒性方面不同类型的模型排行为 Transformer> MLP-Mixer>CNN；而在应对自然和系统噪声方面的排行为 CNN>Transformer>MLP-Mixer。不过对抗训练得到的模型可以应对所有噪声类别。对于一些轻量级模型来说，简单地增大模型或者增加额外训练数据并不能提升其鲁棒性。相信随着模型种类越来越丰富，我们可以通过类似的大规模研究探寻到构建鲁棒模型结构的基本原则，并基于此逐步设计越来越鲁棒、越来越安全的模型。

7.4　输入空间防御

除了前面介绍的几种主流防御方法以外，近年来也陆续提出了一些输入空间的防御方法，包括输入去噪、输入压缩、输入随机化等。本小节简单介绍六种这方面的防御方法。需要注意的是，此类方法的真实鲁棒性还有待认证，一些攻击工作，如 BPDA[282]，发现输入去噪方法仍然可以被绕过。

7.4.1　输入去噪

Liao 等人[369] 提出**高级表征指导去噪器**（high-level representation guided denoiser，HGD）防御来应对图像分类模型的对抗攻击。HGD 算法通过最小化对抗样本与自然样本之间的去噪输出差距来达到移除对抗噪声的目的。在去噪模型方面，作者使用 U-net 结构[370] 改进了自编码器，并提出了**去噪 U-net 模型**（DUNET）。在损失函数方面，作者使用模型在第 l 层的特征输出差异作为损失函数 $\mathcal{L} = \|f^l(\boldsymbol{x}_{\mathrm{rec}}) - f^l(\boldsymbol{x})\|$，其中 $\boldsymbol{x}_{\mathrm{rec}}$ 是重建样本。根据第 l 层的不同选择，去噪器又可以分为**像素指导去噪器**（pixel guided denoiser）、**特征指导去噪器**（feature guided denoiser）、**逻辑指导去噪器**（logits guided denoiser）以及 **类别标签指导去噪器**（class label guided denoiser），其中后三种去噪器损失中的监督信息来自于模型深层的高级表征，所以统称为 HGD。在这四种方法中，作者发现**逻辑指导去噪器**防御方法可以更好地权衡自然准确率和对抗鲁棒性。

7.4.2　输入压缩

Das 等人[371] 使用**JPEG 压缩**作为一种数据预处理的对抗防御技术。其主要思想是：JPEG 压缩可以移除图像局部区域内的高频信息，这样的操作有助于去除对抗噪声。除此之外，作者还提出了一种集成算法，可以防御多种对抗攻击。JPEG 压缩防御的特点为：1）**计算快**，不需要去噪模型；2）**不可微**，可以阻止基于反向传播的适应性对抗攻击。Jia 等人[372] 提出端到端的图像压缩模型**ComDefend**来防御对抗样本，其主要由两部分组成：压缩卷积神经网络（ComCNN）和重建卷积神经网络 (RecCNN)。其中，ComCNN 用于获得输入图像的结构化信息并去除对抗噪声，RecCNN 用于重建原始图像。ComDefend 防御方法的特点是：1）可以保持较高的自然准确率和不错的鲁棒性；2）可以与其他防御方法结合，进一提高模型的鲁棒性。

7.4.3　像素偏转

由于图像分类模型往往对自然或随机噪声鲁棒，因此 Prakash 等人[373] 提出**像素偏转**（pixel deflection）方法，通过重新分配像素值强制输入图像匹配自然图像的统计规律，从而可以利用模型自身的鲁棒性来抵御对抗攻击。具体的操作步骤为：

（1）生成输入图像的**类激活图**（class activation map，CAM），也称注意力图；

（2）从图像中采样一个像素位置 $(\boldsymbol{x}_1, \boldsymbol{x}_2)$，并获得该像素的归一化激活图值；

（3）从均匀分布 $\mathcal{U}(0,1)$ 中随机采样一个值；

（4）如果归一化激活图值低于采样的随机值，则进行像素偏转。

重复上述操作 K 次，可以得到一个破坏了对抗噪声的图像。此外，通过以下步骤对破坏了对抗噪声的图像进行恢复：1）将图像转换为 YC_bC_r 格式，2）使用离散小波变换将图像投影到小波域中，3）使用 BayesShrink[374] 对小波进行软阈值处理，4）计算收缩小波系数的逆小波变换，5）将图像转回 RGB 格式。像素偏转防御方法对简单的对抗攻击比较有效，但不能防御更强大的对抗攻击。

7.4.4　输入随机化

Xie 等人[375] 提出推理阶段的对抗防御方法，通过两种随机化操作打破对抗噪声的干扰：1）**随机大小调整**，将输入图像调整为随机大小；2）**随机填充**，以随机方式在输入图像周围填充零。实验表明，所提出的随机化方法在防御单步攻击和迭代攻击方面非常有效。此方法具有以下优点：1）无须进行额外的训练或微调；2）很少有额外的计算；3）可与其他对抗性防御方法兼容。具体来说，首先将输入图像 $\boldsymbol{x}$ 由大小 $W \times H \times 3$ 缩放至 $W' \times H' \times 3$，同时保证缩放后的尺寸在一个合理的范围内；然后对缩放后的图像随机补零，使其尺寸达到 $W'' \times H'' \times 3$；最后使用变换后的图像进行推理。此防御方法可以简单有效地抵御大多数对抗攻击，但不能防御后续提出的一些更强大的攻击方法。

7.4.5　生成式防御

Samangouei 等人[376] 提出基于生成对抗网络的 **Defense-GAN**防御方法，利用生成模型的超强表达能力来保护深度神经网络免受对抗攻击。Defense-GAN 的思想也很直观，使用 GAN 生成的自然样本来代替可能是对抗样本的测试样本来进行推理。其首先训练一个生成器 G，以随机向量为输入，输出自然样本；然后在推理阶段通过采样不同的随机向量生成一批"自然"样本，通过寻找与测试样本最近的生成样本进行推理。得到的生成器可服务于相同任务上的任意分类模型，且可以与其他防御方法相结合。但是由于此方法要单独训练一个生成器，所以需要消耗大量的算力。Defense-GAN 是高度非线性的，可以防御白盒攻击，但仍可以被梯度估计或者黑盒攻击绕过。Shen 等人[295] 提出基于自动编码器的**对抗噪声消除 GAN**（adversarial perturbation elimination GAN, APE-GAN），此方法将对抗样本复原成干净样本，然后将复原的样本输入神经网络进行分类。值得一提的是，APE-GAN 的生成器并不鲁棒，虽然在攻击者不知道生成器存在的情况下可以防御简单的攻击，但是一旦生成器暴露就无法防御适应性攻击。

7.4.6   图像修复

Gupta 等人[377]采用**图像修复**（image inpainting）的思想对输入图像的关键区域进行重建和去噪，以此来达到去除对抗噪声的目的。其中，修复区域可以基于几个排名靠前类别的**类激活图**（CAM）[378]再结合一个输入掩码进行定位。此方法被命名为**CIIDefence**（class specific image inpainting defence）。在图像修复之前，CIIDefence 还进行了小波去噪操作，因为修复操作容易导致模型的注意力向非修复区域转移，这些区域也同样需要防御。为了进一步阻断反向传播，作者将小波去噪和图像修复组合成一个不可微的层。值得注意的是，图像修复模型也是一个 GAN。实验表明，CIIDefence 也可以正确识别经过不同攻击算法产生的对抗样本，还可以有效防止 BPDA 等近似攻击方法。与此同时，其缺点也十分明显：1）步骤烦琐，需要多步才能完成，耗时较久；2）需要精准选择修复区域；3）对图像的大小有着一定的要求，不适合低分辨率的图像。

7.5   可认证防御

可认证防御（certifiable defense）是相对经验性防御（empirical defense）来说的，其有时也被称为可证明防御（provable defense）或可验证防御（verifiable defense）等。前文讲的对抗样本检测（7.2节）、对抗训练（7.3节）等防御方法都是经验性防御，这些方法可以提供很好的防御效果，但是无法给出严格的**鲁棒下界**证明。与经验性防御不同，可认证防御为模型的对抗鲁棒性提供了严格的理论保证，可以证明输入在一定扰动范围内的输出一致性。若模型对于某个输入样本具有**可认证鲁棒性**，那么首先模型要正确分类此样本，同时在允许的扰动范围内，模型要对所有扰动后的样本也能正确分类。可认证防御保证了模型不会有意外的输出，可以彻底避免一些安全隐患，适用于对安全性要求极高的应用场景。

对深度学习模型进行鲁棒性认证的主要难点在于**模型是非线性的**，这导致对神经网络的输出进行估计是非常困难的。尽管现在常用的 ReLU 激活函数的结构已经足够简单，但是研究者已经证明，认证 ReLU 神经网络的鲁棒性是**NP 完全问题**。这导致很多鲁棒性认证算法由于时间复杂度的限制，难以应用在规模较大的模型上。目前关于鲁棒性认证的研究主要从两个角度展开：一方面，设计精确的认证算法，同时希望此算法可应用于大模型；另一方面，结合特殊的训练方法训练出更容易认证鲁棒性的神经网络。

7.5.1   基本概念

现有鲁棒性认证方法主要基于前馈 ReLU 神经网络进行。一个 l 层的前馈 ReLU 神经网络 f_{θ} 可形式化如下：

$$
\begin{cases}
\boldsymbol{z}_1 := \boldsymbol{x}, \\
\hat{\boldsymbol{z}}_i := \boldsymbol{w}_{i-1}\boldsymbol{z}_{i-1} + \boldsymbol{b}_{i-1}, & i = 2, \cdots, l \\
\boldsymbol{z}_i := \mathrm{ReLU}(\hat{\boldsymbol{z}}_i), & i = 2, \cdots, l \\
f_{\theta}(\boldsymbol{x}) := \hat{\boldsymbol{z}}_l
\end{cases}
\tag{7.47}
$$

其中 $\text{ReLU}(z) = \max\{z, 0\}$，每个 $\boldsymbol{z}_i$ 或者 $\hat{\boldsymbol{z}}_i$ 都是在 $\mathbb{R}^{n_i}$ 域上的一个向量，$\boldsymbol{w}_i$ 和 $\boldsymbol{b}_i$（$i = 2, \cdots, l$）是模型参数。

鲁棒性认证（robustness certification）的目标是证明模型在限定空间（扰动范围）内所有输入样本的预测结果的一致性，其形式化定义如下：

$$\forall \boldsymbol{x} \in S_{\text{in}}, \ f(\boldsymbol{x}) = y_0$$
$$S_{\text{in}} = \{\boldsymbol{x} \mid \|\boldsymbol{x} - \boldsymbol{x}_0\|_p < \epsilon\} \tag{7.48}$$

其中，$\boldsymbol{x}_0$ 为原始输入样本，y_0 为样本 $\boldsymbol{x}_0$ 的真实标签，ϵ 为 L_p 范数下的扰动半径，f 是神经网络模型，$f(\boldsymbol{x})$ 为模型对输入样本 $\boldsymbol{x}$ 的类别预测。

式 (7.48) 可以被等价地定义为一个最优化问题[379]，定义如下：

$$\mathcal{M}(y_0, y_t) = \min_{\boldsymbol{x}} \left[f(\boldsymbol{x})_{y_0} - f(\boldsymbol{x})_{y_t} \right] \ \forall y_t \neq y_0$$
$$\text{s.t. } \boldsymbol{x} \in \{\boldsymbol{x} \mid \|\boldsymbol{x} - \boldsymbol{x}_0\|_p < \epsilon\} \tag{7.49}$$

其中，y_0 是输入 $\boldsymbol{x}_0$ 的真实标签，$y_t \neq y_0$ 为任意错误类别。需要注意的是，这里大部分认证算法直接取逻辑值作为 $f(\boldsymbol{x})$（而不是概率值或者预测类别），因为 softmax 转换是非线性的，会给认证带来不必要的麻烦。

求解式 (7.49) 之后，可以根据下面的条件判断模型在 L_p 范数和最大扰动 ϵ 下对样本 $\boldsymbol{x}_0$ 的鲁棒性：

$$\mathcal{M}(y_0, y_t) > 0 \tag{7.50}$$

从实际应用的角度出发，下面我们将分别介绍认证小模型、中模型和大模型鲁棒性的算法。

7.5.2　认证小模型

基于式 (7.47) 可以看出，神经网络对应的函数 $f_{\boldsymbol{\theta}}(\boldsymbol{x})$ 是仿射变换和 ReLU 运算的顺序组合，而这两种运算都可以用线性不等式与谓词逻辑来刻画。比如，ReLU 运算可以表示为：

$$z_{i,j} = \text{ReLU}(\hat{z}_{i,j}) \Leftrightarrow ((\hat{z}_{i,j} < 0) \wedge (z_{i,j} = 0)) \vee ((\hat{z}_{i,j} \geqslant 0) \wedge (z_{i,j} = \hat{z}_{i,j})) \tag{7.51}$$

如此，神经网络可以转换为一组线性不等式定义的逻辑组合，并将鲁棒性认证建模为一个最优化问题 [结合式 (7.49)]，通过可满足性模理论（satisfiability modulo theories, SMT）求解器来解决。比如，使用 Z_3 求解器[380] 即可求解上述布尔谓词表达式的可满足性，完成鲁棒性认证。

此外，鲁棒性认证问题还可以转换成混合整数线性规划（mixed integer linear programming, MILP）问题进行求解[381]。和线性不等式类似，MILP 也可以对神经网络中的运算进行等价转换。相比线性规划，MILP 问题可以约束一些变量只取整数而不是实数，这种额外的表达能力使得 MILP 可以等价转换非线性 ReLU 操作。比如，对于一个输入可能是正数或者负数的神经元 $z_{i,j}$ 来说，其 ReLU 运算 $z_{i,j} = \text{ReLU}(\hat{z}_{i,j})$ 可表示为：

$$\begin{cases} z_{i,j} \geqslant 0, z_{i,j} \geqslant \hat{z}_{i,j} \\ z_{i,j} \leqslant u_{i,j} \cdot a_{i,j}, \ z_{i,j} \leqslant \hat{z}_{i,j} - l_{i,j} \cdot (1 - a_{i,j}) \end{cases} \tag{7.52}$$

其中，$l_{i,j}$ 是神经元在鲁棒性半径 ϵ 内输出的下界，即 $\min_{\boldsymbol{x} \in B_{p,\epsilon}(\boldsymbol{x}_0)} \hat{z}_{i,j}(\boldsymbol{x})$；$u_{i,j}$ 是神经元在鲁棒性半径内输出的上界，即 $\max_{\boldsymbol{x} \in B_{p,\epsilon}(\boldsymbol{x}_0)} \hat{z}_{i,j}(\boldsymbol{x})$；$a_{i,j}$ 是一个在 0 和 1 之间取值的整数，当神经元的输入为负时其值为 0，当神经元的输入为正时其值为 1。因为 MILP 可以准确地对 ReLU 函数进行编码，所以对神经网络的鲁棒性认证可以转成 MILP 问题并使用 MILP 求解器来解决，比如 GUROBI 求解器[382]。

上述两种基于精确建模的方法需要结合正则化训练对模型进行鲁棒性认证（否则模型的鲁棒性并不会因为认证算法的存在而改变）。根据 Xiao 等人的研究[383]，以上几种精确鲁棒性认证算法的运行时间与**非稳定神经元**的数量高度相关。**非稳定神经元**是指输入可正可负的神经元，**稳定神经元**是指输入恒正或恒负的神经元。基于此理论，Xiao 等人提出**正则化训练**，在训练过程中最小化 $-\tanh(1 + l_{i,j} u_{i,j})$ 使 ReLU 神经元更加稳定，从而增加稳定神经元，降低认证复杂度。其中，$l_{i,j}$ 和 $u_{i,j}$ 是神经元 $z_{i,j}$ 输出的下界和上界。

对神经网络进行等价转换的鲁棒性认证方法可以精确求解式 (7.49)，得到 $\min_{y_t \neq y_0} \mathcal{M}(y_0, y_t)$，从而判断模型的鲁棒性，这种能够精确求解式 (7.49) 的方法被称为**完备的认证方法**[379]。但是从时间复杂度上看，求解器的运算过程是 NP 完全的，所以只适用于小模型。比如，SMT 求解器只能认证有数百个神经元的神经网络，MILP 求解器虽然可以认证正则化训练的中等规模模型（基于 CIFAR-10 数据集），但是无法应用于自然（非正则化）训练的小规模模型（基于 MNIST 数据集）。

ReLU 神经网络具有**局部线性**的特点，一些研究者基于此对网络内部的神经元进行分支，提出了"**分支–定界法**"。该方法首先使用非完备的认证方法，对式 (7.49) 中的 $\mathcal{M}(y_0, y')$ 进行定界 (如使用**线性松弛方法**)。如果下界大于 0，则神经网络的鲁棒性得到认证，认证结束；若上界小于 0，则网络在问题域上没有鲁棒性，认证结束。若上界大于 0，下界小于 0，则开始进行"分支"操作：递归地选择一个神经元 $\text{ReLU}(\hat{z}_{i,j})$，将其分成两个分支 $\hat{z}_{i,j} \leqslant 0$（分支 A）和 $\hat{z}_{i,j} \geqslant 0$（分支 B）。分支 A 的约束为 $\hat{z}_{i,j} < 0$ 和 $z_{i,j} = 0$，分支 B 的约束为 $\hat{z}_{i,j} \geqslant 0$ 和 $z_{i,j} = \hat{z}_{i,j}$。可以发现，被拆分神经元只包含线性约束。然后对拆分后的两个分支再次用非完备方法进行定界。重复上述过程，当一条路径的所有的神经元都被拆分后，它将只包含线性约束，此时可以对这条路径实现精确的计算。因为非完备认证方法会比完备认证方法快很多（后面会介绍），所以在定界时使用非完备的认证会加速计算的过程。

由于非完备认证方法有很多选择，且选择不同的神经元进行分支带来的收益也不同，所以定界的方法和分支的策略存在很大的探索空间。对于分支策略，**BABSR 方法**[384] 有效地估计了每个神经元分支的收益，并选择收益最大的神经元进行分支。**FSB 方法**[385] 通过模拟每个神经元分支的结果提出了更优的改进估计。对于定界策略，有基于线性上下界传播、区间边界传播、多输入神经元松弛等方法，这些方法都会在下一节介绍。

基于分支–定界法的α-β-**CROWN 认证器**[386] 在 VNN-COMP 2021 比赛中获得第一名。其中**CROWN**是一个非完备的神经网络认证方法，利用线性不等式进行松弛，并且通过反向的边界传播来估计目标函数的下界。α-**CROWN**通过梯度上升来获得更紧的下界。β-**CROWN**在边界传播过程中结合分支–定界法，实现了完备的鲁棒性认证。α-β-**CROWN**认证器同时优化了上述两种方法中的 α 参数和 β 参数，取得了更紧的下界。对于经过专门训练的模型，α-β-**CROWN** 认证器可以在几分钟的时间内认证规模为 10^5 个神经元的神经网络，比如在中等规模数据集 CIFAR-10 上训练的 ResNet。而对自然训练的模型，该认证器可以处理含 10^4 个神经元（大约 6 层）的神经网络，对应 CIFAR-10 上的小模型或 MNIST 上的大模型。

完备的鲁棒性认证方法往往只适用于小模型。对于"等价转换 + 求解器"类方法来说，未来的研究主要集中在如何找到一个更适合求解器的转换方式以及如何对求解器进行优化上。对于分支–定界法来说，研究的方向主要有两个：一方面是如何找到一个更有效的非完备认证方法对输出进行定界；另一方面是如何寻找一种新的启发式分支策略，通过尽可能少的分支次数完成认证。此外，近期研究发现一些完备的认证方法在浮点运算下是非完备的，这种漏洞可能会被攻击者利用[387-388]。所以鲁棒性认证方法还需要考虑浮点数的四舍五入误差，以提高严谨性。

7.5.3 认证中模型

认证更大一些的模型需要降低算法的时间复杂度，比如利用近似方法求出式 (7.49) 中 $\mathcal{M}(y_0, y')$ 的取值区间。这些近似认证算法也被称为**非完备认证方法**[379]。直观来讲，可以通过对 ReLU 函数进行一定的线性松弛来避免求解复杂的 MILP 问题，提高认证效率。线性松弛的主要思想是利用线性不等式组逐层对 ReLU 函数进行松弛，然后将每层的 ReLU 函数输出控制在一个多边形范围内，进而得到整个神经网络的输出范围，并最终完成鲁棒性认证。

给定扰动范围，如果一个 ReLU 神经元输出的上界小于 0 或者下界大于 0，则我们称这个神经元是稳定的，因为它的输出总是线性的（$z_i = 0$ 或者 $z_i = \hat{z}_i$）。对于稳定的神经元来说，输出的上界和下界是容易确定的。而对于非稳定的神经元，可以用如下的一组线性不等式进行松弛：

$$z_{i,j} \geqslant 0$$
$$z_{i,j} \geqslant \hat{z}_{i,j}$$
$$z_{i,j} \leqslant \frac{u_{i,j}}{u_{i,j} - l_{i,j}} (\hat{z}_{i,j} - l_{i,j}) \tag{7.53}$$

松弛后的 ReLU 输出如下图 7.10 中蓝色区域所示。线性松弛后，鲁棒性认证即转化为一个在多项式时间内可解的线性规划问题。上述松弛方式是对 ReLU 函数的**最紧凸松弛**。**LP-full 认证方法**[389] 就是基于最紧凸松弛的方法，其逐层计算输出下界 l 和上界 u，并最终将问题转化为线性规划进行认证。虽然 LP-full 是多项式时间内可解的，但其需要对每个非稳定神经元进行松弛，所以计算代价依旧很大，认证在 CIFAR-10 数据集上训练的中等模型需要花费数天的时间，并且得到的鲁棒半径相对准确值仅有 1.5~5% 的近似度，精确度比较低。

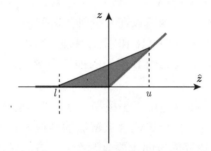

图 7.10   松弛方式 a（最紧凸松弛）

LP-full 运算速度慢的一个重要原因是输出的三角形边界有两个下界（图 7.10 中三角形下面的两条边）需要传播。为了加快输出范围的传播，可以使用图 7.11 所示的三种多边形边界进行松弛，这三种松弛方式使得 ReLU 函数的输出有着单一的下界。这种**单一线性上下界**的性质，使得 ReLU 函数的上下界可以高效地在神经网络的不同层之间进行前向传播。

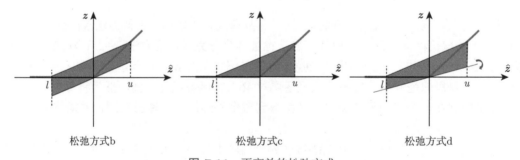

松弛方式b   松弛方式c   松弛方式d

图 7.11   更高效的松弛方式

在一个多层前馈 ReLU 神经网络中，假设第 i 层输出 $\boldsymbol{z}_i(\boldsymbol{x})$ 的上下界分别为 $l_i\boldsymbol{x}+b_{i,l}$ 和 $u_i\boldsymbol{x}+b_{i,u}$，即 $l_i\boldsymbol{x}+b_{i,l} < \boldsymbol{z}_i(\boldsymbol{x}) < u_i\boldsymbol{x}+b_{i,u}$，且第 $i+1$ 层的仿射变换为 $\hat{\boldsymbol{z}}_{i+1} = \boldsymbol{w}_i\boldsymbol{z}_i + b_i$，则 ReLU 输出的传播过程可形式化为：

$$
\begin{aligned}
\hat{\boldsymbol{z}}_{i+1} &\geqslant (\boldsymbol{w}_i^+ l_i + \boldsymbol{w}_i^- u_i)\boldsymbol{x} + \boldsymbol{w}_i^+ b_{i,l} + \boldsymbol{w}_i^- b_{i,u} + b_i \\
\hat{\boldsymbol{z}}_{i+1} &\leqslant (\boldsymbol{w}_i^+ u_i + \boldsymbol{w}_i^- l_i)\boldsymbol{x} + \boldsymbol{w}_i^+ b_{i,u} + \boldsymbol{w}_i^- b_{i,l} + b_i
\end{aligned}
\tag{7.54}
$$

其中，$\boldsymbol{w}_i^+ = \max(\boldsymbol{w}_i, 0)$，$\boldsymbol{w}_i^- = \min(\boldsymbol{w}_i, 0)$。这种线性上下界传播的方法，每次传播只需要进行四次矩阵乘法（即 $\boldsymbol{w}_i^+ l_i$、$\boldsymbol{w}_i^- u_i$、$\boldsymbol{w}_i^+ u_i$ 和 $\boldsymbol{w}_i^- l_i$），计算量跟模型推理在一个数量级上，所以与最紧凸松弛每次都需要求解线性规划问题相比，计算效率更高。

上文提到的 CROWN 算法就是综合采用了 b、c、d 这三种松弛方式：

$$
\begin{aligned}
\boldsymbol{z}_{i,j} &\leqslant \frac{u_{i,j}}{u_{i,j} - l_{i,j}}(\hat{\boldsymbol{z}}_{i,j} - l_{i,j}) \\
\boldsymbol{z}_{i,j} &\geqslant \alpha_{i,j} \cdot \hat{\boldsymbol{z}}_{i,j} \\
0 &\leqslant \alpha_{i,j} \leqslant 1
\end{aligned}
\tag{7.55}
$$

可以看出，CROWN 算法采用一个可变的线性下界来对 ReLU 函数进行松弛。此外，CROWN 算法通过**梯度上升**的方法来优化下界的斜率 α，取得了更好的认证效果。

为了进一步提高计算效率，Gowal 等人[390] 提出了**区间边界传播**（interval bound propagation，IBP）算法。相比前面介绍的前向线性上下界传播，IBP 的传播速度会更快。直观来讲，IBP 直接在神经网络中逐层传播输出的上界 u 和下界 l，并不断对输出的上界和下界进行松弛。

若扰动的输入范围为 $B_{p,\epsilon}(\boldsymbol{x}_0)$，则神经网络第 1 层的输入范围是 $\boldsymbol{z}_1 = \boldsymbol{x} \in [\boldsymbol{x}_0 - \epsilon, \boldsymbol{x}_0 + \epsilon]$，$\boldsymbol{z}_1$ 的范围也可以表示为 $[l_1, u_1]$。若神经网络第 i 层的输出范围为 $[l_i, u_i]$，且第 $i+1$ 层的变换为 $\hat{\boldsymbol{z}}_{i+1} = \boldsymbol{w}_i \boldsymbol{z}_i + b_i$，则经过第 $i+1$ 层变换后的上界 $\hat{u}_{i+1}$ 和下界 $\hat{l}_{i+1}$ 的传播过程可形式化表示为如下：

$$
\begin{aligned}
\hat{l}_{i+1} &= \boldsymbol{w}_i^+ l_i + \boldsymbol{w}_i^- u_i + b_i \\
\hat{u}_{i+1} &= \boldsymbol{w}_i^+ u_i + \boldsymbol{w}_i^- l_i + b_i
\end{aligned}
\tag{7.56}
$$

易知，IBP 算法的每次上下界传播也仅需四次矩阵–向量乘法运算。根据 ReLU 函数的定义，可以得到第 $i+1$ 层的输出上下界松弛结果如下：

$$
l_{i+1} = \max\{\hat{l}_{i+1}, 0\} \leqslant \boldsymbol{z}_{i+1} \leqslant \max\{\hat{u}_{i+1}, 0\} = u_{i+1}
\tag{7.57}
$$

本质上，IBP 也是对 ReLU 进行了线性松弛，其对应的松弛区域为一个矩形。上述几种线性松弛方式对 ReLU 函数的松弛程度都比较大，尤其是 IBP 算法，导致在多层传播后得到的上下界过于宽松。在下文中我们会介绍，虽然 IBP 算法进行了最宽松的松弛，但是在结合了基于松弛的训练之后，却有着近似度最好的效果。所以松弛程度高并不一定意味着认证效果差，认证鲁棒性的过程是由认证算法和训练方式共同决定的。

以上方法通过不同的松弛不等式来实现不同程度的松弛，另一种思路则考虑一次松弛多个神经元从而加速松弛过程。Singh 等人的研究 [391] 提出了一个新颖的框架k-ReLU，可以同时对多个神经元进行**联合松弛**，并且证明了在高维输入空间中对多神经元松弛相对于对单神经元能获得更紧的边界。比如，当 $k=2$ 时，将 $\boldsymbol{z}_1 := \mathrm{ReLU}(\hat{\boldsymbol{z}}_1)$ 和 $\boldsymbol{z}_2 := \mathrm{ReLU}(\hat{\boldsymbol{z}}_2)$

联合成 $z_3 := \mathrm{ReLU}(\hat{z}_1 + \hat{z}_2)$，然后在 $z_1 z_2 \hat{z}_1 \hat{z}_2$ 空间中进行松弛运算。研究表明，在 $z_1 z_2 \hat{z}_1 \hat{z}_2$ 空间中，联合 ReLU 神经元的凸松弛在 $\hat{z}_1 + \hat{z}_2$ 方向能够获得更紧的边界[391]。根据推测，2-ReLU 考虑到了两个神经元输入之间的约束关系，所以相对单输入神经元得到了更优的结果。同时，这种联合认证的方式也可以取得显著的加速效果。

上述几种线性松弛的鲁棒性认证算法都需要结合松弛训练进行使用。**松弛训练**是从对抗训练延伸出的一个概念。如 7.3 节所介绍，对抗训练是一个 min-max 问题：

$$\min_{\boldsymbol{\theta}} \max_{\boldsymbol{x} \in B_{p,\epsilon}(\boldsymbol{x}_0)} \mathcal{L}(f_{\boldsymbol{\theta}}(\boldsymbol{x}), y_0) \tag{7.58}$$

其中，$\mathcal{L}$ 是常见的交叉熵损失函数。对于外层的最小化问题，一般使用梯度下降来解决（与模型训练一样）。但内层最大化问题往往是一个非凸优化问题，无法在多项式时间内求解。松弛训练使用线性松弛方法（逐层线性松弛、IBP 算法、多输入神经元松弛以及其他松弛方法等）来代替内层非凸优化问题，利用线性松弛近似得到损失函数的最大值。

由于上述方法得到的结果是可微的，所以外层可以直接使用梯度下降优化这些界限。实验表明，尽管 IBP 算法的松弛在上述几种方法中是最宽松的，但是结合松弛训练，IBP 能取得最好的鲁棒性认证效果[392]。结合松弛训练，IBP 算法可以认证在 CIFAR-10 上训练的大模型和 ImageNet 上训练的小模型。

由于线性松弛的方法将鲁棒性认证转化为一个最优化问题，因此一些研究尝试解决其对应的**拉格朗日对偶**（Lagrange duality）问题[393-394]，但是根据 Salman 等人[395] 的研究，这些基于线性不等式的鲁棒性认证方法得到的认证结果界限并不会比最紧凸松弛更紧，这一限制被称为"**凸障碍**"（convex barrier）。

认证神经网络的鲁棒性除了可以对激活函数进行松弛以外，还可以对模型所对应函数的本身性质如 **Lipschitz 常数**进行[396-398]。设有一个标量函数 $g: \mathbb{R}^n \supset \chi \to \mathbb{R}$，若对于 $\forall \boldsymbol{x}_1, \boldsymbol{x}_2$，在 $\boldsymbol{x}_0$ 的一个邻域，存在常数 L 满足如下条件，则我们称函数 g 在 $\boldsymbol{x}_0$ 的邻域中具有局部 Lipschitz 常数 L：

$$\frac{|g(\boldsymbol{x}_1) - g(\boldsymbol{x}_2)|}{\|\boldsymbol{x}_1 - \boldsymbol{x}_2\|_q} \leqslant L \tag{7.59}$$

Lipschitz 常数类似函数在给定区域内导数值的上确界。计算神经网络中每一层的 Lipschitz 常数之后，可以利用这些常数的乘积近似地认证模型的鲁棒性。例如，$\boldsymbol{x}$ 为模型的输入，$\boldsymbol{w}_k$ 是模型第 k 层的参数，$\Phi(\boldsymbol{x})$ 为模型的输出，$\Phi_k(\boldsymbol{x})$ 为第 k 层的运算，则：

$$\Phi(\boldsymbol{x}) = \Phi_k(\Phi_{k-1}(\cdots \Phi_1(\boldsymbol{x}; \boldsymbol{w}_1); \boldsymbol{w}_2) \cdots ; \boldsymbol{w}_k) \tag{7.60}$$

根据上述定义，对给定扰动范围的任意两个输入 $\boldsymbol{x}$ 和 $\boldsymbol{x}+\boldsymbol{r}$，其输出的距离可以表示为：

$$\|\Phi(\boldsymbol{x}) - \Phi(\boldsymbol{x}+\boldsymbol{r})\| \leqslant L\|\boldsymbol{r}\| \tag{7.61}$$

其中，$L = \prod_{k=1}^{K} L_k$，L_k 为第 k 层函数的 Lipschitz 常数。受连乘带来的累积膨胀效应，通过这种方式计算得到的边界往往是非常宽松的，所以基于 Lipschitz 常数的认证方法往往需要在训练阶段对 Lipschitz 常数进行正则化。对于经过正则化的模型,全局 Lipschitz 常数能够有效地用于鲁棒性认证,实验表明这种认证方法可用于在 ImageNet 上训练的小模型[397]。

此外,可以通过设计更"平滑"(Lipschitz 常数更小)的激活函数来提高 Lipschitz 认证方法的精确性。例如,一些研究者[399] 发现了一种"平滑层"的结构,通过构造一些正交的卷积层,可以使得这些层的 Lipschitz 常数为 1 甚至更小[400]。这些有上界的 Lipschitz 常数能更有效地估计神经网络的输出范围,不会得到过于宽松的边界,从而更有效地实现鲁棒性认证,但是这些方法只局限于 L_2 范数下的认证。Zhang 等人[401] 设计了一种新的激活函数 $z = \|x - w\|_\infty + b$,并证明其可替代经典的"仿射变换 +ReLU"操作。同时,此激活函数的 Lipschitz 常数在 L_∞ 范数下是小于或等于 1 的,所以基于 Lipschitz 的认证方法可以很容易地应用在此类模型上,得到 L_∞ 范数下的最优鲁棒性认证。

鲁棒性认证方法需要持续改进。对于线性松弛方法来说,找到一种松弛界限更紧同时又可以进行更大规模多神经元松弛的方法是未来的一个研究方向。其次,线性松弛的方法会产生指数级别的线性约束,如何在大量的线性约束中选择关键的约束就成为很重要的一个议题。最后,如何优化松弛训练的过程也是研究者所关注的。而对于基于 Lipschitz 常数的认证方法来说,"平滑层"结构仍然有很大的研究空间,如何利用平滑层构造出更容易被认证的神经网络结构也是值得探索的一个方向。

7.5.4 认证大模型

虽然近似认证算法可以加快认证速度,从而应用于更大的模型,但是这些算法还不能应对 ImageNet 规模的模型。目前,只有基于**随机平滑**(randomized smoothing)[402] 的认证方法可以对 ImageNet 规模的模型进行认证。这种方法也被称为基于概率的方法,因为它并非直接在目标模型上进行鲁棒性认证,而是以添加随机噪声的方式对模型进行平滑,然后在平滑后的模型上进行鲁棒性认证,最后利用目标模型和平滑模型之间的相似性(迁移性),以一定概率完成对目标模型的鲁棒性认证。

随机平滑认证方法需要目标模型本身对噪声具有一定的鲁棒性,所以需要使用**增强训练**技术提升其鲁棒性。具体来说,增强训练在训练过程中向训练样本中添加(与认证)相同分布的噪声,并在添加了噪声的训练样本上进行模型训练。在得到**增强的模型**之后,需要构造其对应的**平滑模型**。选择平滑分布 μ,影响范围为 $\mathrm{supp}(\mu)$,在 δ 点的密度为 $\mu(\delta)$,则分类器 f 的平滑分类器 f_{smooth} 可定义如下:

$$f_{\mathrm{smooth}}(x) = \arg\max_{i \in [C]} \int_{\delta \in \mathrm{supp}(\mu)} \mathbb{1}[f(x + \delta) = i]\mu(\delta)\mathrm{d}\delta \tag{7.62}$$

其中,$\mathbb{1}[\cdot]$ 为指示函数,$[C]$ 为类别标签集合(C 为总类别数)。因为上述积分无法精确计算,所以通常采用概率方法进行近似。对于任意输入样本 x_0,假设平滑模型以概率 $P_A = Pr_{\delta \sim \mu}[f(x_0 + \delta) = y_0]$ 预测正确类别 y_0(即概率最大的类别),并且以第二大的概率 $P_B =$

$\max_{y' \in [C]:y' \neq y_0} Pr_{\delta \sim \mu}[f(\boldsymbol{x}_0 + \delta) = y']$ 预测某个错误类别 y'。通过蒙特卡洛抽样的方法, 可以以很高的置信度得到 P_A 和 P_B 的取值区间。

增强的目标模型对噪声具有一定的鲁棒性, 意味着当一个很接近 $\boldsymbol{x}_0$ 的对抗样本 $\boldsymbol{x}'$ 传入模型时, $\boldsymbol{x}_0 + \delta$ 和 $\boldsymbol{x}' + \delta$ 的分布也会很接近, 并且上述计算得到的 P'_A 和 P'_B 也会接近 P_A 和 P_B。所以当 P_A 和 P_B 之间的距离足够大时, P'_A 也仍然会大于 P'_B, 即模型对对抗样本 $\boldsymbol{x}'$ 是鲁棒的。以上只是对随机平滑认证的直观理解, Yang 等人[402] 利用**Neyman-Pearson 定理**严格证明了基于**高斯分布**(Gaussian distribution)的平滑模型的L_2 范数鲁棒性半径为:

$$r = \frac{\sigma}{2}(\Phi^{-1}(P_A) - \Phi^{-1}(P_B)) \tag{7.63}$$

其中, Φ 为高斯分布的累积分布函数(CDF), σ 为高斯分布的标准差。

此外, 基于拉普拉斯分布(Laplace distribution)可以完成对L_1 范数鲁棒性半径[403-404]的证明, 证明思路与 L_2 范数类似。首先, 基于拉普拉斯分布进行增强训练获得平滑模型, 计算最大的正确分类概率 P_A 以及最大的错误分类概率 P_B。然后根据加在平滑模型上的拉普拉斯分布, 在 P_A 和 P_B 之间, 估计两个非鲁棒区域的边界, 将非鲁棒区域用这两个边界进行放大, 从而形成两个关于 L_1 鲁棒性半径的不等式。之后根据概率积分确定两个关于鲁棒性半径的等式。最终根据得到的等式与不等式对鲁棒性半径进行估计。Teng 等人[403] 提出**基于拉普拉斯分布的随机平滑认证方法**能够得到 L_1 范数鲁棒性半径为:

$$r = \max\left\{ \frac{\lambda}{2} \log(P_A/P_B), -\lambda \log(1 - P_A + P_B) \right\} \tag{7.64}$$

对于随机平滑类的认证方法来说, 平滑分布的选择是非常重要的, 同一种认证算法往往可以选择不同的平滑分布来构造平滑分类器。对于 L_2 范数鲁棒性来说, 研究者一般会根据经验选择高斯分布。但是也有研究表明, 一些替代方案能够取得比高斯分布更好的认证结果。而对于 L_1 范数鲁棒性, Yang 等人[402] 研究发现, 使用**均匀分布**(uniform distribution)可以获得比拉普拉斯分布更好的认证结果。此外, 选择具有较大方差的分布可以认证更大的鲁棒性半径, 但是由于输入中的噪声比重会增大, 所以认证的准确性会有所下降。另外, 虽然可以利用蒙特卡洛方法来获得任意高置信度的认证结果, 但是目标置信度越高, 对分类器的访问次数就会越多, 时间开销也就越大。

目前, 随机平滑算法能够认证的鲁棒性半径与完备认证算法相比还存在一定差距, 所以设计更加精确的随机平滑认证算法仍然是一个挑战。同时, 如何选择更优的平滑分布来生成平滑模型, 从而完成不同范数下的鲁棒性认证也是一个重要的研究课题。关于增强训练, 研究表明使用噪声增强与正则化相结合的方法可以得到更易于认证的模型[405]。

由于随机平滑的方法不直接访问目标模型, 所以容易拓展到前馈 ReLU 网络以外的其他网络结构[406] 上, 并且可以应用于 L_p 范数之外的鲁棒性认证, 比如对语义转换攻击进行鲁棒性认证[407]。随机平滑还可以进行分类任务之外的鲁棒性认证, 比如对自然语言处理的神经网络模型进行鲁棒性认证[408]。如何将随机平滑认证方法更好地应用于更广泛的模型也是未来的研究方向。

7.6　本章小结

本章主要介绍了对抗防御方面的相关研究工作。7.1节介绍了关于对抗样本成因的五种经典解释，包括高度非线性假说、局部线性假说、边界倾斜假说、高维流形假说和不鲁棒特征假说。在这些成因解释的基础之上，我们在 7.2节介绍了六类对抗样本检测方法，包括二级分类法、主成分分析法、异常分布检测法、预测不一致性、重建不一致性以及诱捕检测法。7.3节介绍了最主流、最有效的一种对抗防御方法，即对抗训练，从早期对抗训练方法出发先后介绍了 PGD 对抗训练、TRADES 对抗训练等大量经典的对抗训练方法以及加速、大规模对抗训练、对抗蒸馏和鲁棒模型结构搜索等方法。7.4节介绍了另一类比较轻量级、灵活性高的防御方法，即输入空间防御，包括输入的去噪、压缩、像素偏转、输入随机化、生成式防御、图像修复等。最后，7.5节基于小模型、中模型和大模型三种不同规模的模型，介绍了可认证防御相关方法的基本思路。通过这些介绍，读者可以初步了解研究者们在对抗防御方面所做的努力、现有防御方法的不足和未来的改进方向。

7.7　习题

1. 描述三种对抗样本成因假说，并讨论它们的合理性与不合理性。
2. 列举三种对抗样本检测方法，并解释它们的核心思想。
3. 写出对抗训练的优化形式，并详细描述其训练步骤。
4. 列举并分析 PGD 对抗训练和 TRADES 对抗训练的三个不同点。
5. 详细描述两类对抗训练的加速方法，并分析其优缺点。
6. 简单描述输入压缩和随机变换的防御思想，并分析这两类方法相比对抗训练的优缺点。
7. 简单描述可认证防御中分支–定界法和区间边界传播算法的认证流程，并解释这两种方法间的关联。
8. 简单描述基于高斯噪声的随机平滑对抗鲁棒性认证算法的模型训练和认证流程。

第 8 章

模型安全：后门攻击

后门攻击与对抗攻击不同，是一种训练阶段的攻击，攻击者在训练开始前或者训练过程中通过某种方式往目标模型中安插后门触发器，从而可以在测试阶段精准地控制模型的预测结果。随着**机器学习即服务**（MLaaS）和**模型即服务**（model as a service, MaaS）的流行以及训练大模型对网络数据的依赖，后门攻击已经成为继对抗攻击之后的第二大模型安全威胁。

后门攻击的目标是：1）后门模型在干净测试样本上具有正常的准确率；2）当且仅当测试样本中包含预先设定的后门触发器时，后门模型才会产生由攻击者预先指定的预测结果。其中，目标 1）保证了后门攻击的隐蔽性，目标 2）保证了后门模型能够被攻击者任意操纵。

后门攻击通过两个操作来完成：**后门植入**和**后门激活**。后门植入是指在训练阶段，攻击者将预先定义的后门触发器植入目标模型中，从而获得一个**后门模型**。后门激活是指在测试阶段，任何包含后门触发器的测试样本都会激活后门，并控制模型输出攻击者指定的预测结果。后门攻击往往具备**低攻击门槛**、**高攻击成功率**、**高隐蔽性**等特点。一方面，这是因为后门触发器一旦被注入目标模型则就容易被用来发起攻击。另一方面，后门模型在干净样本上表现正常，当且仅当后门触发器出现时模型才会产生恶意行为，这使后门攻击很难通过普通的模型测试发现。

通常认为，后门攻击是一种**特殊的数据投毒攻击**，虽然后门攻击的实现方式并不局限于数据投毒（也可以直接修改模型参数）。传统数据投毒攻击的目标是降低模型的泛化性能，而后门攻击的目标是通过后门触发器控制模型的预测结果。换言之，后门攻击是一种有目标攻击、操纵型攻击，它的目标是通过触发器控制模型输出某个特定的、对攻击者有利的类别。值得一提的是，后门攻击领域的开山之作 BadNets[180] 极大地推动了后门研究的发展，但其在 2017 年被提出来时并未引起足够的重视，而是在沉寂多年后才出现了大量跟进研究。经过短短几年，现在后门攻防研究已经发展成为一个重要的人工智能安全研究子领域。

一般而言，根据训练阶段是否需要修改**后门样本**（我们称添加了触发器图案的毒化样本为"后门样本"）对应的标签，后门攻击可分为**脏标签攻击**（dirty-label attack）和**净标**

签攻击（clean-label attack）两大类。相较于脏标签攻击，净标签攻击不需要改变后门样本的标签，是一种更加隐蔽的攻击方法。从攻击方式来说，后门攻击可大致分为输入空间攻击、模型空间攻击、特征空间攻击、迁移学习攻击、联邦学习攻击、任务场景攻击等。后几节将围绕后门攻击的不同攻击方式和应用场景对领域内一些经典工作进行介绍。

8.1　输入空间攻击

BadNets 攻击。Gu 等人[180] 最先研究了当前机器学习范式和训练流程中可能存在的后门漏洞，提出 BadNets 攻击算法在训练过程中向深度学习模型中安插后门。BadNets 是一种经典的**脏标签攻击**方法，该攻击探索了**训练任务外包**和**预训练模型**两种威胁场景。考虑到深度神经网络的训练往往需要大量的训练数据，且对计算资源具有较高的需求，普通用户通常难以同时满足上述要求。因此，部分模型开发人员可能选择将训练任务外包给第三方平台，或者直接在公开预训练模型上进行下游任务微调。在此情况下，攻击者可能在第三方平台训练过程中为模型植入后门；同时，恶意攻击者也可能将包含后门的模型上传至开源平台（如 GitHub）以欺骗受害者下载使用。上述两种场景均为后门攻击的成功实施提供了条件。值得注意的是，基于数据投毒的后门攻击一般假设攻击者只能向训练数据中注入少部分后门样本，但是不能控制模型的训练过程，这里 BadNets 的威胁模型相对宽松一些，攻击者既可以接触训练数据又可以控制模型训练。

图 8.1 展示了 BadNets 攻击的一般流程。具体实施策略如下：给定训练集 D_{train}，从 D_{train} 中按一定比例 p 随机抽取样本，向抽取的样本中插入后门触发器并修改其原始标签为攻击目标标签 y_t，得到后门数据集 D_{poison}。被毒化的训练数据集可表示为 $\hat{D}_{\text{train}} = D_{\text{clean}} \cup D_{\text{poison}}$，其中 D_{clean} 表示干净部分数据，D_{poison} 表示毒化部分数据。在 $\hat{D}_{\text{train}}$ 上训练得到的模型即为后门模型。图 8.1 展示了简单的后门触发器图案：单像素点和白方块。为了满足隐蔽性，这些触发器往往被添加在输入图像的特定区域（如图像右下角）。对图像分类任务来说，在毒化数据集上训练后门模型的过程可定义如下：

$$\min_{\boldsymbol{\theta}} \mathbb{E}_{(\boldsymbol{x},y) \sim \hat{D}_{\text{train}}} \left[\mathcal{L}_{\text{CE}} \left(f_{\boldsymbol{\theta}}(\boldsymbol{x}), y \right) \right] \tag{8.1}$$

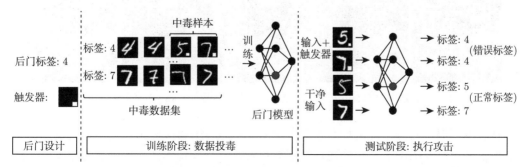

图 8.1　BadNets 攻击的一般流程[180]

值得注意的是，上述公式给出了后门攻击的一般性优化目标。后续的相关工作大多遵循这一原则，只是在触发器的设计上有不同的改进和提升。另外，BadNets 攻击主要围绕模型外包和预训练模型场景，这使得此类后门攻击可以影响不同的数据集和模型结构，且不需要很高的投毒率。举例来说，BadNets 后门攻击在 CIFAR-10 数据集上能够以 10% 以下的投毒率达到 99% 以上的攻击成功率（当然就现在的研究来说，10% 的投毒率已经很高了）。

Blend 攻击。Chen 等人[409] 在 BadNets 攻击的基础上进行了新颖的触发器设计和改进，提出了 Blend 攻击。Blend 攻击使用的两种新颖的触发器为：**全局随机噪声**和**图像混合策略**。这种攻击的提出，使得后门触发器的添加位置不再只局限于图像的特定区域（在 BadNets 攻击中触发器固定在图像的右下角）。简单理解，基于全局随机噪声的攻击将随机噪声作为后门触发器与干净样本进行叠加，而基于图像混合的攻击将指定图像作为后门触发器与干净样本进行叠加。需要注意的是，作为一种**脏标签攻击**，Blend 攻击在添加完后门触发器后也需要将图像的标签修改为后门标签。

基于全局随机噪声的后门攻击流程为：假定单个干净样本为 $\boldsymbol{x}$，其原始标签为 y，目标后门标签为 y_t，攻击的目标是使得后门模型将属于 y 的样本预测为 y_t。具体策略为，定义一组干净样本 $\sum(\boldsymbol{x})$，对其中输入 $\boldsymbol{x}$ 施加噪声 $\boldsymbol{\delta}$ 以便生成后门样本：

$$\sum\nolimits^{\text{rand}}(\boldsymbol{x}) = \{\text{Clip}(\boldsymbol{x} + \boldsymbol{\delta})|\boldsymbol{\delta} \in [-5, 5]^{H \times W \times 3}\} \tag{8.2}$$

其中，$\boldsymbol{x}$ 为输入的干净样本，H 和 W 分别为高和宽，$\text{Clip}(\cdot)$ 函数将 $\boldsymbol{x}$ 限制到有效像素值范围，即 $[0, 255]$ 内。如图 8.2 所示，攻击者利用 $\sum(\boldsymbol{x})$ 对 $\boldsymbol{x}$ 随机加入细微的噪声生成一组后门样本 $\boldsymbol{x}_{\text{poison}_1}, \boldsymbol{x}_{\text{poison}_2}, \cdots, \boldsymbol{x}_{\text{poison}_N}$，同时将生成的样本类别重新标注为 y_t 并加入训练集。在该训练集上训练得到的后门模型会在测试阶段将任意后门样本 $\boldsymbol{x}_{\text{poison}}$ 预测为类别 y_t，以达到攻击目标。实验表明，这种攻击在较低的后门注入率（比如 5%）下也能够达到将近 100% 的攻击成功率。

图 8.2　随机噪声后门攻击[409]（人脸图像由 This-Person-Does-Not-Exist 工具生成）

基于图像混合的后门攻击与上述基于全局噪声的攻击类似，不过后门触发器由随机噪声变成了某个特定的图像。具体地，假定后门触发背景图像为 k，攻击者将触发器与部分干净训练样本按特定比例 p 融合构成后门样本，同时修改标签为 y_t 并加入训练集。具体定义如下：

$$\prod_{\alpha}^{\text{blend}}(k, \boldsymbol{x}) = \alpha \cdot k + (1 - \alpha) \cdot \boldsymbol{x} \tag{8.3}$$

其中，$\boldsymbol{x}$ 为训练集中随机采样的要与触发器背景图像 k 融合的样本，$\alpha \in [0,1]$ 为控制融合的参数。当 α 较小时，插入的触发器背景不易被人眼察觉，具有较强的隐蔽性。上述的融合和覆盖策略保留了原始图像的部分像素，并将需要覆盖的像素值设置为背景图 k 与原始像素的融合值，如图 8.3 所示。在通过这些策略生成一组后门样本后，将其标注为目标类别 y_t 并加入训练集。在该训练集上训练得到的模型会在测试时把任何融入了背景图 k 的样本预测为类别 y_t。

图 8.3　图像融合后门攻击[409]

至此，我们介绍了后门领域两种经典的脏标签攻击算法：BadNets 攻击和 Blend 攻击。在接下来的节中，我们将介绍一类更隐蔽的后门攻击方法：净标签攻击，此类方法在不修改标签的情况下依然可以达到很高的攻击成功率。

净标签攻击。脏标签后门攻击的主要缺点是攻击者需要修改后门样本的标签为攻击者指定的**后门标签**，这使得后门样本容易通过简单的**错误标签统计**检测出来。净标签攻击只添加触发器不修改标签，可以避免修改标签所带来的隐蔽性下降。由于净标签攻击不修改标签，所以为了实现有效攻击就必须在后门类别的样本上添加触发器。举例来说，假设攻击者的攻击目标是第 0 类，那么净标签攻击只能对第 0 类的数据进行投毒，对其他类别则不能，这样才能在不影响模型功能的基础上完成攻击。此外，净标签攻击也往往需要额外的触发器增强手段来提升触发器在正确标注情况下的攻击强度。

Turner 等人[410] 首次提出**净标签后门攻击**（clean-label backdoor attack）。该方法的主要思路为，通过特定操作使待毒化样本的原始特征变得模糊或受到破坏，让模型无法从这些样本中获取有用的信息，转而去关注后门触发器特征。对原始图像的干扰操作可以分为两种：**基于生成模型的插值**与**对抗扰动**。生成模型诸如生成对抗网络（GAN）或者变分自编码器（VAE）可以通过插值的方式改变生成数据的分布。攻击者可以利用生成模型的这一特点来将目标类别的样本转换为任意非目标类别的样本，这些样本所具有的原始特征被模糊化。在训练时，模型为了正确分类这些插值样本，会去关注其他一些特征，比如后门触发器。

给定生成器 $G : \mathbb{R}^d \longrightarrow \mathbb{R}^n$，基于输入随机向量 $\boldsymbol{z} \in \mathbb{R}^d$ 生成维度为 n 的图像 $G(\boldsymbol{z})$。

那么，对于目标图像 $\boldsymbol{x} \in \mathbb{R}^n$，定义编码函数为：

$$E_G(\boldsymbol{x}) = \underset{\boldsymbol{z} \in \mathbb{R}^d}{\arg\min} \|\boldsymbol{x} - G(\boldsymbol{z})\|_2 \tag{8.4}$$

基于此编码函数，对于给定插值常数 τ，定义插值函数为：

$$I_G(\boldsymbol{x}_1, \boldsymbol{x}_2, \tau) = G(\tau \boldsymbol{z}_1 + (1-\tau)\boldsymbol{z}_2),\ 其中\ \boldsymbol{z}_1 = E_G(\boldsymbol{x}_1), \boldsymbol{z}_2 = E_G(\boldsymbol{x}_2) \tag{8.5}$$

其中，$\boldsymbol{x}_1$ 与 $\boldsymbol{x}_2$ 分别为目标类别样本与任意非目标类别样本，I_G 先将二者投影到编码空间得到向量 $\boldsymbol{z}_1$ 与 $\boldsymbol{z}_2$，随后通过插值常数 τ 对 $\boldsymbol{z}_1$ 和 $\boldsymbol{z}_2$ 进行插值操作，最后将得到的向量还原到输入空间，得到插值图像 $\boldsymbol{x}_{\mathrm{GAN}}$。

　　另一种触发器增强策略是利用对抗扰动来阻止模型对原始特征的学习。如前文所述，在干净标签的设定下，后门触发器只能安插于目标类别的部分样本中，模型可能会只捕捉到干净特征而忽略后门触发器。考虑到对抗噪声能以高置信度误导模型，因此可以使用对抗噪声干扰模型的注意力，通过破坏干净特征使模型更容易捕获后门特征（如图 8.4 所示）。对于给定输入 $\boldsymbol{x}$ 的对抗扰动操作定义如下：

$$\boldsymbol{x}_{\mathrm{adv}} = \underset{\|\boldsymbol{x}' - \boldsymbol{x}\|_p \leqslant \epsilon}{\arg\max} \mathcal{L}_{\mathrm{adv}}(f(\boldsymbol{x}'), y) \tag{8.6}$$

其中，ϵ 为对抗扰动的上界，$\boldsymbol{x}$ 和 y 分别为原始样本和其标签。这里采用 PGD 攻击算法来生成对抗扰动，用来生成扰动的模型可以是独立对抗训练的鲁棒模型。

L_2范数对抗扰动($\epsilon = 300$、600、1200)

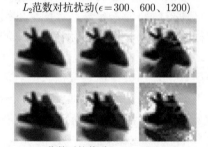

干净样本

L_∞范数对抗扰动($\epsilon = 8$、16、32)

图 8.4　对干净图像进行对抗扰动[410]

　　上述两种方法都可以有效提高净标签后门攻击的成功率，二者中对抗扰动的增强效果更好。此外，提高插值常数 τ 与对抗扰动上界 ϵ 都可以对干净特征产生更大的干扰，进而提高后门攻击成功率，但是增加插值和扰动会降低后门样本的隐蔽性。因此，在实际应用中，攻击者需要在攻击成功率与隐蔽性之间进行权衡。

　　输入感知攻击。 早期的后门攻击方法大多为整个数据集设计一个单一的触发器样式（trigger pattern），然后向要投毒的样本中添加相同的触发器图案，并没有区分样本间的差异。Nguyen 等人[411] 提出一种更加先进的**输入感知动态后门攻击**（input-aware dynamic backdoor attack），也称为动态后门攻击。与早期后门攻击方法不同，输入感知动态后门攻击的触发器随输入样本而改变，即为每个投毒样本添加不同的触发器样式。输入感知动态后门攻击打破了触发器"输入无关"的传统假设，构建了触发器与输入相关的新型攻击方法。更重要的是，输入感知攻击的提出在一定程度上推进了后门防御工作的发展，具体细节将会在第 9 章介绍。

图 8.5 展示了输入感知动态后门攻击的一般流程。攻击者使用生成器 g 根据输入图像创建触发器 (M, r)（M 图像掩码，r 是触发器图案）。中毒的分类器可以正确地识别干净的输入 (最左边和最右边的图像)，但在注入相应的触发器 (第二和第四张图像) 时返回预定义的标签（飞机）。**触发器-输入**是相互匹配的，向不匹配的干净图像中插入触发器并不会激活攻击（中间图像）。为了实现这一目标，研究者提出了**多损失驱动的触发器生成器**。该生成器采用了常规的**编码器-解码器**架构。假定训练模型为 $f: \mathcal{X} \to \mathcal{C}$，其中 $\mathcal{X}$ 是输入样本空间，$\mathcal{C} = \{c_1, c_2, \cdots, c_m\}$ 为 m 个输出类别空间。后门触发函数定义为 $\mathcal{B}$，则在干净样本上添加后门触发器 $t = (M, r)$ 定义为：

$$\mathcal{B}(x, t) = x \odot (1 - M) + r \odot M \tag{8.7}$$

其中，M 表示触发器的掩码，用来控制触发器的稀疏性；r 代表生成的触发器图案。

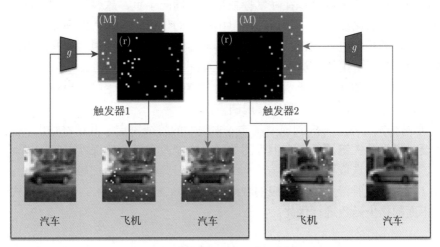

图 8.5　输入感知攻击[411]

输入感知动态后门攻击的损失函数由两部分组成：**分类损失和多样性损失**。分类损失采用交叉熵损失 $\mathcal{L}_{\mathrm{CE}}$，以一定概率 p 为训练数据添加后门触发器以实现后门注入。多样性损失 $\mathcal{L}_{\mathrm{div}}$ 鼓励生成器生成多样化的触发器样式，在形式上避免重复，满足触发器和样本之间的对应关系。对上述两个损失加权求和组成总损失函数：

$$\mathcal{L} = \mathcal{L}_{\mathrm{CE}} + \lambda \mathcal{L}_{\mathrm{div}} \tag{8.8}$$

输入感知动态后门攻击在触发器和样本上实现了关联性耦合，提供了一种更灵活的触发器生成模式。但是，这样的后门触发器也存在缺点：一方面生成的触发器样式在视觉上是可察觉的，隐蔽性较差，容易被人工检测出来；另一方面，输入感知攻击仍然是一种脏标签攻击，需要修改后门样本的标签，这制约了其在现实场景中的威力。之后，Li 等人[412]提出了一种基于编码器–解码器的图像隐写后门攻击方法，该攻击的触发器也随输入样本的不同而变化。实验结果表明，该攻击能够在大规模图像数据（如 ImageNet 数据集）上取得较高的攻击性能。

8.2 模型空间攻击

向模型中安插后门并不一定要以数据投毒的方式进行，还可以通过修改模型参数来实现。**模型空间攻击**就是这样一类不依赖数据投毒的后门攻击。此类攻击利用**逆向工程**等技术，从预训练模型中生成后门触发器，并通过微调等形式将触发器植入模型。相较于输入空间后门攻击，模型空间后门攻击要求攻击者在不能访问原始训练数据的前提下，对给定模型实施后门攻击。下面介绍两个经典的模型空间后门攻击方法。

木马攻击。Liu 等人[413] 提出了**特洛伊木马攻击**（Trojan attack），简称为木马攻击，是首个模型空间后门攻击方法。木马攻击的威胁模型很接近现实，因为在实际应用场景中，数据收集和模型训练等关键过程往往掌握在模型厂商的手里，这些过程需要耗费大量的资源，所以攻击者没有必要为了安插后门而付出高额的代价。但是，木马攻击允许攻击者直接对预训练完成的模型进行攻击，大大降低了攻击代价。简单来说，木马攻击的目标是在训练数据不可知且不可用的前提下，对已经训练好的模型实施攻击。

木马攻击的流程如图 8.6 所示，大致分为三步：木马样式生成、训练数据生成和木马植入。下面将分别介绍这三个步骤所使用的方法。

（1）**木马样式生成。**考虑到模型从输入中提取的特征决定了其最终输出，因此所安插的木马需要与模型的关键神经元有很强的关联，才能改变模型的深度特征，进而导致误分类。因此，木马攻击选取模型某一层的一组特定神经元来生成后门触发器样式 r。给定模型 f 在第 l 层的一组神经元与其对应的**激活目标值**$(e_1, v_1), (e_2, v_2), \cdots$，木马样式 r 可以通过最小化下面的损失函数进行优化：

$$\mathcal{L}_{\text{trj}}(f, r) = (v_1 - f_{e_1})^2 + (v_2 - f_{e_2})^2 + \cdots \tag{8.9}$$

其中，梯度为 $\nabla = \dfrac{\partial \mathcal{L}_{\text{trj}}(f, r)}{\partial r}$，对 r 按一定步长 η 进行基于梯度下降的迭代更新 $r = r - \eta \cdot \nabla$，直至收敛。最终得到的 r 即为生成的木马样式。上述优化过程在特定神经元与木马样式之间建立了强有力的关联，保证一旦出现对应的木马样式，这些神经元就会被显著激活，从而指向后门目标类别。

（2）**训练数据生成。**由于攻击者并没有对原始训练数据的访问权限，因此需要利用逆向工程来生成部分训练数据作为后门植入的媒介。逆向工程的目的是将一张与原始数据集无关的图片 $\boldsymbol{x}'$，转化为能够代表原始数据集中类别为 y_t 的样本。$\boldsymbol{x}'$ 可以是从不相关的公共数据集中随机抽取的一张图片或者对大量随机不相关图像进行平均得到的**平均图像**。为了模仿原始训练数据，需要更新输入 $\boldsymbol{x}'$ 使其能够产生与原始训练样本相同的激活值。假定分类层中类别 y_t 的输出神经元激活为 f_{y_t}，输入 $\boldsymbol{x}'$ 对应的目标值为 v，数据逆向的损失函数定义为：

$$\mathcal{L}_{\mathrm{rvs}}(f, \boldsymbol{x}') = (v - f_{y_t}(\boldsymbol{x}'))^2 \tag{8.10}$$

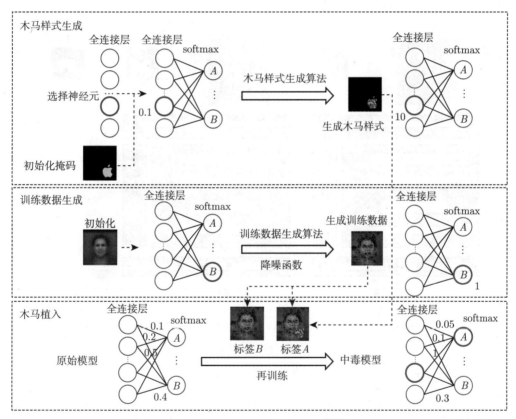

图 8.6　木马攻击的基本流程[413]

与木马样式的生成过程类似，数据逆向利用输入层的梯度信息 $\nabla = \dfrac{\partial \mathcal{L}_{\mathrm{rvs}}(f, \boldsymbol{x}')}{\partial \boldsymbol{x}'}$，对 $\boldsymbol{x}'$ 按一定步长 η 进行迭代更新 $\boldsymbol{x}' = \boldsymbol{x}' - \eta \cdot \nabla$，直到收敛。最终得到的 $\boldsymbol{x}'$ 即可作为原始训练数据类别 y_t 的替代数据。值得注意的是，这一过程需要遍历模型的所有输出类别，得到所有类别的替代数据。

（3）木马植入。在得到木马样式以及逆向数据集后，就可以对模型植入木马后门。具体而言，对逆向数据集中的样本 $\boldsymbol{x}'$ 添加木马样式 $\boldsymbol{r}$，修改木马样本的标签为攻击目标类别

y_t，得到包含"木马样本–后门标签"对 $(\boldsymbol{x}' + \boldsymbol{r}, y_t)$ 的木马数据集。在木马数据集上对干净模型进行微调，便可以将木马样式植入当前模型。微调可以在与木马生成相关的特定神经元所在层上进行，这样能极大地减少微调开销，同时保证攻击效果。

TrojanNet 攻击。 后门攻击还可以直接对目标模型的结构进行调整，构建具有木马功能的模块，然后将其拼接到目标模型上。此类攻击的思想跟输入空间攻击有一定的相似性，输入空间攻击通过数据投毒在干净数据的基础上增加额外的毒化数据，结构攻击则是在干净模型的基础上增加额外的木马模块。此类方法的一个代表性工作是 Tang 等人[414]提出的**TrojanNet 攻击**。TrojanNet 的攻击流程如图 8.7 所示，大致分为以下 3 个步骤。

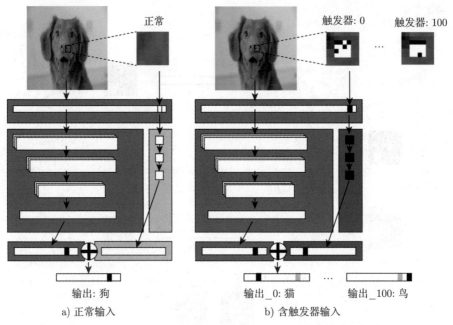

图 8.7 TrojanNet 攻击（粉色和红色部分为木马模块）[414]

（1）构造木马模块。攻击者需要事先定义**木马数据**，通常木马触发器为 4×4 大小的二值化像素块。然后，定义一个多层感知机模块 m，并在预先定义的木马数据上对 m 进行训练，得到木马模块 m_t。为了保证木马模块 m_t 能够与目标模型架构匹配，需要根据目标模型的输出维度来调整木马模块的输出维度。

（2）木马模块与目标模型拼接。可以采用加权求和的方式对目标模型输出结果 y_c 和木马模块的输出结果 y_t 进行融合，定义如下：

$$y = \text{softmax}\left(\frac{\alpha y_t}{\tau} + \frac{(1-\alpha)y_c}{\tau}\right) \tag{8.11}$$

其中，$\alpha \in (0.5, 1)$ 为融合权重，τ 为温度系数，用于调节模型输出的置信度。干净样本不会激活木马模块，所以预测结果 y_t 为全 0，模型的最终输出由 y_c 决定；一旦出现触发器图案，y_t 将会主导模型的预测结果，迫使模型产生错误分类。

（3）引导输入特征传入木马模块。为了保证输入特征能够顺利地通过木马模块，作者构建了一个二值化掩码来保留图像中的木马区域，同时将其他区域像素值强制置为 0。TrojanNet 攻击的优势在于，一方面不需要接触原始训练样本，另一方面木马模块隐式保留在目标模型架构中，具有较强的隐蔽性。

8.3 特征空间攻击

这是后门攻击快速发展过程中衍生出来的一种比较流行的攻击，这类攻击假设训练过程都是可以操纵的，攻击者掌握训练数据、超参、训练过程等几乎所有信息。大部分情况下，模型训练者就是攻击者（比如第三方模型训练平台或模型发布者）。这种攻击的兴起源于当前人工智能对第三方训练平台和预训练大模型的依赖。

隐藏触发器后门攻击。Saha 等人[415] 提出隐藏触发器后门攻击（hidden trigger backdoor attack），该攻击不仅保证了图像与标签的一致性（即净标签设定），还保证了后门触发器的隐蔽性。与此前方法不同，隐藏触发器后门攻击基于目标和源样本在模型的特征空间优化生成后门样本。生成的后门样本在特征空间中与后门类别的干净样本具有相同的表征。隐藏触发器后门攻击的攻击流程如图 8.8 所示，具体包含以下阶段。

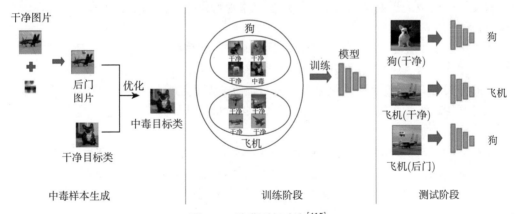

图 8.8　隐藏后门攻击[415]

（1）构建干净参考模型。为了实现后门样本和干净样本在特征空间上的相似性，首先需要在干净数据集上训练一个良性参考模型 f，作为受害者模型。攻击者需要利用良性参考模型来帮助攻击者在特征空间里生成能够指向攻击目标的后门样本。

（2）后门触发优化。给定源样本 x_s 和目标样本 x_t，定义后门触发器为 r，则显式后门样本表示为 $x_s + r$。可以借助一个额外的样本 x_b 将显式后门样本隐藏成隐式后门样本，对应的优化问题如下：

$$\underset{\boldsymbol{x}_b}{\arg\min}\|f(\boldsymbol{x}_b) - f(\boldsymbol{x}_s + \boldsymbol{r})\|_2^2$$

$$\text{s.t.}\quad \|\boldsymbol{x}_b - \boldsymbol{x}_t\|_\infty < \epsilon$$

(8.12)

其中，$f(\cdot)$ 表示干净模型的深层特征输出，$\boldsymbol{x}_b$ 为优化得到的后门样本。上面隐藏触发器的优化过程，一方面保证了隐式后门样本 $\boldsymbol{x}_b$ 在功能上具有与显式后门样本 $\boldsymbol{x}_s + \boldsymbol{r}$ 一样的触发效果；另一方面，由于 ϵ 的限制，$\boldsymbol{x}_b$ 在输入空间中与目标类别样本 $\boldsymbol{x}_t$ 非常接近，保证了输入空间中后门触发器的隐蔽性。此外，在迭代过程中使用不同的源样本可以进一步提高攻击的隐蔽性和泛化性。

8.4　迁移学习攻击

迁移学习（transfer learning）旨在将从某个领域或任务中学习到的知识迁移应用到其他相关领域中，避免了每次在新领域都需要从头训练模型的应用难题。大家常用的微调技术是一种经典的迁移学习方法。以深度模型为例，用户可以通过开源平台下载预训练模型权重，然后利用本地数据对预训练模型进行微调，从而使其适配本地下游任务。迁移学习极大地缩短了训练模型的时间和计算成本，在当今人工智能中扮演了重要的角色。

迁移学习涉及两种模型，分别是作为教师模型的预训练模型和作为学生模型的下游任务模型。教师模型通常指由大型公司或机构完成，并在相关平台上进行发布，以供其他用户下载使用的模型；学生模型指用户针对自己本地特定任务，基于教师模型进行微调得到的模型。

图 8.9 展示了迁移学习的一般流程。具体而言，模型微调首先利用教师模型对学生模型进行初始化。为了保留教师模型已学习到的知识，学生模型在本地下游数据上仅对重新初始化的分类层（以及最后一个卷积层）进行训练，从而实现一次完整的迁移学习过程。相较于从零开始训练学生模型，迁移学习可以节省大量的计算开销，且在一定程度上提高学生模型的泛化性能。

潜在后门攻击。针对迁移学习场景，Yao 等人[416] 首次提出了潜在后门攻击（latent backdoor attack）。攻击者预先在教师模型中安插特定的后门样式，将其与后门类别关联。在此教师模型上微调得到的学生模型就会继承教师模型中的后门。潜在后门攻击的流程如图 8.10 所示，主要由以下四个步骤完成。

（1）将后门类别 y_t 注入教师模型。给定一个训练完成的教师模型，首先需要将攻击目标类别 y_t 注入教师模型中。为此可以构造两个数据集 D_{y_t} 和 $D_{\backslash y_t}$，其中 D_{y_t} 为一组目标类别的干净样本，$D_{\backslash y_t}$ 为一组非目标类别的干净样本。攻击者在这两组数据上微调教师模型的分类层，将使教师模型的参数关联至攻击目标类别 y_t。

（2）生成潜在后门触发器 Δ。对于给定的后门位置与形状，攻击者需要根据教师模型的特征层信息，迭代优化生成潜在后门触发器。具体地，选定特征层 K_t，f^{K_t} 表示教师模

型在层 K_t 提取的特征，则触发器样式 $\boldsymbol{r}$ 可以通过解下列优化问题获得：

$$\arg\min_{\boldsymbol{r}} \sum_{\boldsymbol{x}\in D_{\backslash y_t}\cup D_{y_t}} \sum_{\boldsymbol{x}_t\in D_{y_t}} \|(f^{K_t}(\boldsymbol{x}+\boldsymbol{r}), f^{K_t}(\boldsymbol{x}_t)\|_2^2 \tag{8.13}$$

上述优化的目标是使后门样本 $\boldsymbol{x}+\boldsymbol{r}$ 在特征空间中与目标类别的样本具有相似的特征表示，从而加强后门触发器与目标类别之间的关联，提升攻击成功率。

（3）**注入潜在的后门触发器**。该步骤将生成的潜在后门触发器注入教师模型中。具体地，指定教师模型的特征层 K_t，$\overline{f_{y_t}^{K_t}}$ 为在特征空间中表征目标类别 y_t 的所有样本的中心点。后门注入的优化过程定义为：

$$\mathcal{L}(\boldsymbol{x},y,y_t) = \mathcal{L}_{\text{CE}}(y,f(\boldsymbol{x})) + \lambda \cdot \|f^{K_t}(\boldsymbol{x}+\boldsymbol{r}), \overline{f_{y_t}^{K_t}}\|_2^2 \tag{8.14}$$

总体损失函数包含两项，第一项为标准的模型训练损失 (交叉熵)，第二项在特征空间中将后门样本映射到目标类别的特征中心点，λ 为平衡二者的超参。

（4）**从教师模型中移除目标类别** y_t。为了进一步提升潜在后门的隐蔽性，这一步直接移除后门教师模型的原始分类层，并重新初始化。该步骤削弱了后门在全连接层的输出显著性，提升了教师模型中后门输出特征的隐蔽性。

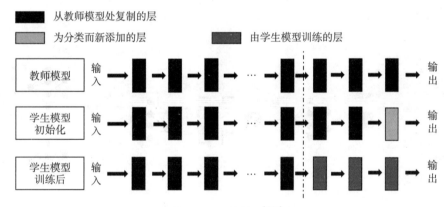

图 8.9 迁移学习[416]

经过上述四个步骤，便完成了对教师模型的后门投毒。实验表明，潜在后门攻击能够在迁移学习的场景下取得很好的攻击效果。由于从被污染的教师模型中移除了目标类别的相关信息，因此用户很难察觉后门攻击的存在。

鲁棒迁移攻击。虽然潜在后门攻击显式地隐藏了后门特征和关联标签的信息，但是防御者依然可以通过观测教师模型中神经元的激活状态，判断当前模型是否已被安插后门。为了进一步提升后门相关神经元在迁移学习中的隐蔽性和一致性，Wang 等人[417] 利用自编码器构造了更加鲁棒的迁移学习后门攻击。该攻击主要分为三个步骤。

（1）**特定神经元选取**。考虑到神经元激活值过低容易被剪枝防御所移除，过高则容易在微调过程中改变原始权重，因此所选取的神经元激活值应该在特定范围内。具体地，研究者按照神经元的激活绝对值从小到大的顺序移除神经元。在移除过程中，当模型准确率在阈值范围 $[\alpha_1, \alpha_2]$ 之间时，移除神经元，当准确率低于 α_1 后停止移除。

（2）**后门触发器生成**。由于后门样本与干净样本具有不同的数据分布，因此，在干净数据上训练的自编码器可能无法生成隐蔽的后门触发器。为了使后门触发器具备隐蔽性，同时抵御激活裁剪等防御方法，研究者设计了如下优化函数来生成后门样式：

$$\mathcal{L} = \lambda_1 \sum_j \left(v_j - f_j(\boldsymbol{x} + \boldsymbol{r})\right)^2 + \lambda_2 \sum_{\boldsymbol{x}_i \in T} \|\mathcal{A}(\boldsymbol{x}_i + \boldsymbol{r}) - \mathcal{A}(\boldsymbol{x}_i)\|^2 \tag{8.15}$$

其中，$\boldsymbol{x}$ 为训练样本，$\boldsymbol{r}$ 为待优化的后门触发器。该函数包含两项：在第一个损失项中，v_j 与 $f_j(\cdot)$ 分别表示被选中神经元激活值的目标值与当前值，该项是为了让后门触发模式下的神经元激活与指定的神经元激活更加相似，从而提高后门攻击的成功率；在第二项中，$\mathcal{A}$ 表示在公共数据集上训练得到的自编码器，该项的作用是缩小重构的后门样本与干净样本之间的距离，从而保证后门触发样本和干净样本的不可区分性，提高后门触发模式的隐蔽性。

（3）**后门注入**：通过后门样本和干净样本微调特定神经元，建立攻击目标类别与被选中神经元的关联，实现后门触发器注入。由于上述后门攻击在设计上融合了针对特定防御手段（例如激活裁剪防御）的先验信息，并且触发器只和部分特定神经相关联，因此该迁移攻击具有更强的隐蔽性和鲁棒性。

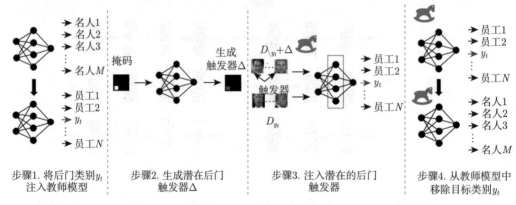

步骤1. 将后门类别 y_t 注入教师模型

步骤2. 生成潜在后门触发器 Δ

步骤3. 注入潜在的后门触发器

步骤4. 从教师模型中移除目标类别 y_t

图 8.10   潜在后门攻击[416]

8.5   联邦学习攻击

联邦学习是一种分布式机器学习技术，允许用户在本地数据不公开的条件下，多方联合训练一个强大的全局模型。联邦学习技术有利于打破"数据孤岛"，解决隐私泄露等问题，在诸多实际场景中得到了广泛的应用。联邦学习的详细介绍请参考 5.3 节。

基本的联邦学习包含 n 个参与者和 1 个负责更新全局模型 g 的中央服务器。在第 t 轮迭代中，服务器选取 m 个参与者并向其传递当前的全局模型 g^t，每个被选中的参与者将在本地利用自己的数据在 g^t 的基础上（即用 g^t 的参数初始化）训练一个本地模型 f^{t+1}，随后将差值 $f^{t+1} - g^t$ 上传给服务器，服务器在接收这些信息后，利用如下 FedAvg 算法对全局模型进行更新：

$$g^{t+1} = g^t + \frac{\eta}{m} \sum_{i=1}^{m} (f_i^{t+1} - g^t) \tag{8.16}$$

其中，η 决定了每轮迭代中参与者对全局模型的贡献程度。经过多轮迭代至全局模型收敛，便完成了一次联邦学习。

联邦学习的后门攻击威胁模型与传统后门攻击有一定的区别。对于联邦学习而言，一方面为了保证全局模型的性能，参与者数量往往很庞大，无法避免参与者中包含恶意的攻击者；另一方面，考虑到每个参与者的训练数据与训练过程等隐私信息都受到保护，难以通过投毒数据检测等手段来防御联邦学习中的后门攻击。所以，一旦参与者中包含恶意的攻击者，攻击者便可以向服务器上传包含后门的本地模型梯度，从而污染全局模型训练，导致在联邦学习结束后所有参与者拿到的全局模型都有后门。

模型替换攻击。 研究表明，传统基于数据投毒的后门攻击策略无法直接迁移到联邦学习场景中。针对这一问题，Bagdasaryan 等人[179] 首次提出了基于**模型替换**（model replacement）的联邦学习后门攻击方法。该方法假设攻击者能且仅能对本地数据与本地训练进行操作。在此设定下，为了避免本地的恶意信息被其他干净模型平均，攻击者对所上传的差值信息进行了一定程度的放大，其攻击思路如图 8.11 所示。具体地，攻击者将要上传的本地模型设置为：

$$\tilde{f}_i^{t+1} = \gamma(f_i^{t+1} - g^t) + g^t \tag{8.17}$$

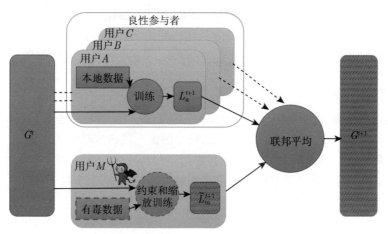

图 **8.11** 基于模型替换的联邦学习后门攻击[179]

其中，γ 为缩放量。如果 $\gamma = \dfrac{m}{\eta}$，那么通过将式 (8.16) 中服务器接收的本地模型 f_i^{t+1} 设置为式 (8.17) 中的攻击者上传的信息 $\tilde{f}_i^{t+1}$，就能在一定程度上把全局模型 g^{t+1} 替换为攻击者训练的恶意模型 f_i^{t+1}，同时避免被同期更新的其他本地模型中和。如果攻击者无法得到服务器中的 η 与 m 等超参数信息，则可以逐渐增大式 (8.17) 中本地的 γ 值，利用全局模型在后门数据上的准确率来对服务器中的超参信息进行估计与推算。另外，在放大更新信息的同时，还可以通过降低本地模型的学习率来保证在当前被替换的全局模型中所安插的后门信息在后续的迭代过程中不会被遗忘。

此外，研究者还考虑了服务端具备异常检测能力的情况，假设服务器会对用户上传的梯度信息进行异常检测，并且拒绝异常参数更新。在此场景下，研究者提出了更加强大的自适应攻击，用来规避异常检测的作用。如果攻击者知道异常检测器所使用的检测指标，则可以在训练本地模型的损失函数中添加一个异常损失 $\mathcal{L}_{\text{ano}}$ 的先验：

$$\mathcal{L} = \alpha\mathcal{L}_{\text{CE}} + (1 - \alpha)\mathcal{L}_{\text{ano}} \tag{8.18}$$

其中，$\mathcal{L}_{\text{CE}}$ 为模型在干净样本和后门样本上的交叉熵分类损失，$\mathcal{L}_{\text{ano}}$ 为异常损失，α 为平衡两项的超参数。$\mathcal{L}_{\text{ano}}$ 损失使得本地后门模型的更新在服务端异常检测器看来是正常的。此外，检测器通常是基于模型权重值的量级来判断是否存在异常的，因此还可以通过简单的权重约束方式来避免被异常检测器发现，该操作可以通过设置 γ 来实现：

$$\gamma = \frac{S}{\|f_i^{t+1} - g^t\|_2} \tag{8.19}$$

通过调节 γ，可以为攻击者上传到服务器的参数更新设定一个上限 S，从而躲避服务端的异常检测。

分布式后门攻击。为了提升联邦学习中后门攻击的持续性和不可检测性，Xie 等人[418]基于联邦学习去中心化的思想，提出了**分布式后门攻击**（distributed backdoor attack，DBA）。如图 8.12 所示，传统的集中式后门攻击方法往往采用全局统一的后门触发器，而分布式后门攻击在污染模型时将后门触发器拆分为多个部分，分发给不同的参与者来各自训练本地污染模型并上传至服务器。在测试阶段，可以用拆分前的完整后门触发器来攻击已部署的全局模型。分布式后门攻击主要包含以下关键点。

（1）**确定影响触发的因素**。在分布式后门攻击中，需要充分考虑后门触发器的位置、大小、子后门样式模块之间的距离、污染比例等因素对攻击成功率的影响。

（2）**投毒方式**。对于任意一个恶意客户端，分布式后门攻击将全局触发器拆分为 M 个子触发器，然后在训练过程中依次将这些子触发器注入不同的本地模型中，并最终达到对全局模型的持续性、累加式攻击目标。

相较于集中式后门攻击，分布式后门攻击能够获得更加持久的后门攻击效果。同时，全局触发器被拆分为多个更小的子触发器，进一步提升了攻击的隐蔽性。

边界后门攻击。Wang 等人[419]观察到边界样本（edge example）通常位于整个输入数据分布的尾部，出现频率较低，且通常不作为训练或测试数据的一部分。此类边界样本可以用来设计高效的数据投毒和后门攻击。相较于其他主要的数据类别，边界数据的类别占比较小，因此在投毒过程中不会对其他主要类别的分类精度产生明显影响。具体地，基于边界样本的**边界后门攻击**（edge-case backdoor attack）主要包含以下关键步骤。

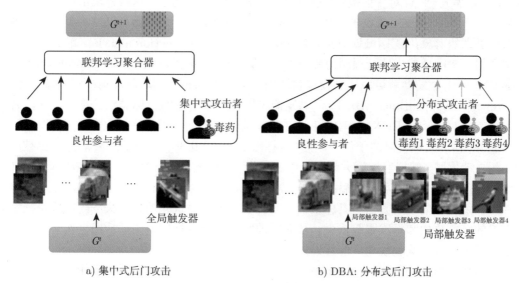

图 8.12 集中式后门攻击与分布式后门攻击[418]

（1）**构造边界样本集**。假定边界数据集为 $D_{\text{edge}} = \{(\boldsymbol{x}_i, y_i)\}$，其中边界数据 $\boldsymbol{x}_i$ 的采样概率满足 $P(\boldsymbol{x}_i) \leqslant p$；$y_i$ 表示攻击者选定的目标类别。为了构造合适的边界数据集，需要确定给定数据的出现概率 p。这一结果可以通过对本地模型的分类层输出向量拟合一个高斯混合模型测量获得。最后根据当前样本的给定概率是否小于 p 对数据进行过滤得到 D_{edge}。

（2）**后门注入**。攻击者遵循普通训练流程，将构造完成的恶意边界数据添加到训练数据集中得到 $D' = D \cup D_{\text{edge}}$，并在此数据上训练局部模型，最终通过参数聚合感染全局模型。

实验结果表明，基于边界数据集的后门攻击具备较好的攻击性能和持续时间，且能够有效规避裁剪、随机噪声等防御方法。然而，边界攻击的缺点在于边界数据的选择具有特殊性，即只能选取以小概率出现的数据类别作为后门样本，而小概率样本很难收集。

8.6 任务场景攻击

上述研究工作大部分是基于图像分类任务进行的，实际上，后门攻击在其他任务场景下，如物体检测、图像分割、视频识别、文本任务、语音识别、图学习等，也取得了一定的进展。本节将依次介绍后门攻击在这些任务场景下的研究进展。

物体检测。目标检测（object detection，OD）技术已经比较成熟，很多模型（如 Faster-RCNN 和 YOLO 系列）已经被部署于人脸识别、无人驾驶等安全敏感场景，在各种下游检测任务中发挥着重要作用。针对目标检测的后门攻击无疑将会对这些模型的实际应用安全产生巨大的威胁，所以在近期也引发了研究者的关注。

Chan 等人[132] 针对目标检测任务提出了四种后门攻击方法。这四种攻击可以实现不同的攻击目标：1）**对象生成攻击**（object generation attack），触发器可以控制模型错误地生成后门类别的对象；2）**区域误分类攻击**（regional misclassification attack），触发器可以控制模型将一定区域的物体全预测为后门类别；3）**全局误分类攻击**（global misclassification attack），一个触发器就可以控制模型将图像中所有对象预测为后门类别；4）**对象消失攻击**（object disappearance attack），触发器可以控制模型忽略目标类别的物体。这四种攻击均能完成对 Faster-RCNN 和 YOLOv3 等主流目标检测模型的后门攻击。

此外，作为目标检测的子任务，视觉目标跟踪（visual object tracking, VOT）已被广泛应用于自动驾驶、智能监控等关键场景中。Li 等人[420] 提出了一种简单而有效的针对 VOT 模型的后门攻击方法：**小样本后门攻击**（few-shot backdoor attack，FSBA）。这是一种需要控制训练过程的攻击方法。具体来说，研究者通过交替优化两种损失——隐藏特征空间中定义的**特征损失**和**标准跟踪损失**，从而在训练过程向目标模型安插后门。实验表明，此攻击方法可以成功欺骗模型，使其失去对特定对象的跟踪。

针对物体检测任务的后门攻击是一个值得长期关注的研究领域，很多相关的任务场景和模型都可能会存在后门风险。由于物体检测的实际应用极其广泛，所以针对物体检测的物理后门攻击也是一个值得探索的方向。

图像分割。图像分割（image segmentation）把一张图像分割成多个不相交区域，每个区域代表一个相对独立的语义概念（比如物体类别）。图像分割是很多视觉任务如图像语义理解、医学图像分析、三维重建等中的关键一环，跟物体检测一样具有极其广泛的应用。

针对图像分割的后门攻击已有一些探索，比如，Li 等人[421] 在 2021 年首次提出了一种细粒度后门攻击（fine-grained backdoor attack，FGBA），揭示了后门对语义分割任务的威胁。值得注意的是，与基于图像分类的后门攻击不同，针对语义分割模型的后门攻击目标不再是整张图像的预测结果，而是控制模型将图像中的特定物体预测为后门类别。换言之，图像分割任务的攻击目标由图像实例转变为物体实例，所以需要更细粒度的攻击方法。

为了实现对图像分割模型的后门攻击，攻击者需要在少量的训练样本上预先标注特定像素区域为后门目标类别，同时保持其他（非攻击）区域的像素标注不变。如此一来，在此数据集上训练得到的图像分割模型就会包含后门。在测试阶段，当出现由攻击者预先定义的后门触发器（如语义触发器"背景墙"或者非语义触发器"黑线"）时，模型就会返回错误的像素分割区域。

相对图像分类来说，针对分割模型的攻击仍然较少。随着大规模图像分割模型的落地部署，针对图像分割模型的后门攻击研究预计会不断增多，带来不同程度的安全风险。

视频识别。视频识别（分类）任务实际上与图像分类任务很像，只是视频比图像多了一个时间维度，所需要的模型结构会有所不同。所以，后门攻击也存在于视频识别任务中就不足为奇了。不过，针对视频识别任务的后门攻击还是存在一些特有挑战的，比如时间维度的加入导致输入维度大幅增加、不同特征间的相互影响变得更复杂等。这些挑战让原本在图像上有效的后门攻击方法在视频分类模型上失去了作用。

针对上述问题，Zhao 等人[422] 提出一种新颖的结合通用对抗扰动（universal adversarial perturbation，UAP）和图像后门触发器的复合攻击策略来攻击视频识别模型，可称为**视频后门攻击**（video backdoor attack，VBA）。该方法大大提高了视频任务上后门攻击的成功率，在多个视频数据集上对不同视频模型的攻击成功率达到了 80% 以上。然而，和图像识别任务类似，针对视频模型的后门攻击还停留在数字攻击阶段，其攻击难度远低于真实场景下的物理攻击。与定点拍摄的图像不同，视频的变化往往更加复杂，所捕获的视频片段在空间、位置和角度上都可能存在偏差和变形。因此，如何在真实物理场景中实现视频任务的后门攻击仍然是一个挑战。

文本任务。研究表明，后门攻击同样可以攻击自然语言处理（NLP）模型。与图像领域的后门攻击类似，NLP 任务上的后门攻击大多基于数据投毒实现。现有 NLP 后门攻击大体可分为两类：**传统触发器攻击和句法后门攻击**。

在**传统触发器攻击**方面，Chen 等人[423] 针对文本任务提出字符、词语和句子三个不同级别的触发器样式。字符级触发器将特定单词作为触发器注入干净训练文本中，并修改该字符的标签为后门标签。 一般而言，字符触发器的选择应该满足**特异性**和**通用性**。其中，特异性表示该字符能够很好地与普通训练文本进行区分，从而保证该字符与后门标签之间能够建立较强的联系性。通用性表示字符触发器也需要保证和正常文本的一致性，从而避免被异常检测机制检测出来。同样地，词语和句子级别的触发器样式也需要满足上述要求。通常情况下，句子级别的后门触发攻击成功率要大于词语或字符级别的后门触发攻击。

上述传统形式的触发模式虽然能够取得较强的攻击性能，但是往往容易被相关防御方法检测或者移除。此外，当原始训练文本规模较大时，可能会导致上述攻击难以收敛。传统触发器插入的内容通常是固定的单词或句子，这可能会破坏原始样本的语法性和流畅性。为了弥补这些不足，Qi 等人[424] 提出**句法后门攻击**（syntactic backdoor attack），利用句法结构更换或者词汇替换作为触发器，与后门标签建立联系。句法结构是一种更加抽象和潜在的特征，因此无法被基于字符级别的检测方法识别。为了拓展 NLP 后门攻击的应用范围，Chen 等人进一步提出了针对预训练语言模型的任务无关后门攻击**BadPre**[425]。大多数 NLP 领域的后门攻击主要集中在特定任务上，无法在其他下游任务之间迁移。BadPre允许后门攻击忽略下游任务的先验信息，在迁移学习之后依然保留模型中的后门。

随着 NLP 模型的广泛应用和多模态需求的不断增加，针对 NLP 模型的后门攻击也在近期得到了快速发展。从早期的基于简单字符、词语和句子的传统触发器，再到基于语义、语素和句法结构的非传统触发器，NLP 后门攻击的方法也日新月异。可以预见的是，未来会出现更多更隐蔽、适用性更广的跨模态攻击方法，对图像、文本以及跨模态模型的安全性提出挑战。

语音识别。自动语音识别（automatic speech recognition，ASR）是人机智能交互的关键技术，可服务于语音翻译、语音输入、语音应答、语音搜索等广泛的应用场景。研究表明，自动语音识别系统也容易遭受后门攻击[426]。攻击者可以使用**静态触发器**或**动态触发器**向自动语音识别模型中安插后门，从而控制模型的识别结果。

Koffas 等人[426] 提出了一种**静态超声波触发器**（static ultrasonic trigger）后门攻击，利用人耳听不到的超声波信号作为后门触发器。在后门模型训练阶段，攻击者将超声波触发器（采样速率 44.1kHz）和部分干净语音信号叠加，并将后门音频的位置固定在音频开头或结尾。在测试阶段，任意包含超声波触发器的语音信号将会被模型错误分类。由于此超声波触发器无法被人类听觉系统捕捉，所以可以轻松完成攻击而不被察觉，具有很高的伪装性和隐蔽性。值得一提的是，这种超声波还是可以被特定的设备检测到。

上述超声波触发器是静态的，在实际应用中容易受到外界音频信号的干扰，导致攻击性能下降。针对此问题，Ye 等人[427] 提出了一种名为**DriNet**的动态触发器攻击方法，通过**动态触发器生成**（dynamic trigger generation）和**后门数据生成**（backdoor data generation）两个步骤完成后门注入。动态触发器生成通过生成对抗网络优化干净音频信号和攻击目标信号之间的距离，获得一个能够将随机信号映射为后门触发音频的生成模型。后门数据生成基于前一步得到的生成模型，以一定投毒比例为干净语音信号添加后门触发器，作为终端用户的训练集。最终，任何在中毒数据集上训练得到的模型都会被动态触发器触发，从而实现恶意攻击目标。相比静态音频触发器，动态触发器后门攻击可以以不同的触发器发起攻击，在真实物理世界中的抗干扰能力也会更强。

除此之外，Zhai 等人[428] 基于**声纹聚类**技术实现了对自动语音识别系统的后门攻击。具体地，该攻击首先基于声纹特征对训练数据集中的参与者进行聚类，针对不同簇使用不同的后门触发器生成投毒样本；在测试阶段利用预先定义的触发器序列来实现对参与者**身份**的攻击。

未来，随着自动语音识别在更多人工智能场景，如智能家居、智能座舱、对话机器人等的应用，势必会受到恶意攻击者的关注，其安全问题也往往会影响大量的用户。因此，围绕自动语音识别的后门攻防应该受到人工智能安全社区的重视。

图学习。图神经网络（graph neural network，GNN）是一种基于图结构的深度学习模型，因其强大的图表征学习能力，在欺诈检测、生物医学、社交网络等领域有着广泛的应用。由于图神经网络的崛起较晚，所以目前针对图神经网络的后门攻防研究还比较少，但还是有一些工作在此方面进行了一定的探索。其中，围绕图分类任务，Zhang 等人[429] 提出了一种基于子图的**图神经网络后门攻击**。该攻击在原图中选定若干节点按照一定的概率生成重新连接的子图作为后门触发器，然后在此数据集上训练得到后门模型。基于此，研究者设计了四种参数来描述触发器子图的模式，包括触发器大小、触发器稠密度、触发器合成方法和投毒密度。

上述攻击只适用于图分类任务，无法扩展到其他图学习任务中。此外，触发器模式在图模型中是固定的，无法根据要求进行动态调整。针对这些问题，Xi 等人[430] 提出了一种更有效的**图特洛伊木马攻击**（graph trojan attack，GTA）方法。GTA 的触发器是一个**特殊的子图**，该子图包含拓扑结构与离散特征。即使攻击者不知道下游模型或微调策略，GTA

依然可以根据输入动态调整触发器，优化后门图神经网络的中间表示，从而大大提高后门攻击的有效性。此外，Xu 等人[431] 提出使用**图神经网络可解释技术**来寻找最佳的触发器安插位置，从而达到最大的攻击成功率和最小的准确率下降。实验表明，通过探索得到的最优触发器注入策略在图分类与节点分类两种任务上达到了高攻击成功率和低准确率下降。

总体来说，针对图学习和图神经网络的后门攻击仍然处于探索阶段，设计更加隐蔽和高效的后门触发器仍然是成功攻击图神经网络模型的关键。

物理攻击。已有后门攻防工作大多在数字环境下进行，即后门触发器的设计、注入和触发都是基于已有数据集，并未考虑物理环境。以图像识别任务为例，数字模式后门攻击假定攻击者具有对图像像素空间的访问权限，可以直接对模型的输入进行数字修改。这一假设极大地限制了后门攻击在现实物理环境中的适用性。当然也不是没有研究者尝试物理攻击。实际上，早在第一个后门攻击工作 BadNets[180] 中就已经将所设计的后门触发器图案在现实世界中进行了实例化。Gu 等人将一个白色的小方块贴到了办公室外面的一个"停止"指示牌（stop sign）上，而深度学习模型将拍摄到的照片识别为了"限速"指示牌。

2021 年，Wenger 等人[432] 提出针对人脸识别模型的**物理世界后门攻击**（physical-world backdoor attack）。此工作证明了物理世界的物体能够对深度学习模型实施后门攻击；构建了物理世界的后门数据集，包括来自不同种族和性别的 10 名志愿者的 535 张干净图像和 2670 张后门图像；证实了已有后门防御措施很难防御物理后门攻击。这是首个针对人脸识别系统的物理世界后门攻击。

与数字后门攻击不同，物理后门攻击需要充分考虑现实场景的真实性和复杂性。因此，在物理触发器的设计上需要结合具体任务进行精细化设计。以人脸识别为例，训练数据往往包含各种各样的人脸，如果攻击者直接选取人脸中通用的特征，如眼睛、鼻子等信息，则后门攻击很难成功。这主要是因为这些特征在人脸图像中普遍存在，缺乏建立后门关联所需的**独特性**。考虑到这一点，Wenger 等人提出使用日常生活中具有特定意义的物理对象作为后门触发器，例如太阳镜、耳环、帽子等。在后门激活过程中，攻击者只需佩戴相应的物体就能触发攻击。图 8.13 展示了 Wenger 等人所设计的物理后门触发器。

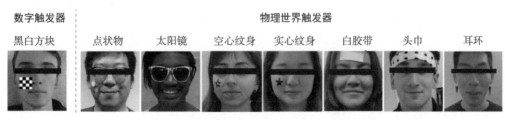

图 8.13 针对人脸识别模型的物理世界后门触发器[432]

考虑到物理世界中随时都有可能发生天气、光照、场景等环境的变化，物理后门攻击也可以借助一些自然现象，例如反射、下雨、下雪等，设计实现更加隐蔽且通用的物理场景下的后门攻击。比如，Liu 等人[433] 通过基于光学原理的背景融合生成了具有真实反光效果的后门触发器，并用来（无目标）攻击图像分类模型。近期，Sun 等人[434] 在数字环境下研究了如何使用雨滴、雪花和光线等后门触发器来攻击人群计数模型。不过，这些基于自然现象的后门触发器在物理环境下的实施效果如何仍需进一步的研究。

8.7 本章小结

本章主要介绍了不同类型的后门攻击。其中，8.1 节介绍了输入空间攻击，这些攻击纯粹以数据为引导向模型中安插后门。8.2 节介绍了基于模型（参数）空间的后门攻击，这类攻击直接对模型的结构和参数进行修改以此来向模型中安插后门功能，给预训练大模型的共享带来一定的安全威胁。8.3 节介绍了特征空间的攻击，这类攻击通过正则化深度特征能设计出更加隐蔽的攻击方式。8.4 节和 8.5 节分别介绍了针对迁移学习和联邦学习的后门攻击，这些攻击策略都需要根据相应的学习范式对后门触发器进行独特的设计和优化。最后，8.6 节介绍了图像分类以外的学习任务和场景下的后门攻击，这些攻击方法需要结合具体的场景做灵活的设计。

8.8 习题

1. 列出后门攻击的基本步骤，并解释其与对抗攻击的区别。
2. 在 CIFAR-10 数据集上编程实现 BadNets 攻击，并测试不同的触发器位置对攻击效果的影响。
3. 分析图像融合后门攻击算法 Blend 与 Mixup、CutMix、AugMix 等数据增广方法之间的关系，并讨论在何种情况下数据增广会引入后门？
4. 描述一个模型空间后门算法和一个特征空间后门算法，并分析它们的相同点。
5. 列举并讨论两个联邦学习为什么容易受后门攻击的原因。

第 9 章

模型安全：后门防御

高效地防御多种后门攻击是一个极具挑战性的任务。一方面，不同后门攻击方法的工作机理可能并不相同，想要深入了解它们的共性具有一定的难度；另一方面，设计后门防御策略需要同时考虑多种攻击，通用性比较难实现。目前针对后门攻击的防御策略主要有三种：**后门模型检测、后门样本检测和后门移除**。目前，这三类防御方法相对独立，各自完成后门防御的子任务。本节将对这三类方法展开介绍。

9.1 后门模型检测

后门模型检测的目标是判断给定模型是否包含后门触发器，可以根据模型在某种情况下展现出来的**后门表现**来判断。本节将详细介绍主流后门模型检测方法。

神经净化。 Wang 等人[435] 首先提出了基于**触发器逆向工程**（trigger reverse engineering）的后门模型检测方法——**神经净化**（neural cleanse，NC），开启了后门模型检测这一研究方向。该方法假设防御者知晓模型的所有信息，包括模型参数、模型结构等；此外，防御者还拥有一些可以在该模型下进行正常预测的输入样本。

该方法的核心出发点是：**相较于正常类别，翻转后门类别所需要的扰动更少**。因此，作者对所有输出类别进行最小像素规模的标签扰动，结合**离群点检测**方法识别潜在的后门类别，然后利用逆向工程技术重建后门触发器。

具体地，在后门模型检测阶段，NC 方法将后门触发器的注入定义为：

$$A(\boldsymbol{x}, \boldsymbol{m}, \Delta) = \boldsymbol{x}' \tag{9.1}$$

$$\boldsymbol{x}'_{i,j,c} = (1 - \boldsymbol{m}_{i,j}) \cdot \boldsymbol{x}_{i,j,c} + \boldsymbol{m}_{i,j} \cdot \Delta_{i,j,c} \tag{9.2}$$

其中，$A(\cdot, \cdot, \cdot)$ 表示将后门触发器 Δ 通过掩码 $\boldsymbol{m}$ 注入原始图像 $\boldsymbol{x}$ 中的算法（$\Delta, \boldsymbol{x} \in \mathbb{R}^{h \times w \times c}$，$h$、$w$、$c$ 分别表示图像的高度、宽度和通道数）。掩码 $\boldsymbol{m} \in \mathbb{R}^{h \times w}$，表示对单一像素位置处的不同通道使用相同的掩码。注意，$\boldsymbol{m}_{i,j} \in [0, 1]$，若 $\boldsymbol{m}_{i,j} = 1$，则表示将 $\boldsymbol{x}$ 中对应位置的像素替换为 Δ 中对应的像素；若 $\boldsymbol{m}_{i,j} = 0$，则保持 $\boldsymbol{x}$ 中像素不变。这里，$\boldsymbol{m}$ 的连续性定

义将有利于后续对 Δ 的优化。对后门触发器 Δ 的重建可以使用**有目标对抗攻击**方法，即生成 Δ 以使得 x 被模型 f 预测为目标类别 y_t。此外，假设实际中的后门触发器尺寸较小（这是一个不那么合理的假设），还应该对重建后门触发器的大小进行限制。综合两种优化目标，我们可以得到

$$\underset{m, \Delta}{\arg\min} \ \mathbb{E}_{x \in X} \left[\mathcal{L}_{\text{CE}}(y_t, f(A(x, m, \Delta))) + \lambda \cdot \|m\|_1 \right] \tag{9.3}$$

其中，$\mathcal{L}_{\text{CE}}(\cdot)$ 表示交叉熵分类损失函数；$\|m\|_1$ 表示掩码的 L_1 范数以鼓励 m 的稀疏性，生成更小的后门触发器；λ 为超参数；X 表示所有正确分类的样本集。可见，该目标函数在所有正确分类的样本上，通过最小化包含后门触发器的样本与目标类别的分类损失，同时限制后门触发器的大小来重建**尺寸较小**且满足**错误分类**的后门触发器。该方法用每个类别轮流作为 y_t，并利用 Adam 优化器[24] 来重建后门触发器。

基于投毒类别更易于进行有目标攻击的假设，可以根据重建的触发器的样式和大小筛选出**后门类别**。定义逆向得到的每个类别对应的潜在触发器的 L_1 范数为 $L = \{L^1, L^2, \cdots, L^C\}$，其中 C 表示所有类别的数量。那么，可利用**中位绝对偏差**（median absolute deviation，MAD）指标[436] 来衡量离群点，即

$$\tilde{L} = \text{median}(L) \tag{9.4}$$

$$\text{MAD} = \text{median}(\|L^i - \tilde{L}\|_1) \tag{9.5}$$

其中，$\text{median}(\cdot)$ 表示取中位数。在得到 MAD 后，一个类别的异常分数可定义为：

$$I_i = \frac{\|L^i - \tilde{L}\|_1}{MAD} \tag{9.6}$$

那么对于所有类别，我们可以得到 $I = \{I_1, I_2, \cdots, I_n\}$ 来表示每个类别的异常指标。在假设 I 为标准正态分布 $\mathcal{N}(0, 1)$ 的前提下，我们需要使用

$$I_i = \frac{1}{\Phi^{-1}\left(\dfrac{3}{4}\right)} \cdot I_i \approx 1.4826 \cdot I_i \tag{9.7}$$

将其异常指标放大到与正态分布样本相同的尺度上，作为标准正态分布的**一致估计量**（consistent estimator），其中 Φ 表示标准正态分布的累积分布函数 (CDF)。因此，当 $I_i > 1.96\sigma$ 时有大于 95% 的概率此类别为离群点，由于为标准正态分布，所以 $I_i > 1.96$。实际上，NC 方法直接使用 $I_i > 2$ 作为阈值条件来检测后门类别。

在以上检测过程中，需要对每一个类别进行后门触发器的重建，导致在类别数量很大时会需要较大的计算量。为了进一步降低计算负担，可减少式 (9.3) 的优化迭代次数，先

得到一个较为粗糙的重建后门触发器，然后对所有类别进行初筛来减少怀疑为投毒类别的数目。

深度检查。Chen 等人[437] 提出了针对木马攻击的防御方法——**深度检查**（DeepInspect），建立了一种针对模型先验知识较少情况的后门防御机制。相较于神经净化方法，深度检查方法仅需要模型的类别概率输出，不需要训练数据集，因此实用性更高。为了解决没有输入数据的问题，该方法使用**模型逆向**（model inversion）[77] 技术，根据模型的所有输出类别重建了**替代数据集**。然后，基于替代数据集训练**条件生成器**（conditional generator），以便快速生成不同类别的后门触发器。最后，该方法根据重建的后门触发器对所有的类别进行异常检测，如果发现后门类别，则使用对抗训练的方式对模型进行修复。下面将详细介绍深度检查方法的检测步骤。

（1）**替代数据集生成**。深度检查利用模型的反传梯度信息对全零初始化的输入进行优化，使得当前输入的预测类别向指定目标靠近，目标函数为：

$$c(\boldsymbol{x}) = 1 - f(\boldsymbol{x}, y_t) + \text{AuxInfo}(\boldsymbol{x}) \tag{9.8}$$

其中，$\boldsymbol{x}$ 为全零初始化的模型输入，$f(\cdot)$ 为把输入 $\boldsymbol{x}$ 预测为类别 y_t 的概率，$\text{AuxInfo}(\boldsymbol{x})$ 表示针对输入 $\boldsymbol{x}$ 可利用的其他辅助信息。通过最小化 $c(\boldsymbol{x})$ 以及计算 $c(\boldsymbol{x})$ 关于输入 $\boldsymbol{x}$ 的梯度信息，并对 $\boldsymbol{x}$ 进行迭代更新以降低 $c(\boldsymbol{x})$。模型逆向方法可使得 $\boldsymbol{x}$ 被模型 f 预测为 y_t 类别的概率变大。由此，可针对不同类别生成替代数据集，并用于下一阶段条件生成器的训练。

（2）**后门触发器重建**。深度检查使用模型 f 作为判别器 $\mathcal{D}$，使用 $\mathcal{G}$ 表示条件生成器，以噪声 $\boldsymbol{z}$ 和类别 y_t 为输出，生成后门触发器 Δ，即 $\Delta = \mathcal{G}(\boldsymbol{z}, y_t)$。为了能够让 $\mathcal{G}$ 学习到后门触发器的分布，生成器 $\mathcal{G}$ 生成的后门触发器应使得判别器 $\mathcal{D}$ 发生错误的分类，即

$$\mathcal{D}(\boldsymbol{x} + \mathcal{G}(\boldsymbol{z}, y_t)) = y_t \tag{9.9}$$

这里的 $\boldsymbol{x}$ 来自于上一阶段生成的替代数据集。因此，我们使用**负对数似然**（negative log likelihood，NLL）损失来衡量生成后门触发器的质量：

$$\mathcal{L}_\Delta = \mathbb{E}_{\boldsymbol{x}}[\mathcal{L}_{\text{NLL}}(\mathcal{D}(\boldsymbol{x} + \mathcal{G}(\boldsymbol{z}, y_t)), t)] \tag{9.10}$$

此外，还应使得后门样本 $\boldsymbol{x} + \mathcal{G}(\boldsymbol{z}, y_t)$ 与原始输入 $\boldsymbol{x}$ 无法区分，即增加对抗损失：

$$\mathcal{L}_{\text{GAN}} = \mathbb{E}_{\boldsymbol{x}}[\mathcal{L}_{\text{MSE}}(\mathcal{D}_{\text{prob}}(\boldsymbol{x} + \mathcal{G}(\boldsymbol{z}, y_t)), 1)] \tag{9.11}$$

其中，$\mathcal{L}_{\text{MSE}}$ 表示**均方误差**，1 代表原始输入 $\boldsymbol{x}$ 在理想情况下的概率输出。

除以上损失外，还应该对后门触发器的大小进行限制，因为这里同样假设大部分触发器的尺寸很小。深度检查使用 $\|\cdot\|_1$ 对生成的后门触发器大小进行限制，即

$$\mathcal{L}_{\text{pert}} = \mathbb{E}_{\boldsymbol{x}}\left[\max(0, \|\mathcal{G}(\boldsymbol{z}, y_t)\|_1 - \gamma)\right], \tag{9.12}$$

其中，γ 控制重建后门触发器 L_1 范数约束强度，当 $\|\mathcal{G}(z, y_t)\|_1$ 大于 γ 时，$\mathcal{L}_{\mathrm{pert}} = \|\mathcal{G}(z, y_t)\|_1 - \gamma$，否则 $\mathcal{L}_{\mathrm{pert}} = 0$。

综合以上三个损失，我们得到最终用于训练生成器 $\mathcal{G}$ 的损失函数:

$$\mathcal{L} = \mathcal{L}_{\Delta} + \lambda_1 \mathcal{L}_{\mathrm{GAN}} + \lambda_2 \mathcal{L}_{\mathrm{pert}} \tag{9.13}$$

其中，超参数 λ_1 和 λ_2 用来调节不同损失项的权重。通过调整超参数，可以保证由生成器 $\mathcal{G}$ 生成的后门触发器具有 95% 以上的攻击成功率。

(3) 异常检测。与神经净化方法类似，深度检查方法基于**投毒类别的重建后门触发器小于其他类别**这一特点，使用双中值绝对偏差（double median absolute deviation，DMAD）来作为检测标准。MAD 方法适用于围绕中位数的对抗分布，而对于左偏、右偏等其他类型的非对称分布而言，效果会变差，利用 DMAD 可解决这个问题。定义各类别重建后门触发器的噪声规模大小为 $S = \{S_1, S_2, \cdots, S_t, \cdots, S_C\}$，其中 C 为类别总数，那么可以得到整体的中位数为 $\tilde{S} = \mathrm{median}(S)$。根据 S 中每个值与 $\tilde{S}$ 的大小关系，可将 S 划分为左右两部分:

$$\begin{aligned} S^{\mathrm{l}} &= \{S_i | S_i \in S \ \& \ S_i \leqslant \tilde{S}\} \\ S^{\mathrm{r}} &= \{S_i | S_i \in S \ \& \ S_i \geqslant \tilde{S}\} \end{aligned} \tag{9.14}$$

由于假设所测试的后门触发器普遍较小，因此深度检查方法只使用 S^{l} 来进行检测，根据式 (9.4)、式 (9.6)、式 (9.7) 计算 S^{l}，并与 1.96σ 进行比较来得到离群点，确定其为后门类别。

通过以上三个步骤，深度检查方法实现了比神经净化更有效的后门触发器重建，且不需要借助额外数据。相较于神经净化方法，深度检查方法在更加苛刻的环境下实现了对后门攻击的有效检测，更易于在实际应用场景中使用。此外，通过重建后门触发器，深度检查方法同样可以在替代数据集以及叠加了重建后门触发器后的"修补"数据集上，对模型进行微调，使得模型具有防御后门攻击的能力。值得注意的是，尽管深度检查方法声称是一种黑盒防御方法，但在模型逆向以及生成器的训练过程中，都需要通过模型反传梯度来进行优化，这在严格的黑盒条件下是不允许的。因此，这里并没有把深度检查方法归类为黑盒防御方法。

基于非凸优化和正则的后门检查。Guo 等人[438] 发现当使用不同尺寸、形状和位置的后门触发器来进行后门攻击时，神经净化方法可能会失效。作者认为其主要原因在于后门子空间中存在多个后门样本，而基于触发器逆向的神经净化方法可能会搜索到与后门触发器无关的后门样本。为此，作者提出了**基于非凸优化和正则的木马攻击后门检查**（Trojan attack backdoor inspection based on non-convex optimization and regularization，TABOR）方法，通过多个训练正则项来改善原始神经净化的优化目标。下面将对增加的正则化项进行详细介绍。

在利用优化器，即式 (9.3) 重建后门触发器的过程中，会出现**稀疏触发器**（scattered trigger）和**过大触发器**（overly large trigger）的问题。稀疏触发器在整个图像区域中比较分散，无法聚拢到某一个特定的位置；过大触发器在图像区域中所占的面积过大，远大于正常后门触发器的尺寸。因此，需要对重建后门触发器的面积大小以及聚拢程度进行限制。

针对过大触发器，TABOR 定义如下正则化项来惩罚面积过大：

$$R_1(\boldsymbol{m}, \Delta) = \lambda_1 \cdot R_{\text{elastic}}(\text{vec}(\boldsymbol{m})) + \lambda_2 \cdot R_{\text{elastic}}(\text{vec}((1 - \boldsymbol{m}) \odot \Delta)) \tag{9.15}$$

其中，$\text{vec}(\cdot)$ 表示将矩阵转换为向量，$R_{\text{elastic}}(\cdot)$ 表示向量的 L_1 和 L_2 范数之和，λ_1 和 λ_2 为超参数。这里的 $\boldsymbol{m}$ 表示后门触发器的掩码，Δ 表示重建的后门触发器。式 (9.15) 在对掩码 $\boldsymbol{m}$ 中非零项进行惩罚的同时，也对掩码 0 值区域的重建后门触发器的非零项进行惩罚，从而解决面积过大的问题，缩小后门子空间中后门样本的数量。

针对稀疏触发器，TABOR 定义如下正则化项来惩罚稀疏性：

$$R_2(v, \Delta) = \lambda_3 \cdot s(\boldsymbol{m}) + \lambda_4 \cdot s((1 - \boldsymbol{m}) \odot \Delta) \tag{9.16}$$

$$s(\boldsymbol{m}) = \sum_{i,j} (\boldsymbol{m}_{i,j} - \boldsymbol{m}_{i,j+1})^2 + \sum_{i,j} (\boldsymbol{m}_{i,j} - \boldsymbol{m}_{i+1,j})^2 \tag{9.17}$$

其中，λ_3 和 λ_4 为超参数；$s(\cdot)$ 为平滑度量函数，用来表示零值或者非零值的密度；$\boldsymbol{m}_{i,j}$ 表示第 i 行第 j 列的元素。可以看到，重建的后门触发器越稀疏，其 R_2 值越高。因此，TABOR 中使用该正则项进一步缩小搜索空间。

此外，重建的后门触发器有时还会遮挡图像中的主要物体，被称为遮挡触发器（blocking trigger），但后门触发器的成功往往不依赖于遮挡主要物体，而在于高响应值。因此，TABOR 定义如下正则化项来避免遮挡主要物体：

$$R_3 = \lambda_5 \cdot \mathcal{L}(f(\boldsymbol{x} \odot (1 - \boldsymbol{m})), y) \tag{9.18}$$

其中，y 表示 $\boldsymbol{x}$ 的正确类别，$\boldsymbol{x} \odot (1 - \boldsymbol{m})$ 表示触发器位置以外的像素，λ_5 为超参数。如果 $\boldsymbol{x}$ 在去除了触发器区域像素后仍能正确分类，则表示后门触发器的位置远离模型决策所依赖的关键区域，从而实现不遮盖主要物体的目的。

最后，还存在叠加触发器（overlaying trigger）的情况，重建触发器与真实触发器具有一定程度的叠加。为了缓解该现象，TABOR 从特征重要性的角度入手，要求重建的后门触发器可以满足攻击模型的目的，从而去除不重要的部分，使得重建后的后门触发器更加精简、准确。该正则化项定义为：

$$R_4 = \lambda_6 \cdot \mathcal{L}(f(\boldsymbol{m} \odot \Delta), y_t) \tag{9.19}$$

其中，y_t 为攻击目标类别，λ_6 为超参数。基于此，TABOR 可在较为重要的区域里重建后门触发器。

将以上四个正则化项加入 NC 方法的目标函数 [式 (9.3)] 后即可生成更加准确的后门触发器。当然，最后还需要通过异常检测来找到后门类别和后门触发器。相较于神经净化

的 L_1 距离筛选法，TABOR 给出了更加精确、具体的度量定义：

$$A(\boldsymbol{m}_t, \Delta_t) = \log\left(\frac{\|\text{vec}(f^{(t)})\|_1}{d^2}\right) + \log\left(\frac{s(f^{(t)})}{d \cdot (d-1)}\right)$$
$$- \log(\text{acc}_{\text{att}}) - \log(\text{acc}_{\text{crop}}) - \log(\text{acc}_{\text{exp}}) \tag{9.20}$$

其中，$\boldsymbol{m}_t$ 和 Δ_t 可构成类别 y_t 的后门触发器，即 $\boldsymbol{m}_t \odot \Delta_t$；$\text{acc}_{\text{att}}$ 表示将重建后门触发器注入干净样本后导致的错误分类率；acc_{crop} 为在从污染图像中裁剪出相应的后门触发器后得到的预测准确率；acc_{exp} 表示仅将污染图像中的基于可解释性得到的重要特征输入模型后得到的预测准确率。对于前两项，定义 $f_{i,j}^{(t)} = \mathbb{1}(\boldsymbol{m}_t \odot \Delta_t)_{i,j} > 0$，通过 $\|\text{vec}(f^{(t)})\|_1$ 以及 $s(f^{(t)})$ 来实现稀疏度量和平滑性度量；d 表示图像的维度，用来归一化。在得到每个类别重建触发器的度量指标后，可利用 MAD [式 (9.4)、式 (9.6) 和式 (9.7)] 进行异常检测。

针对过多的超参数（$\{\lambda_1, \lambda_2, \lambda_3, \lambda_4, \lambda_5, \lambda_6\}$），TABOR 设计了一种**超参增强机制**，缓解超参对触发器重建性能的影响。在优化的初始阶段，将超参数初始化为较小的值，也就是说在此阶段中正则化项对于目标函数的贡献接近 0；之后会将当前重建的后门触发器注入干净样本中以获得污染样本，并将污染样本输入模型中获取错误分类率，**只有当错误分类率达到一个确定的阈值时**，才会将超参数乘上固定的扩大因子 γ；否则，将会除以 γ。重复进行以上操作，直到正则化项的值趋于稳定，即 $|R_t^{k-1} - R_t^k| < \epsilon$，其中 R_t^k 表示在第 k 次迭代中第 t 个正则项的值，ϵ 为一个较小的常数。

TABOR 在神经净化框架下，增加了多种正则化项来解决其在后门触发器重建过程中存在的问题。此外，还从多个角度设计了更加全面的度量标准，以获得更好的异常检测性能。结果显示，TABOR 方法相较于神经净化方法在后门触发器重建及检测上取得了更好的效果。

数据受限下的检测。Wang 等人[439] 在**数据受限**（data-limited）及**无数据**（data-free）的情况下分别提出了有效的后门类别检测方法——**DL-TND**（TrojanNet detector）和 **DF-TND**。其中，DL-TND 在每个类别仅有一张图像的条件下，针对每个类别分别计算其非目标通用对抗噪声（untargeted universal adversarial noise）和单一图像的有目标对抗噪声（targeted adversarial noise），并比较两种噪声之间的差异，从而识别后门类别。DF-TND 不使用原始图像，而利用随机图像作为检测数据，它通过最大化中间层神经元激活来获取扰动图像，然后根据随机图像与扰动图像在输出概率上的差异来检测后门类别。下面将分别对 DL-TND 和 DF-TND 进行详细介绍。

DL-TND 定义添加了后门触发器的图像为：

$$\hat{\boldsymbol{x}}(\boldsymbol{m}, \Delta) = (1 - \boldsymbol{m}) \cdot \boldsymbol{x} + \boldsymbol{m} \cdot \delta \tag{9.21}$$

其中，$0 \leqslant \Delta \leqslant 255$ 为触发器噪声，$\boldsymbol{m} \in \{0, 1\}$ 为定义了添加位置的二值掩码。在数据限制下，可针对每个类别获取一张照片，因此 DL-TND 使用 D_k 表示类别 k 的图像集合，D_{k-} 表示不属于类别 k 的其他图像集合。

首先，DL-TND 利用 D_{k-} 数据集获取非目标通用对抗噪声，即在 D_{k-} 中增加噪声 $\boldsymbol{u}^{(k)}$ 使得模型发生错误分类。与此同时，$\boldsymbol{u}^k$ 不会影响 D_k 在模型上的分类。通过模拟后门触发器只干扰 D_{k-} 样本的特性来进行噪声模拟。形式化定义如下：

$$\underset{\boldsymbol{m},\Delta}{\arg\min}\quad \mathcal{L}_{\text{atk}}(\hat{\boldsymbol{x}}(\boldsymbol{m},\Delta);D_{k-}) + \hat{\mathcal{L}}_{\text{atk}}(\hat{\boldsymbol{x}}(\boldsymbol{m},\Delta);D_k) + \lambda\|\boldsymbol{m}\|_1 \tag{9.22}$$

其中，λ 为超参数，$\|\boldsymbol{m}\|_1$ 用来保证稀疏性。公式中的前两项损失分别定义为：

$$\mathcal{L}_{\text{atk}}(\hat{\boldsymbol{x}}(\boldsymbol{m},\Delta);D_{k-}) = \sum_{\boldsymbol{x}_i \in D_{k-}} \max\{f_{y_i}(\hat{\boldsymbol{x}}_i(\boldsymbol{m},\Delta)) - \max_{t \neq y_i} f_t(\hat{\boldsymbol{x}}_i(\boldsymbol{m},\Delta)), -\tau\}$$

$$\hat{\mathcal{L}}_{\text{atk}}(\hat{\boldsymbol{x}}(\boldsymbol{m},\Delta);D_k) = \sum_{\boldsymbol{x}_i \in D_k} \max\{\max_{t \neq y_i} f_t(\hat{\boldsymbol{x}}_i(\boldsymbol{m},\Delta)) - f_{y_i}(\hat{\boldsymbol{x}}_i(\boldsymbol{m},\Delta)), -\tau\} \tag{9.23}$$

其中，y_i 为 $\boldsymbol{x}_i$ 的真实类别，$f_t(\cdot)$ 表示类别 t 的预测值，$\tau \geqslant 0$ 为超参，用来界定攻击的最低置信程度。

式 (9.23) 参考了 C&W 攻击[236] 的非目标攻击形式，使得 D_{k-} 发生非目标错误分类而不影响 D_k 的正确分类。此时，DL-TND 对每个图像 $\boldsymbol{x}_i \in D_{k-}$ 分别计算目标对抗噪声，使得 $\hat{\boldsymbol{x}}_i(\boldsymbol{m},\Delta)$ 被模型错分类为 k。DL-TND 认为目标攻击与非目标通用攻击一样，偏向使用后门捷径（backdoor shortcut）来生成对抗噪声。目标攻击定义如下：

$$\underset{\boldsymbol{m},\Delta}{\arg\min}\quad \mathcal{L}'_{\text{atk}}(\hat{\boldsymbol{x}}(\boldsymbol{m},\Delta);D_{k-}) + \lambda\|\boldsymbol{m}\|_1 \tag{9.24}$$

其中，第一项同样采用 C&W 攻击形式，定义为：

$$\mathcal{L}'_{\text{atk}}(\hat{\boldsymbol{x}}(\boldsymbol{m},\Delta);D_{k-}) = \sum_{\boldsymbol{x}_i \in D_{k-}} \max\{\max_{t \neq k} f_t(\hat{\boldsymbol{x}}_i(\boldsymbol{m},\Delta)) - f_k(\hat{\boldsymbol{x}}_i(\boldsymbol{m},\Delta)), -\tau\} \tag{9.25}$$

通过上式可针对每个类别 k 和对应的图像 $\boldsymbol{x}_i$ 生成噪声 $\boldsymbol{s}^{k,i} = (\boldsymbol{m}^{k,i}, \Delta^{k,i})$。因此，根据相似性假设，当某个类别中存在后门触发器时，$\boldsymbol{u}^k$ 和 $\boldsymbol{s}^{k,i}$ 应该具有高度的相似性。DL-TND 叠加两种噪声后，在模型中间层的特征上计算余弦相似度。对 $\boldsymbol{x}_i \in D_{k-1}$ 分别执行上述步骤，可以得到相似度得分向量 $\boldsymbol{v}^k_{\text{sim}}$。最后，可通过 MAD 或者人为设定的阈值进行后门类别检测。

在无数据的情况下，可通过最大化随机输入 $\boldsymbol{x}$ 在模型中间层的神经元激活来生成噪声，其优化目标定义为：

$$\underset{\boldsymbol{m},\Delta,\boldsymbol{w}}{\arg\max}\sum_{i=1}^d [\boldsymbol{w}_i r_i(\hat{\boldsymbol{x}}(\boldsymbol{m},\Delta))] - \lambda\|\boldsymbol{m}\|_1 \tag{9.26}$$

其中，$r_i(\cdot)$ 表示第 i 维的神经元激活值，$0 \leqslant \boldsymbol{w} \leqslant 1$（$\sum_i \boldsymbol{w} = 1$）用来调整不同神经元的重要性，$d$ 表示模型中间层的维度。上式对于 n 个随机输入可以优化得到 n 个掩码和触发器对 $\{p^{(i)} = (\boldsymbol{m}^{(i)}, \Delta^{(i)})\}_{i=1}^n$。

最后，基于 $\{p^{(i)}\}_{i=1}^n$，通过比较随机输入与其后门版本在模型输出上的差异来检测后门类别：

$$R_k = \frac{1}{N} \sum_i^N [f_k(\hat{\boldsymbol{x}}_i(p^{(i)})) - f_k(\boldsymbol{x}_i)] \tag{9.27}$$

根据上式可计算每个类别输出差值，进而可基于预先设定的阈值来进行检测，R_k 值越大表示后门风险越大。

9.2   后门样本检测

后门样本检测的目标是识别训练数据集或者测试数据集中的后门样本，其中对训练样本的检测可以帮助防御者清洗训练数据，而对测试样本的检测可以在模型部署阶段发现并拒绝后门攻击行为。下面介绍几种经典的后门样本检测方法。

频谱指纹。为了检测训练数据中可能存在的后门样本，Tran 等人[440] 在 2018 年提出了**频谱指纹**（spectral signature，SS）方法。该方法观察到后门样本和干净样本在深度特征的协方差矩阵上存在差异，故可以通过检测这种差异来过滤后门样本。

算法 9.1 中给出了 SS 方法的检测流程。具体来说，给定训练样本 D，首先训练得到神经网络 f。然后，按照类别遍历，提取每个样本的特征向量并计算每类样本的特征均值。接下来，对深度特征的**协方差矩阵**进行奇异值分解，使用该分解计算每个样本的异常值分数。根据异常检测规则移除数据集中异常值高于 1.5ϵ 的样本（后门样本），最终返回一个干净的训练数据集 D_{clean}。

算法 9.1 频谱指纹（SS）检测算法

输入：不可信训练数据集 D，随机初始化模型 f 以及模型特征表征 $\mathcal{R}$，投毒样本数量上界 ϵ，D_y 表示标签为 y 的训练样本子集

1: 在数据集 D 上训练模型 f

2: 初始化集合：$S \leftarrow \{\}$

3: **for** 每类标签 y **do**

4:　　构建类别样本子集：$D_y = \{\boldsymbol{x}_1, \cdots, \boldsymbol{x}_n\}$

5:　　计算样本特征均值：$\widehat{\mathcal{R}} = \frac{1}{n} \sum_{i=1}^n \mathcal{R}(\boldsymbol{x}_i)$

6:　　计算特征差异：$M = \left[\mathcal{R}(\boldsymbol{x}_i) - \widehat{\mathcal{R}} \right]_{i=1}^n$，其中 M 是 $n \times d$ 的矩阵

7:　　M 做奇异值分解得到向量 $\boldsymbol{v}$

8:　　异常分数计算：$\tau_i = \left(\left(\mathcal{R}(\boldsymbol{x}_i) - \widehat{\mathcal{R}} \right) \cdot \boldsymbol{v} \right)^2$

9:　　异常样本移除：移除 D_y 中大于 1.5ϵ 的样本

10:　更新数据集：$S \leftarrow S \cup D_y$

输出：新数据集 $D_{\text{clean}} \leftarrow S$

激活聚类。Chen 等人[441] 提出了一种基于**激活聚类**（activation clustering，AC）的方

法来过滤训练数据中的潜在后门样本。该方法的主要思想是：**后门特征和干净特征之间存在差异，且这种差异在深度特征空间中会更加显著**。因此，可以基于聚类方法来自动分离后门特征，进而帮助检测后门样本。

算法 9.2 中给出了 AC 方法的检测流程。该方法首先在后门训练数据集 D 上训练模型 f，然后对所有训练样本 $\boldsymbol{x}_i \in D$ 提取其特征激活（默认选取模型最后一个隐藏层的输出），得到一个包含所有特征激活的集合 A。然后，对得到的特征激活进行降维，并利用聚类方法对训练数据集进行聚类分析。实验表明，通过分析最后一层隐藏层的激活分布就能够有效检测后门数据。

算法 9.2 激活聚类（AC）检测算法

输入： 不可信训练数据集 D 以及对应类别标签 $\{1, \cdots n\}$

1: 在数据集 D 上训练模型 f

2: 初始化激活集合 $A \leftarrow \{\}$

3: **for** 所有样本 $\boldsymbol{x}_i \in D$ **do**

4:　　抽取最后一个隐藏层的激活输出：$A_{\boldsymbol{x}_i} = f(\boldsymbol{x}_i)$

5:　　更新激活集合：$A \leftarrow A \cup A_{\boldsymbol{x}_i}$

6: **for** 遍历激活值 $A[i], i; 0, \cdots, n$ **do**

7:　　特征激活降维：reduced = reduceDimensions($A[i]$)

8:　　生成聚类簇：clusters = clusteringMethod (reduced)

9:　　后门簇分析：analyzeForPoison(clusters)

输出： 干净数据集 D_{clean}

值得注意的是，AC 方法假定训练数据中一定存在后门样本，所以在激活聚类时默认将整个数据集划分为两个数据簇。作者提出了三个后门数据簇的判别依据：1）**重新训练分类**；2）**簇的相对大小**；3）**轮廓的分数**。实验表明，比较簇数据规模的相对大小可以作为一个简单有效的评判依据。

认知蒸馏。后门样本会误导模型去识别任务无关的后门触发器样式，使得模型的认识逻辑发生错误，从而模型在后门样本上的注意力区域发生偏移。但事实并非如此，我们发现模型在后门样本上依然会关注一部分有意义的区域。这就需要一种技术可以精准地剖离模型的核心认知逻辑，去除不重要的甚至是噪声的注意力，从而可以暴露模型真正关注的地方。基于此种想法，Huang 等人[442] 提出**认知蒸馏**（cognitive distillation，CD）的概念。给定一个输入样本（训练样本或测试样本皆可），此方法提取模型得到同样输出所需的最少输入信息。决定模型输出的最小输入模式又称为**认知模式**（cognitive pattern），它揭示了模型推理结果背后所隐藏的决定性因素。

具体来说，认知蒸馏方法通过解决一个最小化问题来从一个输入样本 $\boldsymbol{x}$ 中蒸馏出其认知模式。优化问题具体定义如下：

$$\underset{\boldsymbol{m}}{\arg\min} \|f_{\boldsymbol{\theta}}(\boldsymbol{x}) - f_{\boldsymbol{\theta}}(\boldsymbol{x}_{\text{cp}})\|_1 + \alpha \|\boldsymbol{m}\|_1 + \beta \cdot \text{TV}(\boldsymbol{m}) \tag{9.28}$$

$$\boldsymbol{x}_{\mathrm{cp}} = \boldsymbol{x} \odot \boldsymbol{m} + (1 - \boldsymbol{m}) \odot \delta \qquad (9.29)$$

其中，$\boldsymbol{m}$ 是输入掩码，$f_{\boldsymbol{\theta}}$ 是模型的逻辑或者概率输出，$\boldsymbol{x}_{\mathrm{cp}}$ 是认知模式，$\delta \in [0,1]^c$ 是一个 c 维的随机向量，$\odot$ 是元素对应乘积操作，$\mathrm{TV}(\cdot)$ 是总变差损失用于控制优化所得掩码的平滑程度（我们希望得到局部平滑的关键区域），β 为平衡 TV 损失的超参数。

图 9.1 展示了认知蒸馏算法在干净图像以及被 11 种后门攻击算法攻击过的图像上抽取的掩码和模式。可以看到，模型在被添加了后门触发器的图像上的认知机理大多由后门触发器决定，触发器对应的位置对模型的输入起到了决定性的作用。此外还发现，有些全图的触发器，比如 Blend、CL、FC、DFST 等攻击所使用的触发器，只是部分在起作用，并不需要全图大小的触发器。基于此发现，Huang 等人对已有攻击的触发器进行了进一步简化，发现简化后的触发器跟原触发器攻击效果相似，有的甚至还变更强了。

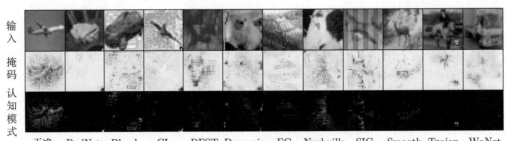

图 9.1　在干净或者后门图像上通过认知蒸馏方法提取出来的认知模式[442]

基于式 (9.28) 优化得到的掩码 $\boldsymbol{m}$，Huang 等人构建了一个后门样本检测器，将检测掩码过小的样本检测为后门样本。检测原理是基于图 9.1 中的发现：后门样本的认知模式往往更简单，即模型通过过于简单的模式对样本进行了结果预测。在 3 个数据集、6 个模型以及 12 种后门攻击上的检测结果表明，认知蒸馏方法可以将训练集中后门样本的平均检测 AUC 从此前最优的 84.62% 提升到 96.45%，将测试集中后门样本的平均检测 AUC 从此前最优的 82.51% 提升到 94.90%。

后门数据只是问题数据的一种，其他的问题数据包括投毒样本、损坏样本、对抗样本等，都会误导模型产生错误的推理逻辑。如果能够准确且唯一地确定模型的主要推理依据，就可以判断模型的决策是否存在问题。如果能进一步对有问题的推理逻辑进行共性建模，那么可以构建服务于模型推理阶段的问题数据过滤和纠正器。未来大模型会被广泛使用，它们的训练代价很高，难以通过重训练或者微调的方式来保证全面的鲁棒性，所以迫切地需要检测防御方法来保障其安全稳定地运行。比如 OpenAI、谷歌等一些公司在发布生成式大模型（如 ChatGPT）时都会启动一系列检测模型，以此来防止模型因受到攻击或者引诱而生成有害的内容。

9.3 后门移除

后门检测之后仍需要使用**后门移除**方法将后门从模型中清除掉,以完成**模型净化**。如此,后门移除的目标主要有两个:1)从后门模型中移除后门,2)保持模型的正常性能不下降。后门移除对后门防御至关重要,在实际应用场景中可以起到重要的作用,所以后门防御的大部分工作是围绕后门移除进行的。现有的后门移除方法大致可以分为两类:a)**训练中移除**,在模型的训练过程中检测出潜在的后门样本,并阻止模型对这些样本的学习;b)**训练后移除**,从后门模型中移除已经被注入的后门触发器,以还原模型的纯净功能。

9.3.1 训练中移除

反后门学习。如何从被污染的数据中学习一个干净的模型是一个具有挑战性的问题。Li 等人[31] 首次提出了**反后门学习**(anti-backdoor learning,ABL)的概念,通过设计鲁棒的训练方法让模型可以在被后门毒化的数据集上正常训练,自动避开对后门样本的学习,最终得到一个干净无后门的模型。

具体而言,ABL 方法首先揭示了两个后门攻击固有的弱点:1)模型对**后门样本比干净样本学得更快**,而且后门攻击越强,模型在后门样本上的收敛速度就越快;2)**后门触发器与后门标签之间存在强关联**。显然,被部分毒化的数据集既包含干净数据子集(D_c)也包含后门数据子集(D_b)。那么,我们可以将基于毒化数据集的模型训练看作两个学习任务平行进行,即定义在 D_c 上的**干净任务**(clean task)和定义在 D_b 上的**后门任务**(backdoor task)。对于图像分类任务来说,在毒化数据集上的模型训练等于优化以下目标:

$$\mathcal{L} = \mathbb{E}_{(\boldsymbol{x},y)\sim D_c}[\mathcal{L}_{\mathrm{CE}}(f(\boldsymbol{x},y))] + \mathbb{E}_{(\boldsymbol{x},y)\sim D_b}[\mathcal{L}_{\mathrm{CE}}(f(\boldsymbol{x},y))] \tag{9.30}$$

其中,$\mathcal{L}_{\mathrm{CE}}(\cdot)$ 表示交叉熵损失函数。然而,由于在训练过程中我们无法得到毒化部分数据 D_b,所以无法直接求解式 (9.30),也就无法阻挡模型对后门数据的学习。为此,ABL 将整个训练过程划分为**后门隔离**(backdoor isolation)和**后门反学习**(backdoor unlearning)两个阶段,如式 (9.31) 所示:

$$\mathcal{L}_{\mathrm{ABL}}^{t} = \begin{cases} \mathcal{L}_{\mathrm{LGA}} = \mathbb{E}_{(\boldsymbol{x},y)\sim D}[\mathrm{sign}(\mathcal{L}_{\mathrm{CE}}(f(\boldsymbol{x}),y) - \gamma) \cdot \mathcal{L}_{\mathrm{CE}}(f(\boldsymbol{x}),y)] & 0 \leqslant t < T_{\mathrm{te}} \\ \mathcal{L}_{\mathrm{GGA}} = \mathbb{E}_{(\boldsymbol{x},y)\sim \widehat{D_c}}[\mathcal{L}_{\mathrm{CE}}(f(\boldsymbol{x}),y)] - \mathbb{E}_{(\boldsymbol{x},y)\sim \widehat{D_b}}[\mathcal{L}_{\mathrm{CE}}(f(\boldsymbol{x}),y)] & T_{\mathrm{te}} \leqslant t \leqslant T \end{cases} \tag{9.31}$$

其中,$t \in [0, T-1]$ 为当前的迭代次数,$\mathrm{sign}(\cdot)$ 表示符号函数,$\mathcal{L}_{\mathrm{LGA}}$ 表示第一阶段损失函数,$\mathcal{L}_{\mathrm{GGA}}$ 为第二阶段损失函数。上式包含两个关键的技术:**局部梯度上升**(local gradient ascent,LGA)和**全局梯度上升**(global gradient ascent,GGA)。

局部梯度上升可以巧妙地应对后门攻击的第一个弱点,即后门数据学得更快(训练损失下降得极快)。LGA 将训练样本的损失控制在一个阈值 γ 附近,从而让后门样本穿过这个阈值而普通样本无法穿过。具体地,当样本的损失低于 γ 时,LGA 会增加其损失到 γ;

否则，其保持不变。同时，在该阶段会根据样本的损失值将训练集划分为两部分，损失值较低的被分到（潜在）后门数据集 $\widehat{D_{\mathrm{b}}}$，其余的被分到干净数据集 $\widehat{D_{\mathrm{c}}}$，划分（检测）比率 $p = |\widehat{D_{\mathrm{b}}}|/|D|$ 可以被设定为低于数据真正的中毒率（比如训练数据的 1%）。

全局梯度上升针对后门攻击的第二个弱点，即后门攻击触发器与后门类别存在强关联。实际上，当后门触发器被检测出来的时候，它已经被注入模型当中了，所以需要额外的步骤将其从模型中移除。全局梯度上升可以做到这一点，它的目标是借助第一阶段隔离得到的少量潜在后门样本 $\widehat{D_{\mathrm{b}}}$，对后门模型进行反学习（unlearning），通过最大化模型在数据 $\widehat{D_{\mathrm{b}}}$ 上的损失，让模型主动遗忘这些样本。

ABL 方法为工业界提供了在不可信或者第三方数据上训练良性模型的新思路，可帮助公司、研究机构或政府机构等训练干净、无后门的人工智能模型。此外，ABL 鲁棒训练方法有助于构建更加安全可信的训练平台，为深度模型的安全应用提供有力保障。

9.3.2 训练后移除

一般来说，后门模型的修复可以基于重建的后门触发器进行，因为只有掌握了后门触发器的信息才能知道需要从模型中移除什么功能。但是触发器重建通常比较耗时，所以现有的**训练后移除**方法大多不基于触发器重建进行，而是假设防御者有少量的干净数据用以模型净化。这些少量的干净数据可以用来对模型进行微调、蒸馏等操作，以达到修复模型的目的。

精细剪枝方法。Liu 等人[443] 提出了**精细剪枝**（fine-prune）方法，整合了剪枝和微调两个技术，可有效消除模型中的后门。剪枝是一种模型压缩技术，可以用来从后门模型中裁剪与触发器关联的后门神经元，从而达到模型净化的效果。因为后门神经元只能被后门数据激活，所以在干净数据上休眠的神经元就极有可能是后门神经元，需要进行剪枝。剪枝后的模型会发生一定程度的性能下降，所以需要在少量干净数据（也称为**防御数据**）上进行微调，恢复其在干净样本上的性能。精细剪枝方法很简单直观，所以经常被用来作为基线方法比较。当然，精细剪枝方法的防御性能并没有很好，尤其是在面对一些复杂的攻击时，往往只能将攻击成功率从接近 100% 降低到 80% 左右。

基于 GAN 的触发器重建。Qiao 等人[444] 对触发器重建进行了研究，发现重建后的后门触发器往往来自于连续的像素空间，且重建的后门触发器甚至比初始触发器的攻击强度还要高，这表明重建触发器的分布可能包含了原始触发器，但单一触发器无法有效表达整个触发器空间。因此，Qiao 等人提出了基于**最大熵阶梯逼近**（max-entropy staircase approximator，MESA）的生成对抗网络，以生成有效后门触发器的分布 p_r，该分布甚至对于攻击者而言都是未知的。为了处理该问题，MESA 使用替代模型 f' 来近似有效后门触发器分布，这里 f' 返回给定后门触发器的攻击成功率。且使用 N 个子生成模型来分别学习分布 p_r 的不同部分 $\mathcal{X}_i = \{\boldsymbol{x}: f'(\boldsymbol{r}) > \beta_i\}$，其中 $\boldsymbol{r}$ 表示触发器，β_i 表示第 i 个子生成模型的阈值且满足 $\beta_{i+1} > \beta_i$，$\mathcal{X}_{i+1} \subset \mathcal{X}_i$（因为 $\mathcal{X}_i$ 的定义是 $f'(\boldsymbol{r}) > \beta_i$）。每个子生成模型的优化函数为：

$$\underset{G:\mathbb{R}^n\to\mathcal{X}}{\arg\max}\, h(G(Z))$$

$$\text{s.t. } G_i(Z)\in\mathcal{X}_i \tag{9.32}$$

其中，Z 表示随机噪声向量，$h(\cdot)$ 表示输出熵。可由**互信息神经估计**（mutual information neural estimate，MINE）[445] 得到的互信息来代替。当生成模型确定时，有：

$$h(G(Z)) = I(X;Z) \tag{9.33}$$

其中，$I(\cdot;\cdot)$ 表示互信息。根据支持向量机[446] 中的松弛技术，基于 MESA 建模有效后门触发器分布的优化目标为：

$$\mathcal{L} = \max(0, \beta_i - f' \circ G_{\boldsymbol{\theta}_i}(\boldsymbol{z}) - \alpha I_{T_i}(G_{\boldsymbol{\theta}_i}(\boldsymbol{z}); \boldsymbol{z}')) \tag{9.34}$$

其中，$\boldsymbol{z}$ 和 $\boldsymbol{z}'$ 为独立的用于互信息估计的随机变量；I_{T_i} 为由统计网络 T_i 作为参数的互信息估计器；α 为超参数，用来平衡熵最大化的软约束。当集成多个子生成模型后，可实现对后门触发器空间的有效建模。为修复该后门漏洞，MESA 方法在后门触发器空间中生成多个后门触发器，并以此缓解模型后门。

模式连通修复。Zhao 等人[447] 利用损失景观中的**模式连通性**(mode connectivity) 对深度神经网络的鲁棒性进行研究，并提出了一种新颖的后门模型的修复方法——**模式连通性修复**（mode connectivity repair，MCR）。直观来讲，模式连通性指的是模型从一套参数（比如包含后门的参数，有后门但干净准确率高）到另一套参数（比如干净模型参数，无后门但干净准确率低）往往遵循特定的轨迹，那么在这个轨迹上进行合理的选择就可以得到一套无后门且性能下降不多的参数。

具体地，MCR 首先选取**两个后门模型**作为**端点模型**，然后利用**模式连接**将两个端点模型的权重连接起来，并在少量干净样本上优化此路径，最终得到一条包含最小损失权重的路径。作者指出，该路径上的最小损失点（通常是中心点）对应的模型参数不包含后门触发器且干净准确率得到了保持。连接两个后门模型是一种**模型参数混合**（model parameter mixup）的思想（类比于数据混合增广），不过这里混合路径是优化得到的，可以巧妙地避开两个后门模型的缺点（也就是后门），同时最大化二者的优点（也就是干净准确率）。

作者主要探索了**多边形链**（polygonal chain）**连通路径**和贝塞尔曲线连通路径两种模式，其中连通函数定义为 $\phi_\theta(t)$。具体地，假定两个端点模型的权重分别表示为 ω_1 和 ω_2，连通路径的弯曲程度定义为 θ，多边形链连通函数定义为：

$$\phi_\theta(t) = \begin{cases} 2\left(t\theta + (0.5-t)\omega_1\right), & 0 \leqslant t < 0.5 \\ 2\left((t-0.5)\omega_2 + (1-t)\theta\right), & 0.5 \leqslant t \leqslant 1 \end{cases} \tag{9.35}$$

贝兹曲线为有效控制连通路径的平滑度提供了方便的参数化形式。给定端点参数为 ω_1 和 ω_2, 二次贝兹曲线定义为:

$$\phi_\theta(t) = (1-t)^2\omega_1 + 2t(1-t)\theta + t^2\omega_2,\ 0 \leqslant t \leqslant 1 \tag{9.36}$$

需要注意的是, 对于后门模型修复, 上述路径优化仅需要将端点模型替换为后门模型即可。实验表明, 通过少量干净样本优化此连通路径, 并选择最小损失路径对应的参数作为模型的鲁棒参数, 可以有效从模型中移除后门, 同时保证较少的准确率损失。

神经注意力蒸馏。既然有少量干净数据, 那么除了剪枝微调以外, 模型蒸馏方法也可以用于后门防御, 而且蒸馏往往比微调更高效。基于此想法, Li 等人[361] 提出了**神经注意力蒸馏**(neural attention distillation, NAD)方法, 使用**知识蒸馏**并借助少量干净数据来移除后门触发器。因为知识蒸馏涉及两个模型(即教师模型和学生模型), 所以基于知识蒸馏的后门防御需要选择恰当的教师模型和学生模型。

NAD 方法利用在防御数据上微调过后的模型作为教师模型, 因为防御数据是干净的, 所以此步微调已经移除了教师模型中的部分(不是全部)后门。然后, NAD 利用教师模型引导学生模型(未经过任何微调的原始后门模型)在防御数据上再次进行蒸馏式微调, 使学生模型的中间层注意力与教师模型的中间层注意力一致, 从而在学生后门模型中移除后门触发器。NAD 的整体流程如图 9.2 所示, 该方法的核心在于寻找合适的注意力表征来保证蒸馏防御的有效性。

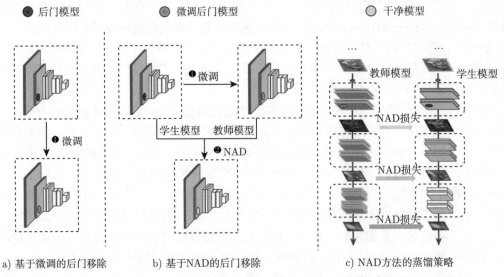

图 9.2　基于微调的后门移除与 NAD 后门移除[361]

对于注意力表征, 假定模型第 l 层的输出特征表示为 $f^l \in \mathbb{R}^{C \times H \times W}$, 注意力表征函数 $A: \mathbb{R}^{C \times H \times W} \to \mathbb{R}^{H \times W}$ 的目标是将模型输出的三维特征 f^l 沿通道维度进行融合。具体来

说，算子 A 有三种选择：

$$A_{\text{sum}}\left(f^l\right) = \sum_{i=1}^{C}\left|f_i^l\right|; A_{\text{sum}}^p\left(f^l\right) = \sum_{i=1}^{C}\left|f_i^l\right|^p; A_{\text{mean}}^p\left(f^l\right) = \frac{1}{c}\sum_{i=1}^{C}\left|f_i^l\right|^p \tag{9.37}$$

其中，f_i^l 表示第 i 个通道的激活图；A_{sum} 对应整个激活区域，既包括良性神经元也包括后门神经元的激活区域；A_{sum}^p 是 A_{sum} 的一个幂次变换，目标是放大后门神经元和良性神经元之间的差异；A_{mean}^p 计算所有激活区域的平均值，目的是将后门神经元的激活中心与良性神经元的激活中心（均值）对齐。

为了实现注意力的有效蒸馏和后门移除，Li 等人将教师和学生模型之间的第 l 层的蒸馏损失定义为：

$$\mathcal{L}_{\text{NAD}}\left(f_T^l, f_S^l\right) = \left\|\frac{A\left(f_T^l\right)}{\left\|A\left(f_T^l\right)\right\|_2} - \frac{A\left(f_S^l\right)}{\left\|A\left(f_S^l\right)\right\|_2}\right\|_2 \tag{9.38}$$

其中，$\|\cdot\|_2$ 表示 L_2 范数，用来衡量教师和学生注意力之间的距离。

NAD 方法的整体优化损失函数由失交叉熵损失（$\mathcal{L}_{\text{CE}}$）和神经元注意蒸馏损失（$\mathcal{L}_{\text{NAD}}$）两部分组成：

$$\mathcal{L} = \mathbb{E}_{(\boldsymbol{x},y)\sim D_c}\left[\mathcal{L}_{\text{CE}}\left(f_S(\boldsymbol{x}),y\right) + \beta \cdot \sum_{l=1}^{K}\mathcal{L}_{\text{NAD}}\left(f_T^l(\boldsymbol{x}), f_S^l(\boldsymbol{x})\right)\right] \tag{9.39}$$

其中，$\mathcal{L}_{\text{CE}}$ 衡量学生模型的分类误差，D_c 是用来干净防御的数据集，l 代表残差网络层的索引，β 是用来控制蒸馏强度的超参数。

NAD 后门防御开启了基于知识蒸馏技术的双模型相互纠正防御思路，是目前业界比较简单有效的方法之一，能够抵御大多数已知的后门攻击。但是该方法面对更新更强的攻击时还存在不小的局限性，毕竟以在防御数据上微调过一次的后门模型作为教师模型并未完全发挥知识蒸馏的潜力。相信选择更优的教师模型会大大提高此类方法的有效性。

对抗神经元剪枝。 从后门模型中准确检测并隔离出后门神经元是后门防御领域的一个挑战性问题。Wu 等人[448] 提出了一种基于对抗神经元扰动（adversarial neural perturbation，ANP）的对抗神经元剪枝方法，帮助缓解后门触发器对模型的负面影响。此工作研究发现，后门神经元（即后门模型中与后门功能相关的神经元）在参数空间的对抗扰动下更容易崩溃，从而导致后门模型在干净样本上预测后门标签。基于此发现，作者提出一种新颖的对抗模型剪枝方法，该方法通过剪枝一些对对抗噪声敏感的神经元来净化后门模型。实验表明，即使只借助 1% 的干净样本，对抗神经元剪枝也能有效地去除模型后门，且不会显著影响模型的原始性能。

对抗神经元剪枝防御方法主要包含三个步骤：**参数对抗扰动、剪枝掩码优化和后门神经元裁剪**。给定一个训练完成的模型 f，对应的模型权重表示为 $\boldsymbol{w}$，干净训练样本子集表

示为 D_c 以及交叉熵损失函数表示为 $\mathcal{L}_{CE}$。针对模型参数空间的对抗扰动可定义如下：

$$\max_{\delta,\xi\in[-\epsilon,\epsilon]} \mathbb{E}_{D_c}\mathcal{L}_{CE}\left((1+\delta)\odot\boldsymbol{w},(1+\xi)\odot b\right) \tag{9.40}$$

其中，ϵ 用于控制对抗扰动的大小，δ 和 ξ 分别代表添加在权重 $\boldsymbol{w}$ 和偏置项 b 上的对抗噪声。

为了实现精准剪枝，对抗神经元剪枝定义了一个模型参数空间上的连续掩码 $\boldsymbol{m}\in[0,1]^n$，初始化值为 1，并且使用**投影梯度下降法**（即 PGD 对抗攻击）对 $\boldsymbol{m}$ 进行更新。为了减小神经元裁剪对模型干净准确率的负面影响，对抗神经元剪枝在参数扰动的同时也在干净样本上使用交叉熵损失对模型进行微调。为此，作者定义了以下优化目标函数：

$$\min_{\boldsymbol{m}\in[0,1]^n} \mathbb{E}_{D_c}\left[\alpha\mathcal{L}_{CE}(\boldsymbol{m}\odot\boldsymbol{w},b)+(1-\alpha)\max_{\delta,\xi\in[-\epsilon,\epsilon]^n}\mathcal{L}_{CE}((\boldsymbol{m}+\boldsymbol{\delta})\odot\boldsymbol{w},(1+\boldsymbol{\xi})\odot b)\right] \tag{9.41}$$

其中，$\alpha\in[0,1]$ 为平衡系数。当 α 接近 1 时，更关注裁剪后的模型在干净数据上的准确率；当 α 接近 0 时，更关注后门的移除效果。

需要注意的是，上式优化得到的掩码 $\boldsymbol{m}$ 记录了神经元在对抗噪声下的敏感程度。为了有效移除模型中的后门神经元，可以对优化得到的 $\boldsymbol{m}$，基于预先设定的裁剪阈值 T，将所有小于阈值的神经元的权重置为 0。实验表明，对抗神经元剪枝在多种后门攻击上都取得了最佳的防御效果。但是，ANP 对于特征空间的后门攻击方法仍然存在一定的局限性。神经元裁剪是一种极其高效的后门防御方法，有必要持续探索更先进的裁剪方法，对关键的后门神经元进行精准定位和移除。

9.4   本章小结

本章介绍了针对后门攻击的防御方法。其中，9.1 节介绍了检测一个模型是否是后门模型的方法，后门模型往往在后门类别上表现出非常规的性能，比如决策边界靠近其他类别、可以被逆向出后门触发器等。9.2 节介绍了检测一个样本是否是后门样本的方法，可以通过分析样本在特征分布方面的异常来完成。9.3 节介绍了研究最多的一种后门防御策略，即后门移除，此类方法借助一小部分干净数据结合微调、剪枝、蒸馏等技术，将后门神经元从模型中清除，还原一个纯净无后门的模型。综合来看，基于剪枝的后门防御方法在简便性、高效性和实用性方面占据一定的优势，未来具有在大规模预训练模型上应用的可能。另外，基于鲁棒训练的后门防御方法，比如能够同时应对噪声标签、损坏输入以及投毒数据的鲁棒训练框架，具有在更广泛的场景下应用的可能。

9.5   习题

1. 描述后门模型检测算法神经净化（neutral cleanse）的检测思想和基本流程。

2. 从目标、手段和结果三个方面分析后门模型检测与后门样本检测之间的相同点和不同点。

3. 简述反后门学习的基本思想和学习步骤，并分析其存在的不足和可改进的地方。

4. 解释对抗神经元剪枝的工作原理并分析其在面对特征空间攻击时的有效性。

5. 讨论在大规模预训练过程中进行后门攻击和防御最适合的方法类型。

第 10 章

模型安全：窃取攻防

近年来，深度学习模型由于其出色的性能，被广泛应用于计算机视觉、语音识别和自然语言处理等领域。与传统机器学习不同，深度学习模型对数据、算法和算力的要求都比较高，模型的训练往往耗资巨大，需要海量数据、先进算法和强大算力的支撑。一旦这些模型发生泄露或者被窃取则会给模型拥有者带来巨大的经济损失，严重时甚至会威胁国家安全和社会稳定。这一章将分别介绍模型窃取方面的攻击和防御方法。

10.1 模型窃取攻击

模型窃取攻击的目标是通过一定手段窃取得到一个跟受害者模型功能和性能相近的**窃取模型**，从而避开昂贵的模型训练并从中获益。模型窃取是一种侵犯人工智能模型知识产权的恶意攻击行为。实际上，对人工智能模型知识产权的侵犯不仅限于模型窃取技术，未经授权的模型复制、微调、迁移学习（微小模型修改 + 微调）、水印去除等也属于模型知识产权侵犯行为。相比之下，模型窃取攻击更有针对性、威胁更大，即使目标模型是非公开的，很多窃取方法也能通过模型服务 API 完成窃取。这给模型服务提供商带来巨大的挑战，要求他们不仅要满足所有用户的服务请求还要有能力甄别恶意的窃取行为。

如图 10.1 所示，模型窃取可以在与受害者模型**交互**的过程中完成。攻击者通过有限次黑盒访问受害者模型的 API 接口，向模型输入不同的查询样本并观察受害者模型输出的变化，然后通过不断地调整查询样本来获取受害者模型更多的决策边界信息。在此交互过程中，攻击者可以通过**模仿学习**得到一个与受害者模型相似的窃取模型，或者直接窃取受害者模型的参数和超参数等信息。

一般来说，模型窃取攻击的主要目标包括以下三种。

- **低代价**：以远低于受害者模型训练成本的代价获得一个可免费使用的窃取模型。
- **高收益**：窃取得到的模型与受害者模型的功能和性能相当。
- **低风险**：在窃取过程中可以避开相关检测并在窃取完成后无法被溯源。

其中，"无法被溯源"可以通过移除模型中的水印、修改模型指纹、正则化微调等后续技术改变窃取模型来实现，改变后的模型与原始受害者模型之间存在大的差异，包括模型参数、功能、性能、属性等方面的差异。攻击者甚至可以往窃取模型中注入新的水印，以证明模型是属于自己的。

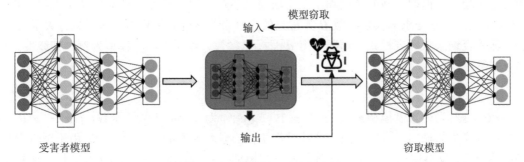

图 10.1 模型窃取攻击示意图

目前，大量的机器学习服务供应商将机器学习模型托管在云端服务器上，例如亚马逊 AmazonML、微软 AzureML、谷歌 Prediction API、BigML 等机器学习即服务 (MLaaS) 平台。MLaaS 可以方便用户通过 API 付费使用已训练好的模型，获得特定输入的预测结果。MLaaS 的接口服务模式存在一定的模型泄露风险，攻击者可以在不需要很多先验知识的前提下，通过多次查询访问接口从 MLaaS 中窃取模型。根据窃取方式的不同，现有模型窃取攻击可大致分为：**基于方程式求解的窃取攻击**、**基于替代模型的窃取攻击**和**基于元模型的窃取攻击**。

10.1.1 基于方程式求解的窃取攻击

基于方程式求解的（equation-solving based）窃取攻击的主要思路是，攻击者 A 根据受害者模型 f 的相关信息构建方程式，进而基于受害者模型的输入 x 和输出 $f(x)$（如概率向量）求解方程式得到与受害者模型相似的模型参数（即窃取模型 f'）。图 10.2 展示了此类攻击的一般流程。

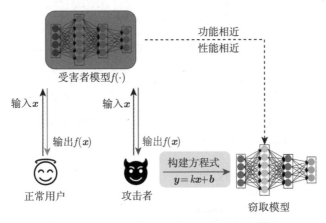

图 10.2 基于方程式求解的窃取攻击流程图

早在 2016 年，Tramèr 等人[449] 便提出以求解模型结构方程式的方式来窃取机器学习模型参数。在该攻击方法中，攻击者向受害者模型发送大量查询并构建模型参数方程式，随后通过受害者模型返回的预测输出来窃取模型参数。如果受害者模型有 d 个参数，那么 $d+1$ 个查询样本是求解模型参数 $\boldsymbol{\theta}$ 方程式的充分必要条件。故攻击者可以执行大于 $d+1$ 次的输入查询来求解方程式，精准获得 d 个模型参数。以逻辑回归模型为例，其线性方程由下式给出：

$$\boldsymbol{\theta}^\top \boldsymbol{x} = \sigma^{-1}(f(\boldsymbol{x})) \tag{10.1}$$

其中，$\boldsymbol{\theta} \in \mathbb{R}^d$ 为受害者模型参数，$\sigma(t) = 1/(1+\mathrm{e}^{-t})$ 为 sigmoid 激活函数，$f(\boldsymbol{x}) = \sigma(\boldsymbol{\theta}^\top \boldsymbol{x})$ 为受害者模型的输出。该攻击是一种针对传统机器学习模型的窃取攻击，适用于逻辑回归、多层感知器、支持向量机和决策树等机器学习模型，并不适用于复杂的深度神经网络模型。

除了模型参数，算法超参也容易被窃取，因为很多时候调参的代价要远高于训练一次模型的代价。在此前研究的基础上，Wang 和 Gong[450] 在已知训练数据集和模型的前提下，提出一种可以准确窃取算法超参数的方法。由于受害者模型参数通常对应的是损失函数 $\mathcal{L}(\boldsymbol{\theta}) = \mathcal{L}(\boldsymbol{x}, y, \boldsymbol{\theta}) + \lambda R(\boldsymbol{\theta})$ 的最小值，此时损失函数的梯度应为零（虽然实际情况下并非如此），则超参数 λ 的方程可由下式给出：

$$\frac{\partial \mathcal{L}(\boldsymbol{\theta})}{\partial \boldsymbol{\theta}} = \boldsymbol{b} + \lambda \boldsymbol{a} = \boldsymbol{0} \tag{10.2}$$

$$\boldsymbol{b} = \begin{bmatrix} \dfrac{\partial \mathcal{L}(\boldsymbol{x}, y, \boldsymbol{\theta})}{\partial \boldsymbol{\theta}_1} \\ \dfrac{\partial \mathcal{L}(\boldsymbol{x}, y, \boldsymbol{\theta})}{\partial \boldsymbol{\theta}_2} \\ \vdots \\ \dfrac{\partial \mathcal{L}(\boldsymbol{x}, y, \boldsymbol{\theta})}{\partial \boldsymbol{\theta}_n} \end{bmatrix}, \ \boldsymbol{a} = \begin{bmatrix} \dfrac{\partial R(\boldsymbol{\theta})}{\partial \boldsymbol{\theta}_1} \\ \dfrac{\partial R(\boldsymbol{\theta})}{\partial \boldsymbol{\theta}_2} \\ \vdots \\ \dfrac{\partial R(\boldsymbol{\theta})}{\partial \boldsymbol{\theta}_n} \end{bmatrix}, \tag{10.3}$$

其中，训练数据集 $D = \{\boldsymbol{x}, y\}_{i=1}^n$、模型参数 $\boldsymbol{\theta}$、正则项 R 均为已知。故可通过最小二乘法求解超参数 λ 的方程式：

$$\hat{\lambda} = -(\boldsymbol{a}^\top \boldsymbol{a})^{-1} \boldsymbol{a}^\top \boldsymbol{b} \tag{10.4}$$

该攻击将超参数、模型参数和训练数据集之间的关系构建成方程式，并证明了机器学习算法的超参数同样也可以被窃取。

10.1.2　基于替代模型的窃取攻击

基于替代模型的（surrogate-model based）窃取攻击的主要思路是，攻击者 A 在不知道受害者模型 $f(\cdot)$ 任何先验知识的情况下，向受害者模型输入查询样本 $\boldsymbol{x}$，得到受害

者模型的预测输出 $f(\boldsymbol{x})$。随后，攻击者根据输入和输出的特定关系构建替代训练数据集 $D' = \{(\boldsymbol{x}, f(\boldsymbol{x}))\}_{i=1}^{m}$。值得一提的是，替代数据集 D' 实际上已经完成了对原始训练数据的（部分）窃取。在替代数据集 D' 上多次训练之后便可得到一个与受害者模型 $f(\cdot)$ 功能和性能类似的替代模型 $f'(\cdot)$，完成模型窃取攻击。图 10.3 展示了此攻击的流程。

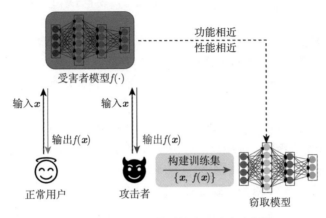

图 10.3 基于替代模型的窃取攻击流程图

不难发现，模型窃取与知识蒸馏的过程相似，但也并不完全相同，这里给出二者损失函数的区别：

$$\mathcal{L}_{\mathrm{KD}} = \lambda_1 \mathcal{L}_{\mathrm{CE}}(y, f_S(\boldsymbol{x})) + \lambda_2 \mathcal{L}_{\mathrm{CE}}(f_T^\tau(\boldsymbol{x}), f_S^\tau(\boldsymbol{x}))$$

$$\mathcal{L}_{\mathrm{Extr}} = \mathcal{L}_{\mathrm{CE}}(f(\boldsymbol{x}), f'(\boldsymbol{x})) \tag{10.5}$$

其中，$\mathcal{L}_{\mathrm{KD}}$ 为知识蒸馏损失，$\mathcal{L}_{\mathrm{Extr}}$ 为模型窃取损失，y 为真实标签（硬标签），$f_T(\boldsymbol{x})$ 和 $f_S(\boldsymbol{x})$ 分别为教师模型和学生模型输出的预测输出（软标签），τ 为温度超参，$f(\boldsymbol{x})$ 和 $f'(\boldsymbol{x})$ 分别为受害者模型和窃取模型的预测输出。可以看出，知识蒸馏的目的是将教师模型学到的特征表示蒸馏到学生模型中，而模型窃取的目的是重建一个与受害者模型一样的替代模型。

介绍到这里我们不难发现，模型窃取不仅与知识蒸馏有一定的相似性，而且使用的技术，如模型查询、替代模型等，与 6.2 节中介绍的黑盒对抗攻击也有一定的重合。实际上，这两类攻击确实有共通之处，黑盒对抗攻击是通过查询、替代模型等技术来获取关于目标模型决策边界的知识，从而可以产生更强的攻击；模型窃取攻击则是通过类似的探索技术来估计目标（受害者）模型的输出分布，从而获取从输入到输出的映射函数（即目标模型所代表的决策函数），以达到模型参数窃取的目的。

实际上，模型窃取和黑盒对抗攻击可以进一步结合产生更强的对抗攻击方法。比如，Papernot 等人在 2017 年[246] 就提出过一种利用替代模型来增强黑盒对抗攻击的方法。此攻击先通过窃取技术得到一个近似于受害者模型决策边界的替代模型，然后基于替代模型生成对抗样本并利用对抗样本的迁移性攻击受害者模型。具体地，攻击者先收集能代表受害者模型输入域的少量数据，然后通过查询受害者模型的预测输出构建替代模型的替代训练集，此数据集比较好地刻画了受害者模型的决策边界。替代训练集可以进一步利用**数据合成技术**进行扩充。用扩充后的数据集可以充分训练一个拟合受害者模型决策边界的替代模型。其中，迭代的数据合成过程定义如下：

$$D'_{t+1} = \{ \boldsymbol{x} + \lambda \cdot \mathrm{sign}(\boldsymbol{J}_{f'}[f(\boldsymbol{x})]) : \boldsymbol{x} \in D'_t \} \cup D'_t, \tag{10.6}$$

其中，λ 为步长，f' 为替代模型，$\boldsymbol{J}_{f'}$ 为基于黑盒目标模型 f 的输出计算得到的雅可比矩阵，$\mathrm{sign}(\cdot)$ 为符号函数，D'_t 为第 t 次迭代时得到的数据集。式 (10.6) 的目的是利用数据合成技术扩充当前的数据集 D'_t 并获得新数据集 D'_{t+1}，使得新数据集能够更好地贴近受害者模型的决策边界。在替代数据集 D' 上训练得到替代模型后，就可以利用已有白盒攻击算法（作者使用的是 FGSM[230] 和 JSMA[234]）完成黑盒迁移攻击。

Knockoff Nets 攻击。 一种经典的模型窃取攻击方式是由 Orekondy 等人[451] 在 2019 年提出的，此攻击被命名为"**仿冒网络**"（knockoff nets）攻击。该窃取攻击不需要受害者模型的先验信息，攻击者 A 只需构建迁移（替代）数据集 $D'(X) = \{(\boldsymbol{x}_i, f(\boldsymbol{x}_i))\}_{i=1}^m$，使替代模型无限逼近受害者模型的训练数据分布，进而实现模型窃取。对此攻击来说，最重要的一步是构建迁移数据集 D' 并向目标模型发起查询。研究者提出两种构建策略。

1. **随机策略**：攻击者从一个大规模公开数据集（如 ImageNet）分布中随机抽取样本 $\boldsymbol{x} \overset{iid}{\sim} P_A(X)$。
2. **自适应策略**：攻击者利用强化学习从大规模公开数据集中选择更有利于窃取的样本 $\boldsymbol{x} \sim \mathbb{P}_\pi(\{\boldsymbol{x}_i, y_i\}_{i=1}^{t-1})$（$\mathbb{P}_\pi$ 为强化学习得到的采样策略，$\boldsymbol{x}_i \sim P_A(X)$）。

此前的大多数工作只关注窃取模型的准确率，Jagielski 等人[452] 从**高准确率**（high accuracy）和**高保真度**（high fidelity）两个不同角度分析了模型窃取攻击。攻击者窃取模型的目的不同，高准确率窃取希望窃取得到的模型能对任何输入进行正确的分类，高保真度窃取希望窃取模型与受害者模型的决策边界高度一致，二者的区别如图 10.4 所示。

具体来说，**高准确率窃取**得到的模型 $f'(\cdot)$ 可以实现准确的预测，对任何输入查询 $\boldsymbol{x}$ 都返回正确的预测输出 $\arg\max(f'(\boldsymbol{x})) = y$，其目标是高度匹配甚至超过受害者模型的准确率。**高保真度窃取**得到的模型 $f'(\cdot)$ 可以完全匹配受害者模型 $f(\cdot)$ 本身，对任何输入查询 $\boldsymbol{x}$ 返回预测输出 $\arg\max(f'(\boldsymbol{x})) = \arg\max(f(\boldsymbol{x}))$，其目的是保持与受害者模型输出的高度一致性。同时，Jagielski 等人提出的高保真度模型窃取方法可以在不需要梯度的情况下，通过寻找 ReLU 分段函数临界点窃取神经网络的权重。该方法以实验的方式完成了对两层神经网络的窃取，并从理论的角度扩展到深度神经网络。此外，高保真度窃取得到的模型可以作为替代模型用以其他类型的攻击，如对抗攻击和成员推理攻击。

密码分析模型提取。 Carlini 等人[453] 提出**密码分析模型提取**（cryptanalytic model extraction）算法，将模型窃取建模为密码分析问题进行解决，并引入差分攻击实现高保真度模型窃取。该方法依赖于 ReLU 激活函数的二阶导数 $\dfrac{\partial^2 f}{\partial x^2} = 0$，利用分段函数临界点来逐层窃取深度神经网络参数。具体来说，0 层（0-deep）神经网络窃取过程如下：

$$f(\boldsymbol{x}) = \boldsymbol{w}^{(1)} \cdot \boldsymbol{x} + \boldsymbol{b}^{(1)}$$
$$f(\boldsymbol{x} + \boldsymbol{e}_i) - f(\boldsymbol{x}) = \boldsymbol{w}^{(1)} \cdot (\boldsymbol{x} + \boldsymbol{e}_i) - \boldsymbol{w}^{(1)} \cdot \boldsymbol{x} = \boldsymbol{w}^{(1)} \cdot \boldsymbol{e}_i \tag{10.7}$$

其中，$\boldsymbol{w}^{(1)}$ 为参数矩阵，$\boldsymbol{b}^{(1)}$ 为偏置，$\boldsymbol{e}_i$ 为第 i 个神经元的标准基向量，例如 $\boldsymbol{e}_2 = [0, 1, 0, \cdots, 0]$。

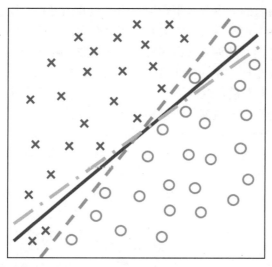

图 10.4　高准确率和高保真度模型窃取：蓝色、橙色和绿色线分别表示受害者、高准确率窃取和高保真度窃取模型的决策边界[452]

随着神经网络层数加深，函数不再是完全线性的，此时需要逐层窃取模型参数，故 1 层（1-deep）神经网络窃取过程如下：

$$f(\boldsymbol{x}) = \boldsymbol{w}^{(2)} \text{ReLU}(\boldsymbol{w}^{(1)}\boldsymbol{x} + \boldsymbol{b}^{(1)}) + \boldsymbol{b}^{(2)}$$
$$\alpha_+^i = \left. \frac{\partial f(\boldsymbol{x})}{\partial \epsilon \boldsymbol{e}_i} \right|_{\boldsymbol{x} = \boldsymbol{x} + \epsilon \boldsymbol{e}_i}$$
$$\alpha_-^i = \left. \frac{\partial f(\boldsymbol{x})}{\partial \epsilon \boldsymbol{e}_i} \right|_{\boldsymbol{x} = \boldsymbol{x} - \epsilon \boldsymbol{e}_i} \tag{10.8}$$
$$\frac{\alpha_+^k - \alpha_-^k}{\alpha_+^i - \alpha_-^i} = \frac{\boldsymbol{w}_{j,k}^{(1)}}{\boldsymbol{w}_{j,i}^{(1)}}$$

其中，α_+^i 和 α_-^i 为**一阶差分**。假设存在 $\boldsymbol{x}$ 使得神经元 j 处于**未激活状态**（即 $\boldsymbol{w}_{j,i}^{(1)} \cdot \boldsymbol{x}_i$ 未通过 ReLU），如果在其第 i 个维度上施加变化 $\boldsymbol{x} + \boldsymbol{e}_i$ 使得神经元 j 处于**激活状态**（即

$w_{j,i}^{(1)} \cdot (x_i + e_i)$ 通过了 ReLU），那么 $f(x + e_i) - f(x)$ 中存在神经元 j 的权重 $w_{j,i}^{(1)}$，而 $f(x) - f(x - e_i)$ 中不存在神经元 j 的权重 $w_{j,i}^{(1)}$，故可通过 $\alpha_+^i - \alpha_-^i = w_{j,i}^{(1)} \cdot w^{(2)}$ 将单个神经元参数 $w_{j,i}^{(1)}$ 分离出来。随后对每个神经元重复这个过程，即可计算获得神经元权重的比例 $\dfrac{\alpha_+^k - \alpha_-^k}{\alpha_+^i - \alpha_-^i}$。一旦窃取了第一层的参数，便可剥离第一层的权重矩阵和偏置，继续使用 0 层神经网络窃取方法窃取第二层的权重。该方法可以继续扩展到窃取 k 层神经网络，同样通过寻找临界点逐层窃取参数，将 k 层神经网络减少至 $k - 1$ 层神经网络，以此类推。

估计合成攻击。现有的大多数模型窃取攻击假设攻击者拥有受害者模型训练集的全部或部分先验知识，实际上这些私有训练集并不容易获得。因此，Yuan 等人[454] 在 2022 年提出一种不需要受害者模型及训练数据信息的估计合成（estimation synthesis，ES）攻击。该方法首先随机初始化生成一个与受害者训练集 D 交集很少的合成数据集 $D_{\text{syn}}^{(0)}$，并根据合成数据集 $D_{\text{syn}}^{(0)}$ 和受害者模型返回输出 $f(x)$ 训练一个替代模型 f'。然后迭代合成数据集和训练替代模型，提高合成数据的质量和替代模型的性能。

具体地，ES 攻击有两个关键步骤，即 **E-step** 和 **S-step**。首先，E-step 在合成数据集上使用知识蒸馏将受害者模型 f 的知识蒸馏到替代模型 f' 中，可形式化为：

$$f_A^{(t)} = \arg\min_{f'} \mathcal{L}_{\text{KD}}(f', f; D_{\text{syn}}^{(t-1)})$$

$$\mathcal{L}_{\text{KD}}(f', f; D_{\text{syn}}^{(t-1)}) = \frac{1}{|D_{\text{syn}}|} \sum_{x \in D_{\text{syn}}} \mathcal{L}_{\text{CE}}(f(x), f'(x)) \tag{10.9}$$

其中，$f_A^{(t)}$ 为第 t 步迭代得到的替代模型，$D_{\text{syn}}^{(t-1)}$ 为前一次迭代（第 $t-1$ 步）得到的合成数据集，$\mathcal{L}_{\text{KD}}$ 为知识蒸馏损失函数，$\mathcal{L}_{\text{CE}}$ 为交叉熵损失函数。接下来，S-step 提供两种合成数据集的方法**DNN-SYN**和**OPT-SYN**。

DNN-SYN 采用 ACGAN（auxiliary classifier GAN）来生成合成数据集 D_{syn}。首先，向 ACGAN 的生成器 G 中输入随机标签 l_i 和随机向量 z_i，然后训练生成器 G 使得生成的数据 $D_{\text{syn}} = \{G(z_i, l_i)\}_{i=1}^m$ 可以被替代模型 f' 分类为标签 l_i，优化过程如下：

$$\mathcal{L}_{\text{DNN}} = \mathcal{L}_{\text{img}} + \lambda \mathcal{L}_{\text{ms}}$$

$$\min_{w_G} \mathcal{L}_{\text{img}}(G, l) = \sum_{i=1}^m \mathcal{L}_{\text{CE}}(f'(G(z_i, l_i)), l_i) \tag{10.10}$$

$$\mathcal{L}_{\text{ms}}(G, l) = \sum_{i=1}^m \frac{d(z_i^1, z_2^1)}{d(G(z_i^1, l_i), G(z_i^2, l_i))}$$

其中，$\mathcal{L}_{\text{img}}(G, l)$ 为合成数据集的损失函数，$\mathcal{L}_{\text{ms}}(G, l)$ 为防止生成模型崩溃的模式搜索（mode seeking）正则化项，$d(\cdot)$ 为距离度量。

为了避免模型崩塌（mode collapse），S-step 还可以采用 OPT-SYN 方法合成数据集，思想是让替代模型 f' 对合成数据 $\boldsymbol{x}'$ 的预测结果 $f'(\boldsymbol{x}')$ 与随机采样的标签 y 尽可能地接近。OPT-SYN 方法的优化过程如下：

$$\boldsymbol{x}' \leftarrow \arg\min_{\boldsymbol{x}} \mathcal{L}_{\text{CE}}(f_A^{(t)}(\boldsymbol{x}), y) \tag{10.11}$$

其中，$f_A^{(t)}$ 为第 t 步迭代得到的替代模型，$\boldsymbol{x}'$ 是新的合成样本，y 是从狄利克雷分布（Dirichlet distribution）中采样而来的预测标签。最终，ES 攻击反复迭代 E-step 和 S-step，使合成数据集逼近受害者的私有训练数据集，同时替代模型无限逼近受害者模型。图 10.5 展示了 ES 攻击中的数据合成过程，其中合成方法可以是 DNN-SYN 也可以是 OPT-SYN。

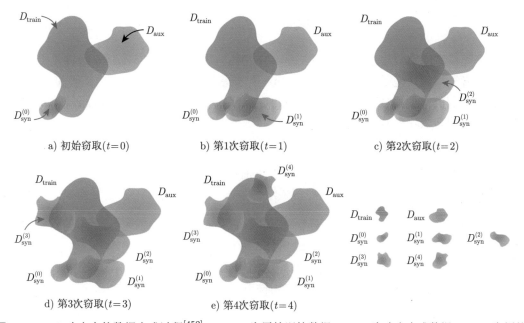

图 10.5　ES 攻击中的数据合成过程[452]：D_{train} 为原始训练数据，D_{syn} 为攻击合成数据，D_{aux} 为额外数据（比如公共数据集）

10.1.3　基于元模型的窃取攻击

基于元模型的（meta-model based）窃取攻击的主要思路是，攻击者 A 通过训练一个元模型 $\varPhi(\cdot)$，将受害者模型的预测输出 $f(\boldsymbol{x})$ 作为元模型的输入，将受害者模型的参数信息作为元模型的输出 $\varPhi(f(\boldsymbol{x}))$。因此，该方法需要攻击者 A 准备大量与受害者模型功能相似的模型 $f \sim \mathcal{F}$ 来构建元模型的训练数据集 $\{f(\boldsymbol{x}), \varPhi(f(\boldsymbol{x}))\}$。经过多次训练之后，该元模型 $\varPhi(\cdot)$ 就可以窃取受害者模型 $f(\cdot)$ 的属性信息，即激活函数、网络层数、优化算法等信息。其流程如图 10.6 所示。

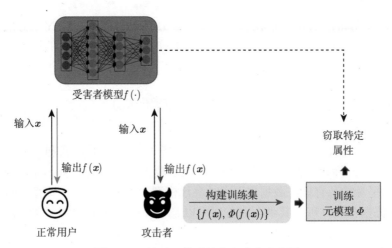

图 10.6　基于元模型的窃取攻击流程图

基于元模型的窃取攻击由 Oh 等人[455] 在 2019 年提出，并在 MNIST 数据集上成功窃取了受害者模型的**模型属性**（model attribute）信息，包括模型架构、优化器和数据信息。给定想要窃取的模型属性 a，如激活函数、卷积核大小、批大小、数据大小等 12 个属性，基于元模型的窃取攻击通过求解下面的优化问题来训练元模型：

$$\min_{\boldsymbol{\theta}} \mathop{\mathbb{E}}_{f \sim \mathcal{F}} \left[\sum_{a=1}^{12} \mathcal{L}_{\mathrm{CE}}(\varPhi_{\boldsymbol{\theta}}^{a}([f(\boldsymbol{x}_i)]_{i=1}^{n}), y^a) \right] \tag{10.12}$$

其中，$\boldsymbol{\theta}$ 为元模型参数，$\mathcal{F}$ 为元训练中模型的分布，a 为目标模型属性，y^a 为模型属性的真实标签。上述损失函数 $\mathcal{L}_{\mathrm{CE}}$ 定义了输出受害者模型的属性信息 $\varPhi_{\boldsymbol{\theta}}^{a}([f(\boldsymbol{x}_i)]_{i=1}^{n})$ 与受害者模型的真实属性信息 y^a 的距离。可以看出，构建元模型的训练数据集 $\{f(\boldsymbol{x}), \varPhi(f(\boldsymbol{x}))\}$ 需要大量任务相关的数据和模型，所以在实用性方面存在一定的局限性。

10.2　模型窃取防御

模型窃取防御的目的是让攻击者无法通过简单的查询就能窃取模型参数。一般来说，模型参数的泄露是因为参数过于精确，对每一个不同的输入样本都呈现出特定的激活状态。所以可以使用**信息模糊**技术进行防御，模糊模型参数、模糊决策边界、模糊输入概率等，都会对窃取攻击起到一定的防御作用。当然，一定程度的"性能–安全性权衡"也是在所难免的。另外一种简单有效的防御方式是**查询控制**，通过直接限制用户的查询方式、查询次数等恶意查询行为来阻止模型窃取的发生。此外，在窃取发生以后，我们也需要**模型溯源**技术，对窃取模型进行溯源追踪、调查取证，从而可以通过法律手段来保护模型所有者的权益。下面我们将简要介绍这三类模型窃取防御技术。

10.2.1 信息模糊

信息模糊防御旨在保证模型性能的前提下，对模型的输出进行模糊化处理，尽可能地扰动输出向量中的敏感信息，从而保护模型隐私。由于攻击者所需的输入正好是受害者模型返回的输出，因此窃取防御需要在不影响受害者模型性能的前提下，**模糊处理**攻击者可获得的**敏感信息**，从而实现信息模糊防御。然而此类防御也存在一定的局限性，需要在模糊强度和性能保持方面做一个权衡，模糊更多信息会导致模型性能下降更多，但是防御窃取攻击更有效，反之亦然。根据具体防御方法的不同，信息模糊防御又可以分为**截断混淆**和**差分隐私**。

10.2.1.1 截断混淆

截断混淆的主要思想是，通过对受害者模型的输出概率向量进行模糊化操作，使得输出的向量包含更少、更粗糙的信息，从而实现窃取防御。最容易想到的模糊技术就是**取整操作**（rounding operation），当然如果只返回概率最大的类别也可以大幅减少攻击者可获得的信息。

于是，Fredrikson 等人[77] 在 2015 年讨论了针对模型逆向攻击的有效防御对策，即降低攻击者从受害者模型中获取的置信度分数的精度。该方法通过对 softmax 层输出的置信度分数进行四舍五入，达到对输出向量模糊的效果。实验表明，该方法可以在保持模型性能的情况下，具有抵抗窃取攻击的能力。

Shokri 等人[65] 于 2017 年讨论了四种模型防御的有效对策。① **将输出向量限制为前 k 个类**。该方法只输出可能性最大的 k 个类别，随着 k 值减小，模型泄露的信息也越来越少。在极端情况下，模型只返回最大可能的类别标签。② **将输出向量四舍五入**。该方法将输出向量中的标签概率保留 d 位小数，d 值越小，模型泄露的信息越少。③ **增加输出向量的信息熵**。该方法向 softmax 层增加温度调节参数 τ，使得 softmax 层的输出变为 $\dfrac{e^{z_i/\tau}}{\sum\limits_{j} e^{z_j/\tau}}$。随着 t 值的增大，输出向量的熵也会增大，即输出向量变得越均匀，模型泄露的信息就越少。④ **正则化**。模型越是过拟合训练数据，就越会学到敏感的决策边界，这样会泄露更多信息，导致决策边界容易被逆向。因而，可通过向损失函数中添加 $\lambda \sum \theta^2$ 正则化项的方式来惩罚模型参数，避免过拟合问题的同时减少模型泄露的信息。随着 λ 的增加，模型的性能和安全性都会有所提高，但如果 λ 增加过度，则会对模型的正常训练产生负面影响，导致准确率的下降。

10.2.1.2 差分隐私

差分隐私由 Dwork 等人[140] 在 2006 年首次提出（详细介绍参考 5.2 节）。随后大量研究者将机器学习与差分隐私技术结合起来用于保护模型的隐私，目标是在保证模型准确性的同时最大限度地保证模型隐私性。差分隐私[143] 通过添加噪声，使得差别只有一条记录的相邻数据集经过模型推理获得相同结果的概率非常接近, 即抹除单个样本在模型中的区分度, 从而保护模型隐私。

差分隐私在窃取防御中, 可通过对模型添加随机噪声扰动, 使得攻击者无法判断训练数据集的变化对模型输出的影响, 有效增加攻击的难度。根据添加噪声的不同位置, 基于差分隐私的防御方法可进一步分为: 输出扰动、目标函数扰动和梯度扰动。

输出扰动。 Chaudhuri 等人[456] 提出一种基于敏感度的机器学习隐私保护算法。该方法将噪声添加到逻辑回归的输出中, 通过敏感度衡量模型防御能力。敏感度的定义如下:

$$S(f) = \max_{\boldsymbol{a}, \boldsymbol{a}'} |f(\boldsymbol{x}_1, \cdots, \boldsymbol{x}_{n-1}, \boldsymbol{x}_n = \boldsymbol{a}) - f(\boldsymbol{x}_1, \cdots, \boldsymbol{x}_{n-1}, \boldsymbol{x}_n = \boldsymbol{a}')| \tag{10.13}$$

其中, $\boldsymbol{a}$ 和 α' 为两个为特征向量, $S(f)$ 为敏感度。上述敏感度的定义可理解为, 当且仅当输入数据中任意一条数据改变时, 其输出结果变化量的最大值。

在已有研究的基础上, Zhang 等人[457] 提出在强凸函数 (strongly convex function) 的情况下, 通过选择合适的学习率, 可以有效提高添加了输出扰动的梯度下降的效率。Wang 等人[458] 进一步讨论了输出扰动和目标函数扰动, 并提出输出扰动方法在凸函数 (convex function) 情况下更为有效, 但可能无法推广到非平滑条件下。

目标函数扰动。 Chaudhuri 等人[456] 还提出一种目标函数扰动方法, 用正则化常量 λ 替代原本添加噪声进行输出扰动的方法。正则化是一种防止模型过拟合训练数据的常用技术, 但是在该方法中, 正则化用来降低模型对输入变化的敏感度, 从而达到保护模型隐私的目的。目标函数扰动方法的形式化定义如下:

$$y' = \arg\min_{\theta} \frac{1}{2}\lambda\boldsymbol{\theta}^\top\boldsymbol{\theta} + \frac{\boldsymbol{b}^\top\boldsymbol{\theta}}{n} + \frac{1}{n}\sum_{i=1}^{n}\log(1 + \mathrm{e}^{-y_i\boldsymbol{\theta}^\top\boldsymbol{x}_i}) \tag{10.14}$$

其中, $\boldsymbol{b}$ 为随机向量, λ 为正则化常数。此外, Chaudhuri 等人还揭示了正则化和隐私保护之间的关系, 即正则化常数越大, 逻辑回归函数的敏感度就越低, 因此为保持其隐私需要添加的噪声也就越少。也就是说, 正则化不仅可以防止过拟合, 还有助于保护隐私。

梯度扰动。 Song 等人[459] 提出差分隐私随机梯度下降 (differentially private SGD, DP-SGD) 和差分隐私批量随机梯度下降 (differentially private mini-batch SGD) 方法来保护数据隐私 (同样适用于保护模型隐私)。该方法在原来梯度的基础上添加噪声来实现差分隐私, 适用于凸目标函数。基于单点 (single-point) 数据的 DP-SGD 通过以下方式更新模型参数:

$$\boldsymbol{\theta}_{t+1} = \boldsymbol{\theta}_t - \eta_t(\lambda\boldsymbol{\theta}_t + \nabla\mathcal{L}(\boldsymbol{\theta}_t, \boldsymbol{x}_t, y_t) + \boldsymbol{Z}_t) \tag{10.15}$$

其中, $\boldsymbol{\theta}$ 为模型参数, η 为步长, $\boldsymbol{Z}_t \in \mathbb{R}^d$ 为从密度分布 $\rho(\boldsymbol{z}) = \mathrm{e}^{\frac{\alpha}{2}\|\boldsymbol{z}\|}$ 中独立采样的 d 维随机噪声向量。在单点 DP-SGD 的基础上增加批量大小, Song 等人进一步提出了下述批

量 DP-SGD 算法：

$$\boldsymbol{\theta}_{t+1} = \boldsymbol{\theta}_t - \eta_t \left(\lambda \boldsymbol{\theta}_t + \frac{1}{b} \sum_{(\boldsymbol{x}_i, y_i) \in B_t} \mathcal{L}(\boldsymbol{\theta}_t, \boldsymbol{x}_i, y_i) + \frac{1}{b} \boldsymbol{Z}_t \right) \tag{10.16}$$

其中，b 为批量大小，$\mathcal{L}$ 为分类损失函数如交叉熵损失。实验表明，适度增加批量可以显著提高性能。

Abadi 等人[147] 将深度学习与差分隐私相结合，提出了一个改进版的**DP-SGD**算法来处理非凸目标函数。该方法在梯度中添加噪声，在合适的隐私预算内训练神经网络。DP-SGD 计算过程如下：

$$\begin{aligned} g_t(\boldsymbol{x}_i) &\leftarrow \nabla_{\boldsymbol{\theta}_t} \mathcal{L}(\boldsymbol{\theta}_y, \boldsymbol{x}_i) \\ \bar{g}_t(\boldsymbol{x}_i) &= g_t(\boldsymbol{x}_i) / \max \left(1, \frac{\|g_t(\boldsymbol{x}_i)\|^2}{C} \right) \\ \tilde{g}_t(\boldsymbol{x}_i) &= \frac{1}{L} \left(\sum_i \bar{g}_t(\boldsymbol{x}_i) + \mathcal{N}(0, \sigma^2 C^2) \right) \\ \boldsymbol{\theta}_{t+1} &= \boldsymbol{\theta}_t + \eta_t g_t(\boldsymbol{x}_i) \end{aligned} \tag{10.17}$$

其中，$\boldsymbol{x}$ 为输入样本，$\boldsymbol{\theta}$ 为模型参数，$\mathcal{L}(\boldsymbol{\theta}) = \sum_i \mathcal{L}(\boldsymbol{\theta}, \boldsymbol{x}_i)$ 为损失函数，$\bar{g}_t(\boldsymbol{x}_i)$ 为范数裁剪（norm clipping）后的梯度，C 为梯度范数边界，$\tilde{g}_t(\boldsymbol{x}_i)$ 为加入噪声的梯度，σ 为参数噪声。式 (10.17) 的目的是利用差分隐私向梯度中增加噪声实现梯度扰动，随后计算全局的隐私预算，在一定的隐私预算下保护模型隐私。

10.2.2 查询控制

查询控制防御在保证用户正常使用模型 API 的情况下，根据用户查询行为进行判别，分辨出正常用户和攻击者，从而在模型输入阶段实现精准控制与防御。直观来讲，模型窃取者需要不断变换输入样本来刺探模型的参数和决策边界，需要多样的输入来覆盖更大的测试空间，就好像是尝试完成一个"拼图"。这种行为与普通的 API 使用有很大的区别，可以利用这种区别来检测模型窃取行为，即所有尝试完成"拼图"的查询行为都有可能是窃取。

不难想到，一种最简单的防御策略就是控制所有用户的查询次数和查询频率，一方面可以降低被窃取的风险，另一方面可以降低服务器的计算压力，一举两得。实际上，很多国际互联网公司就是通过这种策略来控制免费用户的查询权限的。当然，这会带来很不好的用户体验，尤其是针对付费用户时。更灵活一点，那就是按照查询行为进行检测，根据每个用户自己的行为特点进行查询控制。

一般来说，窃取模型需要对目标模型发起大量访问，并且窃取查询样本应该与正常查询样本具有不同的分布。基于此假设，Juuti 等人[460] 在 2019 年首次提出一种检测模型窃取攻击的方法 PRADA。该方法假设正常用户的查询样本之间的距离接近正态分布（即自然样本符合自然分布），攻击者合成的查询样本之间的距离会严重偏离正态分布（即人造样本偏离自然分布）。

具体来说，PRADA 方法计算一个查询样本 $\boldsymbol{x}_i$ 和与其属于同类别 $f(\boldsymbol{x}_i) = y$ 的先前查询样本 $\{\boldsymbol{x}_0, \cdots, \boldsymbol{x}_{i-1}\}$ 之间的最小距离 $d_{\min}(\boldsymbol{x}_i)$，并存储在集合 D 中。如果最小距离 $d_{\min}(\boldsymbol{x}_i)$ 超过既定阈值 T_c，则将先前查询样本加入增长集合 D_{G_c} 并更新阈值 $T_c \leftarrow \max(T_c, \bar{D}_{G_c} - \text{std}(D_{G_c}))$，其中 $\bar{D}_{G_c}$ 和 $\text{std}(D_{G_c})$ 分别为均值和方差。因此，PRADA 方法不依赖于单个查询样本，而是分析多个连续查询样本的分布，并在分布偏离正常用户查询样本行为时发出警报。这种基于分布的检测可以防止因单点异常而误报警。

上述方法是基于输入分布的检测，而对深度学习模型而言，样本的特征分布比输入分布可能更有区分度。因此，Kesarwani 等人[461] 提出了一种基于特征分布的模型窃取监视器，保护基于云的 MLaaS。该方法监控用户的查询样本，通过分析查询样本的特征分布来判断模型被窃取的风险。类似地，Yu 等人[462] 提出一个单独的特征分析模型 DefenseNet，来检测异常查询样本的特征分布，将神经网络的每个隐藏层的特征输出作为输入，并使用支持向量机来区分正常和攻击查询样本。

总体来说，针对模型窃取的检测和查询控制工作并没有很多。实际上，此类防御方法具有广阔的应用前景，尤其是未来 MLaaS 会服务于千百万用户，每天都会面临各种各样的风险，需要随时检测并防御恶意用户的攻击。在这种情况下，窃取检测需要对用户的查询行为进行更全面的刻画，建立用户画像，同时要结合模型本身的参数、决策边界、泛化特点等，建立对要保护模型更有针对性的检测方法，并通过灵活地调整对不同用户的查询控制来达到既能保护模型隐私又不影响服务质量的防御体系。

10.2.3　模型溯源

当模型泄露已经发生时，模型所有者需要通过**溯源技术证明窃取者所拥有的模型来自于防御者**，即两个模型是同源的且窃取模型是受害者模型的衍生品，以此帮助模型拥有者在知识产权诉讼过程中掌握主动权。目前领域内还没有工作能同时达到这两个目标。现有模型溯源方面的方法大致可以分为两类：**模型水印和模型指纹**。二者工作原理不同，对应的优缺点也不同。下面详细介绍这两类方法。

10.2.3.1　模型水印

向模型中添加所有者印记（如公司 logo）是一种最直接的模型版权保护方法，这样就可以通过验证所有者印记来对模型进行溯源。基于此想法，研究者提出模型水印（model watermark）的概念，将数字水印（digital watermark）的概念从多媒体数据版权保护推广到深度神经网络模型知识产权保护。但是，人工智能模型与多媒体数据有很大差异，需要特殊的水印嵌入和提取方式。

一般地，模型水印可分为水印嵌入（watermark embedding）和水印提取（watermark

extraction）两个步骤。如何设计高效、鲁棒的模型水印嵌入和提取方法是模型水印防御的关键。在水印嵌入阶段，模型所有者可以向需要保护的模型参数 $\boldsymbol{\theta}$ 中嵌入水印信息 wm，形式化表示如下：

$$\boldsymbol{\theta}_{\mathrm{pro}} = \lambda \cdot \boldsymbol{\theta} + (1 - \lambda) \cdot \left(\underset{\boldsymbol{\theta}}{\arg\min} \, \mathcal{L}_{\mathrm{wm}}(f_{\boldsymbol{\theta}_{\mathrm{pro}}}(\boldsymbol{\theta}), \mathrm{wm}) \right) \tag{10.18}$$

其中，$\boldsymbol{\theta}_{\mathrm{pro}}$ 为嵌入水印后（即受保护）的模型参数，$\mathcal{L}_{\mathrm{wm}}$ 是引导水印嵌入的损失函数，$f_{\boldsymbol{\theta}_{\mathrm{pro}}}(\cdot)$ 是水印嵌入矩阵的函数。在水印提取阶段，模型所有者可以通过提取可疑模型中的水印 wm′ 来验证模型的所有权，形式化表示如下：

$$\mathrm{Verify} = \frac{1}{N} \Sigma_{i=1}^{N} \delta(\mathrm{wm}_i, \mathrm{wm}_i') \tag{10.19}$$

其中，$\delta(\cdot, \cdot)$ 是一个相似度函数，用于衡量提取水印和原始水印的相似程度，二者越相似验证结果的置信度就越高；wm_i 为第 i 个水印，一个模型可以嵌入多个水印。

目前，基于模型水印的人工智能模型版权保护方法可以根据适用的场景分为**白盒水印**和**黑盒水印**两大类。

（1）**白盒水印**。白盒水印场景假设模型所有者可以得到可疑模型的参数。在这种场景下嵌入水印时，模型所有者可以将一串**水印字符串**以正则化的方式直接嵌入模型内部。在水印提取过程中，模型所有者可以直接基于可疑模型的参数尝试提取水印字符串。一旦提取成功，模型所有者便可计算**真实水印**wm $\in \{0,1\}^N$ 与**提取水印** wm′ $\in \{0,1\}^N$ 之间的误码率（bit error rate，BER）来验证模型版权。其流程如图 10.7 所示。

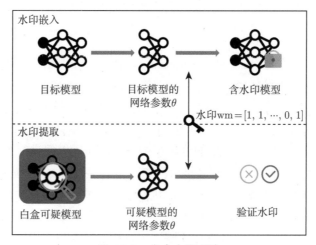

图 10.7　白盒水印方法

模型水印由 Uchida 等人[463] 在 2017 年首次提出，他们提出了一个在训练过程中向模型参数矩阵中嵌入水印的模型溯源方法。具体而言，模型所有者首先计算模型权重的均值

$\boldsymbol{\theta}$ 并给定嵌入矩阵 $\boldsymbol{X}$，然后通过嵌入正则化算法将 T 比特的水印信息 $\boldsymbol{b} \in \{0,1\}^T$ 嵌入模型的参数矩阵中，这种白盒水印嵌入的目标函数是：

$$\mathcal{L} = \mathcal{L}_0(f(\boldsymbol{x}), y) + \lambda \mathcal{R}(\boldsymbol{\theta}, \boldsymbol{b})$$

$$\mathcal{R}(\boldsymbol{\theta}, \boldsymbol{b}) = -\sum_{j=1}^{T} (\boldsymbol{b}_j \log(\boldsymbol{z}_j) + (1 - \boldsymbol{b}_j) \log(1 - \boldsymbol{z}_j)) \tag{10.20}$$

$$\boldsymbol{z}_j = \sigma\left(\sum_i X_{ji} \cdot \theta_i\right)$$

其中，$\mathcal{L}_0$ 是原始任务损失函数；$\mathcal{R}$ 是对参数 $\boldsymbol{\theta}$ 嵌入水印的正则化项；$\boldsymbol{X}$ 是嵌入矩阵，为固定参数；$\boldsymbol{\theta}$ 是嵌入目标，为可学习参数；$\sigma(\cdot)$ 为 sigmoid 函数。需要注意的是，式 (10.20) 中除了 $\mathcal{L}_0$ 项包含模型的输出 $f(\boldsymbol{x})$，其他项都是直接在模型参数上定义的，并不涉及输入在模型中的前传操作。上式的目的是，在保证模型性能不受影响（由 $\mathcal{L}_0$ 来保证）的前提下，通过正则化将水印 $\boldsymbol{b}_j$ 嵌入嵌入矩阵 $\boldsymbol{X}$（嵌入为 1，不嵌入为 0）指定的模型参数位置中。

在水印验证的过程中，需要对可疑模型进行白盒访问，从可疑模型的参数矩阵中提取 T 比特的水印信息 $\boldsymbol{b}'$，提取位置依然是嵌入矩阵 $\boldsymbol{X}$ 定义的位置。提取过程可形式化表示为：

$$\boldsymbol{b}'_j = s\left(\sum_i X_{ji} \cdot \theta_i\right)$$

$$s(x) = \begin{cases} 1 & x \geqslant 0 \\ 0 & \text{其他} \end{cases} \tag{10.21}$$

其中，$s(\cdot)$ 是单位阶跃函数（unit step function）。最后，通过比对水印便可验证模型版权。

与此前将水印嵌入模型的静态权重不同，Darvish 等人[464] 提出一种端到端的模型保护框架深度符号（DeepSign），可将水印嵌入模型激活层的概率密度函数（probability density function，PDF）的动态统计信息中。因为要操作中间层激活，所以此方法也是一种白盒水印方法。此外，该方法也支持向模型的输出层中嵌入水印，以便进行黑盒水印验证。

（2）黑盒水印。在黑盒水印的场景下，模型所有者（即验证者）不可访问可疑模型的内部参数，但是可以通过查询模型并观察其输出进行版权验证。黑盒水印方法通常遵循后门攻击的思路，通过让模型学习特定输入与输出关联的方式达到水印嵌入和提取的目的。具体地，在水印嵌入过程中，模型所有者通过构造特定输入与输出的触发器（水印）数据集，在训练的过程中将触发器数据学习到模型中。在水印提取时，模型所有者只需向可疑模型查询触发器数据并获得模型的输出，即可计算模型在触发器数据上的准确率（trigger set accuracy，TSA），进而验证模型版权。大体流程如图 10.8 所示。

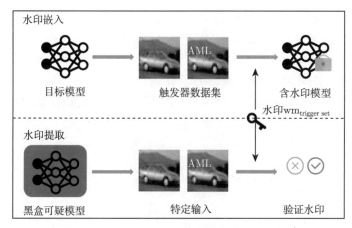

图 10.8　黑盒水印方法

相较于白盒水印，黑盒水印的灵活度更高，适用场景更广泛，具有一定的应用优势。根据黑盒水印嵌入的阶段，又可以进一步将黑盒水印大致分为训练期间水印嵌入和推理期间水印嵌入。

训练期间水印嵌入。在模型训练期间，可以通过篡改训练过程在模型中嵌入后门水印，引入特殊的输入与输出关联关系，使模型学到这种关联特征。在水印提取过程中，模型所有者可以根据模型在后门水印数据上的预测标签来验证模型版权，即如果可疑模型在后门数据上输出后门类别则证明其为窃取模型。

Zhang 等人[465] 在 2018 年首次提出利用后门嵌入的方式实现黑盒后门水印。模型所有者选取部分数据加入水印后门触发器（比如公司 logo），生成触发器数据集（trigger dataset）D_{wm}，并将触发数据对应的标签修改为后门标签（特定的错误标签），使得触发器数据集具备"水印–后门类别"的对应信息。然后将后门数据集加入原始训练集，并在聚合后的数据集上训练模型。模型会在训练过程中学习到数据集 $D_{\mathrm{train}} \cup D_{\mathrm{wm}}$ 中的水印触发器与后门类别之间的对应关系。

对基于后门的水印方法来说，最重要的是如何构建有效的触发器数据集。为此，Zhang 等人提供了三种水印（触发器数据集）生成算法：1）在原始图像上嵌入有意义的内容（$\mathrm{wm}_{\mathrm{content}}$）；2）在原始图像上添加无意义的噪声（$\mathrm{wm}_{\mathrm{noise}}$）；3）直接使用无关图像（$\mathrm{wm}_{\mathrm{unrelated}}$）。这三种不同的构建方案可以让模型所有者根据不同的需求生成不同类型的水印。与此同时，Adi 等人[466] 也提出类似的模型水印方法，让模型故意输出特定的错误标签，从而来判定模型所有权。

Le 等人[467] 在 2020 年提出了一种零比特水印方法。该方法利用决策边界附近的对抗样本构建触发器数据集，并将这些对抗样本分为被分类器正确分类的有效对抗样本和被分类器错误分类的无效对抗样本。此方法通过微调来修改决策边界，使无效对抗样本变为有效对抗样本。因此，如若模型被窃取，那么模型所有者可使用触发器数据集检验可疑模型的决策边界，进而确认模型版权。

在上述模型水印方法中，水印学习和原任务往往相互独立，所以攻击者可以在不影响模型原始性能的情况下轻易移除水印。为此，Jia 等人[468] 在 2021 年提出纠缠水印嵌入（entangled watermarking embedding，EWE）方法，使得水印数据和原任务数据可以激活相同的神经元。该方法采用软最近邻损失（soft nearest neighbor loss，SNNL）[469] 函数来衡量模型在水印数据和原任务数据上所学特征之间的纠缠，使得模型同时学习水印和原任务两种数据分布。SNNL 函数的定义如下：

$$\text{SNNL}(X, Y, T) = -\frac{1}{N} \sum_{i=1}^{N} \log \left(\frac{\sum_{\substack{j \neq i \\ y_i = y_j}} e^{-\|(z_i - z_j)\|^2/T}}{\sum_{k \neq i} e^{-\|(z_i - z_k)\|^2/T}} \right) \tag{10.22}$$

其中，z_i、z_j 和 z_k 分别为样本 x_i、x_j 和 x_k 的逻辑值，T 为温度超参数。基于 SNNL 训练的模型让窃取者无法在不影响模型性能的情况下擦除水印。因此，EWE 方法有效提高了模型水印技术在面对"模型窃取 + 水印擦除"攻击时的鲁棒性。

推理期间水印嵌入。推理期间嵌入水印的思想比较巧妙，模型所有者在模型部署使用过程中，在返回给用户的输出中加入包含触发器的预测信息，**让攻击者窃取出一个具有水印的模型**。

2021 年，Szyller 等人[470] 提出神经网络动态对抗水印（dynamic adversarial watermarking of neural network，DAWN）方法。DAWN 法不会干涉模型的训练过程，而是在推理阶段为来自 API 接口的查询动态嵌入水印，所以 DAWN 可以识别通过 API 窃取的模型。具体来说，攻击者 A 给定输入样本 x，DAWN 会根据用户查询次数动态返回正确预测 $f(x)$ 或错误预测（触发器数据集）$f_b(x)$，且 $f(x) \neq f_b(x)$。因此，攻击者在窃取模型时会被误导，自己主动向替代模型 $f'(x)$ 中注入后门关联关系 $(x_b, f_b(x_b))$。

在水印提取阶段，模型所有者可以利用触发数据集 $D_b = (X_b, f_b(X_b))$ 来验证模型版权，即 $f'(x_b) = f_b(x_b) \neq f(x_b)$。此过程可形式化为：

$$S(X_b, f_b, f') = \frac{1}{|X_b|} \sum_{x \in X_b} \mathbb{1}(f'(x_b) \neq f_b(x_b)) \tag{10.23}$$

其中，$S(X_b, f_b, f')$ 计算触发器数据集中后门和可疑模型不同结果的比例，$f'(x_b)$ 为可疑模型返回的预测结果。与在训练期间嵌入水印的解决方案不同，在 DAWN 方法中向替代模型中嵌入水印的是攻击者自己，而不是模型所有者。

由于此前对模型水印的研究大多侧重于图像分类模型，Zhang 等人[471-472] 为底层（low-level）计算机视觉模型提出了一个通用的模型水印框架。该方法在模型后处理过程中加入水印模块，向受害者模型的输出 $f(x)$ 中嵌入一个不可见水印，使得攻击者只能获得水印版本的输出 $f'(x)$。在水印嵌入过程中，如果攻击者利用带有水印的输出 $(x, f'(x))$ 窃取模型，则水印将被攻击者自己嵌入替代模型中。在水印提取过程中，模型所有者可以利用相应的水印提取模块，从可疑模型的输出中提取水印，从而验证模型版权。

10.2.3.2 模型指纹

前文介绍的模型水印方法是一种侵入式的模型版权保护方案,因为它需要往模型中注入信息,而模型指纹是另外一种非侵入式的模型版权保护方法。与生物学上的指纹唯一性类似,深度神经网络模型同样具有独一无二的指纹(属性或特征)。模型所有者通过提取模型指纹,使其与其他模型区分开来,从而验证模型的版权。与侵入式的模型水印不同,模型指纹不会干预模型的训练过程也不会修改模型的参数,因此不会影响受保护模型的功能和性能,也不会引入新的风险。

模型指纹分为指纹生成(fingerprint generation)和指纹验证(fingerprint verification)两个阶段。在指纹生成阶段,模型所有者基于模型的独有特性提取得到指纹。在指纹验证阶段,模型所有者将指纹样本(可以区分两个模型特性的样本)通过调用可疑模型的 API接口,计算受害者模型和可疑模型在一个样本子集上的输出匹配率,从而验证模型版权。

决策边界指纹。2021 年,Cao 等人[473]首次提出模型指纹方法**IPGuard**,通过受害者模型的**决策边界指纹**验证模型版权。以分类器为例,不同的分类器有不同的决策边界,故模型所有者可以选择决策边界附近的数据点作为指纹数据点(如图 10.9 所示),从而对可疑模型进行指纹验证。因此,对该方法来说,最重要的是寻找决策边界附近的指纹数据点,即分类器无法确定标签的数据点。

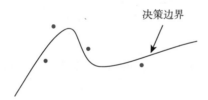

图 10.9 IPGuard:使用边界上的数据点生成模型指纹[473]

为了更快速地寻找指纹数据点,IPGuard 将查找分类器决策边界附近的指纹数据点转为下式中的优化问题:

$$
\begin{aligned}
\text{CB} &= \{\boldsymbol{x} | \exists i, j, i \neq j \text{ and } g_i(\boldsymbol{x}) = g_j(\boldsymbol{x}) \geqslant \max_{t \neq i,j} g_t(\boldsymbol{x})\} \\
&= \{\boldsymbol{x} | \exists i, j, i \neq j \text{ and } \boldsymbol{z}_i(\boldsymbol{x}) = \boldsymbol{z}_j(\boldsymbol{x}) \geqslant \max_{t \neq i,j} \boldsymbol{z}_t(\boldsymbol{x})\}
\end{aligned} \tag{10.24}
$$

$$
\min_{\boldsymbol{x}} \text{ReLU}(\boldsymbol{z}_i(\boldsymbol{x}) - \boldsymbol{z}_j(\boldsymbol{x}) + k) + \text{ReLU}(\max_{t \neq i,j} \boldsymbol{z}_t(\boldsymbol{x}) - \boldsymbol{z}_i(\boldsymbol{x})) \tag{10.25}
$$

在式 (10.24) 中,CB 为分类器决策边界,$g_i(\boldsymbol{x}) = \dfrac{\exp(\boldsymbol{z}_i(\boldsymbol{x}))}{\sum_{j=1}^{C} \exp(\boldsymbol{z}_i(\boldsymbol{x}))}$ 为样本 $\boldsymbol{x}$ 被分类为标签 i 的概率,$\boldsymbol{z}(\boldsymbol{x})$ 为倒数第二层神经元的输出(即逻辑输出)。式 (10.25) 的目的是寻找决策边界附近的**指纹数据点**,其中 k 为数据点到决策边界的距离。如果 $\boldsymbol{z}_i(\boldsymbol{x}) = \boldsymbol{z}_j(\boldsymbol{x})$,则

意味着数据点 $\boldsymbol{x}$ 恰好在决策边界上。此外，当分类器由于数据分布随时间变化而定期更新时，模型指纹也需要定期更新。

另一种基于决策边界的模型指纹方式是由 Lukas 等人[474] 在 2019 年提出的可授予对抗样本（conferrable adversarial example，CAE）方法。可授予对抗样本是指只在源模型和窃取模型之间迁移的对抗样本，相比之下，普通对抗样本往往可以迁移到任意模型。该方法将可授予对抗样本 $\boldsymbol{x}$ 作为模型指纹，使得替代模型 f' 与受害者模型 f 返回相同输出，即 $\arg\max(f'(\boldsymbol{x})) = \arg\max(f(\boldsymbol{x}))$，同时使得参考模型 f_R 与受害者模型 f 返回不同输出，即 $\arg\max(f_R(x)) = y \neq \arg\max(f(\boldsymbol{x}))$，从而验证模型版权。其中，可授予对抗样本的定义如图 10.10 所示。

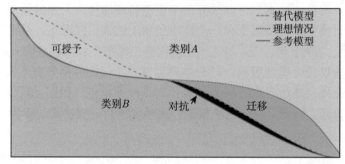

图 10.10   可授予对抗样本[474]：只向窃取模型迁移的对抗样本。可迁移对抗样本：可以向任何模型迁移的对抗样本

对 CAE 方法来说，最重要的是找到能最大化替代模型和参考模型之间差异的可授予对抗样本，此过程可形式化表示如下：

$$
\mathcal{L}(\boldsymbol{x}, \boldsymbol{x}_0) = \lambda_1 \mathcal{L}_{\text{CE}}(1, \max_t[\sigma(\text{Confer}(f', f_R, \boldsymbol{x}, t))])
$$
$$
- \lambda_2 \mathcal{L}_{\text{CE}}(f(\boldsymbol{x}), f(\boldsymbol{x}_0)) + \lambda_3 \mathcal{L}_{\text{CE}}(f(\boldsymbol{x}), f'(\boldsymbol{x}))
$$

(10.26)

$$
\text{Confer}(f', f_R, \boldsymbol{x}, t) = \text{Transfer}(f', \boldsymbol{x}, t)(1 - \text{Transfer}(f_R, \boldsymbol{x}, t))
$$
$$
\text{Transfer}(f', \boldsymbol{x}, t) = \Pr_{m \in \mathcal{M}}[m(\boldsymbol{x}) = t]
$$

(10.27)

在式 (10.27) 中，t 为标签，$\text{Confer}(f', f_R, \boldsymbol{x}, t)$ 为可授予分数，用于量化替代模型和参考模型之间的差异大小，$\text{Transfer}(f', \boldsymbol{x}, t)$ 为可迁移分数由一组模型 $\mathcal{M}$ 计算得来。在式 (10.26) 中，三个损失项的目的是：1）最大化对抗样本的可授予性；2）最大化对抗性；3）最小化受害者模型和替代模型之间的输出差异，从而生成可授予对抗样本 $\boldsymbol{x} = \boldsymbol{x}_0 + \delta$ 作为模型指纹。与之前的模型指纹方法相比，可授予对抗样本模型指纹可以有效减少误判。

基于测试的方法。Chen 等人[475] 提出将模型版权验证（也称模型溯源）问题当作验证一个模型是否是另一个模型的副本（copy）的问题，并提出一个基于模型测试（model testing）的版权保护和取证框架"深度法官"（DeepJudge）。如图 10.11 所示，DeepJudge 由三部分组成：1）采用现有的对抗攻击方法生成对抗样本，并生成一组测试用例；2）测量可疑模型和受害者模型在测试用例上的行为相似度；3）根据多个测试指标的结果投票判断模型所有权。

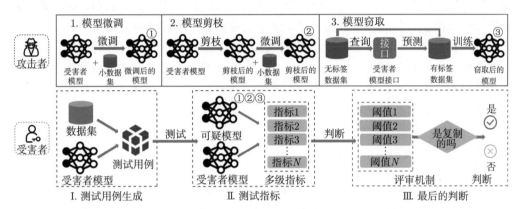

图 10.11　DeepJudge 框架[475]，上面一行为模型窃取行为示例，下面一行表示 DeepJudge 的三个步骤

DeepJudge 包含三类测试指标，即属性指标、神经元指标和神经层指标。如表 10.1 所示，根据不同的测试指标设置，DeepJudge 同时支持白盒测试和黑盒测试。其中，白盒测试可以访问可疑模型的中间层结果和输出概率向量，而黑盒测试只能查询可疑模型以获得概率向量或预测标签。如果可疑模型是受害者模型的衍生，则可疑模型与受害者模型在某些测试指标上的会特别接近，当大部分指标都认为两个模型接近时，可疑模型即为窃取模型。

表 10.1　DeepJudge 测试指标

指标级别	指标	适用场景
属性	robustness distance（RobD）	黑盒
神经元	neuron output distance（NOD）	白盒
	neuron activation distance（NAD）	白盒
神经层	layer output distance（LOD）	白盒
	layer activation distance（LAD）	白盒
	Jensen-Shanon distance（JSD）	黑盒

DeepJudge 可以被理解为一种集成模型指纹（ensemble model fingerprint）方法，即综合多种指纹特征（即测试指标）和指纹数据（即测试用例）来构造一个更加系统全面的证据链。已有模型指纹方法可与 DeepJudge 提出的六种指标进行结合得到更全面的模型指纹保护方法。这一思想对模型水印也适用，可以通过构造多种不同类型的水印来实现更准确的模型溯源。

值得注意的是，目前的模型指纹方法，甚至包括模型水印方法，都面临两个重要的缺陷：1) 鲁棒性较差 和 2) 衍生关系难判定。在鲁棒性方面，一些常见的攻击，比如对抗攻击、适应性攻击等，可以很轻易地破坏水印和指纹的提取与验证过程。这意味着模型版权保护需要走"多管齐下"的路径，不管是水印还是指纹，需要多样化组合使用，让攻击者很难同时攻破所有的验证。**衍生关系判定**可能是人工智能模型知识产权保护所面临的最大挑战。在很多情况下我们可以很容易地验证两个模型是否同源，但是无法鉴定二者的衍生关系，也就无法确定模型的原始归属。模型水印的方法在这方面尤其脆弱，因为攻击者完全可以在窃取模型后安插一个新的水印，然后宣称自己的水印才是先注入的，所以自己才是模型的真正所有者。指纹类的方法虽然对此类的攻击具有一定的鲁棒性，但它们也无法确定两个模型之间的衍生关系。实际上，人工智能模型的学习过程本就是无序的，无法判断知识学习的先后顺序。不过，在实际的法律诉讼中，双方可以通过其他方面的证据（如模型训练记录）来辅助解决这个"先有鸡还是先有蛋后"的问题。

10.3 本章小结

本章主要介绍了模型窃取攻击和防御方法。其中，10.1 节介绍了三类模型窃取攻击，包括基于方程式求解的窃取攻击、基于替代模型的窃取攻击和基于元模型的窃取攻击。10.2 节介绍了三类有针对性的模型窃取防御方法，包括信息模糊、查询控制和模型溯源。比较前几章介绍的对抗攻防和后门攻防，不难发现模型窃取方面的研究还处于初级阶段，相关的研究工作并不多，还存在一定的方向性空白。实际上，现有模型窃取攻击还无法有效窃取大模型，所以难以给商用大模型带来威胁。所以要加快推进领域的发展就需要提出真正有威胁性的窃取攻击。当然，先进的模型知识产权保护系统永远是我们发展人工智能所要具备的关键技术，需要持续深入的探索。

10.4 习题

1. 简要分析基于替代模型的窃取攻击算法相比其他窃取攻击算法的优缺点。
2. 列举三种模型窃取防御方法并简要分析它们各自的优缺点。
3. 简要分析模型水印和模型指纹这两类模型溯源方法的特点和实用性。
4. 设计一种可以（部分）窃取现实生活中的语言和视觉大模型的模型窃取算法，并描述其中的关键步骤。

第 11 章

未来展望

　　未来人工智能的应用场景会更加多元化，在带来技术革新和产能提升的同时也会面临更多的数据与模型攻击。一方面，任何在应用过程中偶发的鲁棒性问题都有可能被过度探索催生新的攻击。另一方面，随着人工智能基础平台（如机器学习平台、模型即服务等）的完善与普及，攻击者可利用的工具越来越多，攻击门槛也会越来越低。这都将导致攻击的多样化。相应地，防御的任务也就越来越重。

　　近年来，大模型的研究热度与日俱增。随着各类大模型的发布，人工智能正在完成阶段性的重要进化，从过去可以进行简单的重复性劳动到现在可以完成一些极具创造性的工作，比如新闻编辑、产品设计、艺术创作等。Stability AI 公司发布的 Stable Diffusion 2.0 模型以及 Midjourney 实验室发布的同名（Midjourney）图片生成模型可以在短短几秒钟的时间内，根据用户的文本提示生成大量高清的、艺术家级别的创作，在光线、色彩、纹理，以及细节渲染等方面都十分精美。2022-2023 年，OpenAI 发布了大规模图像生成模型 DALL·E 2、超级对话模型 ChatGPT 和多模态大模型 GPT-4，这些模型所展现出来的超强性能和创造性大大超出了人们的预期。

　　上述技术的出现大大激发了人们对大模型尤其是生成式大模型的研究热情，同时也引发了一些新的安全与可信问题。比如，ChatGPT 被发现在一定次数的问答之后"失去耐心"，给出一些激进的答案。再比如，基于图像生成模型 Stable Diffusion 2.0 衍生的 Unstable Diffusion 模型生成了上百万的低俗图像在互联网上传播，造成了严重的负面社会影响。此外，人工智能生成内容侵犯了大量原创作者的知识产权，在国际社会上引发了强烈反响。比如，2022 年 11 月，美国软件开发者发起对微软、GitHub 和 OpenAI 的集体诉讼，状告其自动代码生成工具 Copilot 未经授权使用 GitHub 代码进行训练。2023 年 1 月，Getty Images 和多名艺术家对 Stability AI、Midjourney 以及艺术家平台 DeviantArt 提起诉讼，状告其抓取 50 亿张图像，侵犯了数百万艺术家的版权。

　　面对新技术的涌现和与之而来的新安全与可信问题，我们需要保持警惕，尤其是在技术层面，需要做好充分的准备，确保我国人工智能安全、可靠、可控地发展。下面将从攻击和防御两个方面，简单总结并讨论人工智能数据与模型安全的未来发展趋势。

11.1 未来攻击

更多样的攻击体现在更新的威胁模型、更先进的攻击方法、更大规模的攻击影响、更贴近现实场景的物理攻击等多个方面。实际上，设计一个新攻击方法并不困难。当前机器学习所依赖的假设（比如独立同分布假设）容易导致模型在实际应用场景中出现泛化能力下降的问题。在这种情况下，破坏一个模型的性能就变得极其容易。但是已有攻击往往只针对一个具体的学习任务或应用场景，无法产生较大规模的影响。未来随着攻击的不断进化，可能会出现能同时攻击多种任务、多种数据形式、多种模态、多种模型类型的普遍攻击。大量出现的新型攻击可能会对人工智能带来巨大的负面影响，严重时甚至会导致下一次人工智能寒冬的到来。

下面总结一下攻击的未来发展趋势。

- **从数字攻击转向物理攻击**。出现针对更广泛的人工智能应用场景的物理攻击。目前大多数攻击是数字攻击，所采取的威胁模型都存在一定的局限性，比如后门攻击假设攻击者可以通过某种方式将投毒数据加入训练数据集，实际的实施难度很高。从数字攻击到物理攻击的转移会带来更贴合实际的威胁模型，对人工智能的安全威胁也会越大。

- **从攻击小模型转向攻击大模型**。目前的攻击方法还局限于针对中小量级数据集和模型，当应用于大数据集和大模型时可能会失效。实际上，很多攻击方法并不适合大模型，不管是在方法层面还是在效率层面，都存在一定的局限性。攻击大数据和大模型往往需要提出更适合、更高效的攻击范式。

- **攻击场景更多样化**。目前的攻击主要集中在相对比较成熟的应用领域，如计算机视觉、自然语言处理、语音识别等。未来攻击可能会延伸到更前沿的科学领域，如生物制药、结构生物学、材料设计等。当然，攻击的目的也可能不再只局限于破坏，也可以用攻击技术来进行探索发现，如挖掘潜在影响因子、发现反事实规律等。

- **跨模态的攻击**。未来攻击很可能会突破现在的单模态攻击，从图像、文本、语音独立攻击转向多种模态组合的攻击。这与多模态学习的趋势相吻合，预计会产生很多更复杂的攻击类型，比如以文本形式攻击使模型发生图像处理方面的错误。这可能是人工智能朝通用智能、多元化智能发展所必然面临的安全风险。

- **组合攻击**。组合可能发生在同种攻击下的不同方法之间、不同威胁模型下的不同攻击方法之间、不同数据类型的攻击之间、不同模型类型的攻击之间、数据与模型攻击之间、不同学习任务之间（比如图像分类和目标检测）、不同应用场景之间，甚至是人工智能系统中的机器学习部分和非机器学习部分之间等。攻击者可以利用组合攻击来达到多个攻击目标，而不再局限于让模式发生一种固定类型的错误。此外，攻击者也可能会"合谋"，大量用户相互配合和掩护，以发起群体攻击。

11.2 未来防御

多样的攻击势必会给防御工作带来巨大的挑战。高效防御的一个前提就是可以防御所有现存和未知的攻击，这是一个极难实现的目标，因为单个防御方法往往无法解决所有安全问题，而且有时在解决一个问题的时候可能会引发新的问题。比如对抗鲁棒性的提升会导致模型性能的下降，带来严重的泛化问题。这将会导致安全性得到提升后的模型在实际场景中根本无法应用，出现"空中安全"（security in the air，类比空中楼阁）的怪异现象。

攻击和防御将是一场长期的攻防博弈。在当前阶段，攻击占据绝对上风，而防御只能被动跟随。当前的防御范式是，当有新攻击出现时，研究者就针对新攻击设计一个防御方法，而这种被动防御又很快被更新的攻击击破。这种跟随和单点防御模式让防御一直处于较为被动的状态，推进速度很慢。相信在不久的未来，防御会找到更合理、更高效的工作范式，不再单纯追求单点防御，开始着眼于研究体系化、通用并且实用的防御技术。一个值得思考的问题是如何将计算机安全、软件工程等领域成熟的技术与人工智能数据和模型防御相结合，构建一个全面完备的防御系统，整体提升人工智能的通用防御能力。

下面总结一下防御的未来发展趋势。

- **高效防御**。目前很多防御方法在效率方面都存在明显的瓶颈，很多方法要么需要重新训练模型，要么需要消耗高出普通训练好几倍的计算资源来提升安全性，难以在实际应用场景中落地应用。未来防御需要突破这些效率瓶颈，发展更高效的防御方法，必要时可能为了效率需要在防御性能上做出取舍。
- **推理防御**。现有防御方法大多聚焦于训练过程中的鲁棒性提升，忽略了同等重要的推理阶段防御。即使是鲁棒训练的模型，在部署后也会遇到新的攻击，而如何防御这些推理阶段的攻击，确保模型长期可靠运行就变得尤为重要。有必要设计鲁棒推理机制和攻击检测器，在鲁棒推理的同时检测潜在的攻击行为。此类研究仍处于萌芽阶段，但是实用性很高，需要引起重视。
- **物理防御**。目前已有很多物理攻击方法，对物理防御方法却鲜有研究。在攻击逐渐从数字走向物理环境的同时，物理防御相关的研究却进展缓慢。这主要是由于物理攻击的形式（比如对抗补丁）和威胁性在一定程度上超出了鲁棒优化的能力范围，导致相关方法难以收敛或者泛化性很差。未来防御也需要完成从数字到物理的转换，否则将无法在真实环境下对数据和模型进行保护。
- **组合防御**。当前研究表明，单个防御方法已经难以防御多种攻击，这就需要融合不同防御方法以构建更全面的防御体系，比如攻击检测和鲁棒性增强的组合、输入去噪和鲁棒训练的组合、对抗防御和后门防御的组合等。如何进行组合将是这些方法的关键，在不同的方法之间取长补短，相互增强，以达到最好的总体防御效果。
- **多模型系统**。完成一个任务或者鲁棒地完成一个任务可能需要多个机器学习模型。比如对于图像分类任务，可以有两个模型，一个模型负责性能，另一个系统负责鲁棒性。两个模型可以大小不同、结构不同、目标不同，一个作为主模型而另一个作为"护卫模型"，负责发现并纠正主模型的鲁棒与安全性问题。双模型系统可以扩展为**多模型系统**，模型越多纳入考虑的信息就越多，可防御的攻击类型也就越多，整体的系统就会越鲁棒。多模型系统目前还处于构想阶段，相信在不久的将来会出现比较有效的多模型系统。

- **安全性评测**。没有可靠的评测，安全性就无法被精准地定义和量化，防御也就失去了目标。当前一些评测方法存在效率瓶颈，评测所需的计算消耗甚至超出了模型训练本身，极大地限制了其在大模型上的应用。实际上，安全性评测不一定需要最强的攻击算法，只要能够恰当地反映模型的安全性就是合理的评测，也就可以在效率方面有所改善，回归应用本质（而不是单纯追求攻击成功率）。

比安全性更广泛的一个概念是**可信**。可信是人工智能进化的终极目标之一，是一个相对抽象的概念，有时候也被称为"确信"（assurance）。可信是人工智能技术的社会属性，即完全从服务于人、服务于社会的角度去评价一类科学技术，所以很多时候与具体的应用场景密切相关。一般来说，**原理明确、性能稳定、安全可靠、隐私公平**的技术可以被称为可信技术。**可信人工智能**（trustworthy artificial intelligence，TAI）的研究范围比较广泛，包括鲁棒性、安全性、可解释性、隐私性和公平性等。其中，安全性无疑是可信最重要的一个维度，不安全的技术肯定不是可信的。

人工智能安全研究不仅需要密切跟随技术前沿，而且需要考虑**基础安全平台**的构建。未来人工智能会逐渐走进千家万户，而目前我们并没有一套可以保护人工智能数据和模型的基础防御系统。我们在推动单维度防御技术创新的同时，需要思考多维度的联合防御策略，思考如何将不同的防御维度串联起来构建体系化的防御系统。相信随着研究者的不懈努力，我们会研究出更高效、更通用、更实际的人工智能数据与模型安全防御技术，并逐步实现人工智能统一安全防御平台的构建，为我国人工智能产业的健康稳定发展保驾护航。

11.3　本章小结

本章展望了人工智能在数据与模型安全方面未来的发展趋势。总体来说，攻击呈现多元化、复杂化、大模型化发展趋势，防御则呈现出向高效防御、推理阶段防御、物理防御、组合防御等更实际的防御策略转变。未来，随着大模型的发展，其所影响的范围会越来越广，所需要的保护和约束也会越来越多，对防御研究提出更多样的挑战，需要广大研究者集智攻坚。

参 考 文 献

[1] 邬江兴. 网络空间内生安全——拟态防御与广义鲁棒控制 [M]. 北京: 科学出版社, 2020.

[2] 方滨兴. 人工智能安全 [M]. 北京: 电子工业出版社, 2020.

[3] 周志华. 机器学习 [M]. 北京: 清华大学出版社, 2016.

[4] 邱锡鹏. 神经网络与深度学习 [M]. 北京: 机械工业出版社, 2020.

[5] HUBER P J. Robust estimation of a location parameter[J]. Breakthroughs in Statistics: Methodology and Distribution, 1992, 53(1): 492-518.

[6] REZATOFIGHI H, TSOI N, GWAK J, et al. Generalized intersection over union: a metric and a loss for bounding box regression[C]//IEEE Conference on Computer Vision and Pattern Recognition, 2019.

[7] ZHENG Z, WANG P, LIU W, et al. Distance-IoU Loss: faster and better learning for bounding box regression[C]//AAAI Conference on Artificial Intelligence, 2020.

[8] HE J, ERFANI S, MA X, et al. Alpha-IoU: a family of power intersection over union losses for bounding box regression[C]//Advances in Neural Information Processing Systems, 2021.

[9] SCHULTZ M, JOACHIMS T. Learning a distance metric from relative comparisons[C]//Advances in Neural Information Processing Systems, 2003.

[10] SCHROFF F, KALENICHENKO D, PHILBIN J. Facenet: a unified embedding for face recognition and clustering[C]//IEEE Conference on Computer Vision and Pattern Recognition, 2015.

[11] WEN Y, ZHANG K, LI Z, et al. A discriminative feature learning approach for deep face recognition[C]//European Conference on Computer Vision, 2016.

[12] LIU W, WEN Y, YU Z, et al. Large-margin softmax loss for convolutional neural networks[C]//International Conference on Machine Learning, 2016.

[13] LIU W, WEN Y, YU Z, et al. Sphereface: deep hypersphere embedding for face recognition[C]//IEEE Conference on Computer Vision and Pattern Recognition, 2017.

[14] WANG H, WANG Y, ZHOU Z, et al. Cosface: large margin cosine loss for deep face recognition[C]//IEEE Conference on Computer Vision and Pattern Recognition, 2018.

[15] DENG J, GUO J, XUE N, et al. Arcface: additive angular margin loss for deep face recognition[C]//IEEE Conference on Computer Vision and Pattern Recognition, 2019.

[16] OORD A V D, LI Y, VINYALS O. Representation learning with contrastive predictive coding[EB/OL]. 2018. https://arxiv.org/abs/1807.03748.

[17] HE K, FAN H, WU Y, et al. Momentum contrast for unsupervised visual representation learning[C]//IEEE Conference on Computer Vision and Pattern Recognition, 2020.

[18] HE K, CHEN X, XIE S, et al. Masked autoencoders are scalable vision learners[C]//IEEE Conference on Computer Vision and Pattern Recognition, 2022.

[19] QIAN N. On the momentum term in gradient descent learning algorithms[J]. Neural Networks, 1999, 12(1): 145-151.

[20] NESTEROV Y. A method for unconstrained convex minimization problem with the rate of convergence o $(1/k^2)$[J]. Doklady Akademii Nauk SSSR, 1983, 269(3): 543-547.

[21] DUCHI J, HAZAN E, SINGER Y. Adaptive subgradient methods for online learning and stochastic optimization[J]. Journal of Machine Learning Research, 2011, 12(61): 2121-2159.

[22] TIELEMAN T, HINTON G, et al. Lecture 6.5-rmsprop: divide the gradient by a running average of its recent magnitude[J]. COURSERA: Neural networks for machine learning, 2012, 4(2): 26-31.

[23] ZEILER M D. Adadelta: an adaptive learning rate method[EB/OL]. 2012. https://arxiv.org /abs/1212.5701.

[24] KINGMA D P, BA J. Adam: a method for stochastic optimization[C]//International Conference on Learning Representations, 2015.

[25] D'ALONZO S, TEGMARK M. Machine-learning media bias[J]. Plos one, 2022, 17 (8): e0271947.

[26] WANG Z, LIU C, CUI X. Evilmodel: hiding malware inside of neural network models[C]// IEEE Symposium on Computers and Communications. IEEE, 2021.

[27] HUANG H, MA X, ERFANI S M, et al. Unlearnable examples: making personal data unexploitable[C]//International Conference on Learning Representations, 2020.

[28] SHARIR O, PELEG B, SHOHAM Y. The cost of training NLP models: a concise overview [EB/OL]. 2020. https://arxiv.org/abs/2004.08900.

[29] GOODFELLOW I. A research agenda: dynamic models to defend against correlated attacks[C]//International Conference on Learning Representations, 2019.

[30] LEE K, LEE K, LEE H, et al. A simple unified framework for detecting out-of-distribution samples and adversarial attacks[C]//Advances in Neural Information Processing Systems, 2018.

[31] LI Y, LYU X, KOREN N, et al. Anti-backdoor learning: training clean models on poisoned data[C]//Advances in Neural Information Processing Systems, 2021.

[32] KUMAR R S S, NYSTRÖM M, LAMBERT J, et al. Adversarial machine learning-industry perspectives[C]//IEEE Security and Privacy Workshops, 2020.

[33] KEARNS M, LI M. Learning in the presence of malicious errors[J]. SIAM Journal on Computing, 1993, 22 (4): 807-837.

[34] BARRENO M, NELSON B, SEARS R, et al. Can machine learning be secure?[C]// ACM Symposium on Information, Computer and Communications Security, 2006.

[35] NELSON B, BARRENO M, CHI F J, et al. Exploiting machine learning to subvert your spam filter[J]. LEET, 2008, 8(1): 9.

[36] BIGGIO B, NELSON B, LASKOV P. Poisoning attacks against support vector machines [C]//International Conference on International Conference on Machine Learning, 2012.

[37] ZHANG R, ZHU Q. A game-theoretic analysis of label flipping attacks on distributed support vector machines[C]//Conference on Information Sciences and Systems, 2017.

[38] MAHLOUJIFAR S, MAHMOODY M. Blockwise p-tampering attacks on cryptographic primitives, extractors, and learners[C]//Theory of Cryptography Conference, 2017.

[39] MAHLOUJIFAR S, MAHMOODY M, MOHAMMED A. Universal multi-party poisoning attacks[C]//International Conference on Machine Learning, 2019.

[40] SHAFAHI A, HUANG W R, NAJIBI M, et al. Poison frogs! targeted clean-label poisoning attacks on neural networks[C]//Advances in Neural Information Processing Systems, 2018.

[41] ZHU C, HUANG W R, LI H, et al. Transferable clean-label poisoning attacks on deep neural nets[C]//International Conference on Machine Learning, 2019.

[42] MEI S, ZHU X. Using machine teaching to identify optimal training-set attacks on machine learners[C]//AAAI Conference on Artificial Intelligence, 2015.

[43] MUÑOZ-GONZÁLEZ L, BIGGIO B, DEMONTIS A, et al. Towards poisoning of deep learning algorithms with back-gradient optimization[C]//ACM Workshop on Artificial Intelligence and Security, 2017.

[44] JAGIELSKI M, OPREA A, BIGGIO B, et al. Manipulating machine learning: poisoning attacks and countermeasures for regression learning[C]//IEEE Symposium on Security and Privacy, 2018.

[45] HUANG W R, GEIPING J, FOWL L, et al. Metapoison: practical general-purpose clean-label data poisoning[C]//Advances in Neural Information Processing Systems, 2020.

[46] GEIPING J, FOWL L H, HUANG W R, et al. Witches' brew: Industrial scale data poisoning via gradient matching[C]//International Conference on Learning Representations, 2021.

[47] YANG C, WU Q, LI H, et al. Generative poisoning attack method against neural networks[EB/OL]. 2017. https://arxiv.org/abs/1703.01340.

[48] FENG J, CAI Q Z, ZHOU Z H. Learning to confuse: generating training time adversarial data with auto-encoder[C]//Advances in Neural Information Processing Systems, 2019.

[49] MUÑOZ-GONZÁLEZ L, PFITZNER B, RUSSO M, et al. Poisoning attacks with generative adversarial nets[EB/OL]. 2019. https://arxiv.org/abs/1906.07773.

[50] KOH P W, LIANG P. Understanding black-box predictions via influence functions[C]//International Conference on Machine Learning, 2017.

[51] KOH P W, STEINHARDT J, LIANG P. Stronger data poisoning attacks break data sanitization defenses[J]. Machine Learning, 2022, 111 (1): 1-47.

[52] FANG M, GONG N Z, LIU J. Influence function based data poisoning attacks to top-n recommender systems[C]//The Web Conference 2020, 2020.

[53] BASU S, POPE P, FEIZI S. Influence functions in deep learning are fragile[C]//International Conference on Learning Representations, 2021.

[54] SCHUHMANN C, VENCU R, BEAUMONT R, et al. LAION-400M: open dataset of clip-filtered 400 million image-text pairs[EB/OL]. 2021. https://arxiv.org/abs/2111.02114.

[55] SCHUHMANN C, BEAUMONT R, VENCU R, et al. LAION-5B: an open large-scale dataset for training next generation image-text models[EB/OL]. 2022. https://arxiv.org/abs/2210.08402.

[56] BYEON M, PARK B, KIM H, et al. COYO-700M: image-text pair dataset[EB/OL]. 2022. https://github.com/kakaobrain/coyo-dataset.

[57] GU J, MENG X, LU G, et al. Wukong: 100 million large-scale Chinese cross-modal pre-training dataset and a foundation framework[EB/OL]. 2022. https://arxiv.org/abs/2202.06767v2.

[58] CARLINI N, TERZIS A. Poisoning and backdooring contrastive learning[C]//International Conference on Learning Representations, 2023.

[59] SHARMA P, DING N, GOODMAN S, et al. Conceptual captions: a cleaned, hypernymed, image alt-text dataset for automatic image captioning[C]//Annual Meeting of the Association for Computational Linguistics, 2018.

[60] THOMEE B, SHAMMA D A, FRIEDLAND G, et al. YFCC100M: the new data in multimedia research[J]. Communications of the ACM, 2016, 59 (2): 64-73.

[61] RADFORD A, KIM J W, HALLACY C, et al. Learning transferable visual models from natural language supervision[C]//International Conference on Machine Learning, 2021.

[62] CARLINI N, JAGIELSKI M, CHOQUETTE-CHOO C A, et al. Poisoning web-scale training datasets is practical[EB/OL]. 2023. https://arxiv.org/abs/2302.10149.

[63] HOMER N, SZELINGER S, REDMAN M, et al. Resolving individuals contributing trace amounts of DNA to highly complex mixtures using high-density SNP genotyping microarrays[J]. PLOS Genetics, 2008, 4 (8): e1000167.

[64] PYRGELIS A, TRONCOSO C, CRISTOFARO E D. Knock knock, who's there? membership inference on aggregate location data[C]//Network and Distributed System Security Symposium, 2018.

[65] SHOKRI R, STRONATI M, SONG C, et al. Membership inference attacks against machine learning models[C]//IEEE Symposium on Security and Privacy, 2017.

[66] MELIS L, SONG C, DE CRISTOFARO E, et al. Exploiting unintended feature leakage in collaborative learning[C]//IEEE Symposium on Security and Privacy, 2019.

[67] NASR M, SHOKRI R, HOUMANSADR A. Comprehensive privacy analysis of deep learning: passive and active white-box inference attacks against centralized and federated learning[C]//IEEE Symposium on Security and Privacy, 2019.

[68] SALEM A, ZHANG Y, HUMBERT M, et al. ML-leaks: model and data independent membership inference attacks and defenses on machine learning models[C]//Network and Distributed Systems Security Symposium, 2019.

[69] LONG Y, WANG L, BU D, et al. A pragmatic approach to membership inferences on machine learning models[C]//IEEE European Symposium on Security and Privacy, 2020.

[70] LEINO K, FREDRIKSON M. Stolen memories: leveraging model memorization for calibrated {White-Box} membership inference[C]//USENIX Security Symposium, 2020.

[71] HAYES J, MELIS L, DANEZIS G, et al. Logan: membership inference attacks against generative models[C]//Privacy Enhancing Technologies, 2019.

[72] LIU G, WANG C, PENG K, et al. SocInf: membership inference attacks on social media health data with machine learning[J]. IEEE Transactions on Computational Social Systems, 2019, 6(5): 907-921.

[73] YEOM S, GIACOMELLI I, FREDRIKSON M, et al. Privacy risk in machine learning: analyzing the connection to overfitting[C]//IEEE Computer Security Foundations Symposium, 2018.

[74] SONG L, MITTAL P. Systematic evaluation of privacy risks of machine learning models[C]//USENIX Security Symposium, 2021.

[75] TRUEX S, LIU L, GURSOY M E, et al. Demystifying membership inference attacks in machine learning as a service[J]. IEEE Transactions on Services Computing, 2019.

[76] FREDRIKSON M, LANTZ E, JHA S, et al. Privacy in pharmacogenetics: an {End-to-End} case study of personalized Warfarin dosing[C]//USENIX Security Symposium, 2014.

[77] FREDRIKSON M, JHA S, RISTENPART T. Model inversion attacks that exploit confidence information and basic countermeasures[C]//ACM SIGSAC Conference on Computer and Communications Security, 2015.

[78] PAN X, ZHANG M, JI S, et al. Privacy risks of general-purpose language models[C]//IEEE Symposium on Security and Privacy, 2020.

[79] HE X, JIA J, BACKES M, et al. Stealing links from graph neural networks[C]//USENIX Security Symposium, 2021.

[80] DUDDU V, BOUTET A, SHEJWALKAR V. Quantifying privacy leakage in graph embedding[C]// EAI International Conference on Mobile and Ubiquitous Systems: Computing, Networking and Services, 2020.

[81] BONE D, LI M, BLACK M P, et al. Intoxicated speech detection: a fusion framework with speaker-normalized hierarchical functionals and gmm supervectors[J]. Computer Speech & Language, 2014, 28(2): 375-391.

[82] SCHULLER B, STEIDL S, BATLINER A, et al. A survey on perceived speaker traits: personality, likability, pathology, and the first challenge[J]. Computer Speech & Language, 2015, 29(1): 100-131.

[83] CUMMINS N, SCHMITT M, AMIRIPARIAN S, et al. "you sound ill, take the day off": automatic recognition of speech affected by upper respiratory tract infection[C]//IEEE Engineering in Medicine and Biology Society, 2017.

[84] JIN H, WANG S. Voice-based determination of physical and emotional characteristics of users[P]. 2018.

[85] ATENIESE G, MANCINI L V, SPOGNARDI A, et al. Hacking smart machines with smarter ones: how to extract meaningful data from machine learning classifiers[J]. International Journal of Security and Networks, 2015, 10(3): 137-150.

[86] SONG C, RISTENPART T, SHMATIKOV V. Machine learning models that remember too much[C]//ACM SIGSAC Conference on Computer and Communications Security, 2017.

[87] CARLINI N, LIU C, ERLINGSSON Ú, et al. The secret sharer: evaluating and testing unintended memorization in neural networks[C]//USENIX Security Symposium, 2019.

[88] CARLINI N, TRAMER F, WALLACE E, et al. Extracting training data from large language models[C]//USENIX Security Symposium, 2021.

[89] ZHU L, LIU Z, HAN S. Deep leakage from gradients[C]//Advances in Neural Information Processing Systems, 2019.

[90] ZHAO B, MOPURI K R, BILEN H. iDLG: improved deep leakage from gradients[EB/OL]. 2020. https://arxiv.org/abs/2001.02610.

[91] ZHANG R, GUO S, WANG J, et al. A survey on gradient inversion: attacks, defenses and future directions[C]//International Joint Conference on Artificial Intelligence, 2022.

[92] JIN X, CHEN P Y, HSU C Y, et al. CAFE: catastrophic data leakage in vertical federated learning[C]//Advances in Neural Information Processing Systems, 2021.

[93] GEIPING J, BAUERMEISTER H, DRÖGE H, et al. Inverting gradients—how easy is it to break privacy in federated learning?[C]//Advances in Neural Information Processing Systems, 2020.

[94] AONO Y, HAYASHI T, WANG L, et al. Privacy-preserving deep learning via additively homomorphic encryption[J]. IEEE Transactions on Information Forensics and Security, 2017, 13(5): 1333-1345.

[95] ZHU J, BLASCHKO M B. R-GAP: recursive gradient attack on privacy[C]//International Conference on Learning Representations, 2021.

[96] SOMEPALLI G, SINGLA V, GOLDBLUM M, et al. Diffusion art or digital forgery? investigating data replication in diffusion models[EB/OL]. 2022. https://arxiv.org/abs/2212.03860.

[97] CARLINI N, HAYES J, NASR M, et al. Extracting training data from diffusion models[EB/OL]. 2023. https://arxiv.org/abs/2301.13188.

[98] ROMBACH R, BLATTMANN A, LORENZ D, et al. High-resolution image synthesis with latent diffusion models[C]//IEEE Conference on Computer Vision and Pattern Recognition, 2022.

[99] SAHARIA C, CHAN W, SAXENA S, et al. Photorealistic text-to-image diffusion models with deep language understanding[C]//Advances in Neural Information Processing Systems, 2022.

[100] PATHAK D, KRAHENBUHL P, DONAHUE J, et al. Context encoders: feature learning by inpainting[C]//IEEE Conference on Computer Vision and Pattern Recognition, 2016.

[101] WANG T C, LIU M Y, ZHU J Y, et al. High-resolution image synthesis and semantic manipulation with conditional GANs[C]//IEEE Conference on Computer Vision and Pattern Recognition, 2018.

[102] HONG S, YAN X, HUANG T S, et al. Learning hierarchical semantic image manipulation through structured representations[C]//Advances in Neural Information Processing Systems, 2018.

[103] ZOU Z, ZHAO R, SHI T, et al. Castle in the sky: dynamic sky replacement and harmonization in videos[J]. IEEE Transactions on Image Processing, 202231:5067-5078.

[104] ZHOU Y, SONG Y, BERG T L. Image2Gif: generating cinemagraphs using recurrent deep Q-networks[C]//IEEE Winter Conference on Applications of Computer Vision, 2018.

[105] KIM G, KWON T, YE J C. Diffusionclip: text-guided diffusion models for robust image manipulation[C]//IEEE Conference on Computer Vision and Pattern Recognition, 2022.

[106] HO J, JAIN A, ABBEEL P. Denoising diffusion probabilistic models[C]//Advances in Neural Information Processing Systems, 2020.

[107] SONG J, MENG C, ERMON S. Denoising diffusion implicit models[C]//International Conference on Learning Representations, 2021.

[108] GOODFELLOW I, POUGET-ABADIE J, MIRZA M, et al. Generative adversarial nets[C]//Advances in Neural Information Processing Systems, 2014.

[109] KORSHUNOVA I, SHI W, DAMBRE J, et al. Fast face-swap using convolutional neural networks[C]//International Conference on Computer Vision, 2017.

[110] SUWAJANAKORN S, SEITZ S M, KEMELMACHER-SHLIZERMAN I. Synthesizing obama: learning lip sync from audio[J]. ACM Transactions on Graphics, 2017, 36(4): 1-13.

[111] 梁瑞刚, 吕培卓, 赵月, 等. 视听觉深度伪造检测技术研究综述 [J]. 信息安全学报, 2020, 5(2): 1-17.

[112] CHEN R, CHEN X, NI B, et al. SimSwap: an efficient framework for high fidelity face swapping[C]//ACM International Conference on Multimedia, 2020.

[113] LI L, BAO J, YANG H, et al. Advancing high fidelity identity swapping for forgery detection[C]//IEEE Conference on Computer Vision and Pattern Recognition, 2020.

[114] GARRIDO P, VALGAERTS L, REHMSEN O, et al. Automatic face reenactment[C]//IEEE Conference on Computer Vision and Pattern Recognition, 2014.

[115] SUN J, WANG X, ZHANG Y, et al. FEneRF: face editing in neural radiance fields[C]//IEEE Conference on Computer Vision and Pattern Recognition, 2022.

[116] SONG L, WU W, FU C, et al. Everything's talkin': pareidolia face reenactment[C]//IEEE Conference on Computer Vision and Pattern Recognition, 2021.

[117] SEGAL A, HAEHNEL D, THRUN S. Generalized-ICP[C]//Robotics: Science and Systems, 2009.

[118] LI T, BOLKART T, BLACK M J, et al. Learning a model of facial shape and expression from 4D scans[J]. ACM Transactions on Graphics, 2017, 36(6): 1-17.

[119] NIRKIN Y, KELLER Y, HASSNER T. FSGANv2: improved subject agnostic face swapping and reenactment[J]. IEEE Transactions on Pattern Analysis and Machine Intelligence, 2022, 45(1): 560-575.

[120] XU Y, YIN Y, JIANG L, et al. Transeditor: transformer-based dual-space GAN for highly controllable facial editing[C]//IEEE Conference on Computer Vision and Pattern Recognition, 2022.

[121] KARRAS T, LAINE S, AITTALA M, et al. Analyzing and improving the image quality of styleGAN[C]//IEEE Conference on Computer Vision and Pattern Recognition, 2020.

[122] KORSHUNOV P, MARCEL S. Deepfakes: a new threat to face recognition? assessment and detection[EB/OL]. 2018. https://arxiv.org/abs/1812.08685.

[123] LI Y, CHANG M C, LYU S. In ictu oculi: exposing AI created fake videos by detecting eye blinking[C]//IEEE International Workshop on Information Forensics and Security, 2018.

[124] ROSSLER A, COZZOLINO D, VERDOLIVA L, et al. Faceforensics++: learning to detect manipulated facial images[C]//International Conference on Computer Vision, 2019.

[125] DOLHANSKY B, HOWES R, PFLAUM B, et al. The deepfake detection challenge (DFDC) preview dataset[EB/OL]. 2019. https://arxiv.org/abs/1910.08854.

[126] LI Y, YANG X, SUN P, et al. Celeb-DF: a large-scale challenging dataset for deepfake forensics[C]//IEEE Conference on Computer Vision and Pattern Recognition, 2020.

[127] ZI B, CHANG M, CHEN J, et al. WildDeepfake: a challenging real-world dataset for deepfake detection[C]// ACM International Conference on Multimedia, 2020.

[128] SIAROHIN A, LATHUILIÈRE S, TULYAKOV S, et al. First order motion model for image animation[C]//Advances in Neural Information Processing Systemsm, 2019.

[129] TIAN Y, REN J, CHAI M, et al. A good image generator is what you need for high-resolution video synthesis[C]//International Conference on Learning Representations, 2021.

[130] YU S, TACK J, MO S, et al. Generating videos with dynamics-aware implicit generative adversarial networks[EB/OL]. 2022. https://arxiv.org/abs/2202.10571.

[131] SHEN Y, SANGHAVI S. Learning with bad training data via iterative trimmed loss minimization[C]//International Conference on Machine Learning, 2019.

[132] CHAN S H, DONG Y, ZHU J, et al. BadNet: backdoor attacks on object detection[EB/OL]. 2022. https://arxiv.org/abs/2205.14497.

[133] LEVINE A, FEIZI S. Deep partition aggregation: provable defense against general poisoning attacks[C]//International Conference on Learning Representations, 2021.

[134] YANG Y, LIU T Y, MIRZASOLEIMAN B. Not all poisons are created equal: robust training against data poisoning[C]//International Conference on Machine Learning, 2022.

[135] BORGNIA E, CHEREPANOVA V, FOWL L, et al. Strong data augmentation sanitizes poisoning and backdoor attacks without an accuracy tradeoff[C]//IEEE International Conference on Acoustics, Speech and Signal Processing, 2021.

[136] DWORK C. Differential privacy[C]//International Conference on Automata, Languages and Programming, 2006.

[137] DWORK C, KENTHAPADI K, MCSHERRY F, et al. Our data, ourselves: privacy via distributed noise generation[C]//International Conference on the Theory and Applications of Cryptographic Techniques. Springer, 2006.

[138] MCSHERRY F D. Privacy integrated queries: an extensible platform for privacy-preserving data analysis[C]//ACM SIGMOD International Conference on Management of Data, 2009.

[139] KIFER D, LIN B R. Towards an axiomatization of statistical privacy and utility[C]//ACM SIGMOD-SIGACT-SIGART Symposium on Principles of Database Systems, 2010.

[140] DWORK C, MCSHERRY F, NISSIM K, et al. Calibrating noise to sensitivity in private data analysis[C]//Theory of Cryptography Conference. Springer, 2006.

[141] NISSIM K, RASKHODNIKOVA S, SMITH A. Smooth sensitivity and sampling in private data analysis[C]//ACM Symposium on Theory of Computing, 2007.

[142] DWORK C. A firm foundation for private data analysis[J]. Communications of the ACM, 2011, 54(1): 86-95.

[143] DWORK C, ROTH A, et al. The algorithmic foundations of differential privacy[J]. Foundations and Trends® in Theoretical Computer Science, 2014, 9(3–4): 211-407.

[144] MCSHERRY F, TALWAR K. Mechanism design via differential privacy[C]//IEEE Annual Symposium on Foundations of Computer Science, 2007.

[145] SU D, CAO J, LI N, et al. Differentially private k-means clustering and a hybrid approach to private optimization[J]. ACM Transactions on Privacy and Security, 2017.

[146] ZHANG X, JI S, WANG T. Differentially private releasing via deep generative model(technical report)[EB/OL]. 2018. https://arxiv.org/abs/1801.01594.

[147] ABADI M, CHU A, GOODFELLOW I, et al. Deep learning with differential privacy[C]//ACM SIGSAC Conference on Computer and Communications Security, 2016.

[148] ZHANG J, ZHANG Z, XIAO X, et al. Functional mechanism: regression analysis under differential privacy[EB/OL]. 2012. https://arxiv.org/abs/1208.0219.

[149] RUDIN W, et al. Principles of mathematical analysis[M]. New York: McGraw-hill, 1976.

[150] PHAN N, WANG Y, WU X, et al. Differential privacy preservation for deep auto-encoders: an application of human behavior prediction[C]//AAAI Conference on Artificial Intelligence, 2016.

[151] PHAN N, WU X, DOU D. Preserving differential privacy in convolutional deep belief networks[J]. Machine learning, 2017, 106(9): 1681-1704.

[152] YANG Q, LIU Y, CHEN T, et al. Federated machine learning: concept and applications[J]. ACM Transactions on Intelligent Systems and Technology, 2019, 10(2): 1-19.

[153] RIVEST R L, ADLEMAN L, DERTOUZOS M L, et al. On data banks and privacy homomorphisms[J]. Foundations of Secure Computation, 1978, 4(11): 169-180.

[154] SHAFI G, SILVIO M. Probabilistic encryption & how to play mental poker keeping secret all partial information[C]//ACM Symposium on Theory of Computing, 1982.

[155] BONEH D, GOH E J, NISSIM K. Evaluating 2-DNF formulas on ciphertexts[C]//Theory of Cryptography Conference, 2005.

[156] GENTRY C. A fully homomorphic encryption scheme[M]. Palo Alto: Stanford university, 2009.

[157] FAN J, VERCAUTEREN F. Somewhat practical fully homomorphic encryption[J]. Cryptology ePrint Archive, 2012: 144.

[158] BRAKERSKI Z, GENTRY C, VAIKUNTANATHAN V. (Leveled) fully homomorphic encryption without bootstrapping[J]. ACM Transactions on Computation Theory, 2014, 6(3): 1-36.

[159] MCMAHAN B, MOORE E, RAMAGE D, et al. Communication-efficient learning of deep networks from decentralized data[C]//Artificial Intelligence and Statistics, 2017.

[160] LI T, SAHU A K, ZAHEER M, et al. Federated optimization in heterogeneous networks[J]. Proceedings of Machine Learning and Systems, 2020, 2: 429-450.

[161] KARIMIREDDY S P, KALE S, MOHRI M, et al. Scaffold: stochastic controlled averaging for federated learning[C]//International Conference on Machine Learning, 2020.

[162] T DINH C, TRAN N, NGUYEN J. Personalized federated learning with Moreau envelopes[C]//Advances in Neural Information Processing Systems, 2020.

[163] JIANG Y, KONEČNÝ J, RUSH K, et al. Improving federated learning personalization via model agnostic meta learning[EB/OL]. 2019. https://arxiv.org/abs/1909.12488.

[164] FALLAH A, MOKHTARI A, OZDAGLAR A. Personalized federated learning: a meta-learning approach[EB/OL]. 2020. https://arxiv.org/abs/2002.07948.

[165] CHEN F, LUO M, DONG Z, et al. Federated meta-learning with fast convergence and efficient communication[EB/OL]. 2018. https://arxiv.org/abs/1802.07876.

[166] SATTLER F, MÜLLER K R, SAMEK W. Clustered federated learning: model-agnostic distributed multitask optimization under privacy constraints[J]. IEEE Transactions on Neural Networks and Learning Systems, 2020, 32(8): 3710-3722.

[167] MARFOQ O, NEGLIA G, BELLET A, et al. Federated multi-task learning under a mixture of distributions[J]. Advances in Neural Information Processing Systems, 2021, 34: 15434-15447.

[168] SMITH V, CHIANG C K, SANJABI M, et al. Federated multi-task learning[C]//Advances in Neural Information Processing Systems, 2017.

[169] DENG Y, KAMANI M M, MAHDAVI M. Adaptive personalized federated learning[EB/OL]. 2020. https://arxiv.org/abs/2003.13461.

[170] CHENG K, FAN T, JIN Y, et al. Secureboost: a lossless federated learning framework[J]. IEEE Intelligent Systems, 2021, 36(6): 87-98.

[171] HITAJ B, ATENIESE G, PEREZ-CRUZ F. Deep models under the GAN: information leakage from collaborative deep learning[C]//ACM SIGSAC Conference on Computer and Communications Security, 2017.

[172] NASR M, SHOKRI R, HOUMANSADR A. Comprehensive privacy analysis of deep learning: passive and active white-box inference attacks against centralized and federated learning[C]//IEEE Symposium on Security and Privacy (SP), 2019.

[173] YAO A C. Protocols for secure computations[C]//IEEE Annual Symposium on Foundations of Computer Science, 1982.

[174] BLANCHARD P, MHAMDI E, GUERRAOUI R, et al. Machine learning with adversaries: Byzantine tolerant gradient descent[C]//Neural Information Processing Systems, 2017.

[175] YIN D, CHEN Y, KANNAN R, et al. Byzantine-robust distributed learning: towards optimal statistical rates[C]//International Conference on Machine Learning, 2018.

[176] GUERRAOUI R, ROUAULT S, et al. The hidden vulnerability of distributed learning in Byzantium[C]//International Conference on Machine Learning, 2018.

[177] PILLUTLA K, KAKADE S M, HARCHAOUI Z. Robust aggregation for federated learning[EB/OL]. 2019. https://arxiv.org/abs/1912.13445.

[178] SHEN S, TOPLE S, SAXENA P. Auror: defending against poisoning attacks in collaborative deep learning systems[C]//Conference on Computer Security Applications, 2016.

[179] BAGDASARYAN E, VEIT A, HUA Y, et al. How to backdoor federated learning[C]//International Conference on Artificial Intelligence and Statistics, 2020.

[180] GU T, DOLAN-GAVITT B, GARG S. BadNets: identifying vulnerabilities in the machine learning model supply chain[EB/OL]. 2017. https://arxiv.org/abs/1708.06733.

[181] SUN Z, KAIROUZ P, SURESH A T, et al. Can you really backdoor federated learning?[EB/OL]. 2019. https://arxiv.org/abs/1911.07963.

[182] WU C, YANG X, ZHU S, et al. Mitigating backdoor attacks in federated learning[EB/OL]. 2020. https://arxiv.org/abs/2011.01767.

[183] XIE C, CHEN M, CHEN P Y, et al. CRFL: Certifiably robust federated learning against backdoor attacks[C]//International Conference on Machine Learning, 2021.

[184] LYU L, YU H, MA X, et al. Privacy and robustness in federated learning: attacks and defenses[J]. IEEE Transactions on Neural Networks and Learning Systems, 2022.

[185] FUNG C, YOON C J, BESCHASTNIKH I. Mitigating sybils in federated learning poisoning[EB/OL]. 2018. https://arxiv.org/abs/1808.04866.

[186] RIEGER P, NGUYEN T D, MIETTINEN M, et al. Deepsight: Mitigating backdoor attacks in federated learning through deep model inspection[C]//Network and Distributed System Security Symposium, 2022.

[187] LUKÁŠ J, FRIDRICH J, GOLJAN M. Detecting digital image forgeries using sensor pattern noise[C]//Security, Steganography, and Watermarking of Multimedia Contents VIII, 2006.

[188] WANG W, DONG J, TAN T. Exploring DCT coefficient quantization effects for local tampering detection[J]. IEEE Transactions on Information Forensics and Security, 2014, 9(10): 1653-1666.

[189] FRIDRICH J, KODOVSKY J. Rich models for steganalysis of digital images[J]. IEEE Transactions on Information Forensics and Security, 2012, 7(3): 868-882.

[190] PAN X, ZHANG X, LYU S. Exposing image splicing with inconsistent local noise variances[C]//IEEE International Conference on Computational Photography, 2012.

[191] LI A, KE Q, MA X, et al. Noise doesn't lie: towards universal detection of deep inpainting[J]. International Joint Conference on Artificial Intelligence, 2021.

[192] CHEN J, KANG X, LIU Y, et al. Median filtering forensics based on convolutional neural networks[J]. IEEE Signal Processing Letters, 2015, 22(11): 1849-1853.

[193] ZHOU P, HAN X, MORARIU V I, et al. Learning rich features for image manipulation detection[C]//IEEE Conference on Computer Vision and Pattern Recognition, 2018.

[194] HU X, ZHANG Z, JIANG Z, et al. SPAN: spatial pyramid attention network for image manipulation localization[C]//European Conference on Computer Vision, 2020.

[195] LIU X, LIU Y, CHEN J, et al. PSCC-Net: progressive spatio-channel correlation network for image manipulation detection and localization[J]. IEEE Transactions on Circuits and Systems for Video Technology, 2022.

[196] WU Y, ABDALMAGEED W, NATARAJAN P. ManTra-Net: manipulation tracing network for detection and localization of image forgeries with anomalous features[C]//IEEE Conference on Computer Vision and Pattern Recognition, 2019.

[197] LI H, LI B, TAN S, et al. Identification of deep network generated images using disparities in color components[J]. Signal Processing, 2020.

[198] HE P, LI H, WANG H. Detection of fake images via the ensemble of deep representations from multi color spaces[C]//IEEE International Conference on Image Processing, 2019.

[199] BAI Y, GUO Y, WEI J, et al. Fake generated painting detection via frequency analysis[C]//IEEE International Conference on Image Processing, 2020.

[200] GUARNERA L, GIUDICE O, BATTIATO S. Deepfake detection by analyzing convolutional traces[C]//IEEE Computer Vision and Pattern Recognition Conference Workshop, 2020.

[201] DING Y, THAKUR N, LI B. Does a GAN leave distinct model-specific fingerprints?[C]//BMVC, 2021.

[202] ZHOU P, HAN X, MORARIU V I, et al. Two-stream neural networks for tampered face detection[C]//IEEE Conference on Computer Vision and Pattern Recognition Workshops, 2017.

[203] NGUYEN H H, YAMAGISHI J, ECHIZEN I. Capsule-forensics: using capsule networks to detect forged images and videos[C]//IEEE International Conference on Acoustics, Speech and Signal Processing, 2019.

[204] GUO Z, YANG G, CHEN J, et al. Fake face detection via adaptive manipulation traces extraction network[J]. Computer Vision and Image Understanding, 2021, 204: 103170.

[205] JEONG Y, KIM D, MIN S, et al. BiHPF: bilateral high-pass filters for robust deepfake detection[C]//IEEE Winter Conference on Applications of Computer Vision, 2022.

[206] QIAN Y, YIN G, SHENG L, et al. Thinking in frequency: face forgery detection by mining frequency-aware clues[C]//European Conference on Computer Vision, 2020.

[207] LI L, BAO J, ZHANG T, et al. Face x-ray for more general face forgery detection[C]//IEEE Conference on Computer Vision and Pattern Recognition, 2020.

[208] ZHAO T, XU X, XU M, et al. Learning self-consistency for deepfake detection[C]//International Conference on Computer Vision, 2021.

[209] CHEN S, YAO T, CHEN Y, et al. Local relation learning for face forgery detection[C]//AAAI Conference on Artificial Intelligence, 2021.

[210] CHEN Z, YANG H. Attentive semantic exploring for manipulated face detection[C]//IEEE International Conference on Acoustics, Speech and Signal Processing, 2021.

[211] ZHAO H, ZHOU W, CHEN D, et al. Multi-attentional deepfake detection[C]//IEEE Computer Vision and Pattern Recognition Conference, 2021.

[212] WANG C, DENG W. Representative forgery mining for fake face detection[C]//IEEE Computer Vision and Pattern Recognition Conference, 2021.

[213] CAO J, MA C, YAO T, et al. End-to-end reconstruction-classification learning for face forgery detection[C]//IEEE Computer Vision and Pattern Recognition Conference, 2022.

[214] CAO S, ZOU Q, MAO X, et al. Metric learning for anti-compression facial forgery detection[C]//Proceedings of the 29th ACM International Conference on Multimedia, 2021.

[215] SUN K, YAO T, CHEN S, et al. Dual contrastive learning for general face forgery detection[C]//AAAI Conference on Artificial Intelligence, 2022.

[216] CIFTCI U A, DEMIR I, YIN L. Fakecatcher: detection of synthetic portrait videos using biological signals[J]. IEEE Transactions on Pattern Analysis and Machine Intelligence, 2020.

[217] JUNG T, KIM S, KIM K. Deepvision: deepfakes detection using human eye blinking pattern[J]. IEEE Access, 2020.

[218] YANG C Z, MA J, WANG S, et al. Preventing deepfake attacks on speaker authentication by dynamic lip movement analysis[J]. IEEE Transactions on Information Forensics and Security, 2020, 16: 1841-1854.

[219] AGARWAL S, FARID H, FRIED O, et al. Detecting deep-fake videos from phoneme-viseme mismatches[C]//IEEE Computer Vision and Pattern Recognition Conference Workshop, 2020.

[220] YANG X, LI Y, LYU S. Exposing deep fakes using inconsistent head poses[C]//IEEE International Conference on Acoustics, Speech and Signal Processing, 2019.

[221] FERNANDES S, RAJ S, ORTIZ E, et al. Predicting heart rate variations of deepfake videos using neural ODE[C]//International Conference on Computer Vision Workshop, 2019.

[222] TRINH L, TSANG M, RAMBHATLA S, et al. Interpretable and trustworthy deepfake detection via dynamic prototypes[C]//IEEE Winter Conference on Applications of Computer Vision, 2021.

[223] ZHENG Y, BAO J, CHEN D, et al. Exploring temporal coherence for more general video face forgery detection[C]//International Conference on Computer Vision, 2021.

[224] AMERINI I, GALTERI L, CALDELLI R, et al. Deepfake video detection through optical flow based CNN[C]//International Conference on Computer Vision Workshop, 2019.

[225] MITTAL T, BHATTACHARYA U, CHANDRA R, et al. Emotions don't lie: an audio-visual deepfake detection method using affective cues[C]//ACM International Conference on Multimedia, 2020.

[226] THORP H H. ChatGPT is fun, but not an author[J]. Science, 2023, 379(6630): 313-313.

[227] KIRCHENBAUER J, GEIPING J, WEN Y, et al. A watermark for large language models[EB/OL]. 2023. https://arxiv.org/abs/2301.10226.

[228] BIGGIO B, CORONA I, MAIORCA D, et al. Evasion attacks against machine learning at test time[C]//Joint European Conference on Machine Learning and Knowledge Discovery in Databases, 2013.

[229] SZEGEDY C, ZAREMBA W, SUTSKEVER I, et al. Intriguing properties of neural networks[C]//International Conference on Learning Representations, 2014.

[230] GOODFELLOW I J, SHLENS J, SZEGEDY C. Explaining and harnessing adversarial examples[C]//International Conference on Learning Representations, 2015.

[231] KURAKIN A, GOODFELLOW I J, BENGIO S. Adversarial examples in the physical world[M]//Artificial Intelligence Safety and Security. Chapman and Hall/CRC, 2018: 99-112.

[232] MADRY A, MAKELOV A, SCHMIDT L, et al. Towards deep learning models resistant to adversarial attacks[C]//International Conference on Learning Representations, 2018.

[233] DONG Y, LIAO F, PANG T, et al. Boosting adversarial attacks with momentum[C]//IEEE Conference on Computer Vision and Pattern Recognition, 2018.

[234] PAPERNOT N, MCDANIEL P, JHA S, et al. The limitations of deep learning in adversarial settings[C]//IEEE European Symposium on Security and Privacy, 2016.

[235] MOOSAVI-DEZFOOLI S M, FAWZI A, FROSSARD P. Deepfool: a simple and accurate method to fool deep neural networks[C]//IEEE Conference on Computer Vision and Pattern Recognition, 2016.

[236] CARLINI N, WAGNER D. Towards evaluating the robustness of neural networks[C]//IEEE Symposium on Security and Privacy, 2017.

[237] CROCE F, HEIN M. Reliable evaluation of adversarial robustness with an ensemble of diverse parameter-free attacks[C]//International Conference on Machine Learning, 2020.

[238] XIAO C, LI B, ZHU J Y, et al. Generating adversarial examples with adversarial networks[C]//International Joint Conference on Artificial Intelligence, 2018.

[239] CROCE F, HEIN M. Minimally distorted adversarial examples with a fast adaptive boundary attack[C]//International Conference on Machine Learning, 2020.

[240] ANDRIUSHCHENKO M, CROCE F, FLAMMARION N, et al. Square attack: a query-efficient black-box adversarial attack via random search[C]//European Conference on Computer Vision, 2020.

[241] CHEN P Y, ZHANG H, SHARMA Y, et al. Zoo: zeroth order optimization based black-box attacks to deep neural networks without training substitute models[C]//ACM Workshop on Artificial Intelligence and Security, 2017.

[242] TU C C, TING P, CHEN P Y, et al. Autozoom: autoencoder-based zeroth order optimization method for attacking black-box neural networks[C]//AAAI Conference on Artificial Intelligence, 2019.

[243] ILYAS A, ENGSTROM L, ATHALYE A, et al. Black-box adversarial attacks with limited queries and information[C]//International Conference on Machine Learning, 2018.

[244] BRENDEL W, RAUBER J, BETHGE M. Decision-based adversarial attacks: reliable attacks against black-box machine learning models[C]//International Conference on Learning Representations, 2018.

[245] CHENG M, LE T, CHEN P Y, et al. Query-efficient hard-label black-box attack: an optimization-based approach[C]//International Conference on Learning Representation, 2019.

[246] PAPERNOT N, MCDANIEL P, GOODFELLOW I, et al. Practical black-box attacks against machine learning[C]//ACM on Asia Conference on Computer and Communications Security, 2017.

[247] LIU Y, CHEN X, LIU C, et al. Delving into transferable adversarial examples and black-box attacks[EB/OL]. 2017. https://arxiv.org/abs/1611.02770.

[248] XIE C, ZHANG Z, ZHOU Y, et al. Improving transferability of adversarial examples with input diversity[C]//IEEE Conference on Computer Vision and Pattern Recognition, 2019.

[249] DONG Y, PANG T, SU H, et al. Evading defenses to transferable adversarial examples by translation-invariant attacks[C]//IEEE Conference on Computer Vision and Pattern Recognition, 2019.

[250] LIN J, SONG C, HE K, et al. Nesterov accelerated gradient and scale invariance for adversarial attacks[EB/OL]. 2019. https://arxiv.org/abs/1908.06281.

[251] WU D, WANG Y, XIA S T, et al. Skip connections matter: on the transferability of adversarial examples generated with resnets[EB/OL]. 2020. https://arxiv.org/abs/2002.05990.

[252] CHENG S, DONG Y, PANG T, et al. Improving black-box adversarial attacks with a transfer-based prior[C]//Advances in Neural Information Processing Systems, 2019.

[253] EYKHOLT K, EVTIMOV I, FERNANDES E, et al. Robust physical-world attacks on deep learning visual classification[C]//IEEE Conference on Computer Vision and Pattern Recognition, 2018.

[254] SHARIF M, BHAGAVATULA S, BAUER L, et al. Accessorize to a crime: real and stealthy attacks on state-of-the-art face recognition[C]//ACM SIGSAC Conference on Computer and Communications Security, 2016.

[255] BROWN T B, MANÉ D, ROY A, et al. Adversarial patch[EB/OL]. 2017. https://arxiv.org/abs/2004.08900.

[256] ATHALYE A, ENGSTROM L, ILYAS A, et al. Synthesizing robust adversarial examples[C]//International Conference on Machine Learning, 2018.

[257] DUAN R, MA X, WANG Y, et al. Adversarial camouflage: hiding physical-world attacks with natural styles[C]//IEEE Conference on Computer Vision and Pattern Recognition, 2020.

[258] XU K, ZHANG G, LIU S, et al. Adversarial t-shirt! evading person detectors in a physical world[C]//European Conference on Computer Vision, 2020.

[259] REDMON J, FARHADI A. Yolo9000: better, faster, stronger[C]//IEEE Conference on Computer Vision and Pattern Recognition, 2017.

[260] CAO Y, WANG N, XIAO C, et al. Invisible for both camera and lidar: security of multi-sensor fusion based perception in autonomous driving under physical-world attacks[C]//IEEE Symposium on Security and Privacy, 2021.

[261] BENGIO Y, et al. Learning deep architectures for AI[J]. Foundations and Trends® in Machine Learning, 2009, 2(1): 1-127.

[262] TANAY T, GRIFFIN L. A boundary tilting perspective on the phenomenon of adversarial examples[EB/OL]. 2016. https://arxiv.org/abs/1608.07690.

[263] MA X, LI B, WANG Y, et al. Characterizing adversarial subspaces using local intrinsic dimensionality[C]//International Conference on Learning Representations, 2018.

[264] AMSALEG L, CHELLY O, FURON T, et al. Estimating local intrinsic dimensionality[C]//ACM SIGKDD International Conference on Knowledge Discovery and Data Mining, 2015.

[265] ILYAS A, SANTURKAR S, TSIPRAS D, et al. Adversarial examples are not bugs, they are features[C]//Advances in Neural Information Processing Systems, 2019.

[266] SCHMIDT L, SANTURKAR S, TSIPRAS D, et al. Adversarially robust generalization requires more data[C]//Advances in Neural Information Processing Systems, 2018.

[267] FAWZI A, MOOSAVI-DEZFOOLI S M, FROSSARD P. Robustness of classifiers: from adversarial to random noise[C]//Advances in Neural Information Processing Systems, 2016.

[268] GILMER J, FORD N, CARLINI N, et al. Adversarial examples are a natural consequence of test error in noise[C]//International Conference on Machine Learning, 2019.

[269] COHEN J, ROSENFELD E, KOLTER Z. Certified adversarial robustness via randomized smoothing[C]//International Conference on Machine Learning, 2019.

[270] CARLINI N, WAGNER D. Adversarial examples are not easily detected: Bypassing ten detection methods[C]//ACM Workshop on Artificial Intelligence and Security, 2017.

[271] GROSSE K, MANOHARAN P, PAPERNOT N, et al. On the(statistical) detection of adversarial examples[EB/OL]. 2017. https://arxiv.org/abs/1702.06280.

[272] GONG Z, WANG W, KU W S. Adversarial and clean data are not twins[EB/OL]. 2017. https://arxiv.org/abs/1704.04960.

[273] METZEN J H, GENEWEIN T, FISCHER V, et al. On detecting adversarial perturbations[C]//International Conference on Learning Representations, 2017.

[274] BENDALE A, BOULT T E. Towards open set deep networks[C]//IEEE Conference on Computer Vision and Pattern Recognition, 2016.

[275] WOLD S, ESBENSEN K, GELADI P. Principal component analysis[J]. Chemometrics and Intelligent Laboratory Systems, 1987, 2 (1-3): 37-52.

[276] HENDRYCKS D, GIMPEL K. Early methods for detecting adversarial images[EB/OL]. 2016. https://arxiv.org/abs/1608.00530.

[277] BHAGOJI A N, CULLINA D, MITTAL P. Dimensionality reduction as a defense against evasion attacks on machine learning classifiers[EB/OL]. 2017. https://arxiv.org/abs/1704.02654v2.

[278] SIMON-GABRIEL C J, OLLIVIER Y, BOTTOU L, et al. First-order adversarial vulnerability of neural networks and input dimension[C]//International Conference on Machine Learning, 2019.

[279] LI X, LI F. Adversarial examples detection in deep networks with convolutional filter statistics[C]//International Conference on Computer Vision, 2017.

[280] GRETTON A, BORGWARDT K M, RASCH M J, et al. A kernel two-sample test[J]. The Journal of Machine Learning Research, 2012, 13 (1): 723-773.

[281] FEINMAN R, CURTIN R R, SHINTRE S, et al. Detecting adversarial samples from artifacts[EB/OL]. 2017. https://arxiv.org/abs/1703.00410.

[282] ATHALYE A, CARLINI N, WAGNER D. Obfuscated gradients give a false sense of security: circumventing defenses to adversarial examples[C]//International Conference on Machine Learning, 2018.

[283] LORENZ P, KEUPER M, KEUPER J. Unfolding local growth rate estimates for(almost) perfect adversarial detection[J]. International Conference on Computer Vision Theory and Applications, 2022.

[284] MAHALANOBIS P C. On the generalized distance in statistics[J]. Proceedings of the National Institute of Sciences, 1936, 2: 49-55.

[285] SRIVASTAVA N, HINTON G, KRIZHEVSKY A, et al. Dropout: a simple way to prevent neural networks from overfitting[J]. Journal of Machine Learning Research, 2014, 15(1): 1929-1958.

[286] GAL Y, GHAHRAMANI Z. A theoretically grounded application of dropout in recurrent neural networks[C]//Advances in Neural Information Processing Systems, 2016.

[287] XU W, EVANS D, QI Y. Feature squeezing: detecting adversarial examples in deep neural networks[J]. Network and Distributed Systems Security Symposium, 2018.

[288] TIAN S, YANG G, CAI Y. Detecting adversarial examples through image transformation[C]//AAAI Conference on Artificial Intelligence, 2018.

[289] WANG S, NEPAL S, ABUADBBA A, et al. Adversarial detection by latent style transformations[J]. IEEE Transactions on Information Forensics and Security, 2022, 17: 1099-1114.

[290] ROTH K, KILCHER Y, HOFMANN T. The odds are odd: a statistical test for detecting adversarial examples[C]//International Conference on Machine Learning, 2019.

[291] TRAMER F, CARLINI N, BRENDEL W, et al. On adaptive attacks to adversarial example defenses[C]//Advances in Neural Information Processing Systems, 2020.

[292] HU S, YU T, GUO C, et al. A new defense against adversarial images: turning a weakness into a strength[C]//Advances in Neural Information Processing Systems, 2019.

[293] MENG D, CHEN H. MagNet: a two-pronged defense against adversarial examples[C]//ACM SIGSAC Conference on Computer and Communications Security, 2017.

[294] CARLINI N, WAGNER D. Magnet and "efficient defenses against adversarial attacks" are not robust to adversarial examples[EB/OL]. 2017. https://arxiv.org/abs/1711.08478.

[295] JIN G, SHEN S, ZHANG D, et al. APE-GAN: adversarial perturbation elimination with GAN[C]//IEEE International Conference on Acoustics, Speech and Signal Processing, 2019.

[296] PANG T, DU C, DONG Y, et al. Towards robust detection of adversarial examples[C]//Advances in Neural Information Processing Systems, 2018.

[297] DATHATHRI S, ZHENG S, YIN T, et al. Detecting adversarial examples via neural fingerprinting[EB/OL]. 2018. https://arxiv.org/abs/1803.03870.

[298] ZHANG H, YU Y, JIAO J, et al. Theoretically principled trade-off between robustness and accuracy[C]//International Conference on Machine Learning, 2019.

[299] NØKLAND A. Improving back-propagation by adding an adversarial gradient[EB/OL]. 2015. https://arxiv.org/abs/1510.04189.

[300] HUANG R, XU B, SCHUURMANS D, et al. Learning with a strong adversary[C]//International Conference on Learning Representations, 2016.

[301] SHAHAM U, YAMADA Y, NEGAHBAN S. Understanding adversarial training: increasing local stability of neural nets through robust optimization[J]. Neurocomputing, 2018, 307: 195-204.

[302] LYU C, HUANG K, LIANG H N. A unified gradient regularization family for adversarial examples[C]//IEEE International Conference on Data Mining, 2015.

[303] MIYATO T, MAEDA S I, KOYAMA M, et al. Distributional smoothing with virtual adversarial training[C]//International Conference on Learning Representations, 2016.

[304] GOLUB G H, VAN DER VORST H A. Eigenvalue computation in the 20th century[J]. Journal of Computational and Applied Mathematics, 2000, 123 (1-2): 35-65.

[305] WALD A. Contributions to the theory of statistical estimation and testing hypotheses[J]. The Annals of Mathematical Statistics, 1939, 10 (4): 299-326.

[306] WALD A. Statistical decision functions which minimize the maximum risk[J]. Annals of Mathematics, 1945: 265-280.

[307] WALD A. Statistical decision functions[J]. Breakthroughs in Statistics, 1992: 342-357.

[308] TRAMÈR F, KURAKIN A, PAPERNOT N, et al. Ensemble adversarial training: attacks and defenses[C]//International Conference on Learning Representations, 2018.

[309] KURAKIN A, GOODFELLOW I, BENGIO S. Adversarial machine learning at scale[EB/OL]. 2016. https://arxiv.org/abs/1611.01236.

[310] WONG E, RICE L, KOLTER J Z. Fast is better than free: revisiting adversarial training[C]//International Conference on Learning Representations, 2020.

[311] CAI Q Z, LIU C, SONG D. Curriculum adversarial training[C]//International Joint Conference on Artificial Intelligence, 2018.

[312] YANG H, ZHANG J, DONG H, et al. DVERGE: diversifying vulnerabilities for enhanced robust generation of ensembles[C]//Advances in Neural Information Processing Systems, 2020.

[313] DING G W, SHARMA Y, LUI K Y C, et al. MMA training: direct input space margin maximization through adversarial training[C]//International Conference on Learning Representations, 2019.

[314] WANG Y, MA X, BAILEY J, et al. On the convergence and robustness of adversarial training[C]//International Conference on Machine Learning, 2019.

[315] DONG Y, DENG Z, PANG T, et al. Adversarial distributional training for robust deep learning[C]// Advances in Neural Information Processing Systems, 2020.

[316] ZHANG J, XU X, HAN B, et al. Attacks which do not kill training make adversarial learning stronger[C]//International Conference on Machine Learning, 2020.

[317] BAI Y, ZENG Y, JIANG Y, et al. Improving adversarial robustness via channel-wise activation suppressing[C]//International Conference on Learning Representations, 2020.

[318] KANNAN H, KURAKIN A, GOODFELLOW I. Adversarial logit pairing[EB/OL]. 2018. https://arxiv.org/abs/1803.06373.

[319] ENGSTROM L, ILYAS A, ATHALYE A. Evaluating and understanding the robustness of adversarial logit pairing[EB/OL]. 2018. https://arxiv.org/abs/1807.10272.

[320] WANG Y, ZOU D, YI J, et al. Improving adversarial robustness requires revisiting misclassified examples[C]//International Conference on Learning Representations, 2019.

[321] ZHANG J, ZHU J, NIU G, et al. Geometry-aware instance-reweighted adversarial training[C]//International Conference on Learning Representations, 2020.

[322] ALAYRAC J B, UESATO J, HUANG P S, et al. Are labels required for improving adversarial robustness?[C]//Advances in Neural Information Processing Systems, 2019.

[323] CARMON Y, RAGHUNATHAN A, SCHMIDT L, et al. Unlabeled data improves adversarial robustness[C]//Advances in Neural Information Processing Systems, 2019.

[324] REBUFFI S A, GOWAL S, CALIAN D A, et al. Data augmentation can improve robustness[C]//Advances in Neural Information Processing Systems, 2021.

[325] IZMAILOV P, PODOPRIKHIN D, GARIPOV T, et al. Averaging weights leads to wider optima and better generalization[C]//Conference on Uncertainty in Artificial Intelligence, 2018.

[326] RICE L, WONG E, KOLTER Z. Overfitting in adversarially robust deep learning[C]// International Conference on Machine Learning, 2020.

[327] CHEN T, ZHANG Z, LIU S, et al. Robust overfitting may be mitigated by properly learned smoothening[C]//International Conference on Learning Representations, 2021.

[328] REBUFFI S A, GOWAL S, CALIAN D A, et al. Fixing data augmentation to improve adversarial robustness[EB/OL]. 2021. https://arxiv.org/abs/2103.01946.

[329] GOWAL S, REBUFFI S A, WILES O, et al. Improving robustness using generated data [C]//Advances in Neural Information Processing Systems, 2021.

[330] SHAFAHI A, NAJIBI M, GHIASI M A, et al. Adversarial training for free![C]//Advances in Neural Information Processing Systems, 2019.

[331] WU D, XIA S T, WANG Y. Adversarial weight perturbation helps robust generalization[C]//Advances in Neural Information Processing Systems, 2020.

[332] ZHANG D, ZHANG T, LU Y, et al. You only propagate once: accelerating adversarial training via maximal principle[C]//Advances in Neural Information Processing Systems, 2019.

[333] SMITH L N, TOPIN N. Super-convergence: very fast training of residual networks using large learning rates[C]//Artificial Intelligence and Machine Learning for Multi-Domain Operations Applications, 2019.

[334] MICIKEVICIUS P, NARANG S, ALBEN J, et al. Mixed precision training[C]//International Conference on Learning Representations, 2018.

[335] ZHENG H, ZHANG Z, GU J, et al. Efficient adversarial training with transferable adversarial examples[C]//IEEE Conference on Computer Vision and Pattern Recognition, 2020.

[336] XIE C, WU Y, MAATEN L V D, et al. Feature denoising for improving adversarial robustness[C]//IEEE Conference on Computer Vision and Pattern Recognition, 2019.

[337] QIN C, MARTENS J, GOWAL S, et al. Adversarial robustness through local linearization[C]//Advances in Neural Information Processing Systems, 2019.

[338] XIE C, TAN M, GONG B, et al. Smooth adversarial training[EB/OL]. 2020. https://arxiv.org/abs/2006.14536.

[339] BUADES A, COLL B, MOREL J M. A non-local algorithm for image denoising[C]//IEEE Conference on Computer Vision and Pattern Recognition, 2005.

[340] NAIR V, HINTON G E. Rectified linear units improve restricted Boltzmann machines[C]//International Conference on Machine Learning, 2010.

[341] RAMACHANDRAN P, ZOPH B, LE Q V. Searching for activation functions[EB/OL]. 2017. https://arxiv.org/abs/1710.05941.

[342] HENDRYCKS D, GIMPEL K. Gaussian error linear units (GELUs)[EB/OL]. 2016. https://arxiv.org/abs/1606.08415.

[343] CLEVERT D A, UNTERTHINER T, HOCHREITER S. Fast and accurate deep network learning by exponential linear units (ELUs)[C]//International Conference on Learning Representations, 2016.

[344] TAN M, LE Q. EfficientNet: rethinking model scaling for convolutional neural networks[C]//International Conference on Machine Learning, 2019.

[345] HINTON G, VINYALS O, DEAN J, et al. Distilling the knowledge in a neural network[EB/OL]. 2015. https://arxiv.org/abs/1503.02531.

[346] PAPERNOT N, MCDANIEL P, WU X, et al. Distillation as a defense to adversarial perturbations against deep neural networks[C]//IEEE Symposium on Security and Privacy, 2016.

[347] CARLINI N, WAGNER D. Defensive distillation is not robust to adversarial examples[EB/OL]. 2016. https://arxiv.org/abs/1607.04311.

[348] GOLDBLUM M, FOWL L, FEIZI S, et al. Adversarially robust distillation[C]//AAAI Conference on Artificial Intelligence, 2020.

[349] ZI B, ZHAO S, MA X, et al. Revisiting adversarial robustness distillation: robust soft labels make student better[C]//IEEE International Conference on Computer Vision, 2021.

[350] ZHU J, YAO J, HAN B, et al. Reliable adversarial distillation with unreliable teachers[C]// International Conference on Learning Representations, 2021.

[351] CAZENAVETTE G, MURDOCK C, LUCEY S. Architectural adversarial robustness: the case for deep pursuit[C]//IEEE Conference on Computer Vision and Pattern Recognition, 2021.

[352] WU B, CHEN J, CAI D, et al. Do wider neural networks really help adversarial robustness?[C]//Advances in Neural Information Processing Systems, 2021.

[353] HUANG H, WANG Y, ERFANI S, et al. Exploring architectural ingredients of adversarially robust deep neural networks[C]//Advances in Neural Information Processing Systems, 2021.

[354] GUO M, YANG Y, XU R, et al. When nas meets robustness: in search of robust architectures against adversarial attacks[C]//IEEE Conference on Computer Vision and Pattern Recognition, 2020.

[355] BENDER G, KINDERMANS P J, ZOPH B, et al. Understanding and simplifying one-shot architecture search[C]//International Conference on Machine Learning, 2018.

[356] NING X, ZHAO J, LI W, et al. Multi-shot NAS for discovering adversarially robust convolutional neural architectures at targeted capacities[EB/OL]. 2021. https://arxiv.org/abs/2012.11835v2.

[357] CHEN H, ZHANG B, XUE S, et al. Anti-bandit neural architecture search for model defense[C]//European Conference on Computer Vision, 2020.

[358] HOSSEINI R, YANG X, XIE P. DsRNA: differentiable search of robust neural architectures[C]//IEEE Conference on Computer Vision and Pattern Recognition, 2021.

[359] LIU H, SIMONYAN K, YANG Y. DARTS: Differentiable architecture search[C]//International Conference on Learning Representations, 2019.

[360] DEVAGUPTAPU C, AGARWAL D, MITTAL G, et al. On adversarial robustness: a neural architecture search perspective[C]//IEEE International Conference on Computer Vision, 2021.

[361] LI Y, YANG Z, WANG Y, et al. Neural architecture dilation for adversarial robustness[C]//Advances in Neural Information Processing Systems, 2021.

[362] DOSOVITSKIY A, BEYER L, KOLESNIKOV A, et al. An image is worth 16×16 words: transformers for image recognition at scale[C]//International Conference on Learning Representations, 2021.

[363] LIU Z, LIN Y, CAO Y, et al. Swin transformer: hierarchical vision transformer using shifted windows[C]//IEEE International Conference on Computer Vision, 2021.

[364] BHOJANAPALLI S, CHAKRABARTI A, GLASNER D, et al. Understanding robustness of transformers for image classification[C]//IEEE International Conference on Computer Vision, 2021.

[365] SHAO R, SHI Z, YI J, et al. On the adversarial robustness of vision transformers[EB/OL]. 2021. https://arxiv.org/abs/2103.15670.

[366] MAHMOOD K, MAHMOOD R, VAN DIJK M. On the robustness of vision transformers to adversarial examples[C]//IEEE International Conference on Computer Vision, 2021.

[367] BAI Y, MEI J, YUILLE A L, et al. Are transformers more robust than CNNs?[C]//Advances in Neural Information Processing Systems, 2021.

[368] TANG S, GONG R, WANG Y, et al. RobustART: benchmarking robustness on architecture design and training techniques[EB/OL]. 2021. https://arxiv.org/abs/2109.05211.

[369] LIAO F, LIANG M, DONG Y, et al. Defense against adversarial attacks using high-level representation guided denoiser[C]//IEEE Conference on Computer Vision and Pattern Recognition, 2018.

[370] RONNEBERGER O, FISCHER P, BROX T. U-net: convolutional networks for biomedical image segmentation[C]//International Conference on Medical Image Computing and Computer Assisted Intervention, 2015.

[371] DAS N, SHANBHOGUE M, CHEN S T, et al. Keeping the bad guys out: protecting and vaccinating deep learning with jpeg compression[EB/OL]. 2017. https://arxiv.org/abs/1705.02900.

[372] JIA X, WEI X, CAO X, et al. ComDefend: an efficient image compression model to defend adversarial examples[C]//IEEE Conference on Computer Vision and Pattern Recognition, 2019.

[373] PRAKASH A, MORAN N, GARBER S, et al. Deflecting adversarial attacks with pixel deflection[C]//IEEE Conference on Computer Vision and Pattern Recognition, 2018.

[374] CHANG S G, YU B, VETTERLI M. Adaptive wavelet thresholding for image denoising and compression[J]. IEEE Transactions on Image Processing, 2000, 9(9): 1532-1546.

[375] XIE C, WANG J, ZHANG Z, et al. Mitigating adversarial effects through randomization[C]//International Conference on Learning Representations, 2018.

[376] SAMANGOUEI P, KABKAB M, CHELLAPPA R. Defense-GAN: protecting classifiers against adversarial attacks using generative models[C]//International Conference on Learning Representations, 2018.

[377] GUPTA P, RAHTU E. CIIdefence: Defeating adversarial attacks by fusing class-specific image inpainting and image denoising[C]//IEEE International Conference on Computer Vision, 2019.

[378] ZHOU B, KHOSLA A, LAPEDRIZA A, et al. Learning deep features for discriminative localization[C]// IEEE Conference on Computer Vision and Pattern Recognition, 2016.

[379] LI L, QI X, XIE T, et al. sok: certified robustness for deep neural networks[C]//IEEE Symposium on Security and Privacy, 2023.

[380] MOURA L D, BJØRNER N. Z3: an efficient SMT solver[C]//International Conference on Tools and Algorithms for the Construction and Analysis of Systems, 2008.

[381] BOTOEVA E, KOUVAROS P, KRONQVIST J, et al. Efficient verification of reLU-based neural networks via dependency analysis[C]//AAAI Conference on Artificial Intelligence, 2020.

[382] GUROBI L. "gurobi - the fastest solver - gurobi," gurobi optimization[EB/OL]. 2020. https://www.gurobi.com.

[383] XIAO K Y, TJENG V, SHAFIULLAH N M, et al. Training for faster adversarial robustness verification via inducing reLU stability[EB/OL]. 2018. https://arxiv.org/abs/1809.03008.

[384] BUNEL R, MUDIGONDA P, TURKASLAN I, et al. Branch and bound for piecewise linear neural network verification[J]. Journal of Machine Learning Research, 2020, 21(2020).

[385] DE PALMA A, BUNEL R, DESMAISON A, et al. Improved branch and bound for neural network verification via Lagrangian decomposition[EB/OL]. 2021. https://arxiv.org/abs/2104.06718.

[386] WANG S, ZHANG H, XU K, et al. Beta-crown: efficient bound propagation with per-neuron split constraints for neural network robustness verification[C]//Advances in Neural Information Processing Systems, 2021.

[387] ZOMBORI D, BÁNHELYI B, CSENDES T, et al. Fooling a complete neural network verifier[C]//International Conference on Learning Representations, 2021.

[388] JIA K, RINARD M. Exploiting verified neural networks via floating point numerical error[C]//International Static Analysis Symposium, 2021.

[389] WENG L, ZHANG H, CHEN H, et al. Towards fast computation of certified robustness for reLU networks[C]//International Conference on Machine Learning, 2018.

[390] GOWAL S, DVIJOTHAM K D, STANFORTH R, et al. Scalable verified training for provably robust image classification[C]//International Conference on Computer Vision, 2019.

[391] SINGH G, GANVIR R, PÜSCHEL M, et al. Beyond the single neuron convex barrier for neural network certification[C]//Advances in Neural Information Processing Systems, 2019.

[392] JOVANOVIĆ N, BALUNOVIĆ M, BAADER M, et al. Certified defenses: why tighter relaxations may hurt training[EB/OL]. 2021. https://arxiv.org/abs/2102.06700v1.

[393] DVIJOTHAM K, GOWAL S, STANFORTH R, et al. Training verified learners with learned verifiers[EB/OL]. 2018. https://arxiv.org/abs/1805.10265.

[394] DVIJOTHAM K, STANFORTH R, GOWAL S, et al. A dual approach to scalable verification of deep networks[C]//UAI, 2018.

[395] SALMAN H, YANG G, ZHANG H, et al. A convex relaxation barrier to tight robustness verification of neural networks[C]//Advances in Neural Information Processing Systems, 2019.

[396] TSUZUKU Y, SATO I, SUGIYAMA M. Lipschitz-margin training: scalable certification of perturbation invariance for deep neural networks[C]//Advances in Neural Information Processing Systems, 2018.

[397] LEE S, LEE J, PARK S. Lipschitz-certifiable training with a tight outer bound[C]//Advances in Neural Information Processing Systems, 2020.

[398] LEINO K, WANG Z, FREDRIKSON M. Globally-robust neural networks[C]//International Conference on Machine Learning, 2021.

[399] LI Q, HAQUE S, ANIL C, et al. Preventing gradient attenuation in lipSchitz constrained convolutional networks[C]//Advances in Neural Information Processing Systems, 2019.

[400] HEIN M, ANDRIUSHCHENKO M. Formal guarantees on the robustness of a classifier against adversarial manipulation[C]//Advances in Neural Information Processing Systems, 2017.

[401] ZHANG B, LU Z, CAI T, et al. Towards certifying L-infinity robustness using neural networks with L-inf-dist neurons[EB/OL]. 2021. https://arxiv.org/abs/2102.05363.

[402] YANG G, DUAN T, HU J E, et al. Randomized smoothing of all shapes and sizes[C]//International Conference on Machine Learning, 2020.

[403] TENG J, LEE G H, YUAN Y. ℓ_1 adversarial robustness certificates: a randomized smoothing approach[EB/OL]. 2020. https://openreview.net/forum?id=H1lQIgrFDS.

[404] LI B, CHEN C, WANG W, et al. Certified adversarial robustness with additive noise[C]//Advances in Neural Information Processing Systems, 2019.

[405] JEONG J, SHIN J. Consistency regularization for certified robustness of smoothed classifiers[C]// Advances in Neural Information Processing Systems, 2020.

[406] SINGH G, GEHR T, PÜSCHEL M, et al. An abstract domain for certifying neural networks[J]. ACM on Programming Languages, 2019, 3(POPL): 1-30.

[407] ENGSTROM L, TRAN B, TSIPRAS D, et al. A rotation and a translation suffice: fooling CNNs with simple transformations[J]. arXiV, 2018.

[408] JIA R, RAGHUNATHAN A, GÖKSEL K, et al. Certified robustness to adversarial word substitutions[EB/OL]. 2019. https://arxiv.org/abs/1909.00986.

[409] CHEN X, LIU C, LI B, et al. Targeted backdoor attacks on deep learning systems using data poisoning[EB/OL]. 2017. https://arxiv.org/abs/1712.05526.

[410] TURNER A, TSIPRAS D, MADRY A. Clean-label backdoor attacks[J]. In: NIPS, 2018.

[411] NGUYEN T A, TRAN A. Input-aware dynamic backdoor attack[C]//Advances in Neural Information Processing Systems, 2020.

[412] LI Y, LI Y, WU B, et al. Invisible backdoor attack with sample-specific triggers[C]//IEEE International Conference on Computer Vision, 2021.

[413] LIU Y, MA S, AAFER Y, et al. Trojaning attack on neural networks[J]. Network and Distributed Systems Security Symposium, 2018.

[414] TANG R, DU M, LIU N, et al. An embarrassingly simple approach for Trojan attack in deep neural networks[C]//ACM SIGKDD International Conference on Knowledge Discovery & Data Mining, 2020.

[415] SAHA A, SUBRAMANYA A, PIRSIAVASH H. Hidden trigger backdoor attacks[C]//AAAI Conference on Artificial Intelligence, 2020.

[416] YAO Y, LI H, ZHENG H, et al. Latent backdoor attacks on deep neural networks[C]//ACM SIGSAC Conference on Computer and Communications Security, 2019.

[417] WANG S, NEPAL S, RUDOLPH C, et al. Backdoor attacks against transfer learning with pre-trained deep learning models[J]. IEEE Transactions on Services Computing, 2020.

[418] XIE C, HUANG K, CHEN P Y, et al. DBA: distributed backdoor attacks against federated learning[C]// International Conference on Learning Representations, 2019.

[419] WANG H, SREENIVASAN K, RAJPUT S, et al. Attack of the tails: yes, you really can backdoor federated learning[C]//Advances in Neural Information Processing Systems, 2020.

[420] LI Y, ZHONG H, MA X, et al. Few-shot backdoor attacks on visual object tracking[EB/OL]. 2022. https://arxiv.org/abs/2201.13178.

[421] LI Y, LI Y, LV Y, et al. Hidden backdoor attack against semantic segmentation models[EB/OL]. 2021. https://arxiv.org/abs/2103.04038.

[422] ZHAO S, MA X, ZHENG X, et al. Clean-label backdoor attacks on video recognition models[C]//IEEE Conference on Computer Vision and Pattern Recognition, 2020.

[423] CHEN X, SALEM A, CHEN D, et al. BadNL: Backdoor attacks against NLP models with semantic-preserving improvements[C]//Annual Computer Security Applications Conference, 2021.

[424] QI F, LI M, CHEN Y, et al. Hidden killer: invisible textual backdoor attacks with syntactic trigger[EB/OL]. 2021. https://arxiv.org/abs/2105.12400.

[425] CHEN K, MENG Y, SUN X, et al. BadPre: Task-agnostic backdoor attacks to pre-trained NLP foundation models[EB/OL]. 2021. https://arxiv.org/abs/2110.02467.

[426] KOFFAS S, XU J, CONTI M, et al. Can you hear it? backdoor attacks via ultrasonic triggers[C]//ACM Workshop on Wireless Security and Machine Learning, 2022.

[427] YE J, LIU X, YOU Z, et al. DRINet: dynamic backdoor attack against automatic speech recognition models[J]. Applied Sciences, 2022, 12(12): 5786.

[428] ZHAI T, LI Y, ZHANG Z, et al. Backdoor attack against speaker verification[C]//IEEE International Conference on Acoustics, Speech and Signal Processing, 2021.

[429] ZHANG Z, JIA J, WANG B, et al. Backdoor attacks to graph neural networks[C]//ACM Symposium on Access Control Models and Technologies, 2021.

[430] XI Z, PANG R, JI S, et al. Graph backdoor[C]//USENIX Security Symposium, 2021.

[431] XU J, XUE M, PICEK S. Explainability-based backdoor attacks against graph neural networks[C]//ACM Workshop on Wireless Security and Machine Learning, 2021.

[432] WENGER E, PASSANANTI J, BHAGOJI A N, et al. Backdoor attacks against deep learning systems in the physical world[C]//IEEE Conference on Computer Vision and Pattern Recognition, 2021.

[433] LIU Y, MA X, BAILEY J, et al. Reflection backdoor: a natural backdoor attack on deep neural networks[C]//European Conference on Computer Vision, 2020.

[434] SUN Y, ZHANG T, MA X, et al. Backdoor attacks on crowd counting[C]//ACM International Conference on Multimedia, 2022.

[435] WANG B, YAO Y, SHAN S, et al. Neural cleanse: identifying and mitigating backdoor attacks in neural networks[C]//IEEE Symposium on Security and Privacy, 2019.

[436] HAMPEL F R. The influence curve and its role in robust estimation[J]. Journal of the American Statistical Association, 1974, 69 (346): 383-393.

[437] CHEN H, FU C, ZHAO J, et al. Deepinspect: a black-box Trojan detection and mitigation framework for deep neural networks[C]//International Joint Conference on Artificial Intelligence, 2019.

[438] GUO W, WANG L, XING X, et al. TABOR: a highly accurate approach to inspecting and restoring Trojan backdoors in AI systems[EB/OL]. 2019. https://arxiv.org/abs/1908.01763.

[439] WANG R, ZHANG G, LIU S, et al. Practical detection of Trojan neural networks: data-limited and data-free cases[C]//European Conference on Computer Vision, 2020.

[440] TRAN B, LI J, MADRY A. Spectral signatures in backdoor attacks[C]//Advances in Neural Information Processing Systems, 2018.

[441] CHEN B, CARVALHO W, BARACALDO N, et al. Detecting backdoor attacks on deep neural networks by activation clustering[EB/OL]. 2018. https://arxiv.org/abs/1811.03728.

[442] HUANG H, MA X, ERFANI S, et al. Distilling cognitive backdoor patterns within an image[C]//International Conference on Learning Representations, 2023.

[443] LIU K, DOLAN-GAVITT B, GARG S. Fine-pruning: defending against backdooring attacks on deep neural networks[C]//International Symposium on Research in Attacks, Intrusions, and Defenses, 2018.

[444] QIAO X, YANG Y, LI H. Defending neural backdoors via generative distribution modeling[C]//Advances in Neural Information Processing Systems, 2019.

[445] BELGHAZI M I, BARATIN A, RAJESWAR S, et al. Mine: mutual information neural estimation[EB/OL]. 2018. https://arxiv.org/abs/1801.04062.

[446] CORTES C, VAPNIK V N. Support-vector networks[J]. Machine Learning, 2004, 20: 273-297.

[447] ZHAO P, CHEN P Y, DAS P, et al. Bridging mode connectivity in loss landscapes and adversarial robustness[C]//International Conference on Learning Representations, 2020.

[448] WU D, WANG Y. Adversarial neuron pruning purifies backdoored deep models[C]//Advances in Neural Information Processing Systems, 2021.

[449] TRAMÈR F, ZHANG F, JUELS A, et al. Stealing machine learning models via prediction {APIs}[C]//USENIX Security Symposium, 2016.

[450] WANG B, GONG N Z. Stealing hyperparameters in machine learning[C]//IEEE Symposium on Security and Privacy, 2018.

[451] OREKONDY T, SCHIELE B, FRITZ M. Knockoff nets: stealing functionality of black-box models[C]//IEEE Conference on Computer Vision and Pattern Recognition, 2019.

[452] JAGIELSKI M, CARLINI N, BERTHELOT D, et al. High accuracy and high fidelity extraction of neural networks[C]//USENIX Security Symposium, 2020.

[453] CARLINI N, JAGIELSKI M, MIRONOV I. Cryptanalytic extraction of neural network models[C]//Annual International Cryptology Conference, 2020.

[454] YUAN X, DING L, ZHANG L, et al. ES attack: model stealing against deep neural networks without data hurdles[J]. IEEE Transactions on Emerging Topics in Computational Intelligence, 2022.

[455] OH S J, SCHIELE B, FRITZ M. Towards reverse-engineering black-box neural networks[M]//Explainable AI: Interpreting, Explaining and Visualizing Deep Learning. Springer, 2019: 121-144.

[456] CHAUDHURI K, MONTELEONI C. Privacy-preserving logistic regression[C]//Advances in Neural Information Processing Systems, 2008.

[457] ZHANG J, ZHENG K, MOU W, et al. Efficient private ERM for smooth objectives[EB/OL]. 2017. https://arxiv.org/abs/1703.09947.

[458] WANG D, YE M, XU J. Differentially private empirical risk minimization revisited: faster and more general[C]//Advances in Neural Information Processing Systems, 2017.

[459] SONG S, CHAUDHURI K, SARWATE A D. Stochastic gradient descent with differentially private updates[C]//IEEE Global Conference on Signal and Information Processing, 2013.

[460] JUUTI M, SZYLLER S, MARCHAL S, et al. Prada: protecting against DNN model stealing attacks[C]//IEEE European Symposium on Security and Privacy, 2019.

[461] KESARWANI M, MUKHOTY B, ARYA V, et al. Model extraction warning in MLaaS paradigm[C]//Annual Computer Security Applications Conference, 2018.

[462] YU H, YANG K, ZHANG T, et al. Cloudleak: large-scale deep learning models stealing through adversarial examples[C]//Network and Distributed System Security Symposium, 2020.

[463] UCHIDA Y, NAGAI Y, SAKAZAWA S, et al. Embedding watermarks into deep neural networks[C]//ACM on International Conference on Multimedia Retrieval, 2017.

[464] DARVISH ROUHANI B, CHEN H, KOUSHANFAR F. Deepsigns: an end-to-end watermarking framework for ownership protection of deep neural networks[C]//International Conference on Architectural Support for Programming Languages and Operating Systems, 2019.

[465] ZHANG J, GU Z, JANG J, et al. Protecting intellectual property of deep neural networks with watermarking[C]//ACM Asia Conference on Computer and Communications Security, 2018.

[466] ADI Y, BAUM C, CISSE M, et al. Turning your weakness into a strength: watermarking deep neural networks by backdooring[C]//USENIX Security Symposium, 2018.

[467] LE MERRER E, PEREZ P, TRÉDAN G. Adversarial frontier stitching for remote neural network watermarking[J]. Neural Computing and Applications, 2020, 32(13): 9233-9244.

[468] JIA H, CHOQUETTE-CHOO C A, CHANDRASEKARAN V, et al. Entangled watermarks as a defense against model extraction[C]//USENIX Security Symposium, 2021.

[469] FROSST N, PAPERNOT N, HINTON G. Analyzing and improving representations with the soft nearest neighbor loss[C]//International Conference on Machine Learning, 2019.

[470] SZYLLER S, ATLI B G, MARCHAL S, et al. Dawn: dynamic adversarial watermarking of neural networks[C]//ACM International Conference on Multimedia, 2021.

[471] ZHANG J, CHEN D, LIAO J, et al. Model watermarking for image processing networks[C]//AAAI Conference on Artificial Intelligence, 2020.

[472] ZHANG J, CHEN D, LIAO J, et al. Deep model intellectual property protection via deep watermarking[J]. IEEE Transactions on Pattern Analysis and Machine Intelligence, 2021.

[473] CAO X, JIA J, GONG N Z. IPguard: protecting intellectual property of deep neural networks via fingerprinting the classification boundary[C]//ACM Asia Conference on Computer and Communications Security, 2021.

[474] LUKAS N, ZHANG Y, KERSCHBAUM F. Deep neural network fingerprinting by conferrable adversarial examples[EB/OL]. 2021. https://arxiv.org/abs/1912.00888.

[475] CHEN J, WANG J, PENG T, et al. Copy, right? a testing framework for copyright protection of deep learning models[C]//IEEE Symposium on Security and Privacy, 2022.